DIANOMÉGRAPHE

APPAREILS DE DISTRIBUTION

PAR TIROIRS, ETC.

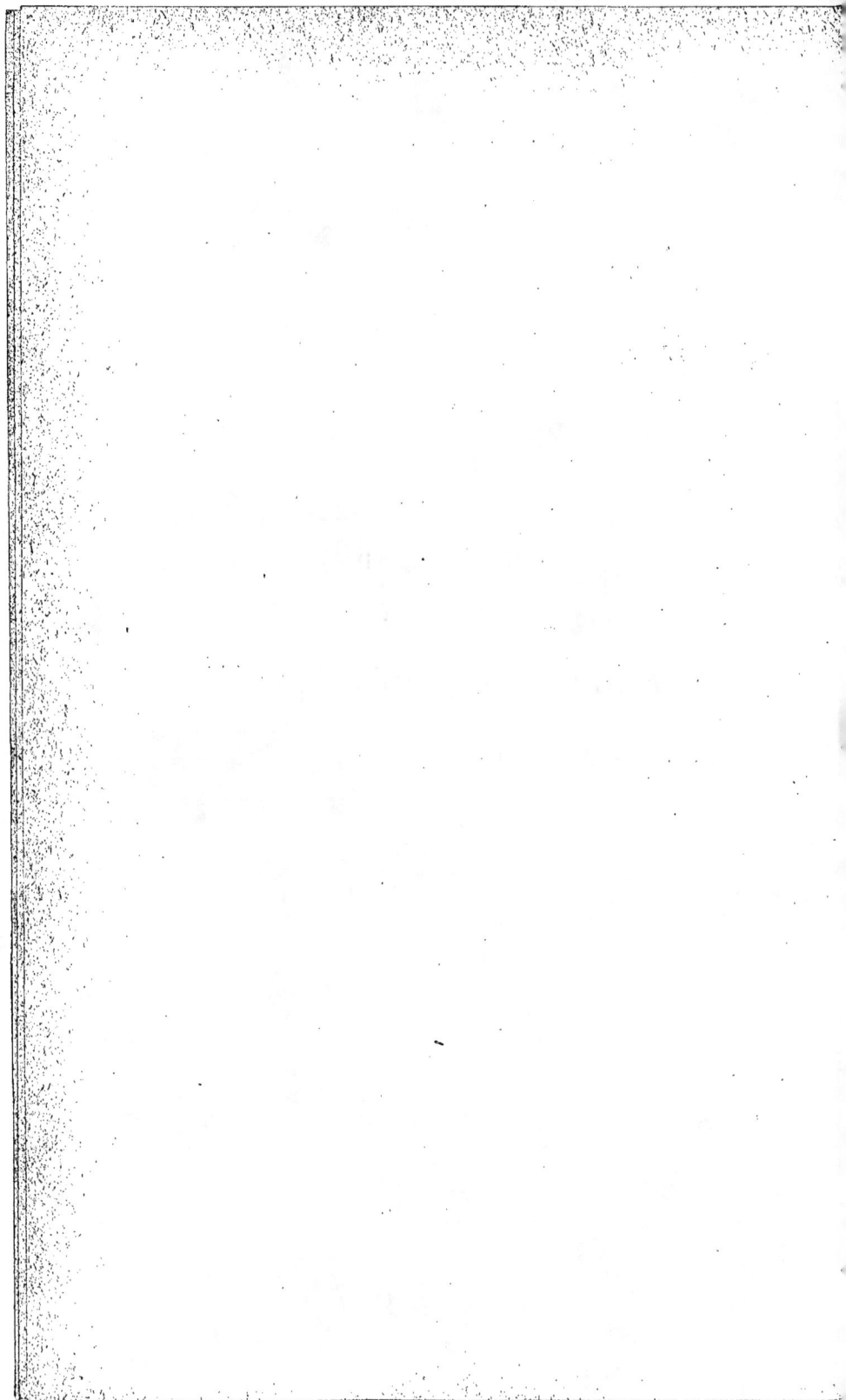

DIANOMÈGRAPHE

APPAREILS DE DISTRIBUTION

PAR TIROIRS, ETC.

PROCÉDÉS THÉORIQUES ET PRATIQUES POUR ÉTABLIR ET POUR VÉRIFIER

Les DISTRIBUTIONS des MACHINES à VAPEUR, etc.

PAR

S. PICHAULT

ANCIEN ÉLÈVE DE L'ÉCOLE CENTRALE DE PARIS, ANCIEN INGÉNIEUR CHEF DE SECTION
AU BUREAU D'ÉTUDES DE LA SOCIÉTÉ COCKERILL, A SERAING
INGÉNIEUR EN CHEF DES ATELIERS DE CONSTRUCTION DE LA SOCIÉTÉ
DE SCLESSIN (BELGIQUE)

PARIS
E. BERNARD & Cie, IMPRIMEURS-ÉDITEURS
71, RUE LACONDAMINE, 71

1886

PRÉFACE

DE LA TROISIÈME ÉDITION

Cette édition diffère notablement des deux précédentes. Le cadre de l'ouvrage a été remanié et élargi.

Le livre est divisé en trois parties principales :

La *première partie* contient des *généralités* sur le but, les conditions d'emploi, le diagramme théorique, le diagramme automatique, la classification des appareils distributeurs. On trouve là une étude minutieuse des phénomènes, qui se passent, dans le cylindre d'une machine à vapeur. A propos du diagramme automatique, il est parlé de l'instrument[1], destiné à tracer ce diagramme. A propos de la classification, il est parlé de toute une catégorie, peu connue, de systèmes, dans lesquels la courbe polaire, représentant la marche du distributeur, est voisine d'une *ellipse*.

La *seconde partie* expose les théories analytiques et les méthodes graphiques générales, servant à rechercher les dimensions de l'organe distributeur, et celle d'un *excentrique fictif*, qui serait apte à lui donner, directement, le mouvement voulu, sans préoccupation de la manière, dont ce mouvement est *réellement* réalisé. On trouve là une liste des formules fondamentales, applicables aux deux seules classes d'appareils distributeurs, qui se prêtent au calcul : à savoir ; ceux dans lesquels la *courbe polaire*, représentant la marche du tiroir est voisine d'une *circonférence*, (première classe) ; et ceux dans lesquels cette courbe de marche est voisine d'une *ellipse*, (deuxième classe). Des tableaux servent à abréger ou à contrôler les

1. Appelé *Dianomégraphe*.

calculs. On trouve encore une méthode graphique nouvelle, et *absolument générale*, applicable à toutes les classes d'appareils distributeurs. On trouve enfin la théorie générale des *coulisses* droite, ou renversée, qui se résume dans une formule unique ; et d'où découlent tous les théorèmes, relatifs à la *composition* comme à la *décomposition* des *excentriques.*

Dans la *troisième partie*, viennent les descriptions, calculs, épures, se rapportant à un nombre assez considérable de systèmes de distribution, connus ou nouveaux. Là il est montré comment, en partant des dimensions et de l'orientation de l'*excentrique fictif,* apte à conduire directement le distributeur, et que l'on a appris à calculer dans la première partie, on parvient à déterminer les dimensions et l'orientation des organes, constituant le dispositif, qui conduit *réellement* ce distributeur.

Pour chaque système de distribution, il est donné : un court historique, une brève théorie, une application de cette théorie faite avec des données usuelles, et enfin la manière, de *monter*, au *Dianomégraphe*, le dispositif étudié ; afin de vérifier, si, et comment, les dimensions calculées satisfont *réellement* aux conditions du problème.

La troisième partie peut s'allonger indéfiniment, au fur et à mesure de la création de dispositifs nouveaux. Mais on peut avancer, sans grande crainte de se tromper, que la première et la seconde resteront, dans l'avenir, à peu près invariablement ce qu'elles sont. C'est-à-dire, que les principes, qu'elles renferment, comme les méthodes qui y sont exposées, s'appliquent, même aux dispositifs qui ne sont pas encore créés.

L'ouvrage comprend un volume de texte, et un atlas indépendant.

Il n'y a pas de figures, dans le texte. Tous les dessins sont concentrés dans l'atlas. On peut donc lire un chapitre entier du texte, en conservant, sous les yeux, la figure explicative.

A côté de chaque figure, sur la même planche, se trouve la liste des formules, nécessaires et suffisantes, alignées dans l'ordre voulu pour le calcul des dimensions, non arbitraires, de tous les organes, qui composent le dispositif dont il s'agit. Une seconde planche donne une application numérique, faite avec des données usuelles, au moyen des formules de la première planche ; et le dessin de ce dispositif, *monté* avec le *Dianomégraphe*. Une *épure* spéciale, ou diagramme théorique, tracée sur la première planche, vérifie l'exactitude des calculs faits. Cette même planche indique brièvement, les avantages et les inconvénients, propres au dispositif considéré.

La seconde planche donne quelques conseils pratiques, sur la manière de choisir les dimensions arbitraires, la manière de régulariser les phases de la distribution, les précautions à prendre en construisant, etc...

En tête de l'atlas, à la suite immédiate de la table des planches, se trouve la liste unique des symboles, toujours les mêmes, employés dans le cours de l'ouvrage. Cette liste donne leur signification. Les symboles, bien que très nombreux, ont pu être rangés, dans un certain ordre voulu, de manière à se mieux graver dans la mémoire ; et de manière, tout au moins, à ce que leur signification puisse être aisément trouvée.

Sur chaque planche, se trouve un numéro d'ordre, qui renvoie à l'alinéa du texte, s'y rapportant ; de même que, dans le texte, se trouve un numéro, qui renvoie à la planche et à la figure.

Sur chaque planche, spéciale pour un dispositif, est aussi inscrit le numéro de celles où se trouvent, soit les formules générales, soit les méthodes graphiques, soit les tableaux des valeurs calculées. La première planche, (*partie théorique*), renvoie encore à la deuxième planche, (*application*) ; et réciproquement.

On a donc ainsi, sous la main, sans être obligé de recourir au texte, tout en le pouvant, et condensées, dans un cadre restreint, suivant un ordre méthodique, toutes les indications voulues ; de manière à pouvoir faire, très rapidement, une application, à un cas déterminé quelconque, sans hésitation, ni temps perdu.

Les dessinateurs, chefs d'ateliers, étudiants, ingénieurs, professeurs, qui se serviront de cet ouvrage, écrit spécialement pour eux, ne tarderont pas à reconnaître les avantages, présentés par ces arrangements.

Il n'y a pas une seule formule qui n'ait servi, un bon nombre de fois, à des applications ; et qui n'ait été vérifiée, par plusieurs personnes. Ces mêmes formules, (comme les tableaux), ont été revisées, avec soin, après l'impression. Il se peut, cependant, vu leur multiplicité, (il y a trois cent quarante et une équations distinctes, numérotées, sans compter les auxiliaires), que quelques-unes soient entachées d'erreur. Il peut également y avoir des lacunes ou des inexactitudes, dans les parties historiques ; surtout en ce qui concerne les questions de priorité, toujours si difficiles à traiter. Les lecteurs, qui découvriraient ces fautes, feront plaisir à l'auteur, et rendront service à tous, en les lui signalant.

La majeure partie des longues études, condensées dans ce livre, a été occasionnée, par les travaux divers, dont j'ai été chargé, durant les seize ans que j'ai passés, dans le bureau d'études de la société Cockerill, à Seraing, (Belgique). Je suis heureux d'avoir ici une occasion, de remercier M. le baron E. Sadoine, administrateur, directeur général de cette société, et M. le chevalier J. Kraft de la Saulx, son ingénieur en chef, pour les facilités et encouragements qu'ils ont bien voulu m'accorder, à ce sujet.

APPAREILS DE DISTRIBUTION

PAR TIROIRS, ETC.

PROCÉDÉS THÉORIQUES ET PRATIQUES

POUR ÉTABLIR ET POUR VÉRIFIER LES DISTRIBUTIONS DES MACHINES A VAPEUR, ETC.

DIANOMÉGRAPHE

INTRODUCTION

De tout temps on a attaché de l'importance, à la bonne construction des appareils chargés de distribuer la vapeur, (ou autres fluides), dans les machines. C'est avec raison ; car on peut bien le dire : la vapeur c'est aussi de l'argent qu'il s'agit de dépenser en connaissance de cause, en le comptant avec soin.

Aujourd'hui que les machines se répandent de plus en plus, avec des dimensions toujours plus grandes, et que de plus en plus aussi, pour satisfaire ceux qui les emploient, elles doivent économiser le fluide moteur, l'importance des appareils de distribution est plus considérable que jamais.

Longtemps on n'eut pas de règles, pour établir ces appareils, si ce n'est la comparaison avec d'autres, ayant donné, à l'emploi, de bons résultats. On n'avait pas de formule d'une application simple, montrant l'influence des variables diverses, dans chaque système. On n'avait pas non plus de procédé graphique, d'un emploi commode, permettant de peindre aux yeux, la marche comparée de l'appareil distributeur et du piston.

M. Philipps paraît être le premier qui ait cherché et établi des formules maniables. La marche suivie est longue et pénible. Sa *Théorie de la coulisse*[1] compose un volume. D'autres chercheurs éminents, WEISBACH[2], puis ZEECH[3], puis surtout ZENNER[4] ont étendu ces recherches, à divers systèmes de distribution. Et le dernier a fait connaître un procédé graphique général, dont l'emploi est devenu classique, dans le monde entier.

Depuis cette époque, le nombre des personnes qui ont élargi le cercle, soit des recherches théoriques sur des systèmes nouveaux, soit de l'application de procédés graphiques, est considérable. C'est surtout aux distributions par tiroirs, que ces études se sont appliquées; parce que ce sont les plus répandues; et celles dont les lois de marche sont, tout à la fois, les mieux définies et les plus complexes.

Toutes les formules et procédés graphiques ne donnent et ne pouvaient donner, pour demeurer simples, que des *résultats approchés*. Mais comme ces résultats s'appliquent sensiblement aux *conditions moyennes* de marche, ils sont suffisants, et l'on doit s'estimer grandement heureux de les posséder, eu égard au vague absolu, dans lequel on était auparavant.

Par leur emploi, on arrive à la détermination rationnelle et rapide des organes d'un très grand nombre de systèmes de distribution; ce qui suffit toujours, quand il s'agit de projets. Si, au moment de mettre à exécution, on désire avoir une connaissance de la marche vraie du système projeté, il est loisible de l'examiner sur un *modèle*, construit en bois ou autrement, d'après les données théoriques. D'ailleurs il existe des appareils, disposés pour faciliter la réalisation de ces *modèles*. On trouvera, plus loin, la description et le mode d'emploi de l'appareil imaginé par l'auteur, le *Dianomégraphe*, qui donne, *automatiquement*, la courbe de marche de l'organe distributeur, pour un nombre considérable de systèmes; et, pour chaque système, avec des dimensions variables, dans des limites aussi étendues que peuvent l'exiger les besoins extrêmes de l'application.

1. *Annales des Mines*, t. III, 1854, Paris.
2. *Ingenieur und Maschinen Mechanic*, t. III.
3. *Zeitschrift des œsterreichischen Ingenieur-Vereines*, 1885.
4. *Civil-Ingenieur*, t. II et III, 1856-57.

Le but du présent travail est de réunir et de disposer, d'une manière commode, tant pour l'enseignement théorique du professeur, que pour les applications pratiques de l'ingénieur, le plus grand nombre possible de procédés théoriques et pratiques, généraux et particuliers, applicables à toute la série des systèmes de distribution si nombreux, aujourd'hui employés; et même, autant que possible, à ceux que l'avenir verra naître.

Ce travail est divisé en trois parties principales :

La première se compose de généralités sur le but, le mode rationnel d'emploi, l'étude et la classification des appareils distributeurs.

La seconde donne la partie générale des théories applicables aux diverses classes d'appareils; ainsi que des méthodes graphiques, servant à fixer les dimensions de l'organe distributeur, sans se préoccuper des dimensions spéciales du mécanisme, qui conduit cet organe.

La troisième passe en revue un nombre important de systèmes usuels divers; en faisant à chacun d'eux, l'application des principes antérieurement exposés. Elle donne aussi la manière de les *monter*, au *Dianomégraphe*, pour obtenir, automatiquement, la courbe de marche *vraie*, de l'organe distributeur qu'ils conduisent.

Le tout est exposé d'une manière aussi concise que possible, en supposant, au lecteur, la somme ordinaire des connaissances, acquises dans les écoles d'ingénieurs.

Les résultats sont groupés et classifiés, de manière qu'on puisse, sans hésitation, les retrouver; et, par leur moyen, déterminer tous les éléments d'un système donné dont il s'agirait de faire l'application.

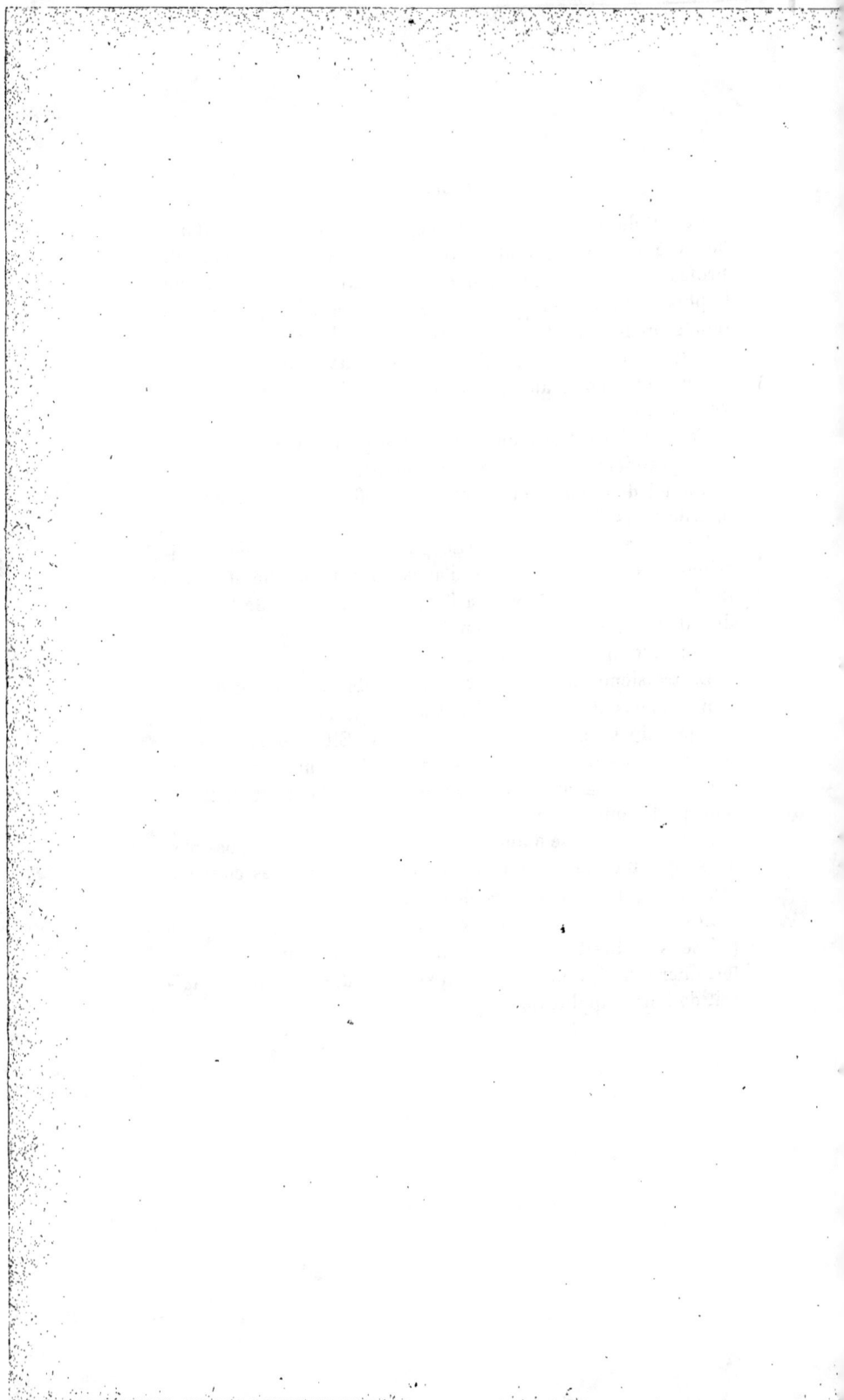

PREMIÈRE PARTIE

CHAPITRE PREMIER

BUT DE TOUT APPAREIL DISTRIBUTEUR. CONDITIONS QU'IL DOIT REMPLIR

1. — Ce qui va être dit s'applique à tout appareil, destiné à ouvrir et à fermer périodiquement un orifice, par lequel doit s'écouler un fluide, ou un liquide ; mais la loi de marche de l'organe obturateur pouvant varier à l'infini, suivant l'effet à réaliser, on comprend qu'il soit nécessaire de préciser les conditions d'emploi, afin d'arriver à formuler des règles d'une utilité pratique.

Pour fixer les idées, nous supposerons qu'il s'agit, d'abord, des machines à vapeur ordinaires, dans lesquelles un piston à double effet donne un mouvement continu de rotation à un arbre, par l'intermédiaire d'une bielle et d'une manivelle.

Quel que soit le dispositif qui transmette le mouvement à l'organe obturateur des orifices, par lesquels la vapeur entre ou sort aux deux extrémités du cylindre ; il est clair que par cet organe, ou ces organes, s'il y en a plusieurs, quatre *phases* bien distinctes vont être déterminées, sur chacune des faces du piston, à savoir :

Première phase : l'orifice d'entrée seul est ouvert. — *Admission.*

Deuxième phase : l'orifice d'entrée est fermé, l'orifice de sortie n'est pas encore ouvert. — *Détente.*

Troisième phase : l'orifice de sortie est seul ouvert. — *Émission.*

Quatrième phase : l'orifice de sortie est fermé, l'orifice d'entrée n'est pas encore ouvert. — *Compression.*

A ces quatre phases, correspondent quatre positions principales et remarquables de l'appareil distributeur : *Commencement* de l'admission; *Fin* de l'admission; *Commencement* de l'émission; *Fin* de l'émission.

Si l'on considère la marche relative du piston et de l'appareil qui lui mesure la vapeur, il y a encore deux autres positions remarquables de cet appareil. Ce sont celles correspondant aux deux points extrêmes de la course du piston; qu'on appelle aussi : *point mort* du piston, ou de la manivelle.

2. — La largeur dont l'orifice est ouvert à l'admission, ou à l'émission, quand la manivelle est au *point mort*, se nomme : *avance linéaire*. L'angle qui reste à décrire par la manivelle, avant qu'elle arrive au point mort, à partir du moment où l'orifice d'admission, ou d'émission, commence à s'ouvrir, s'appelle : *avance angulaire*.

Les avances linéaire et angulaire peuvent être *négatives*. Ce sont alors des *retards*.

Théoriquement parlant, si les orifices pouvaient être instantanément ouverts, ou fermés, il n'y aurait pas besoin d'*avance*. Mais l'instantanéité absolue n'existe pas. Il ne convient même pas trop de chercher à en approcher. Toute variation brusque de vitesse engendre nécessairement des chocs. De plus, il faut penser à l'*usure*, cette maladie dont tout organe mécanique porte avec lui le germe fatal. L'usure causerait du retard, défaut sérieux le plus souvent. Enfin, une admission anticipée sert à amortir le choc, dû à l'inertie des pièces, à la fin de la course. Il convient donc habituellement de donner de l'*avance*.

3. — Pour nous rendre compte des conditions qu'un appareil distributeur doit remplir, il convient d'examiner, en détail, ce qui se passe dans le cylindre d'une machine à vapeur, en laissant, au lecteur, le soin d'étendre les déductions tirées de là, aux machines, bien moins nombreuses et importantes du reste, dans lesquelles le distributeur agit sur un autre fluide, ou sur un liquide.

Supposons le piston au commencement de sa course. L'orifice d'émission a dû être fermé, avant que l'orifice d'admission soit ouvert; autrement, la vapeur passerait sans agir. Il doit aussi y avoir une certaine *avance* à l'admission, comme il a été expliqué au n° 2. Le piston marche en avant, avec une vitesse croissante. L'orifice d'admission doit donc s'ouvrir rapidement au large. A mesure qu'elle afflue, la vapeur rencontre des parois relativement *froides* et les *réchauffe*, en se condensant partiellement.

Suivant les conditions d'emploi de la machine, le piston arrive, plus ou moins tôt, au point de sa course, où l'entrée de la vapeur doit cesser. En ce point, le distributeur doit fermer l'orifice d'admission, le plus rapidement possible.

Anciennement, on attachait une importance considérable, à la rapidité dans la fermeture. A tel point qu'on l'a trouvée une raison justificative suffisante de toute la complication des mécanismes que M. Corliss et ses nombreux imitateurs ont imaginés, pour réaliser la fermeture dite *instantanée*. Aujourd'hui la science, plus avancée, de la thermodynamique démontre qu'un fluide qui se détend, sans produire de travail extérieur, ne consomme pas de chaleur. L'étranglement des orifices et ce qu'on appelait le laminage de la vapeur n'a donc pas la portée que l'on supposait.

Il constitue, néanmoins, un inconvénient, en ce sens qu'il diminue la puissance d'une machine de dimensions données, devant utiliser une pression à la chaudière, donnée également. Ou, si l'on veut, que pour produire un même travail utile, il exige toutes choses égales, soit une machine de dimensions un peu plus grandes, partant un peu plus coûteuse et consommant un peu plus en frottement; soit une chaudière livrant de la vapeur à une pression un peu plus élevée. Avec les chaudières multitubulaires si répandues aujourd'hui, et qui se répandront toujours plus, parce qu'elles portent en elles d'autres avantages, ce dernier inconvénient est bien faible. D'ailleurs, pour éviter un mal, il est peu rationnel de se jeter dans un autre mal égal, ou pire. Disons donc : qu'il convient de *fermer vite*, sans qu'il soit pour cela nécessaire de tomber dans le cortège des inconvénients de la fermeture instantanée.

4. — Une fois l'orifice de l'admission clos, la vapeur continue à pousser le piston, durant une partie plus ou moins importante de sa course. Cette vapeur se détend, en produisant du travail extérieur; par conséquent elle se refroidit, *dans sa masse*. Pour cette raison, une partie tend à se *condenser*. Mais les parois du cylindre, qui ont emmagasiné de la chaleur, durant la période d'admission, la restituent peu à peu. L'eau qui les tapisse absorbe la première cette chaleur, et repasse, en plus ou moins grande part, à l'état de vapeur, avec une énergie croissante, à mesure que la différence de température augmente et que la pression baisse.

5. — Bientôt l'orifice d'émission s'ouvre. Lui aussi doit s'ouvrir *vite*. Théoriquement parlant, toute émission anticipée, avant que le piston arrive à fond de course, comme toute contrepression, due à l'insuffisance d'écoulement, avant que le piston rétrograde, constitue une perte de travail. Mais, ici encore, il ne faut pas exagérer les choses. Au point mort, la vitesse du piston est nulle ; et pendant qu'il parcourt *un millième* de sa course, avant et après le point mort, le bouton de manivelle décrit un arc d'un peu plus de cinq degrés, au total[1]. Pour une vitesse uniforme de rotation, cela correspond à $\frac{5^\circ}{180^\circ}$, ou 1/36 du temps nécessaire à une course entière. C'est déjà beaucoup, si l'on songe à la vitesse considérable, (40 mètres et plus, sans perte de pression dommageable), avec laquelle se meut la vapeur. Or, de quelle importance sérieuse peut-il être que l'ouverture d'émission se découvre anticipativement, quand le piston a encore à fournir un millième de sa course; et qu'il subisse quelque surcroît de résistance de la part de la vapeur qui s'écoule, pendant un autre millième de cette course? Cette importance est insignifiante, évidemment, eu égard aux autres causes de perte de travail, dépendantes, ou non, de la distribution; et au lieu d'*un* millième, on peut en accorder *dix* et plus, sans grand préjudice.

Pendant que la vapeur s'écoule, par l'orifice d'émission, la pression baisse rapidement, dans le cylindre; et avec elle la

1. $\cos \frac{5^\circ}{2} = 0,99905$.

température. Deux conditions très favorables, pour que les parois cèdent, de plus en plus, la chaleur qu'elles avaient accumulée. Aussi la vaporisation de l'eau, condensée sur ces parois, prend-elle une importance bien plus grande, durant la période d'émission, que durant la période de détente; et d'autant plus, que cette période d'émission se prolonge davantage.

Longtemps on méconnut ces phénomènes. C'est, dans ces dernières années seulement, que l'éveil a été donné, par la différence considérable, mise en relief par des expériences précises, entre le poids réel de vapeur, entrant dans le cylindre, et celui correspondant au volume et à la pression, durant la période d'admission. Cette différence atteint et dépasse 50 0/0, dans nombre de machines couramment employées. On voit que la quantité de chaleur, (on pourrait dire d'argent), qui passe, sans être utilisée, dans le cylindre, joue un rôle d'une importance bien autrement grande, que les petites pertes de travail, dues soit à l'ouverture anticipée, soit à la non-instantanéité des mouvements du distributeur.

6. — Divers moyens se présentent pour combattre ce grave inconvénient. En premier lieu, il est bien clair que plus tôt l'ouverture d'émission sera fermée, moins il s'échappera de vapeur, moins les parois se refroidiront, moins enfin la vapeur se condensera durant l'admission et le commencement de la détente. Il convient donc que le distributeur donne une grande *fermeture anticipée* à l'émission. Dans certains cas, aujourd'hui, la durée de cette fermeture dépasse 50 et même 60 0/0 de la course du piston.

Autrefois, on faisait aussi de la fermeture anticipée, ou comme on le disait, de la *compression*; mais c'était dans un autre but : celui de remplir l'espace *nuisible*, comme on l'appelait, c'est-à-dire les conduits de vapeur entre le distributeur et le piston, plus le jeu qu'il est indispensable de laisser, entre le piston et les couvercles du cylindre, à fond de course. On avait ainsi une durée de fermeture anticipée, correspondant à 10 ou 15 0/0 de la course du piston. Quand on arrivait à 20 0/0 et au delà, on considérait la chose comme grandement nuisible. Aussi ne la tolérait-on qu'avec peine; comme, par exemple, dans la distribution par coulisse ordinaire, des locomotives, qu'il était classique d'appeler mauvaise; parce qu'à de faibles admissions, correspondent nécessairement de fortes compressions, comme on le verra plus loin. Que d'efforts ont été faits, pour éviter ce que l'on croyait un gros inconvénient! Les systèmes Meyer, Gonzenbach (pl. XLI-XLII), et autres, ont été créés dans ce but.

En 1870, le professeur Bauschinger a expérimenté comparativement deux locomotives des chemins de fer bavarois, de construction identique, sauf que l'une portait la coulisse de Stephenson ordinaire à un seul tiroir; l'autre portait, en plus, le second tiroir spécial de détente, du système Meyer. Pour le cran de marche moyenne, la première donnait une forte compression, la seconde une compression très faible. Le résultat, tout à fait inattendu, a été une consommation de charbon supérieure de 22 0/0, dans la locomotive à détente Meyer. M. Bauschinger a publié ce résultat, sans l'expliquer. En 1870, on n'avait donc pas encore compris l'utilité de la fermeture anticipée à l'émission.

On trouvera, sur cette question, des détails intéressants, dans le travail, publié en 1884, par M. F. Delafond, ingénieur en chef des Mines, et intitulé : *Essais effectués sur une machine Corliss au usines du Creusot.*

Cette fermeture anticipée présente cependant d'autres avantages encore. La garniture d'un piston n'est jamais absolument étanche. Sans doute, la fermeture anticipée ne fait pas disparaître l'inconvénient des fuites, par cette garniture; mais elle l'atténue beaucoup; en conservant dans le cylindre, bien que de l'autre côté du piston, une certaine quantité de chaleur, contenue dans la vapeur ayant passé par les fuites; et qui, sans l'obturation de l'orifice d'émission, filerait directement au condenseur, ou dans l'atmosphère.

7. — Un second moyen de combattre la déperdition de chaleur, cédée par les parois du cylindre et du piston, durant l'émission, consiste à réduire, autant que possible, la *conductibilité* et la *capacité calorifique* de ces parois. Dans ce sens : la fonte vaut mieux que le cuivre. Et s'il est difficile de faire les cylindres à vapeur en une autre matière que la fonte; on peut, au moins, revêtir les parties non frottantes d'une couche

métallique, ou non métallique, dont la capacité calorifique et la conductibilité soient moindres. Divers brevets ont été pris dans ce but. Le procédé le plus pratique semble être de garnir les parois non frottantes d'une couche de plomb, soudée à l'étain.

Un calcul élémentaire montre que cette couche n'a besoin que d'une assez faible épaisseur, avec une variation également faible de température, même en supposant qu'elle doive absorber toute la chaleur du poids de vapeur, qui se condense, durant l'admission et, si l'on veut, de toute la vapeur admise. En réalité, le calcul exact serait fort complexe; car il faudrait établir la loi de transmission de la chaleur, dans l'épaisseur des parois; loi qui, en outre du temps, dépend de la température, laquelle varie d'une manière difficile à préciser.

Tout rationnel qu'il soit, ce moyen n'a été employé, jusqu'ici, que par exception.

8. — Un troisième moyen de combattre la déperdition de chaleur, cédée par les parois, pendant l'émission, consiste à réduire la durée du cycle complet des phases déterminées par le distributeur; en d'autres termes, à augmenter le nombre des coups de piston, par minute.

La transmission de la chaleur, dans les parois du cylindre, est proportionnelle, non seulement au temps, mais encore à la différence des températures, entre la vapeur et ces parois elles-mêmes. Plus les phases d'admission et d'émission se succèdent avec rapidité, moins la température de la couche des parois, en contact avec la vapeur, a le temps de changer. Moins donc ces parois emmagasinent de chaleur, dans le même temps. A la limite, cette température restant invariable, il n'y aurait pas de chaleur cédée, par la vapeur d'admission, aux parois du cylindre; et, par suite, pas de chaleur perdue durant l'émission.

D'un autre côté, la transmission de la chaleur, dans les parois, est proportionnelle à l'étendue de leur surface. Or, pour un travail donné, à produire, c'est-à-dire pour une quantité déterminée de vapeur, à dépenser par minute, le volume du cylindre et, par conséquent, la surface de ses parois, sont d'autant plus petits, toutes choses égales, que le nombre des coups de piston est plus grand, dans le même temps, pour la même course.

Il y a donc avantage à augmenter le nombre des tours d'une machine. Disons, en passant, que par là, on réduit aussi l'influence des fuites, par la garniture du piston, pour deux raisons : la première c'est que la vitesse *relative*, dans les petits canaux par lesquels la vapeur fuit, diminue ; la seconde, c'est que les fuites sont proportionnelles au périmètre du piston, et que ce périmètre diminue, à mesure que la vitesse du piston augmente, pour une même quantité de travail produit.

9. — La fermeture à l'émission doit être *rapide*, cela est désirable. Mais ici l'instantanéité a moins encore sa raison d'être, que pour les autres phases de la distribution.

Dès que l'orifice d'émission est fermé, le peu de vapeur qui reste dans le cylindre, en avant du piston, commence à se comprimer, puis se comprime de plus en plus. Il y a transformation de travail en chaleur. Mais ce n'est pas là du travail perdu, parce que la chaleur équivalente produite s'emmagasine, et dans la vapeur comprimée, et dans les parois du cylindre ; de sorte que celles-ci ont moins de chaleur à emprunter à la vapeur d'admission, quand elle afflue.

Théoriquement parlant, il semble donc qu'on puisse, avec impunité, pousser très loin la compression et, par suite, la fermeture anticipée dont elle découle. Mais il y a à tenir compte de certaines conditions pratiques.

D'abord, il ne faut pas perdre de vue que la transformation du travail en chaleur, et inversement, ne se fait pas sans perte. Elle doit être affectée d'un certain coefficient de rendement, toujours inférieur à l'unité.

En second lieu, le travail de compression, en croissant, exige des dimensions plus grandes de la machine, partant plus de dépense d'acquisition et d'entretien.

En troisième lieu, il ne convient pas de dépasser la pression maxima de la chaudière, pour laquelle les organes du mécanisme sont rationnellement construits, sous peine de fatiguer ces organes, ou d'être conduit à leur donner un excès de force.

En quatrième lieu, dans les systèmes de distribution par tiroir, qui sont et seront sans doute toujours les plus employés, parce qu'ils conservent le mieux leur étanchéité, malgré l'usure, il convient de ne pas soulever le tiroir, pour éviter des chocs destructeurs; et aussi, quand le tiroir est de la forme ordinaire à coquille, pour ne pas mettre en communication directe l'admission avec l'émission. Cela limite encore la sous-pression, à la pression de la chaudière.

Enfin, il convient de ne pas dépasser la pression de la chaudière, pour n'être pas obligé de serrer inutilement les presse-étoupes et les garnitures de piston, sources importantes d'un frottement qui lui aussi transforme le travail en chaleur, dans des conditions où la récupération est loin d'être complète.

10. — De tout ceci il résulte : *qu'il est sage de prendre, pour limite de la compression, la pression minima, ou, tout au plus, la pression moyenne de la chaudière.* Cette limite fixe l'étendue de la fermeture anticipée, dès que l'on connaît le volume de l'espace, appelé autrefois *nuisible*; c'est-à-dire, du jeu existant entre le piston et le couvercle du cylindre, plus du conduit jusqu'à l'obturateur. Appelons-le simplement *espace libre*, sans préjuger ses qualités ou ses défauts; car, ce qui vient d'être dit conduit naturellement à cette question : Ne convient-il pas d'augmenter l'*espace libre*, pour réaliser une plus grande fermeture anticipée, sans donner, à la compression, une valeur exagérée? Dans nombre de machines existantes, la convenance d'une réponse affirmative n'est pas douteuse. Et alors, il faudrait dire non pas *espace nuisible*, mais *espace utile.*

Ce point de la grandeur de l'espace libre mérite d'être examiné de plus près. Supposons qu'il n'y ait pas de compression ni de détente. Au moment de l'ouverture à l'admission, la vapeur, venant de la chaudière, devra remplir l'espace libre. Au moment de l'ouverture à l'émission, la vapeur de cet espace va s'échapper, sans avoir produit de travail utile. S'il y a détente seulement, la vapeur de l'espace libre travaillera comme l'autre; mais on n'aura pas moins perdu le travail, correspondant à la période d'admission de cette vapeur. S'il y a compression, le travail consommé, pour remplir l'espace libre de vapeur, comprimée depuis la pression d'émission, jusqu'à la pression d'admission, sera égal au travail produit par la détente du même volume de vapeur, depuis la pression d'admission jusqu'à celle d'émission. Si donc *la détente est poussée jusqu'à amener la vapeur du cylindre, juste à la pression d'émission, l'espace libre n'est la source d'aucune perte de travail*; sauf celle due au coefficient de rendement, applicable aux transformations dont il vient d'être parlé.

Ce résultat était connu depuis longtemps; et c'est à cause de l'impossibilité pratique d'annuler complètement la perte de travail, causée par la présence de l'espace libre, qu'on l'avait, de prime-abord, surnommé nuisible, et qu'on s'ingéniait à le rendre de plus en plus petit.

Dans les anciennes machines, cet espace atteignait souvent, et dépassait quelquefois 10 0/0 du volume décrit par le piston. Dans les machines récentes, on l'a réduit de beaucoup. Toutefois il est assez rare de le trouver inférieur à 2 0/0, même par l'emploi des quatre tiroirs du genre Corliss, (planche LIX), ou autre.

Concluons donc : que quand la détente amène la pression de la vapeur, au moment qui précède l'émission, à une valeur voisine de celle qui existe durant l'émission même; quand surtout cette dernière est faible, comme dans les machines à condensation; on peut et on doit appliquer la *fermeture anticipée*, dans une large mesure, en *augmentant*, *au besoin*, le volume de l'espace libre.

Dans tous les cas, il est bien clair que l'émission doit être fermée, avant que l'admission commence à s'ouvrir.

Quant à indiquer, pour la fermeture anticipée, une certaine valeur, comme étant la plus convenable, cela ne se peut, *a priori*; parce que cette valeur dépend de causes trop multiples : pression d'admission et d'émission; degré de détente; rapport de la surface des parois, au poids de vapeur d'une cylindrée, vitesse du piston; nombre de tours; eau entraînée; température ambiante; valeur relative du capital engagé, du combustible, des dépenses d'entretien et de réparation, etc.; tout cela influe, dans une mesure qu'il est très difficile de spécifier [1].

1. Voir ce que dit, à ce sujet, M. de Fréminville, dans son *Étude sur les machines Compound*, Arthus-Bertrand, Paris, 1878.

Les expériences, d'ailleurs très délicates, à faire dans ce sens, sont encore trop peu nombreuses, pour éclaircir la question, autrement qu'en indiquant la voie à suivre.

On peut affirmer, toutefois, qu'en règle générale, on n'a pas jusqu'ici fait assez de fermeture anticipée; et que, dans les machines à condensation, c'est-à-dire à détente un peu prolongée, il convient de dépasser 50 0/0.

11. — Il a été dit, n° 3, que la fermeture de l'admission se produisait plus ou moins tôt, par rapport à la course entière du piston. Un point qui intéresse considérablement l'organe distributeur est celui de savoir si cette durée relative de l'admission doit demeurer fixe, ou pouvoir être variée, durant la marche.

Le premier cas est évidemment le plus simple. Une fois la distribution réglée, il n'y a plus à s'en occuper. Le machiniste n'a d'autre souci que de mettre en marche, ou d'arrêter sa machine, et, parfois, de modérer les trop grands écarts de sa vitesse. Il obtient ces effets, par la manœuvre du robinet de prise de vapeur. L'appareil distributeur n'a rien à y voir.

Mais, pour qu'il puisse en être ainsi, il faut : ou que le travail résistant, vaincu par la machine, soit très régulier, de même que le travail moteur; ou que des variations sensibles, dans la vitesse, soient tolérables. Or ces conditions sont, aujourd'hui, remplies de moins en moins. Dans la généralité des cas, la résistance est fort variable, et l'on devient de plus en plus exigeant, pour la constance du nombre de tours.

La variation de la puissance motrice doit donc non seulement être possible, durant la marche, en beaucoup de cas; mais encore il convient qu'elle soit automatique. C'est la raison pour laquelle les machines sont, le plus souvent, munies d'un *régulateur de vitesse*, spécialement chargé de modérer la puissance, quand la résistance diminue, et inversement.

12. — En supposant la machine construite pour vaincre la plus grande résistance, avec la plus faible pression à la chaudière, il y a deux moyens d'agir sur la puissance, durant la marche. L'un consiste à abaisser la pression moyenne, durant l'admission, absolument comme le ferait le machiniste, en manœuvrant son robinet; l'autre consiste à laisser constante la

pression, pendant l'admission, mais à réduire la durée de cette dernière.

Il n'est pas besoin de longs raisonnements, pour faire voir que le second moyen est plus avantageux que le premier. Le travail de contrepression derrière le piston étant le même, dans les deux cas, comparons simplement les travaux sur la face poussée par la vapeur. La valeur, sinon rigoureuse, du moins très approchée, de ce travail, est donnée par la formule connue :

$$T = P_0 V_0 \left(1 + \log' \frac{P_0}{P_1}\right)$$

V_0 volume d'admission.

P_0 P_1 pression au commencement et à la fin de la détente.

Par le premier moyen, le terme entre parenthèses demeure constant ou diminue. Par le second moyen, ce même terme augmente. Donc, en ce dernier cas, le facteur, placé en avant de la parenthèse, diminue, pour la même valeur de T. Or, le produit P_0 V_0 est proportionnel au poids de vapeur, pris à la chaudière. Donc ce poids est plus petit, quand le régulateur de vitesse réduit V_0, que quand il réduit P_0.

Il y a donc avantage à faire agir le régulateur sur le *distributeur*, qui règle la *durée* de l'admission, plutôt que sur un *papillon*, ou une *valve*, réglant la *pression* d'admission.

Ceci est conforme au principe de la *thermodynamique*, en vertu duquel le rendement d'une machine thermique, quelle qu'elle soit, varie comme la chute de température du corps mis en action.

Un autre avantage, c'est que la machine utilise ainsi toujours la pression de la chaudière, si grande que soit cette pression, tandis qu'autrement elle ne le fait pas; puisque, sous peine d'avoir un moteur trop faible, en de certains moments, il faut qu'il soit construit de manière à vaincre la plus grande résistance avec la plus petite pression, ou tout au moins, avec la pression moyenne à la chaudière. Cet avantage est d'autant plus sensible que la variation, tout à la fois dans la résistance à vaincre par la machine, et dans la pression de la chaudière, est plus considérable.

Il est bon de noter aussi, qu'en conservant à P_0 une valeur à peu près constante, on peut donner à la compression et, par suite, à la fermeture anticipée, sa valeur maxima.

En tout cas, la variabilité automatique de l'admission, durant la marche, constitue une des conditions importantes, auxquelles un distributeur doit satisfaire.

13. — Une autre condition, qui intéresse encore grandement l'appareil distributeur, est celle de permettre le renversement du sens de la rotation. Dans les locomotives, les bateaux, et une foule d'autres machines, cette qualité est essentielle.

Enfin le problème est le plus complexe, quand le distributeur doit permettre, à la fois, de varier la durée de l'admission, pendant la marche et de renverser le sens de la rotation. On verra, cependant, que la majeure partie des appareils à renversement de marche, donnent nécessairement la variation de l'admission.

On peut se demander, pour cette dernière classe d'appareils, s'il est avantageux, ou non, de faire varier l'avance à l'admission, ou à l'émission, quand on change la durée de la détente.

Le plus souvent, une augmentation de la détente est motivée par une accélération dans la vitesse. Le piston marchant plus vite, il est rationnel d'augmenter l'*avance*; et, en tout cas, il ne le serait guère de la réduire. Toutefois, dans le voisinage du point mort, l'effet de variation de la vitesse du piston, (qui passe nécessairement par zéro), est peu sensible sur l'afflux, ou la sortie de la vapeur. L'augmentation de l'avance, à mesure que la durée de la détente augmente, tout en étant rationnelle, n'a donc qu'une importance secondaire.

14. — Telles sont les conditions générales auxquelles doit satisfaire un appareil distributeur. Nous les qualifierons de *théoriques*, par opposition à celles dont il reste à dire un mot, et qui sont plus essentiellement *pratiques*.

Et d'abord, le distributeur joue véritablement le rôle de caissier, puisqu'il compte et délivre de l'argent, sous forme de vapeur. Il doit donc posséder toutes les vertus de cet emploi délicat.

Il doit être *exact*, c'est-à-dire qu'il doit faire ce dont il est chargé, en temps voulu ; et cela, non pas seulement quand le machiniste vient de le régler, mais longtemps après. Il doit continuer ses fonctions, sans intermittence ni caprice. Il ne doit donc pas être sujet à se dérégler, et se montrer peu sensible à l'influence de l'usure sur le mécanisme qui le conduit. Cela proscrit les dispositifs compliqués, à articulations nombreuses, à efforts en porte-à-faux, difficiles à surveiller et à entretenir.

Il doit être *fidèle*, c'est-à-dire qu'il ne doit laisser passer que juste la quantité de vapeur voulue, et pendant le temps voulu. En d'autres mots, il doit être *étanche*. Mais non seulement il doit l'être, à la naissance de la machine, quand elle sort des mains du constructeur, il doit l'être encore après plusieurs années de marche. Cela conduit à employer des surfaces de contact simples, faciles à obtenir avec précision, et surtout sur lesquelles l'inévitable usure ait peu d'action, au point de vue de l'étanchéité. Dans ce sens, les robinets tournants, les pistons distributeurs, les soupapes à axe non vertical, même les tiroirs automatiquement appliqués sur leur table, mais à surface frottante de forme circulaire, même les soupapes équilibrées, à axe vertical, *ne vaudront jamais le simple tiroir plan.*

Dans les premiers, les inégalités inévitables d'effort et de vitesse, à de certains moments, produisent des déformations locales des surfaces de contact; si bien que ces surfaces ne s'épousent plus, et s'épousent de moins en moins. Dans le dernier, ces inégalités, même en produisant aussi des usures locales, ont bien moins d'effet sur l'étanchéité. Les surfaces continuent à s'épouser sensiblement, après leur déformation. Il y a des tiroirs à coquille ordinaires, qui ont usé leur table, vers le milieu, suivant une courbe dont la flèche atteint 3 à 4 millimètres, et qui malgré cela demeurent étanches.

Enfin le distributeur doit être *facile à remplacer*, ou à *réparer*, ce qui entraîne la condition de l'accessibilité de la chapelle, et l'emploi des surfaces faciles à remettre à neuf sur place. Encore ici, c'est le tiroir plan qui l'emporte, sur les autres distributeurs.

15. — Il faut bien dire néanmoins que le tiroir plan n'a pas que des vertus; il possède aussi quelques vices. Si la pression l'applique automatiquement sur sa table, ce qui lui donne la qualité précieuse de demeurer étanche malgré l'usure; cette même pression lui fait consommer, en frottement, une quan-

tité de travail non négligeable. Ce travail n'est pas entièrement perdu, il est vrai, parce qu'il se transforme en chaleur, dont une partie est restituée à la vapeur qui travaille ; mais c'est la plus minime part. Car, la chaleur provenant du frottement, dans les articulations du mécanisme distributeur, est perdue, elle, en totalité.

Toutefois, l'inconvénient de la perte en frottement est loin de pouvoir être mis en parallèle, avec celui de la non-étanchéité. On passerait donc sur ce défaut, s'il n'avait des conséquences d'un autre genre.

Et d'abord, dans les machines à renversement de marche, il est d'un intérêt évident que la résistance passive du distributeur soit autant réduite que possible, surtout si ce renversement doit s'effectuer à la main. Autrement, la machine manque de *docilité*, défaut dont les conséquences peuvent être extrêmement graves, en des cas nombreux. Le renversement mécanique, par *servo-moteur*, ou autre procédé, pare à ce défaut; mais cela conduit à l'emploi d'un mécanisme de plus, qui consomme du travail et peut se déranger.

Ensuite, si l'on veut que le régulateur de vitesse agisse sur le distributeur, pour varier la durée de l'admission, (voy. n° 12), il y a également un *certain intérêt*, à ce que le distributeur ne présente pas des résistances trop considérables.

Anciennement, on aurait dit : il y a un *intérêt évident*, à ce que le distributeur présente le moins de résistance possible.

Cela n'est pas tout à fait aussi vrai qu'on le pourrait croire, à première vue.

Trois qualités caractérisent un régulateur de vitesse, ce sont la *puissance*, la *sensibilité*, la *stabilité*. Les deux dernières sont malheureusement antagonistes. Si la résistance à vaincre par le régulateur est très faible, il pourra avoir une grande sensibilité, bien que construit peu puissant, à un point de vue absolu. Mais alors, il y a gros à parier qu'il sera instable, c'est-à-dire qu'il agira trop facilement sur le distributeur et qu'au lieu de régler la vitesse, il la déréglera souvent. En effet, la résistance du distributeur est, quoi qu'on fasse, inégale et variable à divers instants, même pendant un seul tour de l'arbre moteur. *Si l'ordre de ces variations est compa-*

rable à celui de la puissance du régulateur, elles auront sur lui une influence considérable. Voilà pourquoi il manquera de stabilité.

Cela est si vrai que dans la multitude de dispositifs imaginés, durant ces dernières années, pour permettre l'action du régulateur, sur le distributeur, après s'être bien ingénié à réduire les résistances de toutes sortes, les inventeurs en sont tous arrivés à disposer, quelque part, entre le régulateur et le distributeur, une cataracte, un frein, en un mot une *résistance*.

L'idéal consisterait à disposer les choses de manière que l'ordre des variations, dans les résistances du distributeur et du régulateur lui-même, fût *petit devant la puissance* de ce dernier. Cela veut dire qu'il faut toujours faire des régulateurs de grande puissance *relative*; et qu'il ne faut pas craindre d'employer des distributeurs de grande résistance, si la grandeur des variations de cette résistance croît moins que proportionnellement à la résistance elle-même; ce qui est la condition ordinaire.

16. — Ceci dit, il faut bien reconnaître cependant que, dans nombre de cas, il y a avantage à réduire les résistances propres du distributeur. C'est, dans cet ordre d'idées, qu'on a été conduit à chercher des moyens d'équilibrer les tiroirs, en tout, ou partie, (voy. planche LXVII, fig. 2). Mais c'est là un champ qui s'est montré assez stérile. Il n'y a, pour ainsi dire, pas un seul système de tiroir équilibré qui ait résisté à l'épreuve de quelques années d'emploi. Outre la complication, dans la construction et l'entretien, ces tiroirs perdent vite, ou leur qualité d'être équilibrés, ou leur qualité d'être étanches. Les pistons ne donnent pas de meilleurs résultats. Les soupapes équilibrées, à double siège, à axe vertical, sont d'un meilleur emploi; mais elles exigent une exécution très soignée et ne supportent bien ni la grande vitesse, ni les trépidations. Leur agencement propre, comme celui du mécanisme qui les meut, est toujours plus compliqué que celui du tiroir. Il est à peu près indispensable de les munir de tampons de choc.

17. — Parmi les conditions *pratiques* que doivent remplir les appareils distributeurs, il faut encore examiner s'il convient, ou non, d'employer un distributeur *distinct*, pour *l'entrée* et

pour la *sortie* de la vapeur, sur *chaque face* du piston. La question est complexe, et ne comporte pas une réponse unique.

Dans les machines, où la simplicité doit primer toutes les autres qualités, pour diverses raisons de sécurité dans le fonctionnement, de commodité dans l'entretien et la réparation, de légèreté, ... etc., il n'y a pas à hésiter. Le tiroir unique, plan, à coquille, ordinaire, qui donne une solution si élégante du problème de la distribution sur les deux faces, en des limites de conditions déjà bien larges, doit être préféré.

Dans les machines où l'on doit, au contraire, se préoccuper surtout d'économiser la vapeur ; où, par conséquent, il faut une grande détente, et beaucoup de fermeture anticipée, il peut y avoir avantage à employer un distributeur séparé, non seulement pour l'admission et l'émission, mais encore pour chaque face du piston. En voici divers motifs.

On sait que la quantité de chaleur, transmise par une paroi métallique, croît sensiblement avec la différence de température et la vitesse de circulation des fluides, ou liquides, en contact avec les deux faces de cette paroi. Donc, il est fâcheux de faire circuler la vapeur d'émission, sensiblement refroidie par la détente et par l'action du condenseur, s'il y en a un, sous le distributeur même qui sert à l'admission, pendant que l'autre face de ce distributeur est en contact avec de la vapeur notablement plus chaude.

D'un autre côté, l'emploi de quatre distributeurs distincts deux sur chaque face du piston, permet de réduire l'espace libre, s'il y a intérêt à le faire. (Voir nº 10.)

C'est encore souvent un arrangement commode, pour le constructeur, qui désire, avec raison, placer les orifices d'émission à la partie inférieure du cylindre, afin d'assurer l'écoulement des eaux de condensation, tout en laissant les orifices d'admission à la partie supérieure.

Enfin, et c'est là un motif suffisant à lui seul; pour que l'on puisse choisir, d'une manière indépendante, les conditions du commencement, comme de la fin, tant de l'admission, que de l'émission, il faut au moins disposer de deux obturateurs distincts : l'un pour l'entrée, l'autre pour la sortie.

CHAPITRE II

MANIÈRE DE REPRÉSENTER A L'ESPRIT ET AUX YEUX LA MARCHE D'UN APPAREIL DISTRIBUTEUR.
COURBES : POLAIRE, SINUSOÏDE, ELLIPTIQUE

18. — Quel que soit le distributeur employé, il s'agit, en somme, d'ouvrir ou de fermer un orifice. Pour se rendre compte de la manière dont les choses se passent, il suffit de considérer la marche de l'arête, appartenant à l'obturateur, par rapport à l'arête de l'orifice.

Tous les points, invariablement liés à l'obturateur, peuvent servir à étudier la marche de l'arête en question, puisqu'ils se meuvent d'une manière identique avec elle.

L'arête de l'orifice peut être *fixe*, ou *mobile*. Dans le dernier cas, si on connaît la loi de marche, par rapport à un point fixe quelconque; tant pour l'arête de l'obturateur, que pour l'arête de l'orifice; on en conclura aisément la marche *relative* des deux arêtes.

Que l'obturateur soit un robinet, un piston, une soupape, ou un tiroir, cela est donc indifférent. La marche relative de l'obturateur, sur l'orifice qu'il recouvre, se conçoit de la même façon et se représente de la même manière.

Si l'on appelle α, l'angle décrit par la manivelle motrice, à partir du point mort, et k la fraction de course correspondante, parcourue par le piston, à partir aussi du point mort, il est évident de soi, que connaissant α, on pourra toujours, trouver k et inversement; soit en négligeant l'effet de l'obliquité de la bielle motrice, soit en en tenant compte; et cela quel que soit le système de distribution employé.

Si donc on parvient à établir la loi de marche de l'organe obturateur, en fonction de l'angle α, on la connaîtra de même, par rapport à la fraction k de course parcourue par le piston.

19. — Si, dans le plan que décrit la manivelle motrice, on mène, par la pensée, une droite origine parallèle à l'axe du cylindre et rencontrant l'axe de l'arbre moteur; que, par ce point de rencontre, on mène une série de rayons, parallèles à la manivelle, à chaque instant; c'est-à-dire, faisant l'angle variable α, avec la droite origine; que, sur chacun de ces rayons, on porte des longueurs, égales à celles parcourues par l'arête de l'obturateur, à partir d'un point fixe quelconque, pour la valeur correspondante de α; que l'on joigne, par un trait continu, les points ainsi déterminés, on engendrera ce qu'on appelle, en mécanique, une *came*. La came, ainsi obtenue, serait évidemment apte à donner, à l'obturateur, précisément le mouvement qu'il possède. Le contour de cette came représente parfaitement, à l'esprit et aux yeux, la loi de marche de l'arête considérée de l'obturateur. Il contient tout ce qu'il faut, pour déterminer, à chaque instant, les positions correspondantes de l'obturateur et du piston.

Si l'arête de l'orifice est *fixe*, il suffit de tracer, du pôle comme centre, une circonférence de rayon égal à la distance, séparant cette arête, du point fixe pris pour origine, dans le mouvement du distributeur. Le tracé donnera, pour toute valeur de α, et par conséquent de k, (n° 18), la quantité dont l'obturateur découvre, ou recouvre, l'orifice. On aura, par là même : le maximum d'ouverture, l'instant précis où se produisent l'ouverture comme la fermeture, les avances linéaire et angulaire, en un mot tout ce qu'il peut être utile, ou seulement désirable, de connaître.

Si l'arête de l'orifice est *mobile*, il suffira de tracer la *came*, représentant la loi de son mouvement, toujours par rapport au point fixe déjà pris pour origine. Le contour de cette seconde came remplacera la circonférence qui, tout à l'heure, représentait l'arête de l'orifice supposée fixe; et permettra des constatations identiques.

20. — Tout ce qui vient d'être dit est indépendant du point fixe, pris pour origine. Ce point peut donc être, par exemple,

celui qui correspond à la position moyenne de l'arête de l'obturateur. Cela simplifie, en certains cas, la formule applicable au contour de la *came*, représentant la marche de l'obturateur; ou, comme on le dit, l'*équation* de la *courbe de marche*.

Dans ce dernier cas, la courbe en question, quelle que soit la loi de marche qu'elle représente, a nécessairement une forme en 8, ou mieux en ⑥; puisque la longueur du rayon vecteur passe deux fois par zéro, pendant que α passe de 0° à 360°; c'est-à-dire, pendant que la manivelle fait un tour complet.

Théoriquement parlant, cela est indifférent; et le tracé donne toujours tout ce dont il a été parlé plus haut. Mais, pour l'application, on aperçoit d'abord que, dans la région voisine du pôle, les intersections soit des rayons vecteurs avec les courbes, soit des courbes entre elles, seront moins nettes et correspondront à des positions angulaires de la manivelle, moins précises, que si ces intersections étaient éloignées du pôle.

21. — Connaissant la *came*, ou *courbe polaire*, représentative de la marche, soit absolue, soit relative, de l'arête de l'obturateur, on peut évidemment transformer cette courbe, en une foule d'autres, appartenant à des classes différentes.

On emploie, par exemple, assez souvent, une courbe de la classe des *sinusoïdes*. Sur un axe, on porte des arcs rectifiés, proportionnels à ceux décrits par la manivelle motrice; et, sur une perpendiculaire, ou une oblique, on porte le chemin parcouru et par le piston et par l'arête de l'obturateur. Si l'arête de l'orifice est fixe, elle se représente, dans ce système, par une droite, parallèle à l'axe des arcs, à une distance égale à celle qui sépare l'arête, du point fixe pris pour origine commune. Si cette arête se meut, elle est représentée par une autre *sinusoïde*.

Imaginons, qu'après avoir fait l'épure polaire, dont il a été parlé plus haut, (n° 19), on rectifie cette épure; de manière que la circonférence, tracée par la position *moyenne* de l'obturateur, devienne une droite; et que les divers rayons vecteurs deviennent des perpendiculaires, ou des obliques, à cette droite, aux points où ils la coupent. Ces rayons, tous parallèles entre eux, conservant leurs longueurs respectives, on réalisera absolument et identiquement l'épure en sinusoïde, dont il vient d'être question.

Dans ce système, on perd le bénéfice de la représentation directe des angles, décrits par la manivelle. On détruit aussi la continuité de la ligne du contour de la came; puisque, de fermée qu'elle était, la courbe polaire a été brisée, en un point, puis ouverte, comme on le ferait, avec un anneau, que l'on voudrait rectifier, suivant sa circonférence moyenne.

Anciennement, on employait beaucoup un autre genre de courbe dit *elliptique*. Sur un axe, on portait les courses du piston, à une certaine échelle; sur une perpendiculaire, ou une oblique, à cet axe, on portait les courses correspondantes de l'obturateur, à une échelle égale ou différente. L'arête fixe, ou mobile, de l'orifice était représentée, par une parallèle à l'axe, ou par une autre courbe elliptique. Dans ce système, on perd le bénéfice de la représentation directe des angles, comme des arcs, et les intersections ne sont pas toujours bien nettes.

L'épure polaire fournit tous les éléments de construction de cette épure elliptique, comme de l'épure sinusoïdale, et inversement. Les trois systèmes de courbes peuvent être employés, pour traduire, à l'esprit et aux yeux, la marche d'un distributeur. On verra, plus loin, que le système polaire présente des avantages sérieux, au point de vue, soit de la traduction des calculs, soit de la recherche graphique des dimensions d'un appareil de distribution.

22. — Réciproquement, il est loisible de s'imposer, *a priori*, la courbe représentative de la marche d'un distributeur. C'est ce qu'on fait souvent, quand on emploie des soupapes. Mais, dans ce cas, on est d'ordinaire obligé de recourir à une *came* véritable, pour réaliser la loi de mouvement que l'on en a vue. Car, si tous les mouvements possibles : par excentriques, leviers, coulisses et leurs combinaisons, si compliquées qu'elles soient, peuvent toujours se représenter, par une courbe polaire, constituant une *came*, apte à engendrer, directement, un mouvement identique, l'inverse n'est pas vrai. C'est-à-dire que le mouvement, que donnerait une came de contour tracé *a priori*, n'est pas toujours réalisable, par une combinaison de coulisses, de leviers et d'excentriques.

23. — De tous les appareils imaginés, pour faire mouvoir un distributeur, quel qu'il soit, les plus employés sont ceux qui

ont un excentrique, ou une manivelle, à l'origine du mouvement. L'étude des nombreux dispositifs types, que l'on trouvera, dans la troisième partie de ce travail, met en évidence un principe général, qui peut s'énoncer comme suit :

Quand l'origine du mouvement d'un distributeur est un excentrique, ou une manivelle calés sur l'arbre moteur, c'est-à-dire un point décrivant une circonférence, avec la même vitesse angulaire que la manivelle motrice poussée par le piston; si les organes interposés, entre ce point et le distributeur, ne sont que des tringles, des leviers, ou des coulisses; si, de plus, on néglige les effets perturbateurs, dus aux obliquités de ces pièces; enfin, si l'on prend pour origine, la position moyenne de l'arête du distributeur considérée, la courbe polaire, représentant le mouvement de cette arête, est aussi une circonférence.

La démonstration générale et *rigoureuse* de ce principe est difficile à donner; mais on se rend aisément compte qu'il doit en être très approximativement ainsi. Ce point est, d'ailleurs, d'une importance assez haute, pour qu'il vaille la peine de s'y arrêter quelques instants. On entrevoit, en effet, que par là, l'étude d'un très grand nombre de systèmes de distribution peut être faite, par une méthode générale et relativement simple. Nous allons donc essayer d'établir le principe en question, d'une manière plus ou moins approchée.

24. — D'une manière générale, le mouvement engendré par une manivelle, ou un excentrique, revient à celui d'une droite $\overline{AB}$, (fig. 1, pl. LXV), dont un point B décrit une circonférence de centre O; et un autre point A décrit une certaine trajectoire rectiligne, ou à peu près rectiligne.

Si on néglige l'influence de l'obliquité de la droite $\overline{AB}$; si, de plus, la direction moyenne de la trajectoire, à peu près rectiligne, décrite par le point A, passe par le centre O, ou dans son voisinage immédiat, on peut admettre que ce point A marche très sensiblement, comme la projection du point B, sur la droite $\overline{OA}$.

Soit : α l'angle décrit, à un instant quelconque, par le rayon $\overline{OB}$, de longueur ρ; angle compté à partir de la position origine $\overline{B_0OA_0}$, correspondant au moment où les trois points BOA sont en ligne droite ;

z la course, au même instant, de la projection du point B, *comptée positivement à droite de* O. C'est aussi la course du point A, comptée de sa position moyenne. On a :

$$-z = \overline{Om} = \rho \cos \alpha.$$

Sur OB_0 comme diamètre, décrivons une circonférence. Elle coupe, en b, le rayon OB. Joignons b à B_0. L'angle $\widehat{ObB_0}$ est droit, comme inscrit dans une demi-circonférence. On a donc aussi :

$$\overline{Ob} = \overline{OB_0} \cos \alpha = \rho \cos \alpha,$$

c'est-à-dire :

$$\overline{Ob} = \overline{Om} = -z.$$

Donc la course du point A peut être représentée, par le rayon vecteur d'une circonférence polaire, de *diamètre* égal au *rayon polaire*, (ou grand rayon), de l'excentrique ; et *décrite, sur ce rayon polaire lui-même.*

Cette circonférence n'est pas autre chose que le contour de la *came*, qui, calée sur l'arbre moteur O, serait apte à conduire directement le point A, au lieu et place de l'excentrique et de la droite $\overline{BA}$; à la condition d'interposer, entre A et cette came, une tige rigide $\overline{A_0B_0}$, dont le point B_0 soit assujetti à se mouvoir sur $\overline{OA_0}$ en demeurant en contact avec la came.

Il est à remarquer, que non seulement la came, remplacant l'excentrique, a son *grand rayon orienté comme celui de l'excentrique*, mais encore qu'elle *tourne dans le même sens* que ce dernier. D'où, cette conséquence que, si laissant *fixe* la came, c'est-à-dire la circonférence polaire représentant le mouvement du distributeur, ou fait *tourner* la droite $\overline{OB}$, c'est-à-dire un rayon vecteur, ce rayon devra tourner en *sens inverse*, pour que sa longueur, inscrite dans la came, représente bien la course z, correspondant à l'angle α.

25. — Il est clair que le contour circulaire de la came ; et, par conséquent, la courbe polaire qui se confond avec lui, peuvent être remplacés, par une infinité d'autres, représentés par la formule :

$$-z = \rho \cos \alpha + C,$$

C étant une constante arbitraire, positive ou négative ; pourvu que l'on déplace, de la même quantité C, l'origine des courses du point A.

On reconnaît aisément, dans la figure, que si C est plus grand que ρ, la came prend la forme *en cœur* pointillée $B'_0B'B'_1B'_2$. Alors, avec C positif et égal à $\overline{bB'}$, c'est le point B' qui remplace le point B, comme point représentant le déplacement de A. Avec C négatif et égal à $\overline{bB'_2}$, c'est B'_2 qui remplace B. Si C est plus petit que ρ, la came prend la forme en *double boucle* $B''_0B''OB_1''B_2''$. Alors, avec C positif et égal à $\overline{bB''}$, c'est B'' qui remplace B. Avec C négatif et égal à $\overline{bB_2''}$, c'est B_2'' qui remplace B.

Pour $C = \rho$, le point B_1' de la courbe en cœur se confond avec le pôle O; et la distance B'_0B_0 devient égale à B_0O, c'est-à-dire à ρ. La courbe, en double boucle, se confond alors avec la courbe en cœur.

Pour $C = o$, les deux branches de la courbe, en double boucle, se superposent et se confondent en la circonférence polaire unique, de diamètre égal à ρ.

Tout cela est implicitement contenu dans la formule

$$-z = \rho \cos \alpha + C.$$

26. — Cette formule suppose, comme il a été dit, que l'origine des angles α est le prolongement $\overline{OB_0}$ de la ligne $\overline{A_0O}$. Pour lui donner toute la généralité possible, il suffit de transporter cette origine d'un angle quelconque φ. Alors on a, avec $C = 0$:

$$-z = \rho \cos(\alpha + \varphi) = \rho \cos \alpha \cos \varphi - \rho \sin \alpha \sin \varphi.$$

Le plus souvent, on adopte $\varphi = -(90° + \delta)$; δ étant ce qu'on appelle l'angle d'avance de l'excentrique, *apte à conduire directement* le distributeur. φ est alors l'angle constant, compris entre la direction de la manivelle motrice, poussée par le piston, et la direction du grand rayon de l'excentrique. La course z du distributeur se trouve ainsi directement rapportée, à celle du piston, comptée du point mort; ce qui est commode.

Dans ces conditions, comme :

$$\cos(-90° - \delta) = -\sin \delta$$
$$\sin(-90° - \delta) = +\cos \delta$$

la formule, plus haut écrite, devient, en changeant tous les signes :

$$z = \rho \cos\alpha \sin\delta + \rho \sin\alpha \cos\delta$$

ou d'une manière générale, en désignant par A et B les coefficient de cos α et de sin α

$$z = A\cos\alpha + B\sin\alpha.$$

C'est toujours *l'équation polaire d'une circonférence dont le diamètre polaire, par rapport à la manivelle motrice, est orienté identiquement comme le grand rayon de l'excentrique, apte à conduire directement le distributeur.*

Cette formule est très remarquable. Elle permet, soit par le calcul, soit par une construction graphique, aussi simple que rapide, de trouver, pour une valeur quelconque de α, et, par suite, (nº 18), pour une position quelconque du piston, la course correspondante du distributeur, à partir de sa *position moyenne*; dès que l'on connaît ρ et δ. C'est donc un fait des plus heureux qu'elle convienne à la majorité des mouvements de distribution employés, comme il reste à le faire voir.

27. — Si, entre le point A et le distributeur, (pl. LXV, fig. 1), se trouve interposé un levier, ce levier pourra soit servir à modifier l'amplitude de la course du point A, soit servir à renvoyer le mouvement de ce point, dans une direction autre que $\overline{OA_0}$. Mais, si le déplacement angulaire de ce levier est modéré; et si, en position moyenne, il est sensiblement perpendiculaire à la tringle, à laquelle il communique le mouvement du point A, ce qui est toujours le cas, ou à peu près, il n'a pas d'action appréciable sur la loi même du mouvement du point A.

Par l'emploi d'un *levier droit* ou *coudé*, le diamètre de la circonférence polaire, représentant la marche du distributeur, pourra donc être *plus grand*, ou *plus petit*, que le diamètre de la circonférence polaire, représentant la marche du point A; mais *ce sera toujours une circonférence, orientée d'une manière identique à celle du point* A.

Le raisonnement, qui vient d'être appliqué à un premier levier, s'appliquerait évidemment à un second; et, par suite, à toutes les combinaisons possibles de leviers; pourvu toujours que leur déplacement angulaire soit modéré; et, qu'en position

tion moyenne, ils soient sensiblement perpendiculaires aux tringles, sur lesquelles ils agissent.

28. — Si, entre le point A et le distributeur, se trouve interposée une coulisse, trois cas peuvent se présenter :

La coulisse peut être fixe et le coulisseau mobile;

La coulisse peut être mobile et le coulisseau fixe;

La coulisse et le coulisseau peuvent être mobiles, tous les deux.

Il est clair que toute coulisse n'est pas autre chose qu'un levier, dont la longueur peut varier durant la marche. Si donc la coulisse en question a un point fixe, et un point mobile, (un seul excentrique), elle agit, suivant ce qui vient d'être dit, n° 27, au sujet du levier simple, sur la grandeur du diamètre de la circonférence polaire, mais non sur son orientation. Si la coulisse a deux points mobiles, (deux excentriques), le coulisseau prend le mouvement même de l'un ou de l'autre de ces points, quand il est en face d'eux. Dans toute autre position du coulisseau, sa course se compose de deux parties, dont chacune est évidemment proportionnelle à la course de l'un des points mobiles de la coulisse, dans le rapport de la distance entre le coulisseau et ce point, à la distance qui sépare les deux points mobiles de la coulisse. Pour obtenir la course entière, il suffit de faire la *somme algébrique* de ces deux parties.

Or, les deux courses partielles peuvent être représentées, par deux équations de la forme générale :

$$z' = A' \cos \alpha + B' \sin \alpha$$
$$z'' = A'' \cos \alpha + B'' \sin \alpha,$$

de manière que leur somme algébrique est encore de la même forme ; c'est-à-dire :

$$z = z' + z'' = A \cos \alpha + B \sin \alpha.$$

Ici, la *grandeur du diamètre* de la circonférence polaire, représentant la marche du distributeur, peut se trouver changée, et aussi son *orientation;* mais c'est toujours une circonférence.

Dans le second cas, — coulisse mobile, — on a encore affaire à un levier de longueur variable, dont deux points se meuvent, suivant une loi représentée par l'équation polaire d'une circonférence, comme ci-dessus. La conclusion doit donc être aussi la même que ci-dessus.

Dans le troisième cas, — coulisse et coulisseau mobiles, — on a la superposition des effets constatés, dans les deux cas précédents ; donc encore il s'agit de faire une sommation de courses, représentées par l'équation polaire d'une circonférence. En définitive, la course résultante est encore représentable, par une circonférence polaire d'un certain diamètre, orientée d'une certaine façon.

En combinant des leviers avec des coulisses, d'une manière aussi compliquée qu'on le voudra, ce résultat ne saurait être changé.

Sans doute, tout ceci ne doit pas être rigoureusement pris au pied de la lettre. D'abord, parce que la course du point A n'est pas exactement représentable par une circonférence polaire, dès qu'on fait entrer, en ligne de compte, l'action de l'obliquité de la droite $\overline{AB}$. En second lieu, parce que les leviers et coulisses, ainsi que les tringles, qui les relient au distributeur, produisent, eux aussi, de petites perturbations, dans le mouvement du point A, qu'ils sont chargés de transmettre ; mais tout cela est de médiocre importance ; et la vérité du principe, énoncé au n° 23, subsiste, d'une manière autant approchée qu'il est nécessaire, pour les besoins de la pratique courante. On se convaincra de ce fait, en étudiant les nombreux dispositifs, qui seront décrits, dans la troisième partie de ce travail.

En vertu de ce qui précède, on peut donc dire : qu'un système de distribution par excentriques, tringles, leviers, coulisses, *est caractérisé par la circonférence polaire* qui représente le mouvement communiqué au distributeur ; et que cette circonférence est caractérisée, elle-même, par *la grandeur et l'orientation de son diamètre polaire.*

29. — Il est bon de placer ici une remarque. On trouvera plus loin, (voir système n), des dispositifs d'appareils distributeurs, dans lesquels, à l'origine du mouvement, il y a aussi une droite dont l'un des points B décrit une circonférence, (planche XX), et l'autre A une trajectoire rectiligne, ou à peu près.

A première vue, on serait tenté de penser que l'équation polaire d'une circonférence est applicable au point A. Oui, si les angles sont comptés, dans la circonférence décrite par B. Non, s'ils le sont dans la circonférence décrite par la manivelle motrice, qui n'est point en B, mais en C.

En faisant attention aux termes du principe, énoncé n° 23, il est aisé d'ailleurs de reconnaître que le système n, et ses dérivés, ne sont pas compris dans ceux auxquels ce principe s'applique ; parce que le point B, de la droite $\overline{AB}$, bien que décrivant une circonférence, n'est pas monté sur l'arbre moteur, mais sur un *faux arbre*, qui possède une *vitesse angulaire différente*. La loi de mouvement du point A, rapporté au mouvement du piston, se trouve, par là, complètement changée. Il en est évidemment de même de celle du mouvement transmis par A, au distributeur.

CHAPITRE III

TRACÉ AUTOMATIQUE DE LA MARCHE D'UN DISTRIBUTEUR DIANOMÉGRAPHE

30. — Les tracés théoriques, dont il a été question, dans le chapitre précédent, ne sont qu'approximatifs, comme il a été dit (n° 28). Quelqu'approchés qu'ils soient de la réalité, il y a un intérêt évident à posséder un moyen d'obtenir des tracés rigoureusement exacts.

Au point de vue spéculatif, ce moyen permettrait, non seulement de se rendre compte de la différence, entre le tracé théorique et le tracé réel; mais encore de rechercher expérimentalement, à quelle classe de tracés théoriques appartient un système nouveau de distribution, si compliqué qu'il soit.

Au point de vue de l'application, l'utilité de possession d'un tel moyen est évidente de soi. Il permettrait le contrôle des calculs, et la vérification toujours nécessaire du *bon agencement* des organes, d'un système donné de distribution, comme *de la liberté du mouvement* de ces organes; c'est-à-dire, de voir s'ils ne se heurtent pas, en quelque point, chose dont il est si peu commode de se rendre un compte exact, par le seul dessin, quand le dispositif présente la moindre complication.

Les divers appareils proposés, ou construits, dans ce sens, se rapportent à trois classes distinctes, suivant le genre de courbe qu'on leur fait tracer.

Les uns donnent une courbe *elliptique*. D'autres donnent une courbe *sinusoïdale*. D'autres donnent une courbe *polaire*.

C'est là, du reste, le classement présenté aussi, plus haut, (nº 21), pour les courbes théoriques.

31. — Pour faire tracer, au distributeur lui-même, une courbe elliptique, il suffit de le relier à une *pointe traçante*, participant, d'une manière rigoureuse, à sa marche ; puis de guider cette pointe, rectilignement, au-dessus d'une feuille de papier, tendue sur un cadre, animé lui-même d'un mouvement rectiligne, égal ou proportionnel à celui du piston. Les directions du mouvement de la pointe traçante et du papier doivent faire, entre elles, un angle droit, ou du moins un angle grand.

Pour faire tracer, au distributeur lui-même, une courbe *sinusoïdale*, il suffit de le relier à une pointe traçante, participant, d'une manière rigoureuse, à sa marche ; puis de guider cette pointe, parallèlement à l'axe d'un cylindre, participant au mouvement de l'arbre moteur, et enveloppé d'une feuille de papier. En reliant ensuite la même pointe au piston, on peut faire tracer, sur le même papier, la courbe de marche de ce dernier, en regard de celle du distributeur, et à partir de la même origine.

Pour faire tracer au distributeur lui-même une courbe *polaire* ; il suffit de le relier à une pointe traçante, participant, d'une manière rigoureuse, à sa marche ; puis, de guider cette pointe, rectilignement, suivant le diamètre d'un disque recouvert d'une feuille de papier, disposé perpendiculairement à l'arbre moteur et tournant avec lui.

32. — Théoriquement parlant, ces trois classes d'appareils se valent ; car toutes trois donnent une courbe qui permet de suivre, à chaque instant, la marche relative du distributeur et du piston. Cependant, la troisième l'emporte, de prime-abord, sur les deux autres ; parce que la courbe obtenue donne, directement, l'angle décrit par la manivelle motrice, en même temps que les courses du distributeur et du piston ; suivant l'observation déjà faite, nº 21.

Mais, au point de vue pratique, la troisième l'emporte encore bien davantage, comme on va voir. Et d'abord, dans la première classe, il faut deux mouvements distincts : l'un pour le distributeur, l'autre pour le piston. De plus, l'un de ces mouvements doit être renvoyé à angle droit, ou à peu près droit. Dans la deuxième classe, un seul mouvement peut suffire, celui du distributeur; mais ce mouvement doit être parallèle à l'arbre; ce qui exige toujours un renvoi à angle droit, puisque le distributeur, comme le piston, se meuvent, dans un plan perpendiculaire à l'arbre moteur. Dans la troisième classe, il n'y a qu'un seul mouvement à transmettre directement du distributeur à la pointe traçante.

En second lieu, la première classe exige un cadre, ou plateau, monté sur des guides spéciaux. La deuxième classe exige que les deux bords du papier se rejoignent exactement, sur le cylindre qui le porte; sous peine d'accrocher la pointe, ou de ne pas permettre un mouvement continu de rotation. Le papier doit aussi toucher, en tous ses points, la surface du cylindre sur lequel il est enroulé, sous peine de déformation du tracé, quand on développe la feuille. La troisième classe n'exige ni guide spécial pour le papier, ni soins particuliers dans son mode de fixation, ni déroulement après le tracé de la courbe.

En troisième lieu, la courbe polaire *automatique* se prête bien mieux, à la comparaison, avec la courbe polaire *théorique*, qui est de beaucoup la plus facile à tracer, dans la grande majorité des systèmes de distribution.

En résumé : les appareils de la troisième classe sont plus simples de construction, plus commodes d'emploi, et leur application aux divers systèmes de distribution, quels qu'ils soient, est plus facile.

33. — Je me contenterai de donner ici la description d'un appareil de cette dernière classe, imaginé par moi; et qui est utilisé, pour les exemples d'application, faites avec les divers systèmes-types, étudiés dans la troisième partie de ce travail.

Cet appareil a reçu le nom de *Dianomégraphe*, du grec : διανέμη, comptage, distribution, γράφω, j'inscris, je trace[1]. Il est d'un emploi courant, pour la pratique de la construction, dans le bureau d'études de la Société Cockerill, à Seraing (Belgique), où il a été construit pour la première fois en 1869; et aussi

1. Dans les deux premières éditions, cet appareil est désigné, par le mot *diagrammagraphe*, dont le sens est à peu près le même; mais dont l'euphonisme laisse à désirer.

dans les écoles d'ingénieurs, pour les démonstrations des cours de construction de machines, dans les bureaux des Compagnies de chemin de fer, des inspecteurs des appareils à vapeur, des constructeurs divers, etc. Il a pur but de tracer, *automatiquement, la courbe polaire exacte de marche* d'un système quelconque de distribution.

Tous ceux qui ont à s'occuper de l'étude et de la mise à exécution d'une distribution de vapeur, (ou autre), devant satisfaire à des conditions, fixées *a priori*, savent combien ces sortes de recherches sont longues et pénibles ; quand on veut obtenir quelque exactitude.

Après avoir provisoirement fixé les éléments de la distribution : soit au moyen de formules approximatives de calcul, si le système en comporte ; soit, par comparaison, avec des appareils à peu près semblables ; soit par tâtonnement ; on est obligé, le plus souvent, de *monter* le mécanisme ainsi déterminé ; c'est-à-dire d'en faire la reproduction, en bois, ou autre matière ; puis de traduire, en courbe, les résultats *réels*, donnés par ce mécanisme, pour les comparer aux résultats *désirés*.

Cette deuxième partie du travail est de beaucoup la plus compliquée, la plus minutieuse et la plus longue ; même quand on arrive à des résultats satisfaisants du premier coup, ce qui est rare.

C'est elle que le dianomégraphe a pour objet de rendre simple, facile et rapide. Il la rend, en même temps, *sûre*, comme tout ce qui est automatique.

Il est éminemment commode, quand il s'agit de déterminer divers points de suspension, et diverses longueurs *arbitraires*, dans bon nombre de systèmes (par coulisse, leviers, etc.); choses qui peuvent influencer, d'une manière sensible, la régularité de la distribution, et de même quand il s'agit de régler *d'avance*, exactement, la distribution ; de graver les échelles indicatrices de variation, s'il y en a, etc.

Cette réglementation indispensable, faite autrefois, à l'*atelier*, sur la machine même, au milieu du bruit, de la poussière et de l'huile, réglementation qui, bien que d'autant plus intéressante, était d'autant plus pénible et plus longue, que la machine était plus puissante, c'est-à-dire, plus difficile à faire tourner, à la main, peut se faire, aujourd'hui, au moyen du *Dianomégraphe*, dans le *cabinet*, avec une garantie d'exactitude au moins égale, et une rapidité incomparablement plus grande.

34. — Le principe, sur lequel repose la construction de l'appareil dont il s'agit, est fort simple. Il a déjà été implicitement indiqué, au nº 31. Pour bien fixer les idées, supposons qu'il s'agisse de faire tracer automatiquement sa courbe de marche, au distributeur d'une machine existante, d'une locomotive, par exemple, munie d'un appareil de distribution, à un seul tiroir, par coulisse mobile, dispositif très répandu.

Sur le bout de l'essieu moteur, sur le moyeu de la roue, si l'on veut, fixons un disque de papier bien tendu. En avant de ce disque, et dans un plan diamétral, parallèle à la tige du tiroir, installons une réglette, exactement guidée rectilignement, et munie d'une pointe traçante. Relions cette pointe directement à la tige du tiroir, par une tringle rigide. Faisons un tour de manivelle. La pointe décrira sur le papier, une certaine courbe fermée, (V. planche XIV, fig. 16); et cette courbe représentera, rigoureusement, la marche du tiroir, en *coordonnées polaires*; puisque la pointe marquante, pour chaque position angulaire de la manivelle, s'éloigne, ou s'approche, du centre du disque, d'une quantité absolument égale, à celle dont le tiroir s'en éloigne ou s'en approche lui-même.

Cela fait, rendons le tiroir indépendant du mécanisme, par la suppression de l'un quelconque des organes, qui lui transmettent le mouvement; puis, faisons coïncider son arête d'avant, par exemple, avec l'arête de la lumière d'admission, sur la face avant du piston; de manière que le tiroir soit justement, dans la position qu'il occupe, quand il commence, ou quand il cesse d'admettre la vapeur. Immobilisons-le et, avec lui, la pointe traçante, pendant que nous ferons un deuxième tour de manivelle. Il est clair que la pointe va tracer une circonférence, sur le papier; et si, par les deux points, où cette circonférence rencontre la courbe polaire, préalablement décrite, on mène deux rayons, on aura les positions de la manivelle, correspondant au commencement et à la fin de l'*admission*.

Rien de plus facile que de répéter cette opération, en faisant coïncider successivement les arêtes du tiroir, avec celles de la table du cylindre ; de manière à reproduire chacune des phases intéressantes de la distribution, sur les deux faces du piston. On aura ainsi quatre circonférences, dans le cas le plus général, c'est-à-dire quand il y a, à la fois, du *recouvrement*[1] *extérieur* et du *recouvrement intérieur* au tiroir.

35. — Pour compléter le diagramme, il convient :

1° De tracer, sur le papier, un *rayon origine*, correspondant à une position connue de la manivelle motrice, et orienté comme elle. Il suffit, pour cela, de mettre la manivelle, au point mort, et de tracer le rayon, avec la pointe, en la faisant glisser sur ses guides ;

2° De mettre le tiroir, au milieu de sa course ; et de faire tracer, à la pointe rendue immobile, la circonférence, répondant à cette position.

Cette dernière circonférence devra être considérée, comme la véritable *origine* de la courbe polaire représentative de la marche du tiroir ; puisque la quantité, dont cette courbe s'éloigne d'elle, en deçà et en delà, est égale à celle dont le tiroir s'éloigne lui-même, en deçà et en delà, de sa *position moyenne*.

Ceci fait, on reconnaîtra aisément, qu'une fois la *circonférence origine* marquée, (V. planch. XIII-XIV, fig. 16), les quatre circonférences, dont il a été parlé plus haut, passent à une distance de celle-ci, justement égale à chacun des recouvrements extérieur et intérieur, sur les deux faces.

Rien de plus facile donc que de tracer ces quatre circonférences au compas, après coup, si l'on veut. Il faudra seulement avoir pris soin de marquer le centre du disque, sur l'épure ; en menant, par exemple, avec la pointe traçante, un rayon perpendiculaire au *rayon origine*.

36. — Une fois cette opération achevée, il n'y a plus qu'à enlever le disque de papier ; et l'on possède un diagramme exact de la distribution, qui permet d'en suivre, pas à pas, toutes les phases, par rapport à la marche du piston : *admis-*

1. On désigne, sous le nom de *recouvrement*, la quantité dont l'obturateur déborde l'orifice, en position moyenne. Il peut être positif, ou négatif.

sion, détente, émission, compression, avances linéaire et *angulaire* à l'admission, ou à l'émission; *ouverture maxima*, etc.; et cela, pour l'une comme pour l'autre, des faces du piston.

En effet, la courbe polaire donne la position du tiroir, par rapport aux lumières de la table, pour chaque position angulaire de la manivelle motrice; et chacune de ces positions angulaires de la manivelle correspond, à une position parfaitement connue du piston. On pourrait donc s'en tenir là. Toutefois, il convient de faire une dernière construction, qui permet de *lire* l'épure, d'une manière plus rapide et plus commode; c'est de reporter, directement sur l'un des diamètres, les positions du piston, correspondant à un certain nombre de positions de la manivelle, ou réciproquement. On peut procéder comme suit.

37. — Dans la *circonférence origine*, ou dans toute autre, décrite du même centre, prendre, pour longueur représentative de la course du piston, le diamètre répondant à la position *origine* de la manivelle. Diviser ce diamètre, en autant de parties égales, qu'on le voudra : dix, vingt et même cent. Par chacun des points de division, faire passer une circonférence, d'un rayon égal à la longueur de la bielle motrice, prise à la même échelle que la course; le centre de cette circonférence devant tomber, sur le *diamètre origine* prolongé, *du côté où se trouve la pointe traçante, par rapport au centre, quand la manivelle est dirigée vers le cylindre*[1]. Les intersections de ces diverses circonférences, avec celle dont le diamètre représente la course du piston, donnent évidemment les positions de la manivelle, correspondant à chaque fraction de la course. On a ainsi, sous les yeux, tout ce qu'il faut, pour connaître les positions relatives du tiroir et du piston.

1. Cette observation est importante, parce que la position de la pointe traçante est à peu près arbitraire. Il convient seulement de la placer, à une distance du centre, plus grande que la course totale du tiroir; soit du côté du pivot de la manivelle motrice, soit du côté opposé. Elle est vraie, même si le mouvement du tiroir est renversé par un levier; auquel cas l'épure peut se prendre sans *monter* ce levier; mais en ayant soin d'observer, pour faire les inscriptions, indiquées au n° 52, qu'alors, *l'arête du tiroir qui regarde l'arbre moteur distribue, en réalité, sur la face du piston opposée à cet arbre*, et inversement.

Remarquons en passant que cette construction des positions de la manivelle, répondant à des fractions de la course du piston, sera identiquement la même, chaque fois que l'on aura le même rapport, entre la longueur de la bielle motrice et celle de la manivelle. Elle peut donc être faite préalablement, une fois pour toutes, pour chacune des valeurs les plus usuelles du rapport en question. Si l'on a eu soin de la faire, sur une feuille transparente, sur du papier calque, par exemple, il suffira de l'appliquer sur l'épure et de lire au travers. Au besoin, on l'y décalquera.

38. — Il a été dit, plus haut, (nos 24 à 28), que, dans un grand nombre de sytèmes de distribution, la courbe polaire théorique, représentant la marche du distributeur, était une circonférence. Il peut être intéressant de vérifier, par le *Dianomégraphe*, la vérité de cette assertion. Rien de plus facile. Il suffit de placer la pointe traçante, dont la position est arbitraire, justement sur le centre du disque, c'est-à-dire *sur le pôle*, quand le distributeur est en *position moyenne*. Alors, la *circonférence origine* se réduit à un point, qui est son centre, et qui est en même temps le pôle.

La courbe polaire automatique se trace, en ce cas, sous forme de deux boucles ◎, qui diffèrent d'autant moins de deux circonférences superposées, que les perturbations, dues aux obliquités des organes sont moins sensibles.

39. — Le principe, sur lequel repose l'emploi du *Dianomégraphe*, étant bien compris, il reste à faire voir comment a été pratiquement réalisée l'application de ce principe.

Et d'abord, disons que, dans la réalisation, il fallait avoir en vue, non seulement les systèmes à simple excentrique, sans renversement de marche, et même à double excentrique et à coulisse, avec renversement de marche ; mais encore les systèmes à tiroirs multiples, à robinets, à pistons, à soupapes, etc. ; ainsi que la possibilité de *monter* les dispositifs les plus divers, connus, ou à créer, capables de mouvoir un distributeur.

Un coup d'œil, jeté sur les nombreuses planches, jointes à cet ouvrage, planches qui représentent l'application du *Dianomégraphe*, à une vingtaine de dispositifs types, très dissemblables, permettra de décider si la réalisation est réussie.

Remarquer que ces types sont loin de donner la limite des applications possibles. Ils ne comprennent, en effet, que des tiroirs ou des robinets mus par excentriques. On pourrait évidemment remplacer les tiroirs ou les robinets, par des pistons ou des soupapes ; et les excentriques, par des cames, sans grande difficulté d'application.

40. — Voici la description du *Dianomégraphe* du plus récent modèle; celui construit, par exemple, pour l'Université de Liège, (1885); lequel présente quelques perfectionnements de détail, indiqués peu à peu par l'expérience, mais diffère, en somme, fort peu du premier modèle, construit pour la société Cokerill, seize ans auparavant[1].

Pour bien fixer les idées, supposons qu'il s'agisse encore du mouvement de distribution de la locomotive, dont il a été parlé au n° 34, application dont la planche XXXI-XXXII donne un exemple.

Sur une table en bois, bien dressée, (planche XV-XVI), de grandeur appropriée aux besoins des applications qu'on a en vue[2], est boulonné un support, en fonte, *ss*, (planche XI-XII, fig. 1, 2, 3), au-dessus d'une ouverture, pratiquée dans l'un des angles. Ce support repose, sur trois colonnettes creuses, traversées chacune par un boulon. Les colonnettes ne font pas corps avec le support; de manière qu'on peut les changer de place et modifier leur hauteur, suivant les exigences du dispositif à monter. Dans ce but, le bord inférieur du support *ss* constitue une espèce de collet, percé de trous nombreux.

La table est couverte d'un quadrillé de lignes, parallèles et perpendiculaires à son long côté, tracées d'une façon soigneuse, visible et durable. On doit placer le support *ss*, exactement, au point de rencontre de deux axes principaux du quadrillé. (Voy. planche XV-XVI.)

Ce support n'est à proprement parler, qu'un large collier d'excentrique, muni d'un rebord interne, à sa partie inférieure. L'axe central de ce collier représente l'axe de l'arbre moteur. Il porte deux poulies superposées, également en fonte *e e'* ;

1. Voir *Annales industrielles*, 1870, Paris.

2. Pour le professeur, les dimensions de $1^m,200 \times 3^m$ indiquées pl. XV-XVI. Pour l'ingénieur-constructeur, il est bon de les porter au moins à $1^m,500 \times 4^m$.

entrant à frottement doux, et maintenues simplement, par leur poids, sur le rebord dont il vient d'être parlé.

Chaque poulie d'excentrique porte, suivant un rayon, une rainure, dans laquelle peut glisser un pivot *c c'*. Chaque pivot, qui représente le centre de l'un des excentriques du mécanisme de distribution, se fixe, par un écrou, à une distance de l'axe central du collier, ou de l'essieu moteur, égale au rayon d'excentricité choisi. Cette distance se mesure, au moyen d'une échelle graduée en millimètres, disposée de chaque côté de la rainure, et d'un index, (ligne diamétrale), gravé sur le pivot. Ces échelles ne sont pas figurées dans le dessin.

41. — Au pivot inférieur *c*, s'adapte une tringle-charnière *t*, fixée elle-même à une tringle en bois *T*, de longueur convenable, qui peut jouer le rôle de barre d'excentrique; et se termine, à son extrémité opposée, par l'une quelconque des charnières métalliques, représentées dans les figures 5, 6, 7, 8 et 9; lesquelles s'emploient, en tous les points du dispositif, où se trouve une articulation.

Au pivot supérieur *c'*, s'adapte également une tringle-charnière *t'*, en deux pièces cette fois, pour la facilité de mise en place, et une tringle en bois T', terminée à son autre extrémité, par une charnière métallique. C'est la deuxième barre d'excentrique. Toutes deux s'articulent sur la coulisse.

Chacune des tringles *t t'* porte, à une distance connue du centre du pivot d'excentrique, (à $0^m,300$, dans l'appareil décrit), une ligne repère, qui sert à vérifier la longueur des barres d'excentriques, sans qu'il y ait besoin de rien démonter.

Le pivot de l'excentrique supérieur est beaucoup plus gros et plus solide, que celui de l'excentrique inférieur. Il est aussi beaucoup plus largement guidé, dans la rainure portée par la poulie. La raison de ce fait, c'est qu'il est destiné à imprimer le mouvement, à un large plateau en fonte, qui couvre le tout; et pour qu'il puisse satisfaire à cette condition, en quelque position qu'il se trouve, par rapport à l'axe moteur, le pivot porte une longue queue horizontale, espèce de manivelle, qui entre exactement dans une rainure-guide, disposée suivant un diamètre du plateau supérieur, et au-dessous.

42. — La face supérieure du plateau, dont il est ici question,

est parfaitement dressée, et affleure exactement le pourtour du collier-support, qui le reçoit et le maintient, dans une petite rainure circulaire.

Toutes ces pièces sont ajustées avec le plus grand soin, et présentent des surfaces de glissement parfaitement polies.

Le pourtour supérieur du collier-support, en contact avec le plateau, est garni d'un cercle en bronze, divisé en degrés nonagésimaux. Un vernier, porté par le plateau, donne les dixièmes de degrés. Le plateau porte encore une ligne diamétrale, correspondant à l'axe de la rainure de l'excentrique supérieur. Si donc l'axe de la rainure de l'excentrique inférieur est amené et fixé, en face du zéro de la division angulaire; (il y a pour cela, dans le collier-support, une petite vis repère); on voit qu'il est bien facile de faire faire, aux deux poulies excentriques, un angle donné quel qu'il soit.

Les deux poulies s'emboîtent et se centrent réciproquement. L'une d'elles, l'inférieure, porte une rainure circulaire, sur un arc de 180°; et l'autre deux douilles VV', placées suivant un même diamètre, dans l'une desquelles on fait pénétrer une vis, qui fixe invariablement les deux poulies entre elles, une fois qu'on leur a fait faire l'angle convenable. C'est ainsi que se règle *l'angle d'avance*.

Une petite équerre courbe, représentée fig. 12, sert, au besoin, à reporter les degrés du collier-support, sur la poulie excentrique supérieure, quand le plateau n'est pas en place.

43. — La poulie de l'excentrique inférieur *e* porte, près de son pourtour, une couronne dentée; qui, par l'intermédiaire d'un pignon, reçoit le mouvement d'une manivelle *m*, à axe horizontal. L'arbre, sur lequel est calée cette manivelle, est prolongé d'une quantité convenable, de manière que la manivelle se trouve, en dehors de la table en bois, sur l'un des angles de laquelle tout l'appareil est disposé.

La manivelle *m* est, comme on le voit, l'organe moteur du système. Elle fait tourner à la fois, les deux poulies d'excentriques et le plateau supérieur; le tout autour d'un axe, qui est celui même de l'essieu moteur. On a eu soin de réduire, à une faible proportion, l'effort à produire, sur la manivelle; de manière qu'on puisse obtenir, avec précision, des déplacement très petits, de l'index du plateau supérieur, en regard de la division angulaire.

On a compris déjà, que ce plateau supérieur a été disposé, pour recevoir la feuille de papier, sur laquelle le diagramme doit être tracé automatiquement. C'est en effet sa destination; et, dans ce but, il porte, à son pourtour, douze petites cavités, remplies avec un fragment de bois tendre ou de liège, dans lequel on enfonce les *punaises*, qui fixent un disque de papier à dessiner ordinaire.

Ce même plateau présente encore, près de son pourtour et sur un arc d'environ 60°, une rainure circulaire, que l'on bouche, par une plaque de métal parfaitement ajustée, quand on pose un disque de papier sur le plateau, ceci pour qu'il ne reste pas, sous le papier, de vide dans lequel pourrait s'enfoncer la pointe traçante, dont il sera parlé plus loin.

Cette rainure peut servir à loger un pivot *r*, destiné à représenter le bouton de la manivelle motrice; et à donner, par l'intermédiaire d'une tringle en bois, à charnières métalliques, représentant la bielle motrice, le mouvement, à une réglette, représentant le piston, quand par hasard on veut l'avoir, sous les yeux, en même temps que le tiroir.

Pour prendre le diagramme, on sait, par suite de ce qui a été dit plus haut, (nos 36-37), que le piston est parfaitement inutile. La manivelle suffit; et, pour représenter la manivelle, il n'y a qu'à marquer un rayon, sur le disque de papier, en ayant soin de le placer, dans la position qu'il doit occuper, par rapport aux excentriques.

Il résulte de là, que le pivot *r* n'est presque jamais employé, comme bouton de manivelle; mais il a encore une autre destination; il sert à fabriquer la coulisse, comme il va être expliqué tout à l'heure, (n° 45).

D'ailleurs, la rainure circulaire permet au besoin, de fixer, sur le plateau supérieur, une planchette, portant elle-même, suivant le cas, soit un pivot, soit une charnière, placés au point voulu, (ce qui fait qu'on a, en somme, à sa disposition, trois pivots de manivelles, indépendants), soit une came, dont on voudrait étudier l'action réelle sur le distributeur, soit toute autre pièce.

Une came peut aussi être fixée, sur la poulie inférieure, au moyen de boulons, passant dans la rainure radiale, que présente cette poulie.

44. — Abandonnons, maintenant, la partie principale de l'appareil, qui vient d'être décrit, et qui remplit toutes les fonctions d'un essieu moteur, sur lequel on pourrait monter deux poulies, d'une excentricité variable de 0 à 15 centimètres, pouvant prendre, l'une par rapport à l'autre, toutes les positions angulaires possibles; et sur le bout duquel se trouve un plateau, destiné à recevoir un disque de papier, où viendra se tracer, d'elle-même, la courbe de marche du tiroir; absolument comme le suppose la description imaginaire, faite au début, pour aider à comprendre le principe du *Dianomégraphe*. Nous y reviendrons plus tard, pour parler de certains organes, dont la fonction n'a pas encore été définie. Occupons-nous, maintenant, de la *coulisse* et du *tiroir*; puisqu'il s'agit ici d'un dispositif, qui comporte ces organes.

La *coulisse* change de forme et de dimension, presque dans chaque machine; mais elle peut toujours se ramener, à une rainure en arc de cercle, d'une certaine longueur, décrite avec un certain rayon. Il s'agissait de trouver un moyen rapide et commode de creuser cette rainure, avec toute l'exactitude désirable. Voici le procédé qui a été adopté. Il donne des résultats satisfaisants.

Les barres d'excentrique T' et T, ainsi qu'on peut le voir, planche XXXI-XXXII, viennent s'articuler, l'une en dessus, l'autre en dessous, sur une large planche D, représentée en détail, (pl. XVII-XVIII), parfaitement rectangulaire et bien dressée; reposant et glissant simplement sur la table en bois, par l'intermédiaire de trois ou de quatre pieds, en métal, pouvant se poser, en différents points du pourtour, suivant les besoins, en des trous percés *ad hoc*. Deux axes rectangulaires sont tracés, juste par le centre de la large planche, sur ses deux faces, parallèlement à ses arêtes.

En saillie sur cette large planche, et sur sa face supérieure, est fixée, par des vis, une planchette plus mince, en bois homogène et sans nœud. Le tilleul convient particulièrement, ainsi que le poirier. C'est, dans cette planchette, qu'est pratiquée la rainure servant de coulisse, dans laquelle doit se mouvoir le *coulisseau*. Pour chaque nouvelle *coulisse*, il faut une nouvelle planchette; mais la large planche sert indéfiniment.

45. — Pour creuser la rainure, on fixe solidement la large planche, par deux boulons passant dans deux trous du pourtour, le long de l'un des bords de la table; en ayant soin de faire coïncider exactement, l'axe transversal de la large planche, avec l'un des axes, tracés sur la table, parallèlement au long côté de cette dernière. Sur cet axe, à une distance du milieu de la planche, à peu près égale au rayon de la coulisse, on fixe le pivot r, dont il a été plus haut, n° 43, comme servant de bouton pour la manivelle motrice, et pouvant donner le mouvement au piston. Ce pivot est, à cet effet, monté dans une petite pièce en bois Q, (pl. XVII-XVIII), à rainure, permettant un centrage exact, dans le sens perpendiculaire à l'axe tracé. Le pivot se visse sur une tête filetée, qui peut se déplacer dans la rainure, après que la petite pièce en bois a été solidement fixée, sur la table, au moyen de vis.

Cela fait, du centre du pivot, qui est repéré à cet effet, (comme tous les autres pivots, du reste), avec une ouverture de compas égale au rayon de la coulisse, on trace, sur la planchette, un arc de cercle; puis on fait la construction nécessaire, pour déterminer les centres d'articulation des barres d'excentriques et de suspension de la coulisse. Dans le cas particulier de la figure, (pl. XXXI-XXXII), le point de suspension de la coulisse se confond, avec le centre d'articulation de l'une des barres d'excentrique.

On prend alors le *bouvet à deux fers*, représenté pl. XI-XII (fig. 4). Comme on le voit, ce bouvet est traversé par une tringle K_1 sur laquelle on le fixe, au moyen d'un coin t. L'une des extrémités de cette tringle porte la charnière, s'articulant sur le pivot r, qui représente, comme il a été dit, le centre de la coulisse. On fixe le bouvet, à une distance de ce centre égale au rayon de la coulisse. On met la charnière sur son pivot; et, en manœuvrant l'instrument, comme le ferait un menuisier, on découpe, dans la planchette, une rainure aussi bien faite, que si elle était obtenue sur le tour.

Quand la rainure est terminée, et que les pivots des articulations des barres d'excentriques et de la tige de suspension sont mis en place, la coulisse est prête à servir. Il n'est pas inutile d'observer que ces pivots, représentés fig. 7, 8 et 9, (pl. XI-XII), sont munis d'une pointe centrale, venue sur le tour; pointe qui permet de les mettre exactement, dans la position qu'ils doivent occuper. Ils ont tous le même diamètre, et vont indistinctement, dans toutes les charnières.

46. — Le *coulisseau* se compose d'un petit morceau de bois dur, exactement ajusté dans la coulisse, et qui reçoit l'un des pivots, représentés dans la fig. 7, (pl. XI-XII).

La *bielle du tiroir* est une tringle en bois, de longueur convenable; articulée sur le coulisseau, par la charnière de la fig. 6, (pl. XI-XII); et sur le tiroir, par l'une quelconque des charnières, fig. 8, 9 ou 5. Dans la disposition générale, représentée, pl. XXXI-XXXII, cette bielle est de plus, guidée par une tige de suspension, articulée en un point fixe *g*. Il arrive parfois, que cette bielle du tiroir est supprimée; et que la tige même du tiroir, rectilignement guidée, attaque directement le coulisseau. En ce cas, la disposition est encore plus simple : une tringle et un guide en bois suffisent.

De son côté, la tige F de suspension de la coulisse, (pl. XXXI-XXXII), s'articule sur un levier G; pivotant lui-même autour d'un point fixe G_1, qui représente *l'arbre de relevage*. C'est souvent la position convenable de ce dernier point, que l'on a en vue de rechercher, quand on *monte* une distribution. On verra plus loin, que cette recherche est éminemment simple.

47. — Si la coulisse était fixe et le coulisseau mobile, on comprend sans peine, qu'avec des tringles en bois et des charnières métalliques, on arriverait à monter très exactement la distribution, dès qu'on aurait exécuté la coulisse; ce qui se fera toujours par le même procédé.

Il en serait de même, évidemment, pour tout autre mécanisme de distribution, composé d'un ou de deux excentriques, d'une coulisse ou sans coulisse, d'un seul distributeur ou de deux distributeurs; que ces distributeurs soient des tiroirs, des pistons, des robinets ou des soupapes, toujours on pourra arriver à donner, au distributeur, le mouvement exact qu'il devra avoir, dans la machine même.

48. — Dans le cas dont il s'agit ici, le distributeur est un tiroir. Ce tiroir se compose d'une planchette Y, (pl. XV-XVI), exactement guidée dans la rainure d'un support Z, dont l'axe passe, par le centre de l'arbre moteur. On a eu soin de tracer cet axe, une fois pour toutes, sur toute la longueur de la table, qui porte l'appareil. Deux bandes de papier, assujetties au moyen de punaises (permettant de les déplacer ou de les enlever facilement), l'une sur la planchette Y, l'autre sur le bord Z de la rainure qui lui sert de guide, représentent : la première, le tiroir ; la seconde, la table du cylindre. (V. aussi pl. XXXI-XXXII.)

Quand il y a deux tiroirs, on dispose une seconde planchette X, glissant, elle, dans une rainure portée par la planchette Y.

49. — Revenons maintenant, à l'essieu moteur. Les fig. 1, 2, 3, (pl. XI-XII), montrent que le collier-support des poulies excentriques et du disque, sur lequel se doit tracer automatiquement le diagramme, présente, suivant l'axe dirigé vers le cylindre, deux appendices, sur chacun desquels vient se boulonner un guide *g*, traversé par une longue règle *i*. Cette règle est en acier, parfaitement dressée; et c'est sur elle, que vient se fixer la pointe traçante, représentée à une échelle plus grande, par la figure 13.

On comprend qu'il suffit de relier la règle en acier, au tiroir, par une tringle rigide, en bois, *k*, (pl. XXXI-XXXII), de longueur appropriée, pour que pointe-traçante et tiroir marchent rigoureusement de la même nanière.

La *pointe-traçante* se compose d'un petit cylindre en bronze, terminé par un cône. Elle entre à frottement doux, dans une douille-support ; que l'on fixe sur la règle en acier, par une vis de pression. Cette pointe est creuse ; et sa cavité débouche, au sommet du cône, par un trou capillaire. Il suffit de la tremper, dans de l'encre de Chine ou une couleur délayée, pour qu'elle soit prête à fonctionner, absolument comme un *tire-ligne*. Elle est d'ailleurs maintenue par un petit ressort.

Tout est prêt pour tracer le diagramme. Il reste à voir comment on procède à cette opération ; toujours dans le cas pris comme exemple. On en conclura aisément la marche à suivre, dans un cas différent, avec un autre dispositif.

50. — On commence par faire glisser la pointe traçante, à la main, pour voir si elle passe bien, par zéro et 180° du cercle divisé ; ligne qui détermine l'axe du cylindre, passant par l'essieu moteur. Au besoin, on déplace les guides *g* de la règle en acier, (il y a, à cet effet, du jeu, dans les trous des boulons, qui les fixent), jusqu'à ce que cette condition soit remplie.

On s'assure, en même temps, que la règle glisse, sans résistance, bien que sans jeu. On s'assure également, que tout le mécanisme fonctionne, avec aisance et régularité. La plus grande source de résistance provient, ordinairement, du coulisseau et du tiroir. Un peu de savon sec permet de corriger ce défaut.

On amène, alors, la manivelle motrice, juste au point mort ; puis, l'ayant immobilisée, on fait tracer, à la pointe, un axe, en rouge. Sur cet axe, qui est en même temps un diamètre du disque, on inscrit, du côté convenable : *bouton de manivelle*, c'est-à-dire du côté, où ce bouton se trouve réellement. On fait tourner le plateau d'un angle droit ; ce qui est facile, puisqu'on a, sous les yeux, un cercle divisé en degrés ; et on trace un nouvel axe, en rouge, perpendiculairement au premier ; ce qui donne le centre. Pendant cette opération, on a eu soin de démonter l'une quelconque des pièces du mécanisme, qui donne le mouvement au tiroir et à la pointe ; c'est le coulisseau, qui s'enlève le plus facilement.

51. — Cela fait, on remet le coulisseau en place ; puis on *règle* son tiroir, comme on dit ; ce qui consiste, ordinairement, à lui donner la même *avance linéaire*, quand le piston est à l'une ou à l'autre extrémité de sa course ; c'est-à-dire quand le rayon-manivelle passe par zéro, ou 180 degrés.

Il est bien entendu que l'on a commencé par amener le coulisseau, au point qu'il doit occuper, dans la coulisse, pour que la machine tourne, dans le sens voulu ; et que tout est dans les conditions, pour lesquelles on veut justement la régler.

L'épure représentée fig. 16, (planche XIII-XIV), laquelle est une reproduction exacte de cette prise au *Dianomégraphe*, s'applique, à la *marche-avant* d'une locomotive, et au *cran* de plus grande admission. C'est, dans ces conditions, que la machine a été réglée. Il arrive souvent, que l'on règle une machine, non plus pour le maximum d'admission, mais pour un certain degré d'admission moindre, correspondant à la marche normale. Il faut, dans ce cas, tracer quelques diagrammes provisoires; et tâtonner la position qu'il convient d'attribuer au coulisseau.

52. — Une fois le tiroir *réglé*, et quel que soit d'ailleurs le mode adopté pour cela, on tourne jusqu'à ce qu'il occupe sa *position moyenne*, par rapport à la table du cylindre; c'est-à-dire, jusqu'à ce qu'il présente réellement, par rapport aux lumières d'admission et d'émission, les recouvrements extérieur et intérieur, qu'on a voulu lui donner; aussi bien du côté de la face avant, que du côté de la face arrière du piston.

L'appareil étant immobilisé, dans cette position, on fixe la pointe marquante, sur la règle en acier; et il convient de la faire tomber, du côté du zéro du cercle gradué, à une distance du centre, plus grande que la course totale du tiroir, dans tous les cas; et aussi grande, que le comporte la dimension de la feuille de papier; pourvu que la pointe ne sorte pas de cette feuille, durant son mouvement. On s'assure de cela, en faisant une révolution à sec, c'est-à-dire, sans marquer de trait.

On a vu, plus haut, n° 20, la raison qui engage à s'éloigner le plus possible du centre. Quant à celle qui fait choisir le côté du zéro du cercle gradué, elle est toute conventionnelle; et n'a qu'un caractère de simplification mnémonique, pour la facilité de lecture du diagramme, quand on pose dessus, plus tard, le calque porteur de la construction géométrique, qui donne les positions réelles relatives de la manivelle et du piston, pour chacun des rapports usités, entre la longueur de la bielle et celle de la manivelle motrice. (V. n° 37.) En effet, lorsqu'on a pris soin de placer la pointe, comme il vient d'être dit, la position du cylindre, dans la construction géométrique dont il vient d'être parlé, tombe, par rapport au rayon-manivelle origine, du côté où le cylindre se trouve *réellement,* quand on trace ce rayon.

Pendant que le tiroir est en position moyenne, et qu'il y a encore du rouge, dans la pointe marquante, on en profite, pour décrire la *circonférence-origine*, dont il a été parlé précédemment, n° 35. Il faut pour cela, démonter, encore une fois, le coulisseau.

Après la circonférence-origine, on trace successivement, toujours en rouge, chacune des circonférences, correspondant aux recouvrements intérieur et extérieur, pour chaque face du piston ; c'est-à-dire, que l'on amène successivement le tiroir, à occuper une position telle, que ses arêtes d'admission et d'émission coïncident, avec les arêtes des lumières correspondantes de la table, du côté de l'avant, comme du côté de l'arrière. Sur chacune des circonférences ainsi obtenue, on a soin de mettre une inscription, indiquant ce qu'elle représente ; comme par exemple : *Origine*, *admission*, *détente*, *face-avant; émission*, *compression*, *face-avant*; et autant pour la face arrière. (V. fig. 16, planche XIII-XIV.)

53. — Il ne reste plus qu'à tracer la courbe représentative de la marche du tiroir. On remet le coulisseau, en place. On enlève la couleur rouge, qui se trouve dans la pointe marquante ; on la remplace, par de la couleur bleue, ou on emploie une seconde pointe garnie de couleur bleue. On fait une révolution. La courbe est tracée. Elle donne, par ses intersections, avec les circonférences préalablement décrites, la position de la manivelle, correspondant à chacune des phases importantes de la distribution.

Rien de plus facile que de contrôler, en regardant fonctionner le tiroir lui-même, la marche de la pointe sur le papier ; et de vérifier, par suite, l'exactitude de la distribution. On se convaincra, *de visu*, de ce fait, que la distance, dont la courbe polaire s'écarte de la circonférence origine, est rigoureusement la même, que celle dont le tiroir s'écarte de sa position moyenne.

Dans ce but, et quand on est seul pour opérer, il est nécessaire de monter directement le tiroir, sur la règle en acier, qui porte la pointe traçante. Je me sers, pour cela, de deux petites pinces élastiques, pressant simplement, contre l'extrémité libre de la règle, la bande de papier, sur laquelle est dessiné le tiroir. La bande, représentant les lumières du cylindre, est tendue, en regard, sur une petite planchette, vissée sur la table en bois ; de manière que les deux bandes glissent, l'une au-dessus de l'autre, dans le même plan vertical, qui est l'une des faces de la règle.

54. — Quand on a pris le diagramme; correspondant à une hauteur donnée du coulisseau, dans la coulisse, on comprend, sans peine, qu'il est extrêmement facile d'obtenir, successivement, autant de diagrammes, qu'on peut en désirer; pour toutes les hauteurs possibles du coulisseau; tant dans la marche avant, que dans la marche arrière; et cela, soit sur la même feuille, soit sur des feuilles séparées.

Il suffit de répéter les opérations, qui viennent d'être indiquées, en ayant soin de fixer chaque fois le levier G, (planche XXXI-XXXII), de l'arbre de relevage, dans la position qui lui convient; et de faire tourner la manivelle motrice, dans le sens correspondant à la marche.

Si la manivelle motrice tournait, en sens inverse, on aurait un diagramme de la distribution, durant la marche à *contre-vapeur*. Il est quelquefois intéressant de prendre un pareil diagramme, dans les locomotives munies du frein Lechatelier.

Dans tous les cas, il convient de noter, par une flèche, sur le papier, le sens de marche de la pointe marquante, correspondant au sens de rotation suivi. On remarquera que le sens du déplacement de la pointe, par rapport au papier, est *inverse* du sens de la rotation réelle.

Il convient encore de noter la face du piston, sur laquelle la vapeur est admise, quand cette admission commence.

55. — Quelquefois, dans les machines à deux cylindres, on est désireux d'avoir, en regard l'un de l'autre, le diagramme de la distribution de chacun des cylindres, rapporté à une *seule manivelle*; c'est-à-dire, de voir quelle est, *au même instant*, la position de chacun des tiroirs et de chacun des pistons; afin de vérifier, par exemple, si, pour un certain *cran* de marche, il n'y a pas une, ou diverses positions des manivelles, dans lesquelles la vapeur n'est admise, ni sur l'un, ni sur l'autre des pistons; auquel cas le *démarrage* serait impossible.

Cela est bien facile, quand le mécanisme de la distribution de chaque cylindre est identique. On peut superposer les deux diagrammes, sur la même feuille. En effet, circonférence origine, circonférences représentant les arêtes des lumières, courbe représentative de la marche du tiroir, tout cela est identique, pour chacun des cylindres. De telle manière que, si l'un des diagrammes, pour l'un des cylindres, était tracé sur papier transparent, il n'y aurait qu'à le superposer, au diagramme de l'autre cylindre; en ayant soin de mettre les deux *rayons manivelle-origine*, l'un par rapport à l'autre, dans la position que les manivelles motrices occupent, en réalité.

Mais l'épure transparente est inutile, comme on va voir. Il suffit de tirer un premier diagramme, sur papier ordinaire; puis, ayant ramené le rayon-manivelle, au zéro du cercle gradué, on détache la feuille de papier; et on la fait tourner, dans le sens convenable, d'un angle égal, à celui que feraient entre elles les deux manivelles, *si les cylindres étaient parallèles*. Il faut, bien entendu, avoir soin de la centrer exactement; mais cela est aisé, puisqu'il suffit de faire passer les deux axes rectangulaires, qu'elle porte, (n° 50), par les divisions, à angle droit, du cercle gradué. Cela fait, on inscrit la notation *deuxième manivelle*, sur le rayon passant par 0°; puis on trace, à nouveau, la courbe de marche du tiroir. L'opération est terminée.

Si le mécanisme de distribution était différent, pour chaque cylindre, comme dans les machines *Woolf*, ou *compound*; il faudrait, après avoir fait tourner l'épure, prise avec l'un des mécanismes, d'un angle égal à celui des manivelles, dans le sens voulu, tracer une nouvelle épure, avec l'autre mécanisme, en traits d'une autre couleur.

Quand deux, ou plus de deux, cylindres ont même mécanisme de distribution, un moyen plus simple et aussi commode, consiste à tracer, sur une feuille de papier transparent, une projection, normale à son axe, de l'arbre moteur et de ses manivelles, avec l'angle qu'elles feraient entre elles, si les cylindres étaient amenés au parallélisme; à faire coïncider le centre de l'arbre, avec celui de l'épure; puis à faire tourner la feuille transparente, autour de ce point central, dans le sens convenable. Chaque manivelle de la feuille transparente donne, alors, en tournant sur l'épure, la position relative de son tiroir et de son piston. Un seul diagramme suffit.

56. — D'ordinaire, on complète l'épure, en appliquant une teinte conventionnelle, sur la surface comprise, entre la courbe polaire et les diverses circonférences-arêtes. On distingue, par

ce moyen, d'une manière plus frappante, les quatre phases correspondant à la durée : de l'admission, de la détente, de l'émission et de la compression, pour chacune des faces du piston.

Dans le diagramme donné, (planche XIII-XIV, fig. 16), laquelle est la reproduction exacte de celui pris au *Dianomégraphe*, ces mêmes phases sont distinguées par des hachures, diversement orientées, faute de couleur.

Cette même figure présente une particularité, dont il convient de donner l'explication.

Si l'on se reporte, à la fig. 17, qui indique le tiroir employé, on remarque qu'il présente, en son épaisseur, un conduit, débouchant dans la partie qui constitue le recouvrement extérieur, à chacune des extrémités. Ce conduit a pour effet, d'augmenter la section de passage de la vapeur, à partir du moment où commence, jusquau moment où cesse l'admission. En effet, la table, sur laquelle ce tiroir glisse, a une longueur exactement disposée, pour que, quand l'arête *a* du tiroir coïncide, avec l'arête *h* de la lumière d'admission, l'arête *c* coïncide, avec l'arête *d*; de manière que la vapeur arrive, ou cesse d'arriver, à la fois, par deux chemins, sur l'une des faces du piston. Le même effet se produit symétriquement, pour l'autre face. En un mot, ce tiroir est un spécimen des tiroirs à *double entrée*.

C'est la disposition dite d'*Allen*, ou de *Trick*.

Si, maintenant, on examine le diagramme, fig. 16, on remarque, qu'en dehors de la partie principale, indiquant la période d'admission, par des hachures à angle droit, il y a encore deux portions de surfaces, hachées de la même manière et placées, l'une à l'extérieur, l'autre à l'intérieur, de la courbe polaire continue.

Ces deux portions de surface, dont l'origine et la terminaison répondent exactement, aux positions du rayon-manivelle, qui indiquent le commencement et la fin de l'admission, sur chaque face, sont justement destinées à représenter le jeu de l'orifice supplémentaire. On les obtient, tout simplement, en changeant, sur la règle d'acier, la position de la pointe marquante. Par exemple, pour tracer le diagramme, qui indique le jeu de l'orifice supplémentaire, sur la face avant du piston, la pointe a été *éloignée* du centre, d'une quantité égale à la distance, qui sépare la courbe polaire primitive, de la portion de courbe supplémentaire *p q*, ou *r s*. Après avoir tracé ces portions de courbes, on fait décrire, à la pointe, sans changer sa position sur la règle, les deux portions de circonférence *ps* et *qr*, qui limitent la surface supplémentaire. Ceci, en enlevant le coulisseau, et en faisant coïncider, successivement, avec l'arête de la table, les deux arêtes de l'orifice supplémentaire. Il a été procédé, d'une façon semblable, à part que la pointe a été, cette fois, *rapprochée* du centre, pour obtenir le diagramme supplémentaire, correspondant à la face arrière du piston.

57. — Pour compléter ce qui se rapporte à l'épure, fig. 16, il n'y a plus qu'à ajouter quelques mots, concernant la construction géométrique, destinée à représenter la position relative de la manivelle motrice et du piston.

Cette construction est tellement simple, qu'il est presqu'inutile de la décrire ; il suffirait de se reporter à ce qui a été dit, au n° 37. La course du piston a été supposée représentée, par le diamètre origine de la *circonférence origine*. Il a été divisé en vingt parties égales ; puis, par chacun des points de division, on a fait passer une circonférence, avec un rayon égal à la longueur de la bielle motrice, prise à la même échelle que la course du piston ; circonférences dont les centres tombent, suivant la règle énoncée au n° 37, sur le rayon origine, prolongé à l'opposé du bouton de manivelle ; par la raison que la pointe traçante a été placée, au départ, à l'opposé du bouton de manivelle, quand cette dernière était dirigée vers le cylindre.

Par les points de rencontre des circonférences ainsi décrites, avec la circonférence origine, on a mené des rayons, qui représentent les positions de la manivelle, pour chaque vingtième de la course du piston, dans l'un comme dans l'autre sens.

L'épure vraie n'a pas besoin de porter la trace de cette construction géométrique. Pour éviter la confusion, il suffit qu'elle en porte le résultat ; c'est-à-dire, les rayons correspondant aux fractions de course. Encore ces rayons sont-ils, d'ordinaire, marqués au moyen du calque, dont il a été parlé au n° 37; et dont on va reconnaître plus particulièrement l'utilité, dans les opérations qui restent à décrire.

58. — Jusqu'à présent, il a été supposé que les dimensions du mécanisme distributeur étaient complètement arrêtées; comme, par exemple, si ce mécanisme appartenait, à une machine existante, dont il s'agirait simplement de traduire, aux yeux, le mode de fonctionnement.

Mais ces conditions, assez rares, ne sont pas celles, dans lesquelles le *Dianomégraphe* est appelé à rendre les plus grands et les plus utiles services. C'est surtout dans l'étude préalable d'une distribution à construire, que son emploi est précieux.

Si le dispositif, dont il s'agit, permet l'emploi de formules ou de procédés graphiques connus, pour fixer, au moins provisoirement, les dimensions principales, on commencera par le montrer, au *Dianomégraphe,* avec ces dimensions. C'est ce qui a été fait, par exemple, pour le dispositif dont la fig. 16, pl. XIII-XIV, représente le fac-similé du diagramme automatique.

Un premier diagramme pris montrera, si les dimensions provisoires satisfont convenablement, aux données du problème. Très souvent, il en sera ainsi; mais, dans certains cas, les résultats réels s'écarteront sensiblement, de ceux fournis, par le calcul, ou l'épure graphique.

Dans ce cas, comme dans ceux où tout guide manquerait, pour un choix provisoire des dimensions, force est de recourir au tâtonnement. Ce tâtonnement, long et pénible, même avec un *modèle monté*, quand on n'a pas de diagramme, permettant de garder trace d'une recherche faite, et de voir, dans quel sens, il convient de diriger une recherche nouvelle, devient rapide et relativement facile, avec le *Dianomégraphe*.

La marche à suivre s'aperçoit d'elle-même. Il faut prendre des séries de diagrammes, en faisant varier *méthodiquement* les dimensions des organes, entrant dans le dispositif dont il s'agit. On ne tarde pas à découvrir le sens, dans lequel il faut faire varier l'un, ou plusieurs des éléments, pour se rapprocher du résultat cherché, si l'on s'en trouve éloigné.

CHAPITRE IV

CLASSIFICATION DES APPAREILS DISTRIBUTEURS

59. — Avant de procéder, à l'étude détaillée des divers systèmes de distribution, employés communément, il convient de les classer. Ce classement peut, on le comprend sans peine, se faire, d'un grand nombre de manières différentes ; et, pour ainsi dire, au gré de chacun.

Les uns, se basant sur les particularités de l'organe distributeur, voudront séparer, par exemple, les tiroirs plans, des tiroirs courbes ou robinets, des pistons, des soupapes, etc... D'autres voudront diviser les appareils, suivant que le distributeur possède un mouvement de va-et-vient, ou suivant qu'il possède un mouvement de rotation continu, ou suivant qu'il y a un ou plusieurs distributeurs. D'autres, se basant sur les particularités des organes moteurs, voudront distinguer les appareils, suivant qu'il y a un, ou plusieurs excentriques, à l'origine du mouvement; suivant que le renversement de la marche doit être possible, ou non; suivant que les conditions de l'admission sont variables, ou fixes, etc...

Pour nous, qui avons en vue, avant d'arriver à l'étude détaillée de chaque système, d'établir, autant que possible; des théories, et surtout des formules d'application générale ; nous préférons classer les appareils distributeurs, suivant le genre de courbe polaire, qui représente leur marche.

C'est bien là, en effet, le côté caractéristique principal d'un dispositif. La forme des distributeurs, leur nombre, les moyens cinématiques de leur donner le mouvement, de renverser la marche, ou de varier l'admission, ne sont que des accidents, généralement applicables à l'un comme à l'autre.

La courbe polaire de marche renferme, d'ailleurs, implicitement, tous ces détails; puisque, de ces détails dépendent: sa forme, sa grandeur, son orientation; et que le nombre de courbes nécessaires, pour représenter *tout* ce qui se passe, sur les deux faces du piston, indique s'il y a un, ou plusieurs, distributeurs; si la rotation change, ou non, de sens; si l'admission varie, ou non; comment elle varie, dans quelles limites, etc...

60. — Nous distinguerons donc :

I. Les appareils distributeurs, pour lesquels la courbe polaire de marche, rapportée à la position moyenne, comme origine, est voisine d'une *circonférence*.

II. Les appareils, pour lesquels la courbe polaire de marche est voisine d'une *ellipse*.

III. Les appareils, pour lesquels la courbe polaire de marche n'est ni voisine d'une circonférence, ni voisine d'une ellipse, mais *continue*.

IV. Les appareils, pour lesquels la courbe polaire de marche n'est ni voisine d'une circonférence, ni voisine d'une ellipse, ni continue, mais présente des points de *variation brusque* de mouvement.

Disons, de suite, que, de ces quatre classes, la première est de beaucoup la plus importante comme application, et la plus intéressante comme étude théorique. C'est aussi celle, sur laquelle il y aura le plus à dire.

61. — La quatrième classe comprend les distributeurs à mouvement brusque, quels qu'ils soient; mais la plupart de ceux employés jusqu'ici, rentrent dans l'une, ou l'autre, des classes précédentes, pour la fraction de marche, qui correspond à chaque partie *continue* de la courbe. Or, l'étude comme le tracé de la fraction de marche, répondant aux parties *discontinues* de la courbe, n'offre qu'un faible intérêt. Cette fraction est ordinairement due au rappel d'un ressort, d'un contrepoids; d'un piston, etc...; et se traduit, dans la courbe polaire, par une portion en ligne droite, ou à peu près, dirigée sensiblement

suivant un rayon vecteur; c'est-à-dire faisant, avec chacune des deux parties contigües, un angle vif, ou approchant d'être vif.

L'exactitude rigoureuse, dans le tracé de cette portion, à peu près droite, ne peut être demandée. Elle dépend de la vitesse, de la masse, de l'état d'usure des arêtes, présentés par les organes de déclanchement, de la puissance de ces organes, etc... Cette rigueur n'offrirait, d'ailleurs, aucun intérêt, au point de vue d'ensemble du fonctionnement.

En fait, on peut donc supprimer cette quatrième classe; ou, du moins, considérer ce qui vient d'être dit, comme une étude suffisante.

62. — La troisième classe pourrait s'appeler : la classe des appareils à *cames*. D'elle encore, il y a peu à dire, *au point de vue théorique*. Il est clair, en effet, que dès qu'on recourt à une came, pour donner le mouvement au distributeur, on a devant soi le champ libre. Il n'y a plus de recherche à faire. La courbe polaire se confond, à une constante près, (n° 25), avec le contour de la came elle-même; lequel peut recevoir toutes les formes, sans autre règle imposée, que de satisfaire aux conditions, à remplir par tout appareil distributeur; lesquelles ont été énoncées, plus haut; et font l'objet du chapitre I.

Au point de vue pratique, à la vérité, il n'en est plus tout à fait ainsi. On se heurte à des difficultés de construction, de diverses natures. Il convient de satisfaire à de certaines conditions; en vue de l'usure, de l'entretien, du bruit, etc... Ce sont là des questions d'atelier, dans le détail desquelles il serait difficile d'entrer. Disons toutefois, en passant :

a) Qu'il ne convient pas d'employer la came, dès que la vitesse est un peu grande. Il y a des machines dans lesquelles l'arbre à came fait 90 tours, par minute. C'est beaucoup. Peut-être trop.

b) Que le contour de la came ne doit pas présenter de changement de courbure trop brusque; et d'autant moins, que la vitesse est plus grande.

c) Que les matières constituant les surfaces en contact, doivent être très dures; et surtout, très faciles à remplacer.

d) Qu'il est essentiel de ménager un moyen de compenser l'influence de l'usure, sur la marche du distributeur.

63. — La seconde classe diffère radicalement de la première, pour le géomètre, puisque la loi de marche du distributeur est toute autre. La courbe polaire des appareils de cette classe est, peut-on dire, intermédiaire, entre celle de la première et de la quatrième. Suivant que le rapport des axes de l'ellipse est très voisin, ou très différent de l'unité, cette courbe se rapproche du cercle, ou de la ligne droite; c'est-à-dire que les mouvements du distributeur sont doux ou saccadés.

Pour le constructeur, ces deux classes d'appareils ont de nombreux points de contact. Et tout dispositif de la première classe peut être aisément transformé, en un dispositif de la seconde classe, ou inversement; par l'addition, ou la suppression, d'un organe très simple, comme on le verra à propos du système n.

S'il existait des courbes *fermées*, autres que l'ellipse, simples de construction et d'expression analytique; il serait vraisemblablement facile de créer de nouvelles classes d'appareils distributeurs; qui pourraient être montées au *Dianomégraphe*; et donneraient leur courbe polaire automatique, absolument comme les autres.

SECONDE PARTIE

THÉORIES ANALYTIQUES ET MÉTHODES GRAPHIQUES GÉNÉRALES SERVANT A RECHERCHER LES DIMENSIONS DE L'ORGANE DISTRIBUTEUR

CHAPITRE PREMIER

FORMULES GÉNÉRALES, APPLICABLES AUX APPAREILS DISTRIBUTEURS, DE LA PREMIÈRE CLASSE; C'EST-A-DIRE A CEUX DONT LA COURBE POLAIRE DE MARCHE, RAPPORTÉE A LA POSITION MOYENNE, EST VOISINE D'UNE CIRCONFÉRENCE[1].

64. — On a déjà vu, n° 26, que, dans ce cas, l'équation de la courbe polaire est de la forme :[2]

$$z = \rho_1 \sin(\delta_1 + \alpha)$$

ou :

$$= \rho_1 \sin \delta_1 \cos \alpha + \rho_1 \cos \delta_1 \sin \alpha \qquad [1]$$

ou :

$$= A_1 \cos \alpha + B_1 \sin \alpha.$$

C'est l'équation polaire d'une circonférence, rapportée à l'un de ses points, pris comme pôle; et à un axe, parallèle à la position de la manivelle motrice, quand elle est au point mort, pris comme origine des angles α.

Si, par un point quelconque O, pris comme pôle, (pl. XIII-XIV, fig. 18), on mène deux axes rectangulaires OX, OY et une oblique OC', faisant avec OY l'angle δ_1; que d'un certain

1. Le type des appareils de cette classe est le tiroir à coquille ordinaire, mû directement par excentrique. (V. système $\mathcal{A}$, planches XIX et XXI.)

2. Pour la signification des symboles, en tout ce qui va suivre, voir au besoin planche III-IV.

point C, pris sur cette oblique, on décrive une circonférence passant par le pôle, z sera le rayon vecteur de cette circonférence polaire, correspondant à un angle α quelconque, décrit par la manivelle motrice. z représentera, encore, la course de l'arête du distributeur, (à partir de la position moyenne, de cette arête), correspondant au même angle α.

La circonférence polaire, dont le diamètre est désigné par ρ, coupe l'axe OX en V_o. Si, dans [1], on pose : $\alpha = o$, il est clair qu'il reste :

$$z = A_1;$$

donc :

$$A_1 = \overline{OV_o};$$

c'est-à-dire, A_1 égale la corde, interceptée par l'axe OX. Si de même on pose : $\alpha = 90^o$, on reconnaît que :

$$z = B_1;$$

c'est-à-dire, B_1 égale la corde interceptée par l'axe OY. Or, le centre d'une circonférence se trouve, à la rencontre des perpendiculaires, élevées *par le milieu* de deux cordes quelconques; donc A_1 et B_1 représentent le double de l'abscisse et le double de l'ordonnée, du *centre* de la circonférence polaire. Ou, si l'on veut, l'abscisse et l'ordonnée de l'extrémité C' de de son *diamètre polaire.*

Si l'on mène un rayon quelconque $\overline{OV}$, faisant un angle α, avec l'axe OX; le polygone $OV_oC'VO$ donne, pour projection de ses côtés, sur une parallèle à $\overline{OV}$:

$$\overline{OV} = \overline{OV_o} \cos \alpha + \overline{V_oC'} \sin \alpha;$$

c'est-à-dire :

$$z = A_1 \cos \alpha + B_1 \sin \alpha.$$

Ce qui est bien l'équation [1]; et ce qui montre que tout rayon, tel que $\overline{OV}$, mené du pôle, jusqu'à la rencontre de la circonférence du centre C, donne graphiquement la valeur de z.

Il résulte de là : que *la courbe de marche, d'un distributeur de la première classe, peut être aisément tracée, dès qu'on connaît la valeur des coefficients* A_1 et B_1.

On a d'ailleurs, évidemment, en remarquant que le triangle

$OC'V_0$, inscrit dans une demi-circonférence, est rectangle en V_0 :

et :

d'où :

$$\left.\begin{array}{l} A_1 = \rho_1 \sin \delta_1 \\ B_1 = \rho_1 \cos \delta_1 \\ \dfrac{A_1}{B} = \mathrm{tg.}\, \delta_1 \end{array}\right\} \qquad [2]$$

On a aussi, pour la même raison :

$$\rho_1^2 = A_1^2 + B_1^2, \qquad [3]$$

De manière que [1] peut bien s'écrire, comme nous l'avons fait :

$$z = \rho_1 \sin \delta_1 \cos \alpha + \rho_1 \cos \delta_1 \sin \alpha.$$

Ce qui est la formule du n° 26.

65. — Il a déjà été dit, que quelles que soient la forme et la loi de marche d'un distributeur, sa fonction est de découvrir et de recouvrir, alternativement, un orifice. Tout orifice a deux arêtes, de même que tout distributeur. Dans le cas le plus général, ces arêtes peuvent travailler toutes les deux. C'est ce qui arrive, pour le tiroir à coquille ordinaire. L'une, (du côté extérieur ordinairement), livre passage à la vapeur, qui *entre* dans le cylindre. L'autre, (du côté intérieur ordinairement), livre passage à la vapeur, qui *sort*.

Quand le distributeur est en *position moyenne*, (c'est-à-dire au milieu de sa course), ses arêtes peuvent recouvrir, ou découvrir l'orifice. La longueur, dans le sens de la marche, dont l'orifice est ainsi recouvert, ou découvert, se nomme d'une manière générale : *recouvrement*. On dit : recouvrement *positif*, si l'orifice est recouvert, et recouvrement *négatif*, s'il est découvert.

Nous désignerons toujours par *e*, le *recouvrement d'entrée*, (extérieur dans le tiroir ordinaire); et par *i*, le *recouvrement de sortie*, (intérieur dans le tiroir ordinaire). *e*, comme *i*, peut être *positif*, ou *négatif*.

Si, du pôle comme centre, (pl. XIII-XIV, fig. 18), on décrit une circonférence $q_0 q V_1$ de rayon, $\overline{Oq} = e$, la longueur

$$\overline{OV} - \overline{Oq} = z - e$$

représente la largeur découverte de l'orifice, *du côté de l'entrée*, correspondant à une certaine valeur de l'angle α.

Le maximum de cette largeur, qui sera désigné par o, correspond évidemment à : $\alpha = 90^\circ - \delta_1$ ou à : $z = \rho_1$; ce qui permet d'écrire :

$$o_1 = \rho_1 - e. \quad [4]$$

Il n'est pas moins évident, que, quand α prend la valeur α_1, correspondant à la *fin de l'admission*, ou α_4, correspondant au *commencement de l'admission*, les arêtes de l'orifice et du distributeur doivent coïncider, exactement, du côté de l'entrée; c'est-à-dire qu'on a, dans les deux cas : $z = e$; et, par substitution dans [1] :

$$e = A_1 \cos \alpha_1 + B_1 \sin \alpha_1, \quad [5]$$

$$-e = A_1 \cos \alpha_4 + B_1 \sin \alpha_4. \quad [6]$$

Le signe de la course est renversé, dans [6], parce que α_4 est compté de $\overline{OX}_1$, tandis que α_1 l'est de $\overline{OX}$, en conformité des habitudes. Le commencement de l'admission se produisant, à peu près toujours, durant la course de retour du piston; et étant souvent exprimé en fraction de cette course.

Si, du pôle comme centre, on décrit une circonférence SS_2S_3 de rayon $\overline{OS} = \pm i$, la longueur

$$\overline{OV} - \overline{OS} = z + i, \text{(en tenant compte du signe de } i),$$

représente la largeur recouverte de l'orifice, *du côté de la sortie*, correspondant à la même valeur de α, que plus haut.

Quand α prend la valeur α_2, correspondant au *commencement de l'émission*, ou α_3, correspondant *à la fin de l'émission*, les arêtes de l'orifice et du distributeur doivent coïncider, exactement, du côté de la sortie; c'est-à-dire qu'on a : $z = -i$, en tenant compte du signe de i; et par substitution, dans [1] :

$$-i = A_1 \cos \alpha_2 + B_1 \sin \alpha_2 \quad [7]$$

$$i = A_1 \cos \alpha_3 + B_1 \sin \alpha_3 \quad [8]$$

La même observation, que plus haut, s'applique au signe opposé de i, dans [7] et dans [8].

En changeant, dans ces formules, α en $180^\circ + \alpha$, on aurait ce qui se passe, de l'autre côté du piston.

66. — Quand la manivelle est au point mort, c'est-à-dire quand $\alpha =$ zéro, l'orifice peut être découvert ou recouvert d'une certaine quantité, par le distributeur, du côté de l'entrée, comme du côté de la sortie. La largeur de l'ouverture, à ce moment, dans le sens du mouvement, a reçu le nom d'*avance linéaire*. Nous désignerons par a_a et a_e l'avance linéaire à l'admission, et à l'émission, c'est-à-dire du côté de l'arête d'entrée et de l'arête de sortie. Cette avance peut être négative, c'est alors un retard. Il suffit de changer son signe.

Dans la fig. 18 (pl. XIII-XIV) l'avance à l'admission est représentée par $\overline{q_0 V_0} = a_a$. L'avance à l'émission est représentée par $\overline{V_0 S_0} = a_e$, i est négatif. Il est clair qu'on peut écrire d'une manière générale, quitte à tenir compte, en application, du signe de e et de i

$$a_a = A_1 - e, \text{ ou, par abréviation, } a = A_1 - e \qquad [9]$$
$$a_e = A_1 - i. \qquad [10]$$

67. — Ainsi construite, l'épure donne tout ce que l'on peut désirer connaître, sur la marche du tiroir. Elle donne encore ce qui concerne la marche du piston. Par exemple, quand la manivelle motrice est dirigée suivant $\overline{OV}$, faisant l'angle α avec $\overline{OX}$; si Om représente la longueur R de cette manivelle; que, par m, on fasse passer une circonférence de centre O, le diamètre $\overline{XX_1}$ de cette circonférence représente la course entière du piston; et l'on peut avoir la position *vraie* de ce dernier, en faisant passer, aussi par m, une seconde circonférence de rayon égal à la longueur de la bielle motrice, prise à la même échelle que la manivelle, et dont le centre tombe sur $\overline{OX}$, du même côté que le cylindre, par rapport à l'essieu moteur projeté en O. Le point où cette circonférence coupe $\overline{OX}$ donne la position relative vraie du piston, par rapport aux points morts.

Si le cylindre était *oscillant*, le centre de la deuxième circonférence, dont il vient d'être parlé, devrait être pris au point d'oscillation lui-même.

Le plus souvent, on se contente de connaître la course relative, que le piston aurait, s'il marchait comme la projection du bouton de manivelle m, sur le diamètre $\overline{XX_1}$, parallèle à l'axe du cylindre; course qui est exactement la *moyenne* de celles correspondant à des angles symétriques, décrits par la manivelle, à partir de chaque point mort. Il suffit, pour cela, d'abaisser de m une perpendiculaire sur $\overline{XX_1}$. Le pied t de cette perpendiculaire représente alors la position du piston.

Entre la valeur de l'angle α, décrit par la manivelle motrice, et la fraction de course k, parcourue par le piston, à compter du point mort origine, il y a une relation facile à établir. Dans la fig. 18 (pl. XIII-XIV) on a, par définition :

$$k \frac{Xt}{XX_1} = \frac{Xt}{2 . OX} = \frac{OX(1 - \cos. \alpha)}{2 . OX} = \frac{1 - \cos \alpha}{2} \quad ;$$

d'où l'on tire :

$$\cos \alpha = 1 - 2k ;$$

et par suite :

$$\sin \alpha = \sqrt{1 - \cos^2 \alpha} = 2\sqrt{k - k^2} .$$

On peut donc écrire, pour chacune des valeurs remarquables de α et de k (voir planche III-IV)

$$\cos \alpha_1 = 1 - 2k_1 \qquad \sin \alpha_1 = 2\sqrt{k_1 - k_1^2} \qquad [11]$$

$$\cos \alpha_2 = 1 - 2k_2 \qquad \sin \alpha_2 = 2\sqrt{k_2 - k_2^2} \qquad [12]$$

$$\cos \alpha_3 = 1 - 2k_3 \qquad \sin \alpha_3 = 2\sqrt{k_3 - k_3^2} \qquad [13]$$

$$\cos \alpha_4 = 1 - 2k_4 \qquad \sin \alpha_4 = 2\sqrt{k_4 - k_4^2} \qquad [14]$$

68. -- On voit combien ce diagramme, vulgarisé comme il a été dit dans l'*Introduction*, par l'éminent professeur de Zurich, M. G. ZEUNER, est élégant et simple. Quelques traits, tous obtenus par la règle ou le compas, suffisent à donner tout ce qui intéresse.

C'est ainsi que l'on trouve immédiatement la position Om_4 de la manivelle motrice, et celle t_4 du piston, quand l'admission commence sur la face du piston qui regarde l'arbre moteur; l'avance linéaire à l'admission $\overline{q_0V_0}$; l'ouverture $\overline{qV}$ d'admission à chaque instant; et, par suite, l'ouverture maxima $\overline{q'C'}$; la position Om_1 de la manivelle et celle t_1 du piston, quand l'admission cesse ou quand la détente commence; la position Om_2 de la manivelle et celle t_2 du piston, quand la détente cesse ou quand l'émission commence; l'avance linéaire $\overline{V_0S_0}$ à l'émission; la position Om_3 de la manivelle et celle t_3

du piston, quand l'émission cesse ou quand la compression commence; l'ouverture $\overline{SV}$ d'émission à chaque instant; et, par suite, l'ouverture maxima $\overline{S'C'}$; les valeurs des angles $\alpha = 90° - \delta_1$ et $\alpha = 270° - \delta_1$, correspondant au maximum d'ouverture à l'admission et à l'émission; les positions correspondantes du piston, etc...

Appelons, en passant, l'attention sur cette propriété générale d'un distributeur de la première classe, quel qu'il soit, de pouvoir servir à la fois, pour laisser entrer et sortir la vapeur, par un *même orifice*, suivant que l'angle décrit par la manivelle est égal à α ou à $180° + \alpha$; et à l'utilié grande des *recouvrements*, pour réaliser les quatre phases essentielles de toute distribution, dont il a été parlé au n° 1.

Il est évident que si l'on emploie deux orifices et deux distributeurs, comme cela est nécessaire pour agir sur l'une ou sur l'autre face du piston, il est loisible de relier rigidement les deux distributeurs et de leur donner un mouvement commun. C'est ainsi que l'on tombe sur le tiroir à coquille, lequel est, au fond, composé de deux distributeurs accolés, travaillant sur deux orifices.

Mais de cette propriété même découle, comme conséquence, que les angles $\alpha_1\alpha_2\alpha_3\alpha_4$ ne sont pas complètement indépendants les uns des autres (voy. pl. XIII-XIV, fig. 16). Cela ressort, en toute évidence, du rapprochement des deux formules [5] et [6]. En y remplaçant A_1 et B_1, par leur valeur tirée de [2], on aurait α_4 en fonction de α_1 et de δ_1. Cela ressort évidemment aussi de la figure, car l'angle $\widehat{m_1OC'}$ est la moitié de l'angle $\widehat{m_1Om_4}$. Ce qui s'écrit

$$\delta_1 + \alpha_1 - 90° = \frac{\alpha_1 + 180° - \alpha_4}{2} \qquad [6]_1$$

Le rapprochement des formules [7] et [8] conduit à la même conclusion. On en pourrait tirer α_3 en fonction de α_2 et de δ_1 (ou de α_1 et α_4 en vertu de $[6]_1$).

Cette conclusion ressort encore de la figure, sous une autre forme, qu'il est utile de mettre en évidence. On a, par suite de la symétrie des rayons Om_1 et Om_4, Om_2 et Om_3, par rapport au diamètre polaire $\overline{OC'}$:

$$\alpha_2 - \alpha_1 = \alpha_4 - \alpha_3. \qquad [8]_1$$

Souvent, au lieu de donner directement l'avance linéaire à l'admission ou à l'émission, on les exprime par les rapports :

$$n_a = \frac{a_a}{o_1} \text{ ou, par abréviation, } n = \frac{a}{o_1} \quad [15]$$

$$n_e = \frac{a_e}{o_e} \quad [16]$$

Il est en effet rationnel d'adopter, pour ces avances, des ouvertures d'autant plus grandes, que l'ouverture maxima à l'admission et à l'émission est plus grande, toutes choses égales.

On a enfin évidemment par analogie avec [4]

$$o_e = \rho_1 - i. \quad [17]$$

69. —Les formules qui viennent d'être établies dans les paragraphes précédents, de même que le diagramme qui les traduit, contiennent implicitement la détermination des dimensions d'un distributeur et du tracé de sa courbe polaire de marche. C'est-à-dire, qu'étant données certaines conditions à remplir et un certain nombre des éléments, entrant dans le problème, les autres sont par là implicitement fixés. Mais cela ne suffit pas, pour l'application; et il est nécessaire d'indiquer des solutions plus explicites.

Les 16 équations [2] à [17] renferment 20 quantités. Savoir : A_1 B_1 o_1 ρ_1 δ_1 α_1 α_2 α_3 α_4 k_1 k_2 k_3 k_4 e i a_a n_a a_e n_e o_e[1], il est donc clair que, quatre quelconques de ces quantités étant données, on peut déterminer les 16 autres.

Le plus ordinairement on impose :

1° La largeur maxima o_1 dont l'orifice doit être découvert, à l'admission.

2° La fraction k_1 de course du piston, ou l'angle α_1 décrit par la manivelle, correspondant à la fin de l'admission.

3° La fraction k_2 de course du piston, ou l'angle α_2 décrit par la manivelle, correspondant au commencement de l'émission.

4° L'avance linéaire à l'admission a_a, ou le rapport n_a, entre cette avance et o_1.

1. Pour la signification des symboles, voir au besoin planche III-IV.

Dans ces conditions, on tire de [9] :

$$e = A_1 - a_a;$$

puis de [5] :

$$A_1 \cos \alpha_1 + B_1 \sin \alpha_1 = A_1 - a_a;$$

et, en élevant au carré :

$$B_1^2 \sin^2 \alpha_1 = A_1^2 (1 - \cos \alpha_1)^2 - 2 A_1 a_a (1 - \cos \alpha_1) + a_a^2 \quad [18]$$

de [9] et [4], on tire :

$$A_1 = a_a + e = a_a + \rho_1 - o_1 = \rho_1 - (o_1 - a_a); \qquad [18]^{bis}$$

puis, en élevant au carré, et remplaçant A_1^2 par sa valeur tirée de [3] :

$$A_1^2 = \rho_1^2 - 2 \rho_1 (o_1 - a_a) + (o_1 - a_a)^2 = \rho_1^2 - B_1^2; \qquad [19]$$

d'où :

$$B_1^2 = 2 \rho_1 (o_1 - a_a) - (o_1 - a_a)^2. \qquad [19]^{bis}$$

substituant [18] bis [19] et [19] bis dans [18], on a :

$$2 \rho_1 (o_1 - a_a) \sin^2 \alpha_1 - (o_1 - a_a)^2 \sin^2 \alpha_1 = (1 - \cos \alpha_1)^2 [\rho_1^2 - 2\rho_1 (o_1 - a_a)$$
$$+ (o_1 - a_a)^2] - 2 a_a (1 - \cos \alpha_1)[\rho_1 - (o_1 - a_a)] + a_a^2;$$

développant, réunissant les termes en ρ_1^2, puis en ρ_1 et simplifiant, cette équation se transforme en la suivante :

$$\rho_1^2 (1 - \cos \alpha_1)^2 - 2 \rho_1 (1 - \cos \alpha_1)(2 o_1 - a_a)$$
$$+ 2 o_1 (1 - \cos \alpha_1)(o_1 - a_a) + a_a^2 = 0;$$

laquelle, à son tour, en vertu de [11], devient :

$$4 k_1^2 \rho_1^2 - 8 k_1 \rho_1 \left(o_1 - \frac{a_a}{2}\right) + 4 k_1 o_1 (o_1 - a_a) + a_a^2 = 0;$$

ou, en divisant partout par $4 k_1^2$ et en remplaçant a_a par $n_a o$ tiré de [15]:

$$\rho_1^2 - 2 \rho_1 \frac{o_1}{k_1} \left(1 - \frac{n_a}{2}\right) + \frac{o_1^2}{k_1}(1 - n_a) + \frac{n_a^2 o_1^2}{4 k_1^2} = 0.$$

D'où l'on tire enfin :

$$\rho_1 = \frac{o_1}{k_1}\left(1 - \frac{n_a}{2}\right) + \sqrt{\frac{o_1^2}{k_1^2}\left(1 - \frac{n_a}{2}\right)^2 - \frac{k_1 o_1^2}{k_1^2}(1 - n_a) - \frac{o_1^2 n_a^2}{k_1^2 \, 4}};$$

ou, si l'on veut :

$$\frac{\rho_1}{o_1} = \frac{1}{k_1}\left[1 - \frac{n_a}{2} \pm \sqrt{(1 - k_1)(1 - n_a)}\right] \quad [20]$$

1. Voir n° 70, pour le choix du double signe.

k_1 varie de 1 à zéro; n_a varie aussi de 1 à zéro, mais, en certains cas, il peut devenir plus petit que zéro (quand il y a du retard à l'admission).

Lorsque k_1 ou n_a tendent vers leur limite supérieure, l'unité, le radical tend vers zéro. A mesure que k_1 et n^a diminuent, le radical augmente. Dans tous les cas, il reste donc positif.

Si on prenait le signe — devant le radical, on aurait nécessairement, dans la parenthèse, une quantité inférieure à l'unité. Il résulte de là que quant $k_1 \leqq 1$, valeurs pour lesquelles la formule [20] doit évidemment être applicable, il viendrait $\rho_1 < o_1$; ce qui conduit, dans [4], à une valeur négative de e, ou du recouvrement d'entrée. Donc dans le cas, très général en application, de deux distributeurs accolés (tiroir à coquille ordinaire), il y aurait à la fois admission sur les deux faces du piston, pendant un certain temps. Cela sort des conditions raisonnables, au moins dans les machines motrices.

D'ailleurs, en faisant les calculs d'une manière méthodique, avec diverses valeurs de k_1 et de n_a, on reconnaît que le signe — n'est applicable, que quand l'arête d'admission *ouvre* au lieu de *fermer*, pour $\alpha = \alpha_1$ ou $k = k_1$. Ce signe correspond donc à une solution renversée, inapplicable aux distributions des machines motrices.

70. — Par conséquent il faut s'en tenir au signe +, dans la formule [20], qui s'écrira alors :

$$\frac{\rho_1}{o_1} = \frac{1}{k_1}\left[1 - \frac{n_a}{2} + \sqrt{(1-k_1)(1-n_a)}\right]; \qquad [20]$$

et qui donne directement la valeur de ρ_1 en fonction de o_1, de k_1 et de n_a, quantités connues par hypothèse.

Connaissant ρ_1 on a immédiatement[1] dans

[15] $a_a = n_a o_1$ donnant soit a_a soit n_a

[4] $e = \rho_2 - o_1$

[9] $A_1 = e + a_a$

[2] $\sin\delta_1 = \frac{A_1}{\rho_1}$ $\cos\delta_1 = \frac{B_1}{\rho_1}$ $\mathrm{tg}\,\delta_1 = \frac{A_1}{B_1}$

[2] ou [3] $B_1 = \rho_1 \cos\delta_1$ ou $B_1 = \sqrt{\rho_1^2 - A_1^2}$

1. Voir, au besoin, planche III-IV, pour la signification des symboles.

[7] avec [12]	$i = A_1(2k_2 - 1) - 2B_1\sqrt{k_2 - k_2^2}$
[11]	$\cos\alpha_1 = 1 - 2k_1$ donnant soit α_1 soit k_1
[12]	$\cos\alpha_2 = 1 - 2k_2$ donnant soit α_2 soit k_2
[10]	$a_e = A_1 - i$
[17]	$o_e = \rho_1 - i$
[16]	$n_e = \frac{a_e}{o_e}$
[6], (n° 68)	$\alpha_4 = 360° - 2\delta_1 - \alpha_1$
[8], (n° 68)	$\alpha_3 = \alpha_1 - \alpha_2 + \alpha_4$
[13]	$k_3 = \frac{1 - \cos\alpha_3}{2}$
[14]	$k_4 = \frac{1 - \cos\alpha_4}{2}$

Les 16 inconnues sont par là entièrement déterminées, sans tâtonnement d'aucune espèce. On trouvera plus loin, n° 87, *l'exposé d'un procédé graphique qui conduit au même résultat.*

71. — Il arrive quelquefois, que les quatre données o_1 k_1 ou α_1 k_2 ou α^2 a_a ou n_a sont remplacées par les suivantes : o_1 k_1 ou α_1 k_2 ou α_2, k_4 ou α_4. C'est-à-dire que l'on impose *l'avance angulaire* à l'admission $(180° - \alpha_4)$, au lieu de *l'avance linéaire* a_a.

Il faut alors procéder comme suit, pour déterminer les autres inconnues. [9] avec [2] donne :

$$e = A_1 - a_a = \rho_1 \sin\delta_1 - a_a\,; \qquad [21]$$

valeur qui, égalée à celle fournie par [4], conduit à :

$$\rho_1 \sin\delta_1 - a_a = \rho_1 - o_1\,;$$

d'où l'on tire :

$$\rho_1 = \frac{o_1 - a_a}{1 - \sin\delta_1}\,; \qquad [22]$$

et, par substitution dans [4] :

$$e = \frac{o_1 - a_a}{1 - \sin\delta_1} - o_1 = \frac{o_1 \sin\delta_1 - a_a}{1 - \sin\delta_1}. \qquad [23]$$

Divisant [23] par [22], il reste :

$$e = \rho_1 \frac{o_1 \sin\delta_1 - a_a}{o_1 - a_a} \qquad [24]$$

En vertu de [2], on a dans [6] :

$$-e = \rho_1 \sin\delta_1 \cos\alpha_4 + \rho_1 \cos\delta_1 \sin\alpha_4\,;$$

ce qui revient à :

$$-e = \rho_1 \sin(\delta_1 + \alpha_4).$$

On aurait de même, dans [5] : [25]

$$e = \rho_1 \sin(\delta_1 + \alpha_1).$$

La première de ces valeurs de e donne, avec [24] :

$$\frac{o_1 \sin\delta_1 - a_a}{o_1 - a_a} = -\sin(\delta_1 + \alpha_4);$$

d'où l'on tire :

$$o_1 \sin\delta_1 - a_a = -o_1 \sin(\delta_1 + \alpha_4) + a_a \sin(\delta_1 + \alpha_4)$$

et :

$$a_a = o_1 \frac{\sin\delta_1 + \sin(\delta_1 + \alpha_4)}{1 + \sin(\delta_1 + \alpha_4)}. \qquad [26]$$

D'ailleurs, on a dans $[6]_1$ (n° 68) :

$$\delta_1 = 180^\circ - \frac{\alpha_1 + \alpha_4}{2} \quad \text{d'où} \quad \sin\delta_1 = \sin\frac{\alpha_1 + \alpha_4}{2}; \qquad [27]$$

puis, en ajoutant α_4 aux deux membres :

$$\delta_1 + \alpha_4 = 180^\circ + \frac{\alpha_4 - \alpha_1}{2} \quad \text{d'où} \quad \sin(\delta_1 + \alpha_4) = -\sin\frac{\alpha_4 - \alpha_1}{2} \qquad [28]$$

Substituant [27] et [28] dans [26] on a enfin :

$$a_a = o_1 \frac{\sin\frac{\alpha_4 + \alpha_1}{2} - \sin\frac{\alpha_4 - \alpha_1}{2}}{1 - \sin\frac{\alpha_4 - \alpha_1}{2}}. \qquad [29]$$

Telle est la formule qui relie directement a_a à α_4. Si donc α_4 est donné au lieu de a_a, on pourra toujours commencer par chercher a_a dans [29], puis n_a dans [15]; et procéder ensuite, comme il a été dit plus haut, n° 70, pour trouver les autres inconnues.

72. — Sans passer par l'expression [20] de ρ_1, on peut d'ailleurs procéder comme suit. On a [1] dans :

[11] $\cos\alpha_1 = 1 - 2k_1$ qui donne α_1 ou k_1

[12] $\cos\alpha_2 = 1 - 2k_2$ — α_2 ou k_2

[14] $\cos\alpha_4 = 1 - 2k_4$ — α_4 ou k_4

[8]$_1$ (n° 68) $\alpha_3 = \alpha_1 - \alpha_2 + \alpha_4$

[13] $k_3 = \dfrac{1 - \cos\alpha_3}{2}$

[6]$_1$ (n° 68) $\delta_1 = 180° - \dfrac{\alpha_1 + \alpha_4}{2}$

[29] ou [26] $a_a = o_1 \dfrac{\sin\frac{1}{2}(\alpha_4 + \alpha_1) - \sin\frac{1}{2}(\alpha_4 - \alpha_1)}{1 - \sin\frac{1}{2}(\alpha_4 - \alpha_1)}$

ou $a_a = o_1 \dfrac{\sin\delta_1 + \sin(\delta_1 + \alpha_4)}{1 + \sin(\delta_1 + \alpha_4)}$

[15] $n_a = \dfrac{a_a}{o_1}$

[22] ou [4] avec [25] ou [22] avec [15] $\rho_1 = \dfrac{o_1 - a_a}{1 - \sin\delta_1}$

ou

$$\rho_1 = \frac{o_1}{1 + \sin(\delta_1 + \alpha_4)} = \frac{o_1}{1 - \sin(\delta_1 + \alpha_a)} = o_1 \frac{1 - n_a}{1 - \sin\delta_1}$$

[4] ou [25] ou [21] ou [23] $e = \rho_1 - o_1 = -\rho_1 \sin(\delta_1 + \alpha_4)$
$= \rho_1 \sin(\delta_1 + \alpha_1)$

ou $e = \rho_1 \sin\delta_1 - a_a = \dfrac{o_1 \sin\delta_1 - a_a}{1 - \sin\delta_1}$

ou [23] avec [15] $e = o_1 \dfrac{\sin\delta_1 - n_a}{1 - \sin\delta_1}$

[9] ou [2] $A_1 = e + a_a = \rho_1 \sin\delta_1$

[3] ou [2] $B_1 = \sqrt{\rho_1^2 - A_1^2} = \rho_1 \cos\delta_1$.

1. Voir, au besoin, planche III-IV, la signification des symboles.

[7] avec [12] $i = -A_1 \cos\alpha_2 - B_1 \sin\alpha_2 = A_1(2k_2 - 1) - 2B_1\sqrt{k_2 - k_2^2}$

[10] $a_e = A_1 - i$

[17] $o_e = \rho_1 - i$

[16] $n_e - \frac{a_e}{o_e}$

Ce qui fait encore 16 formules, pour 16 inconnues.

Comme il a déjà été dit plus haut, n° 70, on trouvera plus loin, n° 87, et aussi n° 93, l'exposé de procédés graphiques, simples, expéditifs et généraux, qui résolvent le problème, aussi bien avec ces données qu'avec celles du n° 69.

Pour la commodité de l'application, les formules du n° 72, comme celles du n° 70, sont groupées à peu près, dans le même ordre que ci-dessus, planche V.

Pour plus de facilité encore; et, pour éviter de calculer ρ_1, par la formule [20], la planche IX donne le tableau des valeurs de $\frac{\rho_1}{o_1}$; c'est-à-dire le rapport entre le diamètre ρ_1 de la circonférence polaire et la quantité o_1 dont l'arête du distributeur doit ouvrir, au maximum, l'orifice. Ce rapport est donné en fonction de la fraction de course du piston, correspondant au moment de la fermeture, et du rapport entre l'avance linéaire à l'ouverture et o_1.

La fraction de course du piston y est désignée, d'une manière générale, par k; et le rapport entre l'avance linéaire à l'ouverture a et o_1 y est désigné, d'une manière générale, par n. La raison en est, que ce tableau de même que la formule [20], peuvent servir aussi bien pour déterminer la courbe polaire d'un distributeur d'émission, que d'un distributeur d'admission; auquel cas k devient k_3, n devient n_e, a devient a_e.

Dans ce tableau, k varie de cinq en cinq pour cent, depuis 10 0/0 jusqu'à 90 0/0; n varie de deux en deux pour cent, depuis zéro jusqu'à 30 0/0. Ce sont des limites très larges, qui ne sont pour ainsi dire jamaisfranchies.

La valeur de $\frac{\rho^1}{o_1}$ ou de δ_1 cherchée, se trouve à la rencontre des lignes correspondant au k et au n donnés. On peut interpoler, par proportion simple, entre deux valeurs consécutives du tableau, aussi bien dans le sens vertical que dans le sens horizontal.

Pour le cas particulier où n serait négatif (comme il en a été dit un mot au n° 69) il faudrait recourir aux formules [20] et [2].

Si α_4 ou k_4 sont donnés à la place de n, le problème se simplifie, le recours au tableau de la planche IX est inutile, δ_1 est donné directement par $[6]_1$ (n° 68), ρ_1 par [22] [23] etc., formules très simples.

Une vérification utile à indiquer pour le signe de i, donné par la formule [7] ou [7] combinée avec [12], est la suivante, qui se déduit de la fig. 18, planche XIII-XIV, par le raisonnement que voici. Si i était nul, om_2 serait exactement perpendiculaire sur $\overline{OC'}$; par suite on aurait :

$$\alpha_2 = 90° + (90° - \delta_1) = 180° - \delta_1.$$

Donc, *si* $\alpha_2 < 180°-\delta_1$, *il faut que le recouvrement de sortie i soit négatif. Si* $\alpha_2 > 180° - \delta_1$ *il faut que ce recouvrement soit positif.*

73. — On peut désirer avoir une relation directe entre n_a et α_4 ; de manière à pouvoir passer de l'avance *linéaire* à l'avance *angulaire*, et non plus seulement de l'avance angulaire à l'avance linéaire, comme le permet la formule [29].

Pour cela, remarquer que [29] peut s'écrire, en remplaçant a_a par $n_a o_1$ tiré de [15] :

$$n_a\left[1 - \sin\frac{1}{2}(\alpha_4 - \alpha_1)\right] = \sin\frac{1}{2}(\alpha_4 + \alpha_1) - \sin\frac{1}{2}(\alpha_4 - \alpha_1)$$

d'où l'on tire, après développement des sinus, toutes réductions faites :

$$n_a = (2 - n_a)\sin\frac{\alpha_1}{2}\cos\frac{\alpha_4}{2} + n_a\cos\frac{\alpha_1}{2}\sin\frac{\alpha_4}{2} \qquad [30]$$

Cette formule n'est pas autre chose que l'équation polaire d'une circonférence, rapportée à l'un de ses points. L'abscisse du centre de cette circonférence est :

$$\frac{1}{2}(2 - n_a)\sin\frac{\alpha_1}{2}; \quad \text{et l'ordonnée} \quad \frac{1}{2}n_a\cos\frac{\alpha_1}{2_1}.$$

Pour trouver graphiquement α_4 en fonction de α_1 et de n_a, il suffit donc, après avoir tracé la circonférence polaire en question, de décrire, du pôle comme centre, un cercle de rayon n_a. Les deux points de rencontre avec la circonférence polaire, donneront deux rayons vecteurs; dont l'angle avec l'axe des abscisses est la double valeur de $\frac{\alpha_4}{2}$. L'une de ces valeurs sera $\frac{\alpha_1}{2}$; il ne peut donc pas y avoir doute dans le choix. C'est l'autre valeur qu'il faut prendre pour $\frac{\alpha_4}{2}$.

Mais on peut aussi conclure $\frac{\alpha_4}{2}$ de [30], par un procédé algébrique. En effet [30] peut s'écrire :

$$n_a - (2 - n_a) \sin \frac{\alpha_1}{2} \cos \frac{\alpha_4}{2} = n_a \cos \frac{\alpha_1}{2} \sqrt{1 - \cos^2 \frac{\alpha_4}{2}},$$

élevant au carré, de part et d'autre, groupant les termes suivant la marche ordinaire, on tire de là, tous calculs faits :

$$\cos \frac{\alpha_4}{2} = \frac{n_a (2 - n_a) \sin \frac{\alpha_1}{2}}{n_a^2 \cos^2 \frac{\alpha_1}{2} + (2 - n_a)^2 \sin^2 \frac{\alpha_1}{2}} \left[1 \pm \sqrt{1 - \frac{n_a^2 \cos^2 \frac{\alpha_1}{2} + (2 - n_a)^2 \sin^2 \frac{\alpha_1}{2}}{(2 - n_a)^2}} \right]. \qquad [31]$$

$\frac{\alpha_4}{2}$ ne peut varier que de 90° à 0°, à moins qu'il n'y ait retard à l'admission, auquel cas n_a change de signe, son cosinus doit donc être positif. Cela guidera, dans le choix du double signe, placé devant le radical. On sait d'ailleurs que d'une manière générale

$$\cos 2\alpha = 2 \cos^2 \alpha - 1$$

Donc ici on a :

$$\cos \alpha_4 = 2 \cos^2 \frac{\alpha_4}{2} - 1. \qquad [32]$$

Les formules générales [31] et [32] sont aussi reproduites sur la planche V.

CHAPITRE II

FORMULES GÉNÉRALES APPLICABLES AUX APPAREILS DISTRIBUTEURS DE LA SECONDE CLASSE, C'EST-A-DIRE A CEUX DONT LA COURBE POLAIRE DE MARCHE, RAPPORTÉE A LA POSITION MOYENNE COMME ORIGINE, EST VOISINE D'UNE ELLIPSE[1].

74. — L'équation de la courbe s'établit comme suit : Voir planche LXV-LXVI (fig. 2).

Désignons par :

$z = \overline{om}$ le rayon vecteur d'un point m quelconque, faisant l'angle α, avec le grand axe OX_1 de l'ellipse, pris pour origine;

$\rho = \overline{OA}$ le grand diamètre polaire de l'ellipse ;

$\varepsilon =$ le rapport du petit au grand axe;

$\beta =$ l'angle du rayon vecteur, d'un point m', du cercle décrit sur $\overline{OA}$ comme diamètre; point ayant même abscisse que m.

On a, en comptant, comme au n° 24, les courses positives, à droite de O :

$$-z = \overline{Om} = \frac{\overline{mn}}{\sin\alpha}$$

Mais, eu égard aux propriétés de l'ellipse, inscrite dans un cercle, on peut écrire :

$$\varepsilon = \frac{\overline{mn}}{\overline{m'n}} = \frac{\overline{On}\,\mathrm{tg}\,\alpha}{\overline{On}\,\mathrm{tg}\,\beta};\ \text{d'où : } \mathrm{tg}\,\beta = \frac{\mathrm{tg}\,\alpha}{\varepsilon};$$

et de même :

$$\overline{mn} = \varepsilon \times \overline{m'n} = \varepsilon \times \overline{om'} \sin\beta = \varepsilon\rho \cos\beta \sin\beta,$$

car le triangle $Om'A$ est rectangle en m, comme inscrit dans une demi-circonférence (donc $\overline{Om'} = \rho \cos\beta$).

1. Le type des appareils de cette classe est le système *n* Lissignol. Voyez planches XX et XXII.

Suivant des relations bien connues, on sait que[1] :

$$\sin\beta = \sqrt{\frac{\operatorname{tg}\beta}{1+\operatorname{tg}^2\beta}}; \qquad \cos\beta = \sqrt{\frac{1}{1+\operatorname{tg}^2\beta}};$$

donc :

$$\sin\beta.\cos\beta = \frac{\operatorname{tg}\beta}{1+\operatorname{tg}^2\beta} = \frac{\frac{\operatorname{tg}\alpha}{\varepsilon}}{1+\frac{\operatorname{tg}^2\alpha}{\varepsilon^2}}$$

et enfin :

$$-z = \frac{\varepsilon\rho}{\sin\alpha} \times \frac{\frac{1}{\varepsilon}\operatorname{tg}\alpha}{1+\frac{1}{\varepsilon^2}\operatorname{tg}^2\alpha} = \rho\frac{1}{\cos\alpha\left(1+\frac{1}{\varepsilon^2}\operatorname{tg}^2\alpha\right)} \qquad [33]$$

Si maintenant, on change l'origine des angles, pour avoir une formule plus générale. C'est-à-dire, si l'on remplace α, par $(\alpha+\varphi)$, comme au n° 26; et si l'on pose, comme cela se fait toujours, $\varphi = 90° + \delta_1$; ce qui reporte l'origine des angles α, à la position de la manivelle motrice, correspondant au point mort du piston, en désignant par δ_1 l'angle d'avance du grand diamètre de l'ellipse; on a à la place de cos α :

$$\cos(\alpha + 90° + \delta_1) = -\sin(\alpha+\delta_1),$$

à la place de tg α :

$$\frac{\sin(\alpha+90°+\delta_1)}{\cos(\alpha+90°+\delta_1)} = \frac{\cos(\alpha+\delta_1)}{-\sin(\alpha+\delta_1)} = -\operatorname{cotg}(\alpha+\delta_1).$$

Cela permet d'écrire [33] comme suit :

$$z = \rho\frac{1}{\sin(\alpha+\delta_1)\left[1+\frac{1}{\varepsilon^2}\operatorname{cotg}^2(\alpha+\delta_1)\right]};$$

ou, en multipliant haut et bas, par $\sin(\alpha+\delta_1)$; et remplaçant ensuite $\cos^2(\alpha+\delta_1)$, par $1-\sin^2(\alpha+\delta_1)$

$$z = \rho\frac{\sin(\alpha+\delta_1)}{\sin^2(\alpha+\delta_1)+\frac{1}{\varepsilon^2}-\frac{1}{\varepsilon^2}\sin^2(\alpha+\delta_1)} = \rho\frac{\sin(\alpha+\delta_1)}{\sin^2(\alpha+\delta_1)\left(1-\frac{1}{\varepsilon^2}\right)+\frac{1}{\varepsilon^2}} \qquad [34]$$

1. Voir, au besoin, planche III-IV, pour la signification des symboles.

Si l'on posait dans [34] $\varepsilon = 1$; c'est-à-dire, si l'*ellipse* devenait un *cercle*, il resterait :

$$z = \rho \sin(\alpha + \delta_1) \; ;$$

ce qui est bien la formule établie, pour ce cas, n° 25-26.

75. — La formule [34] donne donc l'équation polaire de l'ellipse, rapportée au sommet de son grand axe; l'origine des angles α faisant $90° + \delta_1$ avec ce même grand axe, qui est placé en avant de la manivelle motrice, dans le sens de la rotation.

A l'inspection de cette formule, on reconnaît aisément: 1° que pour $\alpha = 90° - \delta_1$; c'est-à-dire quand le grand axe de l'ellipse fait 180° avec l'origine ; on a : $z = \rho$. Ce qui était évident *a priori*. Dans les appareils de la *seconde classe, à courbe polaire de marche elliptique, le maximum de course positive correspond donc au même angle* $90° - \delta_1$, *décrit par la manivelle, que dans les appareils de la première classe, à courbe polaire circulaire.*

2° Que pour $\alpha = 180° - \delta_1$ on a $z =$ zéro. Toujours comme avec la courbe polaire circulaire.

3° Que plus ε est petit, en dessous de l'unité, c'est-à-dire plus le petit axe de l'ellipse est différent du grand, plus aussi z est petit, devant ρ, dans la courbe elliptique, par rapport à ce qu'il serait, dans la courbe circulaire, pour la même valeur de α. Ce serait l'inverse, si ε était plus grand que l'unité, c'est-à-dire si le petit axe de l'ellipse prenait la place du grand.

On aperçoit donc déjà, que le recouvrement d'entrée e varie, dans le même sens que ε; et que, pour une même valeur de o, ou de la quantité dont l'orifice est découvert, ρ décroît, à mesure que ε diminue, puisque e décroît avec ε ; et qu'on a toujours la relation absolument générale $\rho = o + e$.

Le trait caractéristique des appareils de la seconde classe, par rapport à ceux de la première, est donc que : *pour la même durée d'admission, ils exigent des courses du distributeur, d'autant plus petites, que l'ellipse polaire est plus aplatie, quand c'est son grand axe qui passe par le pôle ; et inversement, quand c'est son petit axe.*

Ceci deviendra plus évident, par la suite (n° 81).

76. — Si, dans [34], on fait $\alpha = 0$; au quel cas on doit avoir $z = e + a_a$; il vient[1]:

$$z = e + a_a = \rho \frac{\sin \delta_1}{\sin^2 \delta_1 \left(1 - \frac{1}{\varepsilon^2}\right) + \frac{1}{\varepsilon^2}} \qquad [35]$$

Si, de même, on fait $\alpha = \alpha_1$; auquel cas on doit avoir $z = e$; il vient :

$$z = e = \rho \frac{\sin(\alpha_1 + \delta_1)}{\sin^2(\alpha_1 + \delta_1)\left(1 - \frac{1}{\varepsilon^2}\right) + \frac{1}{\varepsilon^2}} \qquad [36]$$

Enfin, on a toujours les formules fondamentales :

$$\rho = o_1 + e \qquad [37]$$

$$a_a = n_a o_1 \qquad [38]$$

[35] et [37] donnent :

$$\rho - o_1 + a_a = \rho \frac{\sin \delta_1}{\sin^2 \delta_1 \left(1 - \frac{1}{\varepsilon^2}\right) + \frac{1}{\varepsilon^2}};$$

ou :

$$\rho \left(1 - \frac{\sin \delta_1}{\sin^2 \delta_1 \left(1 - \frac{1}{\varepsilon^2}\right) + \frac{1}{\varepsilon^2}}\right) = o_1 - a_a;$$

et, en vertu de [38] :

$$\frac{\rho_1}{o_1} = \frac{1 - n_a}{1 - \frac{\sin \delta_1}{\sin^2 \delta_1 \left(1 - \frac{1}{\varepsilon^2}\right) + \frac{1}{\varepsilon^2}}} \qquad [39]$$

Si δ_1 était connu, on aurait donc aisément la valeur de ρ, dans cette formule.

[36] et [37] donnent :

$$\rho - o_1 = \rho \frac{\sin(\alpha_1 + \delta_1)}{\sin^2(\alpha_1 + \delta_1)\left(1 - \frac{1}{\varepsilon^2}\right) + \frac{1}{\varepsilon^2}}$$

1. Voir, au besoin, planche III-IV, la signification des symboles.

ou :

$$\rho\left(1-\frac{\sin(\alpha_1+\delta_1)}{\sin^2(\alpha_1+\delta_1)\left(1-\frac{1}{\varepsilon^2}\right)+\frac{1}{\varepsilon^2}}\right)=o_1$$

et :

$$\frac{\rho}{o_1}=\frac{1}{1-\frac{\sin(\alpha_1+\delta_1)}{\sin^2(\alpha_1+\delta_1)\left(1-\frac{1}{\varepsilon^2}\right)+\frac{1}{\varepsilon^2}}} \qquad [40]$$

En égalant [39] et [40], il reste :

$$(1-n_a)\left[1-\frac{\sin(\alpha_1+\delta_1)}{\sin^2(\alpha_1+\delta_1)\left(1-\frac{1}{\varepsilon^2}\right)+\frac{1}{\varepsilon^2}}\right]=1-\frac{\sin\delta_1}{\sin^2\delta_1\left(1-\frac{1}{\varepsilon^2}\right)+\frac{1}{\varepsilon^2}} \qquad [41]$$

équation de laquelle on peut aisément tirer n_a en fonction de δ_1; mais de laquelle il est beaucoup moins aisé de tirer δ_1 en fonction de n_a. De manière que, quand c'est n_a qui figure parmi les données, il n'y a guère d'autre moyen de calculer δ_1 que par tâtonnements successifs.

Si, dans [34], on fait $\alpha=-(180^\circ-\alpha_4)$ auquel cas on doit avoir encore $z=e$; il vient :

$$e=\rho\frac{-\sin(\alpha_4+\delta_1)}{\sin^2(\alpha_4+\delta_1)\left(1-\frac{1}{\varepsilon^2}\right)+\frac{1}{\varepsilon^2}}. \qquad [42]$$

[37] et [42] permettent d'écrire :

$$-\rho+o_1=\rho\frac{\sin(\alpha_4+\delta_1)}{\sin^2(\alpha_4+\delta_1)\left(1-\frac{1}{\varepsilon^2}\right)+\frac{1}{\varepsilon^2}};$$

d'où l'on tire :

$$\frac{\rho}{o_1}=\frac{1}{1+\frac{\sin(\alpha_4+\delta_1)}{\sin^2(\alpha_4+\delta_1)\left(1-\frac{1}{\varepsilon^2}\right)+\frac{1}{\varepsilon^2}}}. \qquad [43]$$

De [43] et [40] on conclut :

$$-\frac{\sin(\alpha_1+\delta_1)}{\sin^2(\alpha_1+\delta_1)\left(1-\frac{1}{\varepsilon^2}\right)+\frac{1}{\varepsilon^2}}=\frac{\sin(\alpha_4+\delta_1)}{\sin^2(\alpha_4+\delta_1)\left(1-\frac{1}{\varepsilon^2}\right)+\frac{1}{\varepsilon^2}} \qquad [44]$$

relation qui permettrait, au besoin, de calculer l'une des trois quantités α_1 δ_1 ou α_4 en fonction des deux autres; mais qui n'est pas non plus d'un emploi bien commode.

77. — Il existe entre α_1 α_4 et δ_1 une relation, plus simple que la précédente. Cette relation, établie au n° 68, pour les appareils à courbe de marche circulaire, subsiste pour les appareils à courbe elliptique; et même, *pour toute courbe fermée, quelle qu'elle puisse être, pourvu qu'elle demeure symétrique par rapport au diamètre passant par le pôle*. Il est évident, en effet, qu'alors, le diamètre de symétrie est bissecteur de l'angle $\alpha_1 + 180^\circ - \alpha_4$; et comme ce même diamètre fait un angle de $90^\circ - \delta_1$ avec l'axe origine, on tombe sur la formule $[6]_1$, du n° 68 :

$$\delta_1 + \alpha_1 - 90^\circ = \frac{\alpha_1 + 180^\circ - \alpha_4}{2}$$

d'où l'on tire, soit :

soit : $$\left.\begin{aligned} \delta_1 &= 180^\circ - \frac{\alpha_1 + \alpha_4}{2} \\ \alpha_4 &= 360^\circ - 2\,\delta_1 - \alpha_1 \end{aligned}\right\} \qquad [45]$$

On conclut de là, en soustrayant la première de la seconde :

$$\alpha_4 + \delta_1 = 180^\circ + \tfrac{1}{2}(\alpha_4 - \alpha_1) \text{ et } \sin(\alpha_4 + \delta_1) = -\sin\tfrac{1}{2}(\alpha_4 - \alpha_1);$$

et, par substitution, dans [43] :

$$\frac{\rho}{o_1} = \frac{1}{1 - \dfrac{\sin\frac{1}{2}(\alpha_4 - \alpha_1)}{\sin^2\frac{1}{2}(\alpha_4 - \alpha_1)\left(1 - \dfrac{1}{\varepsilon^2}\right) + \dfrac{1}{\varepsilon^2}}}; \qquad [46]$$

formule qui permet de calculer directement ρ ou o_1 en fonction de α_1 et de α_4.

De même, en remarquant que les formules [45] donnent immédiatement :

$$\sin\delta_1 = \sin\tfrac{1}{2}(\alpha_1 + \alpha_4);$$

et que $[6]_1$ du n° 68 donne :

$$\alpha_1 + \delta_1 = 180^\circ + \frac{\alpha_1 - \alpha_4}{2} \quad \text{d'où} \quad \sin(\alpha_1 + \delta_1) = -\sin\frac{1}{2}(\alpha_1 - \alpha_4);$$

il vient, par substitution dans [41] :

$$\left.\begin{array}{l}(1-n_a)\left[1+\dfrac{\sin\frac{1}{2}(\alpha_1-\alpha_4)}{\sin^2\frac{1}{2}(\alpha_1-\alpha_4)\left(1-\frac{1}{\varepsilon^2}\right)+\frac{1}{\varepsilon^2}}\right] \\ \qquad =1-\dfrac{\sin\frac{1}{2}(\alpha_1+\alpha_4)}{\sin^2\frac{1}{2}(\alpha_1+\alpha_4)\left(1-\frac{1}{\varepsilon^2}\right)+\frac{1}{\varepsilon^2}}\end{array}\right\} \quad [47]$$

formule qui permet de calculer n_a en fonction de α_1 et α_4.

[45], substitué dans [44], conduirait à une identité.

Les autres combinaisons que l'on peut faire avec les formules [35] [36] [37] [38] [39] et [42], qui mettent le problème en équation, ne fournissent pas de solution plus simple. Il faut donc conclure : que *dans les systèmes de la seconde classe*, — courbe polaire elliptique, — *le problème est plus facile à résoudre, avec* α_4 *pour donnée* qu'*avec* n_a *ou* a_a. Dans le premier cas, tout se détermine directement. Dans le second, il faut tâtonner la valeur soit de δ_1, dans [41] ; soit de α_4, dans [47].

Reste à calculer le recouvrement de sortie, (ou intérieur), i.

Faisant $\alpha=\alpha_2$ dans [34] ; auquel cas on doit avoir $z=-i$; puisque, si i est un véritable recouvrement, le distributeur doit avoir dépassé sa position moyenne, du côté des z négatifs, il vient :

$$z=-i=\rho\frac{\sin(\alpha_2+\delta_1)}{\sin^2(\alpha_2+\delta_1)\left(1-\frac{1}{\varepsilon^2}\right)+\frac{1}{\varepsilon^2}} \quad [48]$$

D'ailleurs la relation $[8]_1$, établie au n° 68, subsiste encore ici, comme dans tout système à courbe polaire symétrique, par rapport à son grand axe polaire ; pour la même raison que celle énoncée tout à l'heure, quand il s'est agi des deux positions de la manivelle, correspondant à une course égale au recouvrement extérieur e. C'est-à-dire qu'on a :

$[8]_1$ $$\alpha_3=\alpha_1-\alpha_2+\alpha_4.$$

Ce qui achève de déterminer les inconnues.

78. — En résumé : voici comment il faut procéder dans les calculs, suivant les données :

1° Données : o_1 ; k_1 ou α_1 ; k_2 ou α_2 ; k_4 ou α_4. On a[1] dans :

[11] $\cos\alpha_1 = 1 - 2k_1$ qui donne α_1 ou k_1

[12] $\cos\alpha_2 = 1 - 2k_2$ — α_2 ou k_2

[14] $\cos\alpha_4 = 1 - 2k_4$ — α_4 ou k_4

[8]$_1$ (n° 68) $\alpha_3 = \alpha_1 - \alpha_2 + \alpha_4$

[13] $k_3 = \dfrac{1 - \cos\alpha_3}{2}$

[6]$_1$ (n° 68), ou [45] $\delta_1 = 180° - \dfrac{1}{2}(\alpha_1 + \alpha_4)$

[46] ou [40] $$\frac{\rho}{o_1} = \frac{1}{1 - \dfrac{\sin\frac{1}{2}(\alpha_4 - \alpha_1)}{\sin^2\frac{1}{2}(\alpha_4 - \alpha_1)\left(1 - \frac{1}{\varepsilon^2}\right) + \frac{1}{\varepsilon^2}}} = \frac{1}{1 - \dfrac{\sin(\alpha_1 + \delta_1)}{\sin^2(\alpha_1 + \delta_1)\left(1 - \frac{1}{\varepsilon^2}\right) + \frac{1}{\varepsilon^2}}}$$

[4] ou [37] ou [36] $$e = \rho - o_1 = \rho\frac{\sin(\alpha_1 + \delta_1)}{\sin^2(\alpha_1 + \delta_1)\left(1 - \frac{1}{\varepsilon^2}\right) + \frac{1}{\varepsilon^2}}$$

[35] $$a_a = \rho\frac{\sin\delta_1}{\sin^2\delta_1\left(1 - \frac{1}{\varepsilon^2}\right) + \frac{1}{\varepsilon^2}} - e.$$

[15] ou [38] $n_a = \dfrac{a_a}{o_1}$

[48] $$-i = \rho\frac{\sin(\alpha_2 + \delta_1)}{\sin^2(\alpha_2 + \delta_1)\left(1 - \frac{1}{\varepsilon^2}\right) + \frac{1}{\varepsilon^2}}$$

Il est clair, d'ailleurs, que l'avance linéaire à l'émission est égale à $z_{(\alpha=0)} - i$; c'est-à-dire :

$$a_e = e + a_a - i \qquad [49]$$

dans

[16] $n_e = \dfrac{a_e}{o_1}$

[17] $o_e = \rho - i$

1. V. au besoin, planche III-IV, la signification des symboles.

En tout 14 quantités; deux de moins que dans les systèmes de la première classe; par la raison que les quantités A_1 et B_1, valeurs de z pour $\alpha =$ zéro, et $\alpha = 90°$, n'ont plus d'utilité.

2° Données : o_1 ; k_1 ou α_1 ; k_2 ou α_2; α_3; k_3 ou α_3 ; a_a ou n_a.

Il faut commencer par tâtonner, dans [47], la valeur de α_1, qui correspond à n_a. On retombera alors, sur les données plus haut admises; et la marche, qui vient d'être suivie, tout à l'heure, devient applicable.

On trouvera, plus loin, nos 93 et suivants, l'exposé d'un procédé graphique, simple et expéditif, qui permet de résoudre le problème, quelles que soient les données.

Comme vérification du signe de i, voir la règle, énoncée au n° 72.

79. — Les formules, qui précèdent, ne sont pas exactement reproduites, planches V-VI. Il est nécessaire d'en donner la raison.

L'avantage capital, présenté par les appareils de la seconde classe, lequel est énoncé au n° 75, n'est plus d'aucune utilité, ou du moins n'est que d'une utilité secondaire, dès que l'on recourt à l'emploi de deux distributeurs d'admission, superposés. Reste à voir si la complication résultant d'un distributeur supplémentaire est moindre, ou plus grande, que celle résultant des organes supplémentaires aussi, indispensables pour donner, au distributeur unique, la marche correspondant à une courbe polaire elliptique.

Ceci nous mène à dire un mot des solutions cinématiques, jusqu'ici employées, pour résoudre ce dernier problème.

Si, sur une tringle $\overline{AB}$ (planche XX), dont l'extrémité A marche suivant la droite $\overline{O'O}$; et l'extrémité B décrit un cercle de centre O', on prend un point C; ce dernier décrira une courbe du 4e degré, très voisine d'une ellipse de centre O.

Supposons que O soit justement l'arbre moteur, et que C soit le pivot d'un coulisseau, glissant dans une rainure, portée par la manivelle $\overline{OC}$, le point A se trouvera marcher très sensiblement, comme la projection du point C, sur l'axe $\overline{OO}$; c'est-à-dire, comme la projection d'un point décrivant une ellipse.

C'est la solution cinématique due à M. Lissignol.

Supposons, d'un autre côté, que O' soit l'arbre moteur, et

que C donne le mouvement, à un arbre auxiliaire O, sur lequel soit, comme de coutume, monté un excentrique activant le distributeur. Le résultat sera de même ordre, en ce qui concerne la marche du distributeur.

C'est la solution cinématique due à M. Marcel Deprez; et trouvée avant celle de M. Lissignol (voy. n°s 113 et 212).

Dans la première, la vitesse angulaire de l'arbre moteur est constante; celle de l'arbre auxiliaire est variable. Dans la seconde, il en est exactement de même.

Toutes les deux donnent au distributeur un mouvement, d'autant plus saccadé que le rapport du petit axe au grand axe de l'ellipse, décrite par C, est de plus faible valeur.

La première solution est plus simple que la seconde; puisque dans la première, le point A peut activer *directement* le distributeur; tandis que dans la seconde, il faut monter un excentrique ou une manivelle, en plus sur l'arbre auxiliaire O.

La théorie est d'ailleurs commune, pour les deux solutions.

80. — Mais la courbe polaire représentant la marche du distributeur, tout en étant voisine de celle décrite à l'origine du mouvement, par le point C, n'est plus exactement de même forme. C'est-à-dire que, même en négligeant les effets d'obliquité de la tringle $\overline{AB}$, ou, si l'on veut, en supposant que le point C décrive *exactement une ellipse*, la courbe polaire de marche du point A, supposée être celle de la projection de C, ne sera pas une *ellipse exacte*.

Nous allons maintenant établir l'équation de cette dernière courbe. Ce sont les formules générales qui lui sont applicables, que reproduit la planche V; comme étant celles dont l'usage présente le plus d'intérêt, dans l'application, d'ailleurs assez restreinte, faite des systèmes de la seconde classe; puisqu'en réalité on ne connaît que les deux dispositifs plus haut indiqués, et leurs dérivés.

Soit, fig. 3, planche LXV-LXVI, O l'arbre moteur du dispositif Lissignol; C la position du pivot de coulisseau, pour un angle α, décrit par la manivelle, à partir de sa position origine $\overline{OC_0}$;

$C_0CC_1C_0$ l'ellipse supposée décrite par C;

$C_0B'C_1C_0$ le cercle circonscrit à cette ellipse. B' est encore la position correspondante du point B, sur le cercle de centre O', (planche XX).

γ l'angle, (correspondant à α), fourni par le rayon $\overline{B'O}$, avec l'origine $\overline{OC_o}$;

ε le rapport du petit axe au grand axe de l'ellipse décrite par C;

ρ le demi grand axe $\overline{C_oO}$.

La course z actuelle du distributeur, qui est celle de la projection de C sur OX_1, comptée positivement à droite de O, comme toujours, est :

$$-z = \overline{nO}$$

laquelle, reportée sur le rayon vecteur $\overline{OC}$, devient :

$$-z = \overline{n_1O}.$$

Or on a, en toute évidence :

$$-z = \overline{n_1O} = \overline{nO} = \overline{OB'} \cos\gamma = \rho \cos\gamma. \qquad [50]$$

Mais il est clair que :

$$\operatorname{tg}\gamma = \frac{1}{\varepsilon} \operatorname{tg}\alpha, \qquad [50]^{bis}$$

et comme, par une formule connue, on sait que :

$$\cos\gamma = \pm \frac{1}{\sqrt{1 + \operatorname{tg}^2\gamma}} = \pm \sqrt{1 + \frac{1}{\varepsilon^2} \operatorname{tg}^2 \alpha'}$$

on peut écrire :

$$z = \rho \frac{1}{\sqrt{1 + \frac{1}{\varepsilon^2} \operatorname{tg}^2 \alpha}}$$

81. — Si, maintenant, on change l'origine des angles, pour avoir une formule plus générale ; et que l'on mette, comme au n° 74, $(\alpha + \varphi)$ à la place de α ; puis, que l'on pose, comme il convient, $\varphi = 90^o + \delta_1$; ce qui reporte l'origine des angles, à la position de la manivelle motrice, correspondant au point mort du piston ; on a, pour valeur à mettre à la place de $tg\alpha$:

$$\frac{\sin(\alpha + 90^o + \delta_1)}{\cos(\alpha + 90^o + \delta_1)} = \frac{\cos(\alpha + \delta_1)}{-\sin(\alpha + \delta_1)} = -\operatorname{cotg}(\alpha + \delta_1);$$

ce qui permet d'écrire :

$$\cos\gamma = \frac{1}{\sqrt{1+\frac{1}{\varepsilon^2}\operatorname{cotg}^2(\alpha+\delta_1)}}; \qquad [51]$$

et par suite, dans [50] :

$$\left.\begin{aligned} z &= \rho\frac{1}{\sqrt{1+\frac{1}{\varepsilon^2}\operatorname{cotg}^2(\alpha+\delta_1)}} = \rho\frac{\sin(\alpha+\delta_1)}{\sqrt{\sin^2(\alpha+\delta_1)+\frac{1}{\varepsilon^2}\cos^2(\alpha+\delta_1)}} \\ &= \frac{\rho\sin(\alpha+\delta_1)}{\sqrt{\sin^2(\alpha+\delta_1)+\frac{1}{\varepsilon^2}-\frac{1}{\varepsilon^2}\sin^2(\alpha+\delta_1)}} = \frac{\rho\sin(\alpha+\delta_1)}{\sqrt{\sin^2(\alpha+\delta_1)\left(1-\frac{1}{\varepsilon^2}\right)+\frac{1}{\varepsilon^2}}} \end{aligned}\right\} [52]$$

Pour $\varepsilon = 1$, c'est-à-dire si l'origine du mouvement (courbe décrite par C), était un cercle, on retomberait sur la formule [1] qui convient à ce cas :

$$z = \rho\sin(\alpha+\delta_1).$$

Comparée à [34], qui est l'équation polaire de l'ellipse, [52] en diffère, par cela seulement, que le dénominateur n'est plus à la puissance 1, mais à la puissance 1/2.

Pour $\alpha = 90° - \delta_1$ et $\alpha = 180° - \delta^1$, on a d'ailleurs identiquement, dans les deux formules, $z = \rho$ et $z =$ zéro.

Pour $\alpha =$ zéro, le rapport de [52] à [34] est

$$\sqrt{\sin^2\delta_1\left(1-\frac{1}{\varepsilon^2}\right)+\frac{1}{\varepsilon^2}}$$

lequel diffère d'autant moins de l'unité, que ε diffère moins de 1.

Pour $\varepsilon = 1/2$, valeur souvent employée, et $\delta_1 = 45°$, valeur déjà grande, on aurait :

$$\sqrt{\sin^2\delta_1\left(1-\frac{1}{\varepsilon^2}\right)+\frac{1}{\varepsilon^2}} = 0{,}79\,;$$

c'est-à-dire que, dans ce cas, la valeur fournie par [52], est à peu près les 3/4 de celle fournie par [34]. Cette différence est trop grande, pour que l'on puisse considérer la formule [34], et celles qui en découlent, comme applicables aux dispositifs Lissignol ou M. Deprez, les seuls que la pratique emploie, parmi les systèmes de la seconde classe.

En comparant [52], avec [1], on reconnaît que le rapport des courses est, à égalité dans la valeur de ρ :

Rapport de [52] à [1] $= \dfrac{1}{\sqrt{\sin^2(\alpha+\delta_1)\left(1-\frac{1}{\varepsilon^2}\right)+\frac{1}{\varepsilon^2}}}$;

quantité plus petite ou plus grande que 1, selon que le rapport ε du petit au grand axe de l'ellipse, est lui-même plus petit ou plus grand que l'unité, algébriquement parlant.

Pour $\alpha =$ zéro, [52] donne donc une valeur de z d'autant plus petite, par rapport à celle que donnerait [1], que ε est une plus petite fraction. Donc, à égalité dans l'avance à l'admission a_a, le recouvrement d'entrée e, qui est égal à la différence entre z pour $\alpha = o$ et a_a [35], diminue avec ε. Donc aussi, l'ouverture libre o_1, qui est la différence entre ρ et e [37], augmente quand ε diminue. Donc, enfin, *à égalité dans l'ouverture* o_1, *les appareils dont la courbe de marche est représentée par* [52], *exigent une moindre course et un moindre recouvrement, que ceux dont la courbe de marche est représentée par* [1].

Ces résultats sont absolument conformes à ceux énoncés au n° 75.

82. — Il convient donc de faire, sur la formule [52], le même travail que sur la formule [34], pour en tirer des relations, permettant le calcul de tous les éléments que l'on peut avoir besoin de connaître. La marche à suivre est évidemment la même qu'au n° 76 et suivants [1].

Pour $\alpha =$ zéro, auquel cas on doit avoir $z = e + a_a$, [50] et [52] donnent :

$$e + a_a = -\rho_1 \cos\gamma_0 = \frac{\rho_1}{\sqrt{1+\frac{1}{\varepsilon^2}\mathrm{cotg}^2\,\delta_1}} = \frac{\rho_1 \sin\delta_1}{\sqrt{\sin^2\delta_1\left(1+\frac{1}{\varepsilon^2}\right)+\frac{1}{\varepsilon^2}}} \quad [53]$$

Pour $\alpha = \alpha_1$, auquel cas on doit avoir $z = e$, les mêmes formules [50] et [52] donnent :

$$e = -\rho_1 \cos\gamma_1 = \frac{\rho_1}{\sqrt{1+\frac{1}{\varepsilon^2}\mathrm{cotg}^2(\alpha_1+\delta_1)}} = \frac{\rho_1 \sin(\alpha_1+\delta_1)}{\sqrt{\sin^2(\alpha_1+\delta_1)\left(1-\frac{1}{\varepsilon^2}\right)+\frac{1}{\varepsilon^2}}} \quad [54]$$

1. Pour la signification des symboles, voir au besoin planche III-IV.

Les relations fondamentales [37] et [38] subsistent :

[37] $$\rho_1 = o_1 + e$$

[38] $$a_a = n_a o_1$$

[53] et [37] donnent, en vertu de [51] :

$$\rho_1 - o_1 + a_a = -\rho_1 \cos \gamma_0 ;$$

γ_0 répondant à $\alpha =$ zéro ; ou :

$$\frac{\rho_1}{o_1} = \frac{1 - n_a}{1 + \cos \gamma_0} = \frac{1 - n_a}{1 + \dfrac{1}{\sqrt{1 + \frac{1}{\varepsilon^2} \operatorname{cotg}^2 \delta_1}}} = \frac{1 - n_a}{1 - \dfrac{\sin \delta_1}{\sqrt{\sin^2 \delta_1 \left(1 - \frac{1}{\varepsilon^2}\right) + \frac{1}{\varepsilon^2}}}} \quad [55]$$

[54] et [37] donnent, à leur tour :

$$\rho_1 - o_1 = -\rho_1 \cos \gamma_1 ;$$

γ_1 répondant à $\alpha = \alpha_1$; ou :

$$\left.\begin{aligned} \frac{\rho_1}{o_1} = \frac{1}{1 + \cos \gamma_1} &= \frac{1}{1 + \dfrac{1}{\sqrt{1 + \frac{1}{\varepsilon^2} \operatorname{cotg}^2 (\alpha_1 + \delta_1)}}} \\ &= \frac{1}{1 - \dfrac{\sin (\alpha_1 + \delta_1)}{\sqrt{\sin^2 (\alpha_1 + \delta_1) \left(1 - \frac{1}{\varepsilon^2}\right) + \frac{1}{\varepsilon^2}}}} \end{aligned}\right\} \quad [56]$$

[55] et [56] donneraient ρ_1 si δ_1 était connu. En égalant ces deux formules il reste :

$$(1 - n_a)(1 + \cos \gamma_1) = 1 + \cos \gamma_0 ;$$

ou :

$$\left.\begin{aligned} &(1 - n_a)\left[1 + \frac{1}{\sqrt{1 + \frac{1}{\varepsilon^2} \operatorname{cotg}^2 (\alpha_1 + \delta_1)}}\right] = 1 + \frac{1}{\sqrt{1 + \frac{1}{\varepsilon^2} \operatorname{cotg}^2 \delta_1}} ; \\ &\text{ou :} \\ &(1 - n_a)\left[1 - \frac{\sin (\alpha_1 + \delta_1)}{\sqrt{\sin^2 (\alpha_1 + \delta_1)\left(1 - \frac{1}{\varepsilon^2}\right) + \frac{1}{\varepsilon^2}}}\right] = 1 - \frac{\sin \delta_1}{\sqrt{\sin^2 \delta_1 \left(1 - \frac{1}{\varepsilon^2}\right) + \frac{1}{\varepsilon^2}}} , \end{aligned}\right\} \quad [57]$$

équation qui donne aisément n^a, en fraction de δ^1 ; mais donne malheureusement, d'une manière beaucoup moins aisée, δ_1 en fonction de n^a. Cette dernière quantité ne peut même se calculer que par tâtonnement ou approximation successive.

Si, dans [50] [51] et [52] on fait $\alpha = 180° + \alpha_4$, auquel cas on doit avoir $z = e$, puisque l'admission doit commencer à se produire, il vient :

$$\left. \begin{aligned} e = -\rho_1 \cos\gamma_4 &= \rho_1 \frac{1}{\sqrt{1 + \frac{1}{\varepsilon^2}\operatorname{cotg}^2(\alpha_4 + \delta_1)}} \\ &= \rho_1 \frac{\sin(\alpha_4 + \delta_1)}{\sqrt{\sin^2(\alpha_4 + \delta_1)\left(1 - \frac{1}{\varepsilon^2}\right) + \frac{1}{\varepsilon^2}}}. \end{aligned} \right\} \quad [58]$$

[37] et [58] permettraient d'écrire

$$\rho_1 - o_1 = -\rho_1 \cos\gamma_4 ;$$

γ_4 répondant à α_4 ; d'où :

$$\frac{\rho_1}{o_1} = \frac{1}{1 + \cos\gamma_4} = \frac{1}{1 + \frac{1}{\sqrt{1 + \frac{1}{\varepsilon^2}\operatorname{cotg}^2\alpha_4}}} = \frac{1}{1 + \frac{\sin(\alpha_4 + \delta_1)}{\sqrt{\sin^2(\alpha_4 + \delta_1)\left(1 - \frac{1}{\varepsilon^2}\right) + \frac{1}{\varepsilon^2}}}} \quad [59]$$

de [59] et [56] on conclut, comme de [58] et [54] :

$$\cos\gamma_1 = \cos\gamma_4 ;$$

ou :

$$\frac{-\sin(\alpha_1 + \delta_1)}{\sqrt{\sin^2(\alpha_1 + \delta_1)\left(1 - \frac{1}{\varepsilon^2}\right) + \frac{1}{\varepsilon^2}}} = \frac{\sin(\alpha_4 + \delta_1)}{\sqrt{\sin^2(\alpha_4 + \delta_1)\left(1 - \frac{1}{\varepsilon^2}\right) + \frac{1}{\varepsilon^2}}} \quad [60]$$

relation qui permettrait, au besoin, de calculer l'une des trois quantités α_1 α_4 ou δ_1 en fonction des deux autres; mais qui n'est pas non plus d'un emploi bien commode.

83. — Il existe, comme on l'a vu au n° 77, une autre relation, entre α_1, α_4 et δ_1 ; c'est :

$$\delta_1 + \alpha_1 - 90° = \frac{\alpha_1 + 180° - \alpha_4}{2} ;$$

d'où l'on tire, toujours comme au n° 77, soit :

soit : $$[45] \quad \left\{ \begin{aligned} \delta_1 &= 180° - \frac{1}{2}(\alpha_1 + \alpha_4) ; \\ \alpha_4 &= 360° - 2\delta_1 - \alpha_1 . \end{aligned} \right.$$

substituant dans [59], en remarquant qu'on a, (V. n° 77) :

$$\sin(\alpha_4 + \delta_1) = -\sin\frac{1}{2}(\alpha_4 - \alpha_1) ;$$

il vient :

$$\frac{\rho_1}{o_1} = \frac{1}{1 - \dfrac{\sin\frac{1}{2}(\alpha_4 - \alpha_1)}{\sqrt{\sin^2\frac{1}{2}(\alpha_4 - \alpha_1)\left(1 - \frac{1}{\varepsilon^2}\right) + \frac{1}{\varepsilon^2}}}}; \qquad [61]$$

formule qui permet de calculer directement ρ_1 ou o_1, en fonction de α_1 et de α_4.

De même, en remarquant que d'après [45] on a encore (voy. n° 77) :

$$\sin(\alpha_1 + \delta_1) = -\sin\frac{1}{2}(\alpha_1 - \alpha_4) \text{ et } \sin\delta_1 = \sin\frac{1}{2}(\alpha_1 + \alpha_4)$$

il vient dans [57] :

$$\left.\begin{aligned} &(1 - n_a)\left[1 + \frac{\sin\frac{1}{2}(\alpha_1 - \alpha_4)}{\sqrt{\sin^2\frac{1}{2}(\alpha_1 - \alpha_4)\left(1 - \frac{1}{\varepsilon^2}\right) + \frac{1}{\varepsilon^2}}}\right] \\ &= 1 - \frac{\sin\frac{1}{2}(\alpha_1 + \alpha_4)}{\sqrt{\sin^2\frac{1}{2}(\alpha_1 + \alpha_4)\left(1 - \frac{1}{\varepsilon^2}\right) + \frac{1}{\varepsilon^2}}}. \end{aligned}\right\} \quad [62]$$

formule qui permet de trouver n_a en fonction de α_1 et de α_4.

Pour calculer le recouvrement de sortie i, il suffit de poser $\alpha = \alpha_2$ dans [50] [51] [52], auquel cas on doit avoir (voy. n° 77) $z = -i$; ce qui permet d'écrire :

$$i = \rho_1 \cos\gamma_2 = \frac{\rho_1}{\sqrt{1 + \frac{1}{\varepsilon^2}\operatorname{cotg}^2(\alpha_2 + \delta_1)}} = \frac{\rho_1 \sin(\alpha_2 + \delta_1)}{\sqrt{\sin^2(\alpha_2 + \delta_1)\left(1 - \frac{1}{\varepsilon^2}\right) + \frac{1}{\varepsilon^2}}} \quad [63]$$

D'ailleurs, les relations fondamentales [49] et [8]$_1$ du n° 68 subsistent toujours, à savoir :

[49] $\qquad a_e = a_a + e - i$

[8]$_1$ (n° 68) $\qquad \alpha_3 = \alpha_1 - \alpha_2 + \alpha_4$

Ce qui achève de déterminer les inconnues.

84. — Voici donc comment il faut procéder dans les calculs, suivant les données.

1° Données o_1, k_1 ou α_1, k_2 ou α_2, k_4 ou α_4. On a[1] dans :

[11] $\cos\alpha_1 = 1 - 2k_1$ qui donne α_1 ou k_1

[12] $\cos\alpha_2 = 1 - 2k_2$ — α_2 ou k_2

[14] $\cos\alpha_4 = 1 - 2k_4$ — α_4 ou k_4

[8]$_1$ (n° 68) $\alpha_3 = \alpha_1 - \alpha_2 + \alpha_4$

[13] $k_3 = \frac{1 - \cos\alpha_3}{2}$

[6]$_1$ (n°68) ou [45] $\delta_1 = 180° - \frac{1}{2}(\alpha_1 + \alpha_4)$

[55] [56] ou [61] :

$$\frac{\rho_1}{o_2} = \frac{1 - n_a}{1 + \cos\gamma_0} = \frac{1}{1 + \cos\gamma_1} = \frac{1}{1 - \frac{\sin(\alpha_1 + \delta_1)}{\sqrt{\sin^2(\alpha_1 + \delta_1)\left(1 - \frac{1}{\varepsilon^2}\right) + \frac{1}{\varepsilon^2}}}}$$

ou :

$$\frac{\rho_1}{o_1} = \frac{1}{1 - \frac{\sin\frac{1}{2}(\alpha_4 - \alpha_1)}{\sqrt{\sin^2\frac{1}{2}(\alpha_4 - \alpha_1)\left(1 - \frac{1}{\varepsilon^2}\right) + \frac{1}{\varepsilon^2}}}}$$

avec :

$$\cos\gamma_0 = \frac{1}{\sqrt{1 + \frac{1}{\varepsilon^2}\cot g^2\delta_1}} = \frac{-\sin\delta_1}{\sqrt{\sin^2\delta_1\left(1 - \frac{1}{\varepsilon^2}\right) + \frac{1}{\varepsilon^2}}}$$

et :

$$\cos\gamma_1 = \frac{1}{\sqrt{1 + \frac{1}{\varepsilon^2}\cot g^2(\alpha_1 + \delta_1)}} = \frac{\sin(\alpha_1 + \delta_1)}{\sqrt{\sin^2(\alpha_1 + \delta_1)\left(1 - \frac{1}{\varepsilon^2}\right) + \frac{1}{\varepsilon^2}}}$$

dans [4] ou [37] ou [54]

$$e = \rho_1 - o_1 = -\rho_1\cos\gamma_1 = \frac{\rho_1\sin(\alpha_1 + \delta_1)}{\sqrt{\sin^2(\alpha_1 + \delta_1)\left(1 - \frac{1}{\varepsilon^2}\right) + \frac{1}{\varepsilon^2}}}$$

[53] ou [53] et [37] :

$$a_a = -\rho_1\cos\gamma_0 - e = \frac{\rho_1\sin\delta_1}{\sqrt{\sin^2\delta_1\left(1 - \frac{1}{\varepsilon^2}\right) + \frac{1}{\varepsilon^2}}} - e = o_1 - \rho_1(1 + \cos\gamma_0)$$

1. V., au besoin, planche III-IV, la signification des symboles.

[15] ou [38] ou [55] avec [56] $n_a = \frac{a_a}{o_1} = 1 - \frac{1 + \cos\gamma_0}{1 + \cos\gamma_1}$

[63] $i = \rho_1 \cos\gamma_2 = \frac{\rho_1}{\sqrt{1 + \frac{1}{\varepsilon^2}\operatorname{cotg}^2(\alpha_2 + \delta_1)}} = \frac{\rho_1 \sin(\alpha_2 + \delta_1)}{\sqrt{\sin^2(\alpha_2 + \delta_1)\left(1 - \frac{1}{\varepsilon^2}\right) + \frac{1}{\varepsilon^2}}}$

[49] $a_e = a_a + e - i$

[16] $n_e = \frac{a_e}{o_e}$

[17] $o_e = \rho_1 - i$

en tout 14 quantités, comme cela doit être.

2° Données o_1, k_1 ou α_1, k_2 ou α_2, a_a ou n_a.

Il faut commencer par tâtonner, dans [62], la valeur de α_4 qui donnerait n_a. On retombe alors, sur la marche qui vient d'être suivie tout à l'heure.

Il est important de remarquer que la valeur de δ_1, *donnée par* [6]$_1$ (n° 68) *ou* [45], *est absolument la même, pour les mêmes valeurs de* α_1 *et de* α_4, *dans les systèmes de la première et la deuxième classe.*

Dans les mêmes conditions et pour la même valeur de l'ouverture o_1, le rapport de la course entière du distributeur, dans les deux classes (première et seconde), est celui de [56] à [4] avec [25]; c'est-à-dire de :

$$\frac{o_1}{1 - \frac{\sin(\alpha_1 + \delta_1)}{\sqrt{\sin^2(\alpha_1 + \delta_1)\left(1 - \frac{1}{\varepsilon^2}\right) + \frac{1}{\varepsilon^2}}}} \quad \text{à} \quad \frac{o_1}{1 - \sin(\alpha_1 + \delta_1)}$$

ou :

$$\frac{\rho_1 \text{ 2}^{\text{e}} \text{ classe}}{\rho_1 \text{ 1}^{\text{re}} \text{ classe}} = \frac{1 - \sin(\alpha_1 + \delta_1)}{1 - \frac{\sin(\alpha_1 + \delta_1)}{\sqrt{\sin^2(\alpha_1 + \delta_1)\left(1 - \frac{1}{\varepsilon^2}\right) + \frac{1}{\varepsilon^2}}}}$$

quantité d'autant plus petite, en dessous de l'unité, que ε est lui-même une fraction plus faible. Confirmation de ce qui a été dit, n° 81.

Pour la commodité de l'application, les formules ci-dessus

sont groupées, planche V, à côté de celles qui concernent les appareils de la première classe.

On trouvera plus loin, nos 93 et suivants, un procédé graphique général très simple, qui permet de résoudre le même problème, quelles que soient les données.

Les formules précédentes, reproduites par la planche V, ne diffèrent de celles données au n° 78, pour le cas ou la courbe polaire serait *exactement une ellipse*, qu'en ce que le terme du dénominateur, dans [34], est remplacé partout par sa racine carrée, comme il a été observé au n° 81.

La planche IX-X donne la série des valeurs de $\frac{\rho_1}{o_1}$ et de δ_1, pour k_1 variable de 10 à 90 0/0, et n_a variable de 0,00 à 0,30 ; avec $\varepsilon = \frac{1}{2}$. On s'en servira, comme il est expliqué n° 72 ; à propos d'un tableau semblable, applicable aux appareils de la première classe.

85. — *Dans toutes les formules qui précèdent, il est implicitement supposé que le distributeur doit servir, pour l'entrée et la sortie du fluide.* Mais il est évident qu'il n'en est pas moins loisible *d'employer, pour la sortie, un distributeur distinct, mû par un mécanisme distinct.* En ce dernier cas, la relation *forcée* [8], du n° 68, entre α_1 α_2 α_3 et α_4, *n'existe plus.* La latitude est complète. *On calculera le distributeur spécial d'émission;* c'est-à-dire : sa course, ses recouvrements, sa courbe de marche, etc... *au moyen des formules établies, pour les distributeurs d'admission; en portant des données* o_e k_2 ou α_2 k_3 ou α_3, a_e ou n_e. Il suffira de remplacer o_1. par o_e; k_1 par k_3; k_2 par k_4; a_a par a_e; n_a par n_e. *Ce n'est, comme on voit, qu'une question d'indices.*

86. — On a vu, n° 62, qu'il n'y a rien à dire des appareils de 3e classe, ou des appareils à *came*, au point de vue de l'établissement de formules générales.

Il est clair, en effet, que le contour d'une came pouvant être tracé, à peu près facultativement, dans la plus grande partie de son développement ; on ne saurait le représenter, *à priori* et d'une manière quelque peu générale, par une formule se prêtant à des déductions de calcul.

Mais il a été déjà question plusieurs fois, de *procédés graphiques*, permettant de remplacer les formules établies, pour les appareils de la première et de la seconde classe. On entrevoit d'ici, que ces procédés, qui doivent nécessairement prendre pour point de départ, le tracé même de la courbe polaire de marche, sont indépendants de toute formule; et peuvent, par suite, *s'appliquer aux appareils de la troisième classe, comme de tout autre*.

Le chapitre suivant est consacré à l'exposé des procédés graphiques, en question.

CHAPITRE III

PROCÉDÉS GRAPHIQUES, APPLICABLES A LA DÉTERMINATION DES ÉLÉMENTS D'UN DISTRIBUTEUR.

87. — *Distributeurs de la première classe, à courbe polaire de marche voisine d'une circonférence.* — Commençons par indiquer un tracé, traduisant la formule [20], applicable aux distributeurs, à courbe de marche *circulaire*.

Bien que d'une apparence compliquée, cette formule est susceptible d'une construction graphique assez simple[1]. Transcrivons d'abord la formule[2] :

$$[20] \qquad \rho_1 = \frac{o_1}{k_1}\left[1 - \frac{n_a}{2} + \sqrt{(1 - k_1)(1 - n_a)}\right]$$

Soient, fig. 18, planche XIII-XIV, deux axes rectangulaires : OX OY, se coupant en O. De O, avec un rayon quelconque, $\overline{OX}$ *pris pour l'unité*, décrivons une circonférence. Prenons :

$$\frac{\overline{AX}}{\overline{OX}} = n_a ; \qquad \frac{\overline{AB}}{\overline{OX}} = \frac{n_a}{2} ; \qquad \frac{\overline{X_1D}}{OX} = k_1 ; \qquad \overline{OE} = o_1 ;$$

la dernière quantité à une échelle quelconque. Menons $\overline{EE'}$; parallèle à $\overline{OY}$. Sur $\overline{DA}$, comme diamètre, décrivons une

1. J'ai établi la formule [20], en 1867 ; mais n'ai trouvé le procédé graphique, simplifié, qui la traduit, qu'en 1872. — Redtenbacher avait aussi, par une autre méthode, et longtemps avant (*Règles pour la construction des locomotives*, 1855), établi une formule, donnant la valeur de ρ_1 en fonction de o_1 k_1 et a_a. Plus complexe, plus longue, cette formule ne se prêtait pas à une traduction graphique simple.

2. Voir, au besoin, planche III-IV, la signification des symboles.

demi-circonférence. Elle coupe $\overline{OX}$, en F. On a évidemment :

$$\overline{OF} = \sqrt{(1 - k_1)(1 - n_a)}$$

Portons : $\overline{FH} = \overline{OB} = 1 - \frac{n_a}{2}$. $\overline{OH}$ représentera tout le terme entre la parenthèse [ ], dans [20].

Portons, parallèlement à $\overline{OX}$, $\overline{HG} = \overline{X_1D} = \overline{k_1}$.
Joignons $\overline{OG}$, qui rencontre EE', en J. Menons $\overline{JJ'}$, parallèle à $\overline{GH}$. On a :

$$\overline{OJ'} = \overline{JJ'}\frac{\overline{OH}}{\overline{GH}} \quad \text{ou} \quad \overline{OJ'} = \frac{o_1}{k_1}\left[1 - \frac{n_a}{2} + \sqrt{(1 - k_1)(1 - n_a)}\right];$$

c'est-à-dire : que $\overline{OJ'}$ est la valeur cherchée de ρ_1, à l'échelle de o_1.

Si, dans l'épure, on suppose n_a et k_1 *constants,* et que l'on fasse *varier* o_1, *la droite* $\overline{OG}$ *ne sera pas changée de direction. Elle est donc le lien des points, dont l'abscisse serait* o_1 *et l'ordonnée* ρ_1.

Si l'on suppose k_1 *constant,* et n_a *variable* ; *le lieu des points* G *sera une parallèle à* $\overline{OY}$, menée à une distance $\frac{\overline{HG}}{\overline{OX}} = k_1$. *Chacun des points de cette verticale, joint au pôle* O, *donnera à son tour, une droite, lieu des points dont l'abscisse serait* o_1 *et l'ordonnée* ρ .

Enfin, si l'on répète la construction précédente, pour *diverses valeurs,* de k_1 ; on aura *pour lieu des points* G, *une série de parallèles, tracées à des distances* k_1 de $\overline{OY}$; et, par suite, une série d'obliques, passant par le pôle, qui sont les lieux des points dont l'abscisse serait o_1 et l'ordonnée ρ_1.

Ce procédé est très fécond, comme on le voit.

Maintenant deux cas peuvent se présenter.

88. — 1° Données : o_1 k_1 ou α_1 k_2 ou α_2 a_a ou n_a.

On trouve $\rho_1 = \overline{OJ'}_1$, comme il vient d'être indiqué. Portant $\overline{J'L} = \overline{JJ'} = o_1$; on a $\overline{OL} = e$, par suite de la relation [4]. Alors on décrit de O, avec un rayon $\overline{OL}$, un cercle qui coupe $\overline{OX}$ en q_0. On porte $\overline{q_0V_0} = a_a = n_a\, o_1$, à la même échelle que o_1. Par V_0, on mène une parallèle à $\overline{OY}$. Cette parallèle, coupée en C′, par un cercle de centre O, de rayon $\overline{OJ'}$, donne, suivant $\overline{OC'}$, le diamètre de la circonférence polaire, représentant la marche du distributeur. On a :

$$\text{angle } \widehat{YOC'} = \delta_1$$

puis :

$$\overline{OV_0} = e + a_a = A_1, \qquad \overline{V_0C'} = B_1.$$

$$\text{angle } \widehat{m_1OX} = \alpha_1.$$

Si l'on mène le rayon $\overline{Om_2}$, faisant l'angle α_2, avec $\overline{OX}$, ou passant par le sommet de la corde perpendiculaire à $\overline{OX}$, élevée en t_2 ; t_2 étant déterminée par la relation :

$$\frac{\overline{Xt_2}}{\overline{XX_1}} = k_2;$$

le point S_2, où $\overline{Om_2}$ coupe la circonférence polaire, donne le *recouvrement de sortie* (ou intérieur) i. Lequel sera négatif, si la rencontre a lieu entre m_2 et O, ou positif, si la rencontre a lieu au delà de O. Ce qui vérifie le principe énoncé au n° 72.

Pour déterminer S_2 *avec précision, il convient d'abaisser de* C′ *une normale sur* $\overline{Om_2}$; son pied tombera en S_2 ; car l'angle $\widehat{OS_2C'}$ est rectangle, comme inscrit dans une demi-circonférence.

Le rayon $\overline{Om_4}$ mené symétriquement à $\overline{Om_2}$, par rapport à $\overline{OC'}$ donne :

$$\text{angle} X_1\widehat{Om_4} = \alpha_4 \text{; et aussi } k_4 = \frac{\overline{X_1t_4}}{\overline{XX_1}}.$$

La circonférence polaire et celle de rayon e se coupent, en V_1. Si l'on mène le rayon $\overline{OV_1}$, prolongé en m_1, et qu'on abaisse m_1t_1, perpendiculaire sur XX_1, on devra avoir, comme vérification :

$$\text{angle } \widehat{m_1OX} = \alpha_1 \quad \text{et} \quad \frac{\overline{Xt_1}}{\overline{XX_1}} = k_1.$$

Le rayon $\overline{Om_3}$, mené symétriquement à $\overline{Om_1}$ par rapport à $\overline{OC'}$, donne :

$$\widehat{X_1Om_3} = \alpha_3 \text{ et aussi } \frac{\overline{X_1t_3}}{\overline{XX_1}} = k_3.$$

D'ailleurs, un rayon $\overline{Om}$, faisant l'angle α quelconque avec

$\overline{OX}$, donne, par la longueur $\overline{OV} = z$, la quantité dont le distributeur s'est écarté de sa position moyenne ; puis, par la longueur $\overline{qV} = z - e$, la quantité dont l'arête d'entrée découvre l'orifice ; et enfin, par la longueur $\overline{VS} = z - i$, la quantité dont l'arête de sortie découvre l'orifice.

Par suite, on a :

$$\overline{S_0V_0} = a_e \text{ ; et } \frac{\overline{S_0V_0}}{\overline{S'C'}} = \frac{a_e}{o_e} = n_e.$$

m_1 marque l'ouverture, à l'entrée. . . . . *admission.*
$\overline{C'q'}$ donne le maximum d'ouverture à l'entrée.
m_1 marque la fermeture à l'entrée . . . . . *détente.*
m_2 marque l'ouverture à la sortie. . . . . *émission.*
$\overline{C'S'}$ donne le maximum d'ouverture à la sortie.
m_3 marque la fermeture à la sortie. . . . *compression.*

Tout est donc déterminé d'une manière purement graphique[1].

L'échelle des longueurs est celle à laquelle $o_1 = \overline{EO}$ a été porté. Elle peut être aussi grande qu'on le désire.

89. — 2° Données o_1 k_1 ou α_1 k_2 ou α_2 k_4 ou α_4.

Ici, la direction de $\overline{OC'}$ (fig. 18, planche XIII-XIV) peut se tracer directement ; puisqu'elle doit être bissectrice de l'angle $\alpha_1 + 180° - \alpha_4$; ou encore que l'angle $\widehat{YOC}$ est égal à δ_1 donné par $[6]_1$ (n° 68).

Les directions de $\overline{Om_1}$, de $\overline{Om_2}$ et de $\overline{Om_3}$ sont également déterminées. La première et la seconde font les angles α_1 et α_2 avec $\overline{OX}$. La troisième fait l'angle α_4 avec $\overline{OX_1}$.

D'un point quelconque C, pris sur $\overline{OC'}$, tracer une circonférence passant par le pôle. Elle coupe $\overline{Om_1}$ en V_1, $\overline{Om_2}$ en S_2, $\overline{Om_4}$ en V_4, et $\overline{OX}$ en V_0. Du pôle, comme centre, décrire un premier cercle passant par V_1 ; et un second, passant par S_2. Le premier coupe $\overline{OX}$ en q_0 ; et $\overline{OC'}$ en q'. Il est clair que $\overline{OC'}$ représente ρ_1, à la même échelle que $\overline{q'C'}$ représente o_1 que $\overline{Oq'}$ ou $\overline{OV_1}$ représentent e ; que $\overline{q_0V_0}$ représente a_a ; et enfin que $\overline{OS_2}$ représente i. Si donc on mène $\overline{Om_3}$, symétrique à $\overline{Om_2}$, par rapport à $\overline{OC'}$, l'épure sera complète. Elle détermine toutes les inconnues, absolument comme plus haut.

1. Il n'est que juste de signaler, qu'à part la construction déterminant ρ_1, ce tracé est dû à M. Zeuner, 1856.

Il est à remarquer que la connaissance de k_1 ou de α_1 (*avance angulaire* à l'ouverture d'entrée), simplifie notablement le tracé, comme elle simplifie aussi les calculs; suivant ce qui a été dit au n° 72. Mais il est peu dans les habitudes des praticiens, de partir de cette donnée. Ils préfèrent partir de a_a, ou n_a (*avance linéaire* à l'ouverture d'entrée); parce que le but principal de l'avance est de compenser l'effet de l'usure des articulations, etc..., et que cet effet s'estime mieux, linéairement qu'angulairement.

90. — S'il s'agissait de déterminer les dimensions d'un *distributeur spécial d'émission*, mû par des organes spéciaux, comme il en a été dit un mot au n° 85; voici comment il faudrait procéder.

1° Données : o_e α_2 ou k_2 α_3 ou k_3.

Tracer les rayons Om_2 et Om_3 (fig. 18, planche XIII-XIV), dont l'orientation est connue; puis $\overline{OC'}$ bissectrice de l'angle formé par ces deux rayons. D'un point quelconque C, pris sur OC', décrire une circonférence, passant par le pôle O; puis du pôle, comme centre, une seconde circonférence, passant par les points S_2 S_3, où la première coupe les rayons Om_2 Om_3.

La longueur $\overline{OC'}$ représentera la demi-course ρ_e du distributeur d'émission, à la même échelle que $\overline{C'S'}$ représente l'ouverture o_e, et $\overline{S_0V_0}$ l'avance linéaire à l'émission a_e.

2° Données : o_e k_2 ou α_2 a_e ou $\left(n_e = \dfrac{a_e}{o_e} \text{ ici}\right)$.

Faire la construction, absolument comme il a été indiqué, pour le distributeur d'admission, n° 88; en ayant soin de tracer les diverses quantités, avec la longueur qui leur convient; et dans leur véritable position relative.

91. — *Distributeurs de la seconde classe, à courbe polaire de marche voisine d'une ellipse*. Si la courbe polaire de marche est une *ellipse exacte*, on peut la tracer, par points; soit en partant de son équation, établie au n° 74 :

$$[34] \qquad z = \rho_1 \frac{\sin(\alpha + \delta_1)}{\sin^2(\alpha + \delta_1)\left(1 - \frac{1}{\varepsilon^2}\right) + \frac{1}{\varepsilon^2}}$$

soit en décrivant sur le diamètre ρ_1, une circonférence, et en multipliant les ordonnées rectangulaires de cette circonférence (perpendiculaires à ρ_1), par le rapport ε du petit au grand axe, suivant la méthode connue.

On peut aussi tracer cette ellipse, dont on connaît le rapport des axes, d'une manière continue; au moyen de l'un quelconque des instruments, à ce destinés.

Pour orienter, par rapport à la manivelle motrice, l'ellipse ainsi tracée, il faut avoir préalablement déterminé l'angle δ_1. La chose est des plus simples, quand les angles α_1 et α_4 figurent parmi les données. δ_1 est alors fourni par [6]$_1$ du n° 68. Ou en d'autres termes, le grand axe de l'ellipse — si ε est plus petit que un, le petit axe si ε est plus grand que un — est bissecteur de l'angle formé par les deux rayons vecteurs, faisant avec l'axe origine les angles α_1 et $180° - \alpha_4$.

Tout est alors déterminé, absolument comme dans le cas de courbe de marche circulaire, n° 89.

92. — Si la courbe polaire de marche *n'est pas une ellipse exacte*, mais celle donnée par la formule :

$$z = \rho_1 \frac{\sin(\alpha + \delta_1)}{\sqrt{\sin^2(\alpha + \delta_1)\left(1 - \frac{1}{\varepsilon^2}\right) + \frac{1}{\varepsilon^2}}}; \tag{52}$$

laquelle peut se tracer par points, au moyen de cette même formule, et aussi par la méthode qui va être indiquée tout à l'heure; l'épure s'achèvera absolument de la même manière, qu'avec l'ellipse exacte, ou avec la circonférence, n°s 91 et 89.

D'une manière générale, *l'épure en question s'applique à toute courbe polaire fermée, quelle qu'elle soit, dès que sa forme typique est connue*; *à la condition unique que son diamètre polaire soit un axe de symétrie*. En ce cas, la formule [6]$_1$ du n° 68 donnant δ_1 en fonction de α_1 et α_4 est encore applicable, comme il a été dit n° 77; par suite, le diamètre polaire de symétrie est bissecteur de l'angle, compris entre les deux rayons vecteurs, correspondant aux angles α_1 et α_4.

Voici le tracé de la courbe [52] dont il vient d'être question.

De O comme centre (fig. 4, planche LXV-LXVI), décrire un cercle, de rayon quelconque, dont le diamètre $\overline{XX_1}$ représente la course entière du distributeur, c'est-à-dire, par exemple, le diamètre de la circonférence parcourue par le point B (planche XX).

Mener la série des ordonnées 1 2 3..., prendre, sur chacune, une hauteur $\overline{11'}$ $\overline{22'}$ $\overline{33'}$ égale à la hauteur entière, multipliée par le rapport ε.

Joindre les points 1′ 2′ 3′... ainsi déterminés. On aura l'ellipse décrite théoriquement par le point C (pl. XX). Mener la série des rayons 01′ 02′ 03′... Puis, sur chacun de ces rayons, porter les longueurs $\overline{01''} = \overline{01}, \overline{02''} = \overline{02}, \overline{03''} = \overline{03}$... Joindre les points X 1″ 2″ 3″... On aura ainsi la courbe polaire, voisine d'une ellipse, qui représente la marche du point A (pl. XX).

Reste à tracer les axes OX″ OY″, dont le dernier fasse l'angle δ_1 avec OX; puis les rayons vecteurs, faisant avec OX les angles α_1, α_2, $180^\circ + \alpha_3$, $180^\circ + \alpha_4$; et enfin les cercles de recouvrement, passant par V_1 et S_2. L'épure est ainsi complète. L'échelle est fixée par la grandeur de $\overline{q'X}$, qui représente la largeur o_1 de l'ouverture à l'admission, que le distributeur doit donner.

93. — Mais il faut bien convenir, suivant la remarque faite au n° 89, que la connaissance de α_1 ou k_1 fait bien plus rarement partie des données du problème, que celle de a_a ou n_a.

Dans ce dernier cas, l'épure précédente ne peut plus être faite, qu'après la détermination préalable de δ_1 ou de α_1.

On a vu, nos 77 et 83, qu'il était possible de trouver α_1 en fonction de n_a (formules 57 et 62), en procédant par tâtonnement. Ce tâtonnement, auquel conduit le calcul, peut aussi s'effectuer *graphiquement,* comme il va être expliqué ; et cela mène à l'emploi d'un procédé graphique, *absolument général,* qui s'applique même quand la courbe de marche n'a pas d'axe de symétrie; qui convient par conséquent, à toutes les classes de courbes; c'est-à-dire *à tous les systèmes distributeurs, existants ou à créer*; dès que la forme type de la courbe polaire est tracée, à une échelle quelconque.

Cette épure générale et le résumé de la méthode à suivre, pour s'en servir, sont donnés planche VII-VIII.

Supposons, d'abord, qu'il s'agisse d'un distributeur de la première classe, à courbe polaire circulaire. Traçons deux axes rectangulaires; et, sur l'un d'eux, une circonférence de centre C passant par l'origine. Quel que soit le diamètre polaire de cette dernière, elle est apte à représenter la marche du distributeur. Reste à fixer son orientation et l'échelle.

Du pôle, comme centre, décrivons un cercle, avec le diamètre de la circonférence polaire, pour rayon. Divisé en 100 parties égales, numérotées de 0 à 100, le diamètre de ce cercle est apte à représenter la course du piston, pendant que le cercle lui-même, divisé en degrés numérotés de 0 à 360, est apte à représenter les positions correspondantes du bouton de la manivelle motrice.

Comme on ne désire qu'une *moyenne*, dès qu'on admet que la courbe de la marche du distributeur est exactement une circonférence, il faut faire abstraction de l'obliquité de la bielle motrice. Alors, au sommet de l'ordonnée d'un point quelconque du cercle, se trouve inscrit l'angle décrit par la manivelle motrice; et au pied de cette même ordonnée, se trouve inscrite la fraction de course correspondante parcourue par le piston. Pour compléter le tracé, par chacun des points de division, de 0 à 100, faisons passer une circonférence concentrique au pôle.

94. — Ceci posé, pour fixer l'orientation du diamètre de la circonférence polaire, il n'y a nul embarras si α_1 ou k_1, α_2 ou k_2, α_4 ou k_4 sont au nombre des données [1]. Voici comment on procède :

On pose sur l'épure, une feuille de papier transparent. On trace, sur cette feuille, les deux axes rectangulaires 0°-180° et 90°-270°. Puis, trois rayons polaires, faisant avec l'axe 0°-180°, les angles α_1, α_2 et α_4, ou rencontrant le sommet des ordonnées élevées par la division numérotée, représentant les fractions k_1, k_2 et k_4 de la course du piston, suivant la donnée du problème. Désignons l'axe 0°-180° et les trois rayons polaires, tracés sur le papier transparent, par les lettres (A) (B) (C) (D).

Il suffit évidemment de faire tourner ce papier autour du pôle, et d'amener l'axe origine (A) en une position, telle que le diamètre polaire 0-50, resté fixe, soit bissecteur de l'angle formé par les droites (B) (D), pour que l'orientation soit déterminée. La chose est des plus faciles, puisqu'on a les degrés sous les yeux.

Alors, celui des cercles concentriques au pôle, qui passe par

1. Voir, au besoin, planche III-IV, la signification des symboles.

le point de rencontre de la droite (B), (et comme vérification de la droite (D)) avec la circonférence polaire de centre C, représente le *recouvrement d'entrée* ou extérieur e. Celui des cercles concentriques au pôle, qui passe par le point de rencontre de la droite (C), avec la circonférence polaire, représente le *recouvrement de sortie* ou intérieur i.

La différence entre le diamètre ρ_1 et le rayon e est égale à o_1, quantité donnée; ce qui fixe l'échelle.

La corde, interceptée par la droite (A), dans la circonférence polaire, représente la course z pour $\alpha = o$, c'est-à-dire A_1 ou $e + a_a$ [9]. La corde, interceptée par une perpendiculaire sur (A), élevée du pôle, représenterait la course z, pour $\alpha = 90°$, c'est-à-dire B_1.

L'épure est complète; on sait le reste.

95. — Si, parmi les données, α_1 ou k_1 sont remplacés par a_a ou n_a, on ne peut plus tracer la droite (D), planche VII, *à priori*; mais supposons qu'on l'ait tracée, quand même, en position *approximative*, on pourra alors opérer, comme suit :

Les quantités o_1 et a_a se trouveront provisoirement déterminées. On pourra mesurer leur longueur et prendre le rapport $\frac{a_a}{o_1}$. Or, d'après [15], ce rapport doit être égal à n_a. S'il se trouve être trop petit ou trop grand, il faudra tracer une autre droite (D), sur le papier transparent, en l'éloignant, ou la rapprochant de l'axe (A); jusqu'à ce qu'on trouve exactement $\frac{a_a}{o_1} = n_a$.

Ce petit tâtonnement sera toujours bien plus expéditif, que le moyen consistant à chercher α_1, en fonction de a_a dans [29], ou de n_a dans [31], ou même par le procédé graphique, indiqué n° 73.

96. — Ce qui vient d'être dit suffit à faire comprendre, que la méthode graphique, ci-dessus exposée, peut devenir absolument *générale*.

Supposons que la circonférence polaire, de centre C, soit remplacée par l'une des courbes elliptiques, tracée comme il a été indiqué n° 92, ou par toute autre courbe ayant un diamètre polaire *de symétrie*. Il est bien évident qu'il n'y a rien à changer, au procédé tout à l'heure décrit. Si α_1 ou k_1 sont parmi les données, on trouvera, sans peine, l'orientation de la courbe; comme on l'a trouvée, avec la circonférence; puisque δ_1 est indépendant de la forme de la courbe. Si c'est a_a ou n_a, qui figure parmi les données, cette même orientation se fixera, par un tâtonnement tout semblable à celui qui vient d'être indiqué n° 95. δ_1 pourra alors être assez sensiblement différent, pour la même valeur de a_a ou de n_a, suivant le type de la courbe.

Supposons, maintenant, que la courbe polaire, représentant la marche du distributeur, dont il s'agit de fixer les dimensions, n'ait pas même un diamètre *de symétrie*; la méthode par tâtonnement s'applique encore. Au lieu et place de la circonférence polaire, de centre C, planche VII, il suffit de tracer la courbe, représentant *la loi de marche* du distributeur; loi indépendante de l'échelle, indépendante des dimensions du distributeur; dépendante, seulement, de l'agencement des organes moteurs que l'on a choisi.

Les cordes, interceptées par cette courbe, sur les droites (B) et (D), *doivent toujours être égales*, et représentent e. La corde, interceptée sur l'axe origine (A), représente toujours $e + a_a$. La différence, entre le plus grand rayon polaire de la courbe et e, représente toujours o_1. On peut donc toujours trouver le rapport $\frac{a_a}{o_1}$, vérifier s'il est égal à n_a, et faire tourner plus ou moins, le papier transparent, jusqu'à ce que cette égalité soit réalisée.

Supposons, enfin, qu'il s'agisse non plus d'un distributeur, réglant à la fois l'admission et l'émission, mais d'un distributeur distinct, mû par des organes distincts pour l'émission. Les données comprendront nécessairement k_2 ou α_2, k_3 ou α_3. Les droites analogues à (B) et (D), se tracent sans hésitation. L'orientation de la courbe de marche ne présente donc pas de difficulté, et n'a pas besoin d'être tâtonnée. Les cordes, interceptées par la courbe polaire, quelle qu'elle soit, sur les droites ci-dessus, *doivent être égales* et représentent i. La différence entre le plus grand rayon polaire de la courbe et i représente o_e qui est une donnée, ce qui fixe l'échelle.

CHAPITRE IV

THÉORIE GÉNÉRALE, CONCERNANT LES COULISSES ET LES TIROIRS SUPERPOSÉS. COMPOSITION ET DÉCOMPOSITION DES EXCENTRIQUES.

97. — Avant d'aborder l'étude spéciale des divers systèmes, employés, pour donner le mouvement à un distributeur; il y a lieu d'examiner, à un point de vue général, une double question : celle de l'action des *coulisses*, interposées entre l'arbre moteur et le distributeur; et celle de la *marche relative* de deux distributeurs superposés. Bien qu'à première vue, ces deux questions semblent être tout à fait dissemblables; il se trouve qu'elles rentrent, dans la même théorie générale : celle de la *composition et de la décomposition des excentriques;* comme j'ai eu l'occasion de l'établir ailleurs [1], pour la première fois, je pense, avec plus de développement qu'il ne sera possible d'en donner ici.

On emploie deux espèces de *coulisse*. L'une s'appelle *coulisse droite*. C'est celle qui tourne sa *concavité* vers l'arbre moteur. L'autre s'appelle *coulisse renversée*, c'est celle qui tourne sa *convexité* vers l'arbre moteur. Dans la première, le coulisseau reste à la même hauteur; la coulisse monte ou descend. Dans la seconde, c'est le coulisseau qui monte ou descend; le centre de la coulisse reste sensiblement au même niveau. Toutes les deux sont représentées, planche VI; la seconde, en trait ferme; la première, en trait brisé.

On distingue encore les coulisses à *barres ouvertes*, et les

1. *Annales industrielles*, 1er semestre 1874, Paris. — *Étude sur les Appareils de distribution, exposés à Vienne, en* 1873.

coulisses à *barres croisées*. Dans la planche VI, les deux coulisses sont à barres *ouvertes*. Elles seraient à barres *croisées*, si la barre de l'excentrique m_1 attaquait le point M_2, au lieu du point M_1, et si la barre de l'excentrique m_2 attaquait le point M_1, au lieu du point M_2.

98. — *Théorie générale des coulisses.* Considérons, d'abord, la coulisse *renversée*, dont les deux points M_1 M_2 reçoivent le mouvement des excentriques de centre $m_1 m_2$, par l'intermédiaire des barres de longueur l_1 l_2.

Les excentriques, calés sur l'arbre commun, O, ont pour rayon r_1 r_2.

Leur angle d'avance, par rapport à une perpendiculaire à la manivelle motrice, supposée au point mort et parallèle à la trajectoire décrite par le coulisseau, c'est-à-dire suivant $\overline{Oa_0}$, sont ψ_1 ψ_2.

Les ordonnées moyenne des points M_1 M_2, par rapport à l'axe $\overline{a_0 O}$ prolongé, ou $\overline{OX}$, sont c_1 c_2.

L'ordonnée moyenne du coulisseau N est u.

Les seules hypothèses faites sont : que les points M_1, M_2, N, et l'autre extrémité de la bielle du coulisseau, décrivent des trajectoires sensiblement parallèles à l'axe $\overline{OX}$; de manière que le distributeur marche sensiblement, comme le coulisseau; que les longueurs l_1 l_2 sont assez grandes, par rapport à r_1 r_2, et aussi par rapport à c_1 c_2, de même que c_1 c_2, à leur tour, sont assez grands par rapport à r_1 r_2, pour qu'il soit permis de négliger l'influence des obliquités, durant le mouvement, ce qui est le cas très général en application ; et enfin que quand la manivelle motrice est au point mort, soit d'avant, soit d'arrière, le coulisseau se soit déplacé de la même quantité, par rapport à sa position moyenne, quel que soit u; ce qui exige d'abord, que le rayon de la coulisse soit égal à la longueur de la bielle du coulisseau ; puis, qu'il y ait entre les quantités r_1, r_2, ψ_1, ψ_2, l_1, l_2, c_1, c_2, certains rapports de grandeur. Pour le reste, ces quantités peuvent avoir une valeur quelconque.

Supprimons d'abord, par la pensée, l'excentrique m_2 et la barre l_2, et supposons que le point M_2 de la coulisse soit immobilisé, dans sa *position moyenne*. La coulisse ne joue plus, alors, que le rôle d'un levier de renvoi du mouvement ; levier dont l'une des branches $\overline{M_2N}$, ou $c_2 + u$ peut varier de longueur; c'est celle qui attaque le coulisseau; et dont l'autre branche $\overline{M_2M_1}$, ou $c_2 + c_1$, de longueur constante, sert de guide au point M_1; c'est celle qu'attaque l'excentrique.

La trajectoire du point M_1 devient ainsi un arc de cercle; mais il est clair que l'on commettra une erreur très faible, au point de vue de la mesure des déplacements du point M_1, parallèlement à l'axe OX, si l'on confond cette trajectoire avec la droite $\overline{OM_1}$; laquelle fait, avec OX, un certain angle $\widehat{M_1OX}$ assez petit par hypothèse, que nous désignerons par φ_1.

On retombe, de la sorte, sur le cas d'une droite $\overline{m_1M_1}$, dont le point m_1 décrit un cercle de centre O ; et le point M_1 une trajectoire, dont la direction moyenne passe sensiblement par le centre O.

Or on a vu n° 26, et on le verra plus en détail, n° 110 (à propos du système de distribution a, que dans ce cas la course du point M_1, parallèlement à OX, est donnée par la formule générale :

$$-z = \rho \cos\alpha \cos\varphi - \rho \sin\alpha \sin\varphi;$$

laquelle course est comptée de la position moyenne du point M_1, et positivement à droite de cette position.

Ici en posant $z = z_1$, $\rho = r_1$, et remarquant que φ, l'angle de $\overline{Om_1}$ avec l'axe origine $\overline{M_1O}$ prolongé, est égale à $\psi_1 + 90° + \varphi_1$: que, par suite, on a :

$$\cos\varphi = -\sin(\psi_1 + \varphi_1) = -\sin\psi_1 \cos\varphi_1 - \cos\psi_1 \sin\varphi_1$$

et:

$$\sin\varphi = \cos(\psi_1 + \varphi_1) = \cos\psi_1 \cos\varphi_1 - \sin\psi_1 \sin\varphi_1;$$

il vient, par substitution, dans la valeur de z ci-dessus :

$$z_1 = r_1 \cos\alpha(\sin\psi_1 \cos\varphi_1 + \cos\psi_1 \sin\varphi_1) + r_1 \sin\alpha(\cos\psi_1 \cos\varphi_1 - \sin\psi_1 \sin\varphi_1) \quad [64]$$

Mais il est clair que la distance moyenne de O à M_1 étant l_1; et la hauteur de M_1 au-dessus de OX étant c_1, on a :

$$\sin\varphi_1 = \frac{c_1}{l_1}; \quad \text{par suite :} \quad \cos\varphi_1 = \sqrt{1 - \frac{c_1^2}{l_1^2}}.$$

Or, le rapport $\frac{c_1}{l_1}$ est généralement petit devant 1. En le supposant de $\frac{1}{6}$ on aurait $\cos \varphi_1 = 0{,}986$. Il est donc bien permis, dans une théorie qui ne peut avoir de prétention à l'exactitude rigoureuse, de poser $\cos \varphi_1 = 1$. Par suite, la valeur de z_1 devient :

$$z_1 = r_1 \cos \alpha \left(\sin \psi_1 + \frac{c_1}{l_1} \cos \psi_1\right) + r_1 \sin \alpha \left(\cos \psi_1 - \frac{c_1}{l_1} \sin \psi_1\right) \qquad [65]$$

99. — Le point M_2 a été supposé fixe; mais, s'il est mobile, sa course serait fournie par une formule exactement calquée sur [65], *si la rotation se faisait en sens inverse*; comme cela aurait lieu du reste si le coulisseau était amené au point M_2; ou même seulement, au-dessous de OX. Or rien de plus facile que de tenir compte de ce changement de sens, dans [65]. Il suffit de remplacer α par $-\alpha$; et il vient :

$$z_2 = r_2 \cos \alpha \left(\sin \psi_2 + \frac{c_2}{l_2} \cos \psi_2\right) - r_2 \sin \alpha \left(\cos \psi_2 - \frac{c_2}{l_2} \sin \psi_2\right) \qquad [66]$$

Si M_2 était fixe, il est évident de soi, que la course z' du point N serait égale à celle z_1 du point M_1, prise dans le rapport des leviers $\overline{NM_2}$ à $\overline{M_1M_2}$. On a donc :

$$z' = z_1 \frac{c_2 + u}{c_1 + c_2} \qquad [67]$$

Si M_2 est mobile, outre la course z', provenant de la marche du point M_1, quand M_2 est immobile, le coulisseau fournira visiblement une nouvelle course z'', provenant de la marche du point M_2, quand M_1 est immobile. Cette dernière a évidemment pour expression :

$$z'' = z_2 \frac{c_1 - u}{c_1 + c_2} \qquad [68]$$

La course réelle z du coulisseau n'est pas autre chose que la *somme algébrique* de ces deux déplacements :

$$z = z' + z'' \qquad [69]$$

Dans la figure de la planche VI, les excentriques sont, suivant l'expression consacrée, à *barres ouvertes* (V. n° 97). Ils seraient à *barres croisées* si l'excentrique m_1 attaquait le point M_2; et l'excentrique m_2 le point M_1. Le sens de rotation serait alors renversé, pour la même valeur de u. Les angles φ_1 et φ_2 changeraient de signe.

Pour rendre les formules applicables, à ce second cas; il suffit donc de changer le signe de sin α et aussi des rapports $\frac{c_1}{l_1}\frac{c_2}{l_2}$; qui représentent sin φ_1 et sin φ_2 comme on a vu. De manière que, en substituant, dans [69], les valeurs de z_1 z_2; et en tenant compte de ce qui vient d'être dit, on obtient, pour la *coulisse renversée*, la formule générale :

$$\left.\begin{aligned} z = \cos\alpha\left[\frac{c_2+u}{c_1+c_2}r_1(\sin\psi_1 \pm \frac{c_1}{l_2}\cos\psi_1) + \frac{c_1-u}{c_1+c_2}r_2(\sin\psi_2 \pm \frac{c_2}{l_2}\cos\psi^2)\right] \pm \\ \mp \sin\alpha\left[\frac{c_2+u}{c_1+c_2}r_1(\cos\psi_1 \mp \frac{c_1}{l_1}\sin\psi_1) - \frac{c_1-u}{c_1+c_2}r_2(\cos\psi_2 \mp \frac{c_2}{l_2}\sin\psi_2)\right] \end{aligned}\right\} \quad [70]$$

dans laquelle, le signe *supérieur* convient, aux barres *ouvertes*; et le signe *inférieur*, aux barres *croisées*; en ayant soin, pour ce dernier cas, de changer c_1 en c_2, dans la figure, et inversement.

100. — Considérons maintenant la *coulisse droite*, à barres *ouvertes* : celle qui est représentée, en traits brisés, planche VI. Les notations sont identiquement les mêmes. Il faut seulement admettre par la pensée, que l'axe OX passe par N; et que le point M_0, considéré comme centre de la coulisse, se soit abaissé de la quantité u.

Dans ces conditions, la formule [64] est donc applicable. Mais, si l'on peut encore poser cos $\varphi_1 = 1$; il est clair qu'on n'a plus

$$\sin\varphi_1 = \frac{c_1}{l_1}, \ \sin\varphi_2 = \frac{c_2}{l_2};$$

on a :

$$\sin\varphi_1 = \frac{c_1-u}{l_1}, \ \sin\varphi_2 = \frac{c_2+u}{l_2}.$$

De manière que [65] et [66] doivent s'écrire :

$$z_1 = r_1\cos\alpha(\sin\psi_1 + \frac{c_1-u}{l_1}\cos\psi_1) + r_1\sin\alpha(\cos\psi_1 - \frac{c_1-u}{l_1}\sin\psi_1) \quad [71]$$

$$z_2 = r_2\cos\alpha(\sin\psi_2 + \frac{c^2+u}{l_2}\cos\psi_2) - r_2\sin\alpha(\cos\psi_2 - \frac{c_2+u}{l_2}\sin\psi_2) \quad [72]$$

Les formules [67 [68] et [69] demeurent d'ailleurs identiquement les mêmes.

Pour passer, du cas des barres ouvertes, à celui des barres croisées; il suffit, comme cela a été fait au n° 99, pour la coulisse renversée, de changer le signe de sin α, et aussi des rapports $\frac{c_1 - u}{l_1}$ et $\frac{c_2 + u}{l_2}$, qui représentent sin φ_1 et sin φ_2. On a ainsi, par substitution des valeurs de z_1 et z_2, dans [69], en tenant compte de l'observation qui vient d'être faite, la formule générale suivante, pour la *coulisse droite* :

$$\left.\begin{aligned} z = \cos\alpha\left[\frac{c_2+u}{c_1+c_2}r_1\left(\sin\psi_1 \pm \frac{c_1-u}{l_1}\cos\psi_1\right) + \frac{c_1-u}{c_1+c_2}r_2\left(\sin\psi_2 \pm \frac{c_2+u}{l_2}\cos\psi_2\right)\right] \pm \\ \pm \sin\alpha\left[\frac{c_2+u}{c_1+c_2}r_1\left(\cos\psi_1 \mp \frac{c_1-u}{l_1}\sin\psi_1\right) - \frac{c_1-u}{c_1+c_2}r_2\left(\cos\psi_2 \mp \frac{c_2+u}{l_2}\sin\psi_2\right)\right] \end{aligned}\right\} \quad [73]$$

dans laquelle, le signe *supérieur* convient aux barres *ouvertes*; et le signe *inférieur*, aux barres *croisées*; en ayant soin, pour ce dernier cas, de changer c_1 en c_2, dans la figure, et inversement.

Si l'on compare les deux formules [70] *et* [73], *on reconnaît que pour passer, de la première à la seconde, il suffit de remplacer* c_1 *par* $c_1 - u$ *et* c_2 *par* $c_2 + u$. *On peut donc dire qu'il n'y a, en réalité, qu'une seule et unique formule, pour les deux systèmes de coulisses.*

La théorie de la coulisse *droite* (ou de *Stephenson*), a été donnée, pour la première fois, par M. Philipps[1]. Celle de la coulisse *renversée*, (ou de *Gooch*), a été donnée, pour la première fois aussi, par Zech[2]. Chacun de ces auteurs éminents a fait, de sa recherche, presqu'un livre; encore ont-ils supposé, l'un comme l'autre : $r_1 = r_2$; $l_1 = l_2$, $c_1 = c_2$, $\psi_1 = \psi_2$; ce qui simplifie sensiblement la question. Dans le *Traité des distributions de vapeur*, ce livre devenu classique, dû à M. G. Zeuner[3], alors professeur à l'École polytechnique de Zurich, ces mêmes théories occupent plus de 50 pages, grand in-8.

Il m'est permis, sans doute, de mettre en parallèle la simplicité, la brièveté, la généralité de la méthode imaginée par

1. *Annales des Mines*, t. III, 1854, Paris.
2. *Zeitschrift des œsterreichischen Ingenieur-Vereines*, 7e année, 1855, Vienne.
3. Voir la traduction française, faite par MM. A. Debize et E. Merijot, sur la 3e édition allemande, 1869, Paris; ou la 4e édition allemande, 1874, Leipzig. Cette dernière reproduit la formule [70] publiée par moi, la même année.

moi, laquelle est contenue dans les quatre paragraphes qui précèdent.

On pourrait étendre cette méthode à la théorie de la coulisse rectiligne, (ou d'*Allan*); qui tient à la fois des deux autres. Il en sera question plus loin (3e partie, système *f*).

Pour le moment, si dans [70] et [73] on fait les hypothèses : $r_1 = r_2 = r$; $c_1 = c_2 = c$; $l_1 = l_2 = l$; $\psi_1 = \psi_2 = \delta_1$; on retombe exactement sur les formules péniblement établies par MM. Philipps et Rech (Voir : 120, 3e partie, systèmes *d* et *e*).

101. — *Composition et décomposition des excentriques.* — Reprenons l'équation [65]. Elle peut se mettre sous la forme :

$$z_1 = A \cos \alpha + B \sin \alpha$$

qui est celle d'une circonférence, rapportée à l'un de ses points, en coordonnées polaires.

Si ρ_1 désigne le diamètre de cette circonférence, on sait qu'on a :

[3] $$\rho_1^2 = A^2 + B^2$$

qui ici s'écrirait

$$\rho_1 = r_1 \sqrt{\sin^2 \psi_1 + 2\frac{c_1}{l_1}\sin\psi_1 \cos\psi_1 + \frac{c_1^2}{l_1^2}\cos^2\psi_1 + \cos^2\psi_1 - 2\frac{c_1}{l_1}\sin\psi_1\cos\psi_1 + \frac{c_1^2}{l_1^2}\sin^2\psi_1}$$

ou :

$$\rho_1 = r_1 \sqrt{1 + \left(\frac{c_1}{l_1}\right)^2}$$

mais nous avons déjà admis, n° 98, que la quantité $\left(\frac{c_1}{l_1}\right)^2$ était négligeable devant 1; surtout quand il s'agit d'extraire la racine. Il reste donc :

$$\rho_1 = r_1.$$

Par suite, si ρ' désigne le diamètre de la circonférence polaire, exprimée par [67], A_1 et B_1 les coefficients de cos α et de sin α après substitution de [65], on a :

$$\rho' = \sqrt{A_1^2 + B_1^2} = \frac{c_2 + u}{c_1 + c_2} r_1. \qquad [74]$$

Quand on considère u, comme variable, cette formule n'est pas autre chose que l'équation d'une droite; et d'une droite déterminée de position; puisque pour $u = c_1$, on a : $\rho' = r_1$;

(ce qui est bien l'expression de la vérité; car alors N se confond avec M_1, planche VI); et que, pour $u = -c_2$, on a $\rho' =$ zéro.

On peut donc affirmer que quand u diminue, ρ' diminue aussi; et, ce qui est remarquable, diminue dans le rapport de $\overline{NM_2}$ à $\overline{M_1M_2}$.

En y réfléchissant, cela devient évident, à priori. La *coulisse renversée, avec un point fixe, et un point conduit par un excentrique, n'est qu'un levier de renvoi de mouvement, dont la longueur peut être variée durant la marche.*

Les formules [66] et [68] conduiraient à un résultat identique; mais il n'en serait plus tout à fait de même, avec [67] et [71], [68] et [72]; c'est-à-dire, avec la coulisse *droite*. L'expression de ρ' et de ρ'' est alors du 2e *degré,* en fonction de u.

102. — Pour passer, de ce qui vient d'être dit, au cas où les deux points M_1 M_2 de la coulisse renversée seraient mus par les excentriques m_1 m_2; portons, dans la fig. de la pl. VI :

$$\overline{Om'} = \rho' = \sqrt{A_{,}^2 + B_{,}^2}\,; \qquad [75]$$

et, par analogie :

$$\overline{Om''} = \rho'' = \sqrt{A_{,,}^2 + B_{,,}^2}\,. \qquad [76]$$

m' n'est pas autre chose que le centre d'un excentrique *fictif*, apte à conduire *directement* le coulisseau N, comme le ferait l'excentrique m_1, si M_2 était fixe. Car l'excentrique m' a : le rayon voulu ρ' et l'angle de calage voulu ψ_1. De même m'' est le centre de l'excentrique *fictif*, apte à conduire *directement* le coulisseau, comme le ferait l'excentrique m_2 si M_1 était fixe.

Les coordonnées du point m' sont d'ailleurs $A_{,} = \overline{On'}$ $B_{,} = \overline{n'm'}$, Celles du point m'' sont : $A_{,,} = \overline{On''}$ $B_{,,} = -\overline{n''m''}$.

Supposons que l'on demande les coordonnées A et B, d'un certain point t, centre d'un excentrique *fictif*, qui serait *apte à conduire directement* le coulisseau, comme il l'est par l'intermédiaire des deux excentriques m_1 m_2 et de la coulisse. [67] [68] et [69] peuvent s'écrire, comme il a été fait plus haut, n° 101 :

$$z' = A_{,} \cos\alpha + B_{,} \sin\alpha$$
$$z'' = A_{,,} \cos\alpha + B_{,,} \sin\alpha$$
$$z = A \cos\alpha + B \sin\alpha = (A_{,} + A_{,,})\cos\alpha + (B_{,} + B_{,,})\sin\alpha$$

Il résulte de la dernière équation que :

$$A = A_{,} + A_{,,} = \overline{On'} + \overline{On''}$$
$$B = B_{,} + B_{,,} = \overline{n'm'} - \overline{n''m''}$$

Prenons $\overline{m's} = \overline{On''}$ $st = \overline{n''m''}$. Il est clair que les triangles $m'st$ $on''m''$ sont égaux. Par suite, $\overline{m't}$ est parallèle et égale à $\overline{Om''}$. La figure $Om'tm''$ est donc un parallélogramme.

Donc le rayon cherché Ot est, *en grandeur et en direction, la diagonale du parallélogramme, construit sur les rayons fictifs* $\overline{Om'}$ et $\overline{Om''}$. C'est à proprement parler leur *résultante*.

103. — Si au lieu d'avoir :

$$z = z' + z'' ;$$

comme le suppose la formule [69]; on avait :

$$z = z'' - z' ; \qquad [77]$$

comme cela se produit, dans le cas où l'on considère la marche *relative* de deux distributeurs, *immédiatement superposés*, conduits chacun par un excentrique distinct; on peut encore se proposer de déterminer la position du centre t_1, d'un excentrique *fictif*, qui donnerait, à un distributeur unique, marchant sur table fixe, le *même mouvement*, que celui possédé, par l'un des distributeurs, *relativement* à l'autre.

Soient m' et m'' les centres des excentriques *réels*, conduisant les distributeurs inférieur et supérieur, (comme dans le système Meyer, par exemple, voy. pl. XLI ou XLIII). Les coordonnées de m' et de m'' sont :

$$A_{,} = \overline{On'} \qquad B_{,} = n'm' ;$$
$$A_{,,} = \overline{On''} \qquad B_{,,} = n''m'' ;$$

comme plus haut.

On a toujours, en vertu de l'équation fondamentale [1] :

$$z' = A_{,} \cos \alpha + B_{,} \sin \alpha ;$$
$$z'' = A_{,,} \cos \alpha + B_{,,} \sin \alpha .$$

puis, dans [77], en remarquant que $A_{,} > A_{,,}$:

$$z = z'' - z' = -(A_{,} - A_{,,}) \cos \alpha - (B_{,,} + B_{,}) \sin \alpha .$$

Portons donc, négativement, dans la figure (planche VI) : $\overline{On_1'} = \overline{On'}$, représentant $A_{,}$. Retranchons-en $\overline{m_1's_1} = \overline{On''}$, représentant $A_{\prime\prime}$. Portons, de même, négativement : $\overline{n_1'm_1'} = \overline{n'm'}$, représentant $B_{\prime}$; et ajoutons-y $\overline{s_1t_1} = st = \overline{n''m''}$, représentant $B_{\prime\prime}$. Nous obtiendrons, ainsi, le point t_1, centre de l'excentrique fictif cherché, dont le rayon serait, par conséquent $\overline{Ot_1}$.

Diverses remarques sont à faire, sur cette construction.

Il est clair, d'abord, que les triangles $On_1'm_1'$ $On'm'$ sont égaux ; puisqu'ils ont les côtés de l'angle droit égaux. Donc le point m_1' est symétrique du point m', par rapport au centre O.

De plus, les triangles $m_1's_1t_1$, $m'st$, $On''m''$ sont égaux, pour la même raison. D'où il suit que $m_1't_1$ est égale et parallèle à $\overline{Om''}$. Donc, la figure $Om_1't_1m''$ est un parallélogramme. Donc, le *rayon* $\overline{Ot_1}$ *de l'excentrique fictif cherché* est donné, *en grandeur et en direction, par la diagonale du parallélogramme, construit sur le rayon de l'excentrique du distributeur (tiroir) supérieur,* et sur celui, *changé de signe, du distributeur (tiroir) inférieur.*

Inversement, en désignant, par $\overline{Om''}$, le rayon de l'excentrique réel, conduisant le distributeur supérieur, par $\overline{Om'}$, le rayon de l'excentrique réel, conduisant le distributeur inférieur, qui joue le rôle d'excentrique *d'entraînement* de la table, sur laquelle glisse le distributeur superposé, considéré ; par Ot_1 le rayon de l'excentrique fictif, ou excentrique *relatif* ; on peut dire : *le rayon de l'excentrique réel est donné, en grandeur et en direction, par la diagonale du parallélogramme, construit sur le rayon de l'excentrique d'entraînement, et sur le rayon de l'excentrique relatif.*

C'est, on le reconnaît, la répétition du théorème connu, sur la composition des vitesses *réelle* ou *absolue, d'entraînement,* et *relative.*

En observant que les deux parallélogrammes $m'_1t_1m''O$, $Om''tm'$ sont égaux ; et que, par conséquent, les deux diagonales $\overline{t_1O}$, $\overline{m'm''}$ sont égales ; on peut dire encore : *le rayon* $\overline{Ot}$ *de l'excentrique fictif, ou relatif, cherché est obtenu, en grandeur et en direction, en menant, par le centre* O, *une droite égale et parallèle, à celle qui joint les centres des excentriques réels, conduisant le distributeur supérieur, et le distributeur inférieur.*

104. — Quelles que soient les grandeurs et les situations angulaires des rayons $\overline{Om'}$ et $\overline{Om''}$, il est aisé de reconnaître que la double construction, tout à l'heure indiquée, s'applique toujours. Il faut donc conclure, d'une manière générale : que le *mouvement résultant, fourni par deux excentriques*, est le même que celui donné, par un *excentrique unique*, dont le rayon serait, *en grandeur et en direction, la diagonale du parallélogramme, construit sur les rayons des excentriques donnés.*

Si, à l'origine du mouvement, c'est-à-dire quand la manivelle motrice et le piston sont au point mort, le mouvement résultant, (ou si l'on veut, la course positive à compter de la position moyenne relative), est la *somme* arithmétique des deux mouvements produits par les excentriques composants; le parallélogramme en question doit être construit, sur les rayons de ces excentriques, dans la position qu'ils occupent alors.

Si, à l'origine, le mouvement résultant est la *différence* des mouvements, produits par les deux excentriques composants; le parallélogramme doit être construit, comme si le centre de l'excentrique, *dont le mouvement est à retrancher*, était symétriquement placé à 180° de la position qu'il occupe; ou, si l'on veut, en attribuant à son rayon, une valeur égale, mais *négative*.

En un mot, *dans tous les cas, l'excentrique fictif, pouvant fournir le mouvement résultant des deux excentriques donnés, est la résultante de ces excentriques, en ayant soin de leur attribuer le signe qui convient, au mouvement originel de chacun d'eux.*

C'est, on le voit, une simple application de la loi si importante et si connue en mécanique, de la composition des chemins parcourus, ou des vitesses ou des forces.

On voit aussi, comme il avait été annoncé plus haut, n° 97, que la théorie des *coulisses* et la théorie de la marche *relative* de deux distributeurs immédiatement superposés, viennent se rattacher étroitement, à une théorie unique : celle de la *composition et de la décomposition des excentriques.*

105. — Plusieurs déductions importantes se tirent de ce qui vient d'être exposé.

En effet, en se reportant, à la figure de la planche VI, il est clair qu'on a :

$$\overline{m_1 m'} = \overline{m_1 O} - \overline{O m'}\,;$$

et, comme par définition même, on a, (V. [74] et [75]) :

$$Om' = \rho' = \overline{m_1O}\,\frac{c_2 + u}{c_1 + c_2}\,;$$

cela permet d'écrire :

$$\overline{m_1m'} = \overline{m_1O}\left(1 - \frac{c^2 + u}{c_1 + c_2}\right) = \overline{m_1O}\,\frac{c_1 - u}{c_1 + c_2} \qquad [78]$$

D'autre part on a, par définition aussi, (V. [76]) :

$$\overline{Om''} = \overline{m't} = \rho'' = \overline{Om_2}\,\frac{c - u}{c_1 + c_2}.$$

si l'on divise, membre à membre, ces deux dernières équations, il reste :

$$\frac{\overline{m_1m'}}{\overline{m't}} = \frac{\overline{m_1O}}{\overline{Om_2}}\,.$$

C'est justement l'égalité qui serait donnée, si les triangles $m_1m't$ m_1Om_2 étaient semblables. Cela prouve que ces triangles sont semblables, en réalité. Ce qui permet d'écrire :

$$\frac{\overline{m_1t}}{\overline{m_1m_2}} = \frac{\overline{m_1m'}}{\overline{m_1O}}\,;$$

et enfin, en vertu de [78] :

$$\frac{\overline{m_1t}}{\overline{m_1m_2}} = \frac{c - u}{c_1 + c_2}\,.$$

Cette dernière relation se traduit de la manière suivante. *Quand deux points* M_1 M_2 *d'une coulisse renversée sont conduits chacun par un excentrique distinct, de centre* m_1 m_2*; le coulisseau* N *marche comme s'il était conduit directement, par un excentrique unique, dont le centre tomberait sur la droite* m_1 m_2 *et la partagerait en parties proportionnelles, à celles en lesquelles la coulisse est elle-même partagée, par le coulisseau, entre les points d'articulation des deux barres d'excentriques.*

106. — Revenant, à la construction, qui a servi à déterminer le centre t_1 d'un excentrique capable de donner, à un distributeur unique, marchant sur table fixe, le mouvement qu'un distributeur, mû par l'excentrique m'', prendrait relativement à un autre distributeur, superposé, mû par l'excentrique m'; il est à observer que, si l'on prolonge om'_1, jusqu'en m_3, de

manière à avoir $\overline{Om_3} = \overline{Om_1}$; si, de plus, on tire la droite $\overline{m_3 t_1}$; et qu'on la prolonge jusqu'à sa rencontre, avec le rayon $\overline{Om_2}$; cette rencontre aura lieu précisément au point m_2.

En effet $\overline{m'_1 t_1}$ et $\overline{Om''}$ sont parallèles, comme on l'a vu nº 103 ; et de même $\overline{Om_3}$ et $\overline{m'' t_1}$. Si donc le point de rencontre inconnu est désigné par x, les triangles semblables fournissent les relations suivantes :

$$\frac{\overline{m_1' t_1}}{\overline{Ox}} = \frac{\overline{m_3 m'_1}}{\overline{m_3 O}} = \frac{\overline{m_1 m'}}{\overline{m_1 O}} = \frac{\overline{m' t}}{\overline{Om_2}}$$

mais $\overline{m' t} = \overline{m_1' t_1}$. Donc $\overline{Ox} = \overline{Om_2}$. *Donc les points* $m_2\ t_1\ m_3$ *sont en ligne droite.*

Ce qui vient d'être dit, concernant les trois points $m_1\ t\ m_2$, *s'applique aux trois points* $m_3\ t_1\ m_2$.

107. — Sans passer par la démonstration géométrique, qui vient d'être faite, du principe énoncé au nº 105, on peut encore faire le raisonnement analytique et complètement général, qui suit :

L'expression générale de la marche d'un distributeur, conduit par une *coulisse renversée*, mue par deux excentriques distincts, et d'ailleurs quelconques, est donnée, par la formule [70], dans laquelle les coefficients de cos α et de sin α ne sont pas autre chose, comme on l'a vu nº 64 et 102, que l'abscisse et l'ordonnée du centre de l'excentrique, capable de communiquer *directement*, au distributeur, le mouvement qu'il reçoit du coulisseau.

Or, quand la hauteur u du coulisseau, dans la coulisse varie, cette abscisse et cette ordonnée varient comme l'ordonnée d'une droite ; puisque leur expression est du premier degré, en fonction de u. On peut donc affirmer que le lieu de ce centre est lui-même une droite. Et, comme on connaît deux points de cette droite ; c'est-à-dire : les positions des centres des excentriques réels ; qui peuvent être considérés comme conduisant directement le distributeur, quand le coulisseau tombe, en face des points d'attache de leur barre, sur la coulisse ; il est clair que la droite en question est complètement déterminée. *Elle passe par ces centres.* C'est la même conclusion que plus haut.

Diverses conséquences résultent de ce principe général.

En premier lieu : si, dans la figure, planche VI, on admet que la coulisse renversée soit conduite, non par les excentriques $m_1 m_2$, mais par les excentriques m_1 et t, attaquant les points M_1 et N de la coulisse, il n'y aura absolument rien de changé, à la marche de cette dernière. C'est-à-dire que le point M_1, par exemple, se déplacera comme s'il était encore conduit par l'excentrique m_2; et de même, pour tout autre point.

En second lieu : et puisque la position du centre de l'un des excentriques est arbitraire; pourvu qu'il tombe sur la droite indéfinie $\overline{m_1 m_2}$; il sera facultatif de choisir, par exemple, le point t_0, pris sur l'axe OX. C'est-à-dire : que l'on pourra utiliser, soit la manivelle motrice, soit la tige du piston; en réduisant son mouvement, par un levier dont les bras soient choisis, de manière à donner au point M_0, de la coulisse, la même amplitude de course, que s'il était mû directement par l'excentrique t_0; M_0 partageant $\overline{M_1 M_2}$, comme t_0 partage $\overline{m_1 m_2}$.

En troisième lieu : tout excentrique monté sur l'arbre moteur, même si son centre ne tombe pas sur la droite $\overline{m_1 m_2}$, peut être utilisé, (aussi bien que l'un quelconque des points de la tige, que cet excentrique meut rectilignement), pour activer la coulisse; à condition que l'amplitude du mouvement soit ramenée, par un levier, ou tout autre moyen, à celle que donnerait l'excentrique, semblablement calé, mais de rayon égal, à la longueur de la droite qui passant par le centre de l'excentrique dont il s'agit, joindrait l'axe de rotation O, à la ligne $\overline{m_1 m_2}$.

Si, par exemple, t' est le centre d'un excentrique quelconque, on peut lui faire attaquer le point N de la coulisse, en réduisant la course que peut fournir t', dans le rapport de $\overline{Ot}$ à $\overline{Ot'}$.

En quatrième lieu : un excentrique quelconque, de centre t, par exemple, activant directement un point N, peut être remplacé par deux autres excentriques, de centres m_1 et m_2, quelconques; pourvu qu'ils tombent, sur une droite, passant par t, et qu'ils activent des points M_1 M_2, d'une coulisse renversée, ou d'un simple levier, passant par N, et choisis de manière que leur intervalle soit divisé, par N, en tronçons, proportionnels aux tronçons, en lesquels le point t divise la droite $\overline{m_1m_2}$.

En cinquième lieu : enfin et d'une manière tout à fait générale, un excentrique quelconque, de centre t, activant un point N, peut être remplacé par deux autres, de centre et d'angle de calage quelconques m' et m'' ; pourvu que ces derniers activent des points M_1 M_2 d'une coulisse ou d'un simple levier, passant par N ; tellement choisis, que leur intervalle soit divisé, par N, dans le même rapport, que le point t divise, la portion d'une droite *quelconque* $\overline{m_1m_2}$ passant par t, comprise entre les rayon $\overline{Om'}$ et $\overline{Om''}$ prolongés ; et pourvu également que les amplitudes du mouvement, donné par chacun des excentriques $m'm''$, soient multipliées, par un moyen quelconque, dans les rapports de $\overline{Om_1}$ à $\overline{Om'}$, et de $\overline{Om_2}$ à $\overline{Om''}$.

On conçoit que ces divers corollaires du principe énoncé au n° 105 conduisent, à une infinité de solutions du même problème ; et M. Guinotte, qui l'expose dans une brochure [1], bien que sous une autre forme, par une méthode plus élémentaire, par-là même moins générale et beaucoup plus longue, a raison de dire : que la composition et la décomposition des excentriques constitue un principe important, qui ouvre le champ le plus vaste, à une multitude de combinaisons des organes activant les distributeurs.

Ajoutons que l'honneur d'avoir signalé, le premier, cette importance, paraît revenir, de droit, à M. Guinotte.

1. *Étude générale sur la détente variable*, Mons, 1871.

TROISIÈME PARTIE

APPLICATION

DESCRIPTIONS. – CALCULS. – ÉPURES
SE RAPPORTANT A UN CERTAIN NOMBRE DE SYSTÈMES PRINCIPAUX DE DISTRIBUTION.

108. — *Observations générales.* — Les distributeurs ayant la forme de *tiroirs* sont les plus usités, comme il a été dit; ce sont aussi presqu'exclusivement ceux dont il sera question, dans cette *troisième partie*.

La forme du distributeur est du reste d'une importance secondaire, au point de vue théorique. Et les exemples d'applications, faites à des tiroirs plans ou cylindriques, pourraient s'appliquer, sans changement aucun, à toute autre forme de distributeurs, recevant le mouvement par les organes cinématiques, qui caractérisent chacun des systèmes étudiés.

Dans ce qui précède, on a eu en vue, la détermination des dimensions du *distributeur*, indépendamment du dispositif, destiné à lui transmettre le mouvement. Dans ce qui va suivre, on verra comment, des dimensions et de la loi de mouvement du distributeur, on peut conclure les dimensions et l'orientation des *organes moteurs*, dans les divers systèmes.

Trois procédés principaux seront suivis pour cela; tous trois s'appuyant, sur les principes démontrés dans la *seconde partie*.

Le *premier* consiste à employer les formules générales, plus haut établies, quand le dispositif s'y prête, comme pour le tiroir ordinaire, les coulisses, etc.

Le *second* consiste, à faire l'application de ce principe : que les coordonnées du centre de lá circonférence polaire, représentant la marche du distributeur, dans les systèmes de la *première classe*, ont précisément pour valeur, (V. n° 64 ou 102) : l'*abscisse*, la moitié de la course fournie par le distributeur pour $\alpha = 0°$, ou $180°$; l'*ordonnée*, la moitié de la course fournie par le distributeur, pour $\alpha = 90°$, ou $270°$.

Le *troisième* repose, sur le principe de la composition et de la décomposition des excentriques, démontré n° 101 et suivants.

Rarement la loi de marche du distributeur sera établie directement. Ce moyen étant d'ordinaire de beaucoup le plus long.

Il sera d'ailleurs renvoyé, pour ceux que la comparaison intéresserait, aux auteurs qui ont plus spécialement traité la question de cette manière, dans chaque cas particulier.

Qu'il me soit permis d'énoncer ici, une réflexion qui n'est pas sans importance.

Les différents auteurs, qui ont fait des recherches théoriques, sur les divers systèmes de distribution usités, dont il va être parlé, après être arrivés, pour représenter la marche du tiroir, dans les systèmes de la première classe, à une formule dont les deux premiers termes, en cos α et en sin α, sont l'équation polaire d'une circonférence ; et les termes suivants, (plus ou moins nombreux, plus ou moins exacts), constituent, ce qui a été nommé, le *résidu perturbateur* ou le *terme de correction*, dont la valeur doit être, tantôt ajoutée à celle du rayon polaire de la circonférence, tantôt en être retranchée ; se sont tous ingéniés, à trouver le moyen de diminuer l'influence de ce résidu. Ils ont même indiqué des règles, pour le choix de certains éléments arbitraires de la distribution, de manière à approcher autant que possible de ce résultat.

C'est là une voie que je ne crains pas d'appeler *fausse*, au point de vue pratique. Et en voici la raison. Le piston est loin de marcher, d'une manière symétrique, durant son mouvement de va-et-vient. L'obliquité de la bielle fait que, vers le milieu de son trajet, et pour le même angle, décrit par la manivelle motrice, à partir de 0°, ou de 180°, le piston peut avoir parcouru jusqu'à un dixième de sa course, de plus, dans un sens que dans l'autre ; suivant le rapport de la bielle à la manivelle. Si donc la marche du piston présente des perturbations, c'est une illusion de vouloir annuler celles, que peut présenter la marche du tiroir. C'est même plus qu'une illusion, c'est une *faute. Le mieux serait, par un choix judicieux des dimensions arbitraires, de produire dans la marche du tiroir, des perturbations, de même ordre, et de même sens, que celles qui se présentent dans celle du piston.* C'est le seul moyen d'arriver, à ce que l'on appelle une distribution égale sur les deux faces. La recherche du point de suspension, dans les coulisses, (V. systèmes *b d e f*... etc.), est justement fondée sur ce principe.

Il est vrai que la théorie n'indique plus, ici, dans quel sens il faut marcher pour atteindre un pareil résultat; mais il reste une ressource, c'est de recourir à l'emploi de l'appareil, décrit plus haut, (nº 33 et suivants), imaginé en partie dans ce but; c'est-à-dire à l'emploi du *Dianomégraphe*. Faute de cet appareil, on peut encore se procurer un diagramme exact de la marche du tiroir, dans un certain nombre de cas, par la méthode graphique, d'un emploi naturellement beaucoup plus laborieux, due à MM. H. Coste et L. Maniquet[1].

En tête de l'étude qui va suivre vient le dispositif ordinaire : Tiroir unique, activé directement par un excentrique; comme type des appareils à courbe polaire de marche voisine d'une circonférence. Puis le dispositif Lissignol; comme type des appareils à courbe polaire de marche voisine d'une ellipse.

A la suite, on trouvera un assez bon nombre d'autres dispositifs, disposés dans un ordre presque arbitraire, lequel se prête à l'addition indéfinie de systèmes nouveaux.

DONNÉES PRATIQUES

Pour le calcul des dimensions du cylindre et des orifices de la chapelle.

109. Avant d'aborder l'étude détaillée des divers dispositifs de distributeurs, il est indispensable de dire un mot, de la manière dont on calcule les dimensions des orifices, que tout distributeur a pour mission d'ouvrir et de fermer.

La grandeur du déplacement du distributeur dépend, en effet, de la largeur de l'orifice (voy. formule [20], nº 70).

1. *Tracés pratiques et exacts des épures de distribution de vapeur*, 1880, Lyon.

Cela conduit nécessairement à parler de la manière dont on calcule le cylindre lui-même; parce que la grandeur des orifices est en relation intime, avec celle du cylindre.

Le point de départ de tous ces calculs, c'est la puissance à développer, ou à dépenser, dans le cylindre. Cette puissance, qui doit être une donnée du problème, s'exprime en chevaux de 75 kilogrammètres [1].

Soient :

N = Nombre de chevaux.

T = Le nombre correspondant de kgm. par seconde.

n = Nombre de révolutions de l'arbre moteur par minute.

v = Vitesse du piston, en mètres par seconde.

c_1 = Course totale du piston, en mètres.

c_0 = Course du piston durant l'admission, en mètres.

p_0 = Pression absolue durant l'admission sur le piston, dans le sens de la marche, en kilogr. par mètre carré.

p_a = Pression en kilogr. en sens inverse de la marche.

p_m = Pression — moyenne, durant une course.

p_1 = Pression — à la fin de la course, (au moment où l'émission commence).

S = Section du piston, en mètres carrés.

d = Diamètre du piston, en mètres.

V_1 = Volume total, en mètres cubes, engendré par le piston, pour une course c_1.

s = Section, en mètres carrés, à découvrir par l'obturateur, pour l'admission.

L = Longueur en mètres, supposée la même, pour les orifices d'admission et d'émission.

o_a o_e = Largeur, en mètres, dont doit être découvert, par l'obturateur, l'orifice d'admission et celui d'émission.

o_{ta} o_{te} = Largeur, en mètres, à donner à l'orifice d'admission et à l'orifice d'émission, dans la table de la chapelle.

E = distance, en mètres, entre les orifices d'admission et d'émission, dans la table de la chapelle.

σ = Surface *frottante* du tiroir, en mètres carrés, (vide déduit).

1. Un kilogrammètre représente le travail, correspondant à la chute, ou à l'élévation, d'un kilo, sur un mètre de hauteur verticale, en une seconde de temps. Il s'écrit : kgm.

Les données sont : N. T n v $\frac{c_1}{c_0}$ p_0 p_a ;

Les inconnues : p_1 c_1 ou c_0 p_m S d V_1 s L o_a o_e o_{ia} o_{ie} E σ.

On a les relations connues :

$$T = \frac{N}{75} \qquad [A]$$

$$v = \frac{nc_1}{30} \qquad [B]$$

$$\frac{Snc_1}{30}(p_m - p_a) = T \qquad [C]$$

$$d = \sqrt{\frac{4}{\pi} S} = 1{,}1284\sqrt{S} \qquad [D]$$

$$V_1 = Sc_1 \qquad [E]$$

$$p_0 c_0 = p_1 c_1 \qquad [F]$$

$$p_m = p_1\left(1 + \log' \frac{c_1}{c_0}\right) - p_a \qquad [G]$$

Les deux dernières formules supposent que la détente s'opère, suivant la loi de Mariotte, ce qui est d'ordinaire assez approximativement vrai.

Pour faciliter l'emploi de la formule [G], il existe, dans beaucoup de manuels, des tables, donnant la valeur du terme $p_1 \log' \frac{c_1}{c_0}$. Il est inutile de les reproduire ici. Mais on trouvera (planche LXVII, fig. 1), un procédé graphique, moins connu, et qui mérite de l'être[1]. Il conduit, au même résultat, d'une façon plus simple et plus rapide. L'épure se construit *en quelques traits* ; et peut servir *indéfiniment*.

La hauteur p_m, comprise, entre les deux arcs de cercle OD et AmB, représente la *pression moyenne absolue cherchée*, à la même échelle, que $\overline{OB}$ représente la pression absolue p_1 durant l'admission.

Voici maintenant quelques renseignements pratiques, qui serviront, au besoin, de guide, dans le choix des quantités, désignées plus haut, comme devant être des *données* du problème.

1. Voir l'étude publiée par l'auteur, sur cette question, dans les *Annales industrielles* du 27 juillet 1873, Paris.

N est le nombre de *chevaux utiles, sur l'arbre moteur*, majoré de 25 à 33 0/0 et même de 50 0/0; suivant la puissance et le type des machines.

n le nombre de tours par minute, varie considérablement, de 5 à 500 et au delà. Toutefois, c'est par exception, qu'il descend au-dessous de 20 et qu'il dépasse 200. Dans les machines de dimensions moyennes, il est souvent voisin de 20, pour les pompes; de 60, pour les machines fixes motrices et dans les machines marines; de 125, pour les locomobiles et les machines fluviales; de 175 pour les locomotives.

v la vitesse du piston, par seconde, varie de $0^m,500$ à 4 mètres et au delà. Les chiffres suivants sont extraits d'un ouvrage américain, assez répandu [1].

Machines fixes de faible puissance.	$0^m,80$ à $1^m,25$
— — de forte puissance.	$1^m,25$ à $1^m,50$
— — plus rarement	$1^m,80$
— fluviales, locomobiles.	$1^m,80$ à $2^m,50$
— locomotives.	$3^m,50$ à 4^m
— de Ch. T. Porter, à l'exposition universelle de Philadelphie 1875.	$7^m,00$

$\frac{c_1}{c_0}$ le rapport de la course entière, à la fraction de course durant l'admission, ou du volume final, au volume initial, durant la *détente*, peut aussi varier beaucoup. Plus il est grand, plus les organes fatiguent; plus il y a de condensation dans le cylindre. Autrefois, on ne craignait pas de le faire égal à 20; et l'on pensait que plus il était grand, mieux cela valait, au point de vue du rendement. Aujourd'hui, (voy. n° 6, et l'ouvrage cité en note, à ce même numéro), on a reconnu qu'il ne convenait pas de dépasser 5 à 9, dans un même cylindre, suivant la vélocité du piston et suivant qu'il y avait enveloppe de vapeur, ou non.

On a reconnu aussi qu'il y avait toujours avantage, au point de vue du rendement, à subdiviser la détente, en *deux* et au besoin en *trois* cylindres, *ou plus*; de manière à n'avoir pas

1. *The practical application of the slide valve and link motion* to stationary, Portable, Locomotive and Marine Engines, by WILLIAM S. AUCHINCLOSS. C. E., 6e édition, 1875. New-York.

plus de 50° de chute de température, durant chaque fraction de détente.

C'est ce qui justifie l'emploi des machines Woolf, ou Compound, à deux, à trois détentes successives, ou davantage, si répandues aujourd'hui.

C'est aussi ce qui fera disparaître peu à peu les appareils de distribution compliqués, créés en vue de réaliser des admissions très courtes.

p_0 la pression absolue initiale, ou celle qui existe dans la chapelle, atteint parfois 13 kilogr., par centimètre carré, dans les locomotives et dans les machines à triple détente. Elle dépasse même ce chiffre. Toutefois, dans le plus grand nombre des machines ordinaires, on reste dans le voisinage de 6 à 7 kilogr.

La pression à la chapelle diffère généralement peu de la pression à la chaudière (de $0^k,200$ à $0^k,400$, par centimètre carré, suivant la longueur des conduites); pourvu que celles-ci aient la section convenable qui sera indiquée plus loin. Ceci n'est plus vrai, avec les chaudières composées de tubes, à chauffe extérieure, dites *inexplosibles*, fonctionnant à très haute pression, et qui s'emploient de plus en plus; parce qu'on étrangle les orifices de prise de vapeur, dans le but de réduire la quantité d'eau entraînée.

p_a est, soit la pression atmosphérique, soit celle au condenseur, soit celle dans la chapelle du cylindre qui suit celui considéré. Il convient d'ajouter, à cette contrepression, $0^k,150$ à $0^k,300$ par centimètre carré, pour tenir compte de la perte de charge, à l'écoulement.

Dès que les quantités précédentes sont fixées, on calcule aisément :

T dans [A]; p_1 dans [F]; c_1 dans [C];

p_m dans [G], ou par l'épure, pl. LXVII, fig. 1;

S dans [C]; d dans [D]; V_1 dans [E].

Quand on connaît les quantités $dc_1 V_1$, c'est-à-dire le diamètre, la course et le volume du cylindre, il y a beaucoup de règles pratiques pour fixer la surface s des orifices de distribution.

Anciennement, alors que les pistons ne dépassaient guère la vitesse de $1^m,50$ par seconde, on prenait :

$$s = 0,04 \text{ S ou } 0,05 \text{ S}$$

C'est une règle encore souvent suivie, bien qu'elle ne soit pas toujours rationnelle.

D'autres prennent 1 à 1,5 centimètres carrés, par cheval indiqué.

D'autres, 1,8 à 2 centimètres carrés, par gramme de vapeur, dépensée en une seconde.

M. Cornut, dans un travail présenté au cinquième congrès des ingénieurs en chef des associations de propriétaires d'appareils à vapeur, tenu à Lyon, en septembre 1880, établit, par des résultats d'expérience, que, pour des conduits courts et droits, on doit avoir [1] :

$$50\, s \overline{\gtrless} Sv;$$

et pour des conduits longs, ou sinueux, à plusieurs coudes :

$$40\, s = \overline{\gtrless} Sv;$$

ce qui revient à admettre des vitesses moyennes de 50 et de 40 mètres par seconde, dans ces conduits.

Cette dernière règle est la plus convenable.

On prend très ordinairement :

$$L = 2/3\, d\,;$$

ce qui donne des conduits déjà grands et se raccordant bien avec le cylindre.

Connaissant s et L, on a

$$o_a = \frac{s}{L}.$$

On prend habituellement :

$$o_e = 2\, o_a$$

$$o_{ta} = 1,25 \text{ à } 1,50\, o_a$$

$$o_{te} = 1,25\, o_e.$$

Quand la course du tiroir est grande, il faut avoir soin d'augmenter o_{te}, de manière qu'après avoir ouvert au large l'orifice d'émission, par une de ses arêtes, l'obturateur, si c'est un tiroir à coquille, ne vienne pas l'étrangler, par l'autre.

Ajoutons encore ce renseignement, que la surface *pleine* de

1. Pour la signification des symboles, voir au cinquième alinéa du nº 109.

glissement du tiroir, sur la table de la chapelle, doit avoir, au moins, pour valeur :

$$200{,}000\,\sigma \geqq (p_0 - p_a)(2\,o_{ta} + 2\,\mathrm{E} + o_{te})\,\mathrm{L}.$$

Il y a, d'ailleurs, avantage à *cribler la surface* σ *de trous, accessibles à la vapeur* à chaque course du tiroir. Il en résulte, d'abord, une souspression, qui diminue la poussée sur la table, et ensuite, une espèce de graissage des surfaces, par l'eau condensée dans chaque trou.

En cas de pression excessive, on peut toujours équilibrer le tiroir, par des moyens analogues à celui indiqué, pl. LXVII, fig. 2.

Ajoutons, enfin, qu'on peut subdiviser en *deux,* les largeurs o_a et o_e, en employant les tiroirs à double entrée, représentés, soit pl. LIII et LXV, fig. 12, 13, 14, pour l'admission, et pl. LXVI, fig. 16, pl. LXVII, fig. 3, pour l'émission. La surface σ devient, par là, plus grande. Il est vrai que la surface totale du tiroir augmente aussi; et, par conséquent, la poussée sur la table; mais le chemin parcouru, (course du tiroir), diminue de moitié, (voy. [20] du nº 70), ce qui donne, en définitive, une réduction dans le travail du frottement.

CHAPITRE PREMIER

DISPOSITIF ORDINAIRE. — SYSTÈME *a*. TIROIR A COQUILLE UNIQUE, MU DIRECTEMENT PAR UN EXCENTRIQUE, (PL. XIX ET XXI).

110. — L'emploi du tiroir à coquille unique, mû directement par un excentrique circulaire, remonte à 1820 ; presqu'à l'origine elle-même de la machine à vapeur.

Une théorie très complète de ce dispositif a été donnée par M. Zeuner, avec le diagramme qui porte son nom [1].

La planche XIX représente le squelette de ce dispositif. Le bouton de la manivelle, le centre de l'excentrique, la bielle motrice et la bielle du tiroir sont représentés dans deux positions principales. En ligne brisée, pour $\alpha = 0°$; c'est-à-dire, quand le piston est au point mort. En ligne pleine, pour $\alpha = 90°$, quand le piston est au milieu de sa course.

Le tiroir a pour fonction de laisser pénétrer le fluide (la vapeur par exemple), tantôt sur la face du piston qui regarde l'arbre, tantôt sur la face opposée à l'arbre. Il y a pour cela deux conduits différents, dans la table du cylindre. Puis à laisser sortir ce même fluide. Il y a pour cela un orifice unique, placé entre les deux autres, dans la table du cylindre.

Le fluide, à *admettre*, arrive en *dessus* du tiroir. Le fluide, *émis*, s'échappe, par *dessous*, dans la cavité médiane. Les arêtes *extérieures* servent donc, à *l'admission*; les arêtes *intérieures*, à *l'émission*.

L'origine des angles, $(\alpha = 0°)$, correspond à la position,

1. *Civil Ingenieur*, t. III, 1857.

occupée par la manivelle, quand le piston est au point mort, du côté de l'arbre. C'est de ce côté que le fluide doit entrer; et de l'autre côté qu'il doit sortir. A l'origine du mouvement, le tiroir doit donc *s'éloigner* de l'arbre.

Comme la distance qui sépare les arêtes extérieures du tiroir, est au moins égale à la distance, qui sépare les arêtes extérieures des orifices d'admission dans la table. (Il y a ordinairement un excès dont la moitié, de chaque côté, porte le nom de *recouvrement* d'entrée, ou recouvrement extérieur). Comme de plus il y a, d'habitude, *avance* à l'admission, (V. n°2), le tiroir doit avoir *dépassé* vers la droite, sa position *moyenne*.

Tout cela se réalise, en disposant le grand rayon de l'excentrique [1] à $90° + \delta$ *en avant de la manivelle motrice*; ou, pour parler plus correctement, en avant *du prolongement d'une droite, menée par le point* N *et le centre de l'arbre moteur.* Ceci suppose que la trajectoire de l'extrémité N de la barre d'excentrique, opposée à l'arbre, décrit une trajectoire rectiligne et passant par l'axe moteur. Si cette trajectoire, tout en étant rectiligne, ne passait pas par l'axe moteur, il faudrait compter l'angle $90° + \delta$, à partir d'une droite, passant par la position moyenne de N et par l'axe moteur. Si cette trajectoire était curviligne, il conviendrait de disposer les choses, pour que *la droite origine* des angles, décrits par l'excentrique, passât *à la fois par l'axe moteur et par les deux positions de* N *répondant à* $\alpha = 0°$, et $\alpha = 180°$; c'est-à-dire aux deux points-morts du piston. Ces observations ne doivent pas être perdues de vue.

111. — *Partie théorique.* — Imaginons que la manivelle motrice, et avec elle le grand rayon de l'excentrique, se soient déplacés d'un petit angle α. Ce dernier fera l'angle $90° + \delta + \alpha$, avec sa droite origine. A ce moment, et quel que soit d'ailleurs le signe de δ, l'articulation N qui marche comme le tiroir lui-même [2], est éloignée de l'axe moteur O de la quantité :

$$z = r \sin(\alpha + \delta) + \sqrt{l^2 - r^2 \cos^2(\alpha + \delta)}.$$

1. Voir, au besoin, planche III-IV, la signification des symboles.

2. S'il y avait un *levier*, interposé entre N et le tiroir, comme cela arrive quelquefois, la course de ce dernier serait multipliée, dans un certain rapport constant; mais la loi de marche serait la même. Il n'y aurait donc là qu'une question de changement d'échelle des courses.

Si dans cette expression on fait $\alpha + 180° + \alpha$, on a :

$$z = -r \sin(\alpha + \delta) + \sqrt{l^2 - r^2 \cos^2(\alpha + \delta)}.$$

Le premier terme seul a changé de signe. Mais le second, le radical, n'exprime pas autre chose que la longueur, projetée à chaque instant, de la barre d'excentrique l, sur la droite origine ON. Si la longueur de cette projection restait *invariable*, le tiroir se déplacerait donc *exactement de la même quantité*, par rapport à une certaine position origine, *pour des angles égaux décrits par la manivelle, à compter des points-morts.*

La position origine en question pour le point N, est facile à déterminer. C'est évidemment la moyenne des deux valeurs de z, pour $\alpha = 0°$ et pour $\alpha = 180°$; c'est-à-dire :

$$\sqrt{l^2 - r^2 \cos^2 \delta}.$$

Quand N occupe cette position origine ou moyenne, l'axe du tiroir doit coïncider exactement avec l'axe de la table, sur laquelle il glisse. Il est donc facile de calculer la longueur rigoureuse à donner à la tige du tiroir; mais il convient toujours de se ménager un moyen de varier cette longueur, ne serait-ce que pour compenser l'effet du déplacement possible de l'arbre moteur, par suite d'usure, etc...

Si l'on compte les courses z de N, ou du tiroir, à partir de leur position moyenne, déterminée comme il vient d'être dit, il est clair que, pour toute valeur de $\cos^2(\alpha + \delta)$ plus *grande* ou plus *petite* que $\cos^2 \delta$, la valeur *réelle*, *positive* de z (c'est-à-dire donnant l'admission du côté de l'arbre, et l'émission du côté opposé), *diminue* ou *augmente*, par rapport à la valeur donnée par le premier terme seul, $r \sin(\alpha + \delta)$. L'inverse se produit, pour la valeur *négative* de z.

Il serait facile de calculer, ou de figurer graphiquement, ces variations.

Mais, pour $\alpha = 0°$, comme pour $\alpha = 180°$, la valeur de z est rigoureusement exprimée par le premier terme seul. Or, c'est dans le voisinage de ces angles, que se produisent les phases les plus importantes de la distribution. Il est donc bien permis de s'en tenir à ce premier terme, en application, pour exprimer la valeur de z; qui s'écrit alors en développant le sinus :

$$z = r \sin \delta \cos \alpha + r \cos \delta \sin \alpha \quad \text{ou} \quad z = A \cos \alpha + B \sin \alpha.$$

Ce qui nous ramène à l'équation fondamentale [1], applicable aux distributeurs, à courbe polaire de marche circulaire.

En comparant cette formule avec [1] on remarquera que, comme toutes deux doivent donner la même valeur de z, pour la même valeur de α, et quelle que soit cette dernière, il faut qu'on ait à la fois :

$$\left.\begin{array}{l} r = \rho_1 ; \\ \delta = \delta_1 . \end{array}\right\} \qquad [79]$$

et :

Ainsi se trouve vérifié ce qui a été dit au n° 64. Si bien que les formules groupées aux n°s 70 et 72 deviennent immédiatement applicables, suivant les données du problème. Il n'y a donc rien de plus à ajouter.

Ces formules sont reproduites planche XIX.

112. — *Application.* — Pour rendre les choses plus saisissables, un exemple d'application des formules en question est présenté planche XXI. Cet exemple reproduit des conditions très ordinaires de la pratique. Le *diagramme théorique* correspondant aux données, est aussi exécuté planche XIX. Le *diagramme automatique* se prend au *Dianomégraphe*, comme l'indique la planche XXI. Il convient d'entrer dans quelques détails.

Les données et les inconnues sont désignées par les symboles inscrits en tête de la planche XIX, au-dessus des formules permettant de calculer les inconnues. Les valeurs numériques, de ces mêmes données et inconnues, sont inscrites en tête de la planche XXI.

ρ_1 peut se calculer par la formule [20],

e par [4];

A_1 par [9];

et δ_1 par [2].

mais ρ_1 peut aussi se lire directement, en même temps que δ_1, dans le tableau supérieur de la planche IX-X. ρ_1 et δ_1 peuvent encore se déterminer par le procédé graphique, indiqué n° 87 et planche XIII, fig. 18; ou, par l'épure générale, indiquée n° 93 et planche VII-VIII.

Connaissant ρ_1 et δ_1, le diagramme théorique, ou de Zeuner s'achève, comme il est expliqué n°s 88 et 89. Ce diagramme exécuté, planche XIX, comme il a été dit, permet de vérifier les valeurs fournies par les formules. Il peint complètement aux yeux, toutes les conditions de la marche du tiroir; comme il a été démontré au n° 88.

En ce qui concerne l'obtention du diagramme automatique, à l'aide du *Dianomégraphe*, il n'y a qu'à suivre exactement les dimensions et dispositions, données par la planche XXI; et les indications des nos 35 et suivants.

Une feuille de papier, fixée par des *punaises*, sur le support en bois Z, représenté en détail planches XV et XVI, figure la table du cylindre, avec ses lumières. Une seconde feuille, fixée sur la tablette à coulisse Y, figure le tiroir.

La position du tiroir se règle, comme il a été dit, n° 111, en donnant l'avance égale, sur les deux faces du piston. Le reste s'exécute, suivant la méthode indiquée nos 35 et suivants. Finalement, on obtient un diagramme, analogue à celui donné planche XIII-XIV, fig. 16, que l'on peut, à loisir, comparer avec le diagramme théorique de la planche XIX.

Tiroir en deux pièces. — Il arrive assez souvent, dans les grandes machines, que, pour raccourcir la longueur des conduits du cylindre, on coupe le tiroir unique en deux. On écarte les deux moitiés, en les laissant liées par une même tige. On reporte chacune d'elles à l'extrémité du cylindre, et on la fait voyager sur table distincte.

Alors, l'*admission* peut être donnée : soit du côté de l'arête *extérieure*, soit du côté de l'arête intérieure du tiroir. L'*émission* est toujours donnée du côté opposé à l'admission. Il y a nécessairement deux orifices d'émission, au lieu d'un.

Dans le premier cas, (admission par les arêtes extérieures), rien n'est changé, à la façon dont le *tiroir en deux pièces* doit recevoir son mouvement. Dans le second, il y a simplement renversement du sens de la marche; c'est-à-dire, que l'excentrique doit être calé à 180° de sa position primitive.

Pour le reste, ce qui vient d'être dit s'applique intégralement, tant dans le calcul des dimensions, que dans le tracé des diagrammes.

CHAPITRE II

DISPOSITIF LISSIGNOL. — SYSTÈME n.
TIROIR ORDINAIRE,
ACTIVÉ PAR UN EXCENTRIQUE, A VITESSE ANGULAIRE VARIABLE
(PL. XX ET XXII).

113. — Ce dispositif a été breveté, en Belgique, par l'inventeur, en 1876. Aucune théorie n'en a été publiée, à ma connaissance.

Ici encore il s'agit d'un tiroir unique, à coquille ordinaire, et même on peut dire d'un excentrique ordinaire aussi, avec sa barre (voy. planche XX); mais avec cette particularité, que l'arbre O', sur lequel est monté l'excentrique, n'est pas l'arbre moteur. L'arbre moteur se trouve en O. Il attaque la barre d'excentrique, par une manivelle, (ou un autre excentrique), présentant une coulisse, dans le sens du rayon, coulisse, en laquelle, glisse un pivot C, porté par la barre.

Il en résulte que le point C décrit une courbe voisine d'une *ellipse*; ce qui donne, au point B une *vitesse angulaire accélérée*, quand il se trouve, dans le voisinage de l'axe O'A, et *une vitesse angulaire ralentie*, quand il se trouve, sur une perpendiculaire à O'A. Le tiroir ouvre et ferme, d'autant plus vite, que cette variation de vitesse angulaire est plus grande, c'est-à-dire, que le point C est plus voisin du point A.

Malgré la présence de la coulisse, ce dispositif ne présente pas de *point mort*. L'axe O' tourne nécessairement, dans le même sens, que l'arbre O. Mais la barre $\overline{AB}$ travaille, par flexion; ce à quoi il faut penser, quand on détermine ses dimensions [1].

1. D'après les formules, établies par M. Lissignol, en désignant par : R l'effort nécessaire, à mouvoir le tiroir; par P l'effort en C; par P'P'' Q'Q'' les com-

Ce dispositif réalise, à peu près, le type des distributions de la deuxième classe, à courbe polaire de marche voisine d'une *ellipse*.

Il y en a un autre, du même genre, dû à M. Marcel Deprez, breveté antérieurement [1]; dont le principe est indiqué au n° 79 (voy. aussi n° 212 et suivants).

Comme détermination des dimensions, la marche à suivre est la même, dans les deux systèmes; comme *montage*, au *Dianomégraphe*, le système Desprez exigerait un agencement, un peu différent, de celui indiqué, planche XXII, pour le système Lissignol; mais on réaliserait, au besoin, ce montage, sans beaucoup de peine, avec les organes, accompagnant l'appareil automatique.

114. — *Partie théorique.* — La planche XX donne le squelette du dispositif, et le *diagramme théorique* de marche.

La planche V donne un résumé des formules, applicables à cette classe de distributeurs; formules établies au n° 80 et suivants. Elles sont reproduites, planche XX, en dessous de la série des données et des inconnues.

Si α ou k_4 [2] figurent parmi les données, on a directement δ_1 puis ρ_1 et le reste.

Si α_4 ou k_4 sont remplacés par les données a_a ou n_a; il faut commencer par tâtonner α_4, dans la formule [62], reproduite au bas de la planche XX. Mais on peut encore, si $\varepsilon = 0,50$, valeur très ordinaire, trouver directement ρ_1 et δ_1, dans le tableau inférieur de la planche IX-X; et l'on peut toujours déterminer ces mêmes valeurs, par l'épure générale de la planche VII-VIII, n° 93. On a, par suite, toutes les autres inconnues.

115. — *Application.* — La planche XXII donne un exemple d'application des formules, groupées sur la planche XX. Avec les valeurs numériques trouvées, le *diagramme théorique* est

posantes perpendiculaires et parallèles à OO′ des efforts en C et en B; par ε le rapport du petit au grand axe de l'ellipse supposée décrite par le point C, on a :

$$P = \frac{R \sin\alpha}{\varepsilon^2 + (1 - \varepsilon^2)\sin^2\alpha} \qquad P' = P\cos\alpha \qquad P'' = P\sin\alpha$$

$$Q' = \varepsilon P' \qquad Q'' = R - P''$$

pour $\varepsilon = 0,5$ le maximum de P répondant à $\alpha = 36°$ et $53°$ est 1,15 R.

1. *Études de la machine à vapeur*, par Combes, 1869, Paris.

2. Voir, au besoin, planche III-IV, pour la signification des symboles.

tracé, planche XX; suivant la méthode indiquée, n° 92. Il donne tout ce qu'il est intéressant de connaître.

Le *diagramme automatique*, correspondant aux mêmes valeurs numériques, s'obtient, au *Dianomégraphe*, comme il est montré planche XXII. Il n'y a, pour cela, qu'à suivre les indications des n°s 35 et suivants.

La qualité caractéristique des distributeurs, à courbe polaire de marche voisine d'une *ellipse*, est d'exiger un rayon de l'excentrique, et des recouvrements, plus *petits* que ceux exigés, par les distributeurs, à courbe polaire de marche circulaire ; et d'autant plus petits, que le rapport ε, du petit au grand axe, est plus faible (voy. n° 81). Ces distributeurs s'emploient donc rationnellement, pour les faibles admissions.

Dans l'exemple choisi : l'admission est en effet assez faible ($k_1 = 0,25$); puisqu'elle se termine, quand le piston a parcouru seulement un quart de sa course. On trouve $\rho_1 = 78$ mm., pour $o_1 = 30$ mm. Avec les mêmes données : $o_1 = 30$; $k_1 = 0,50$; $n_a = 0,20$; le tableau de la planche IX-X donnerait, dans le cas du tiroir à excentrique ordinaire : $\rho_1 = 201$ mm. La différence est assez considérable. L'angle de calage δ_1 diffère, lui, assez peu. Il est cependant plus grand, dans le système Lissignol. 62°,36', au lieu de 61°,42'. Pour la même avance angulaire à l'émission, ce système donne donc un peu plus de compression, que le dispositif ordinaire. C'est là une qualité, quelquefois recherchée aujourd'hui, (voy. n°s 6 et suivants).

116. — *Dérivés du système* n. — Le dispositif Lissignol peut s'employer, en bien d'autres cas, que pour mouvoir directement un tiroir unique. On peut mettre, côte à côte, deux barres d'excentriques semblables; et leur faire attaquer une coulisse, permettant le renversement de la marche. On peut encore, comme le fait M. Deprez, monter sur l'arbre O', (planche XX), dont la vitesse angulaire est variable, un excentrique unique, attaquant la coulisse, taillée dans la barre du tiroir, qu'il a imaginé, (V. système l, planche LIII. On pourrait évidemment, sur ce même arbre à vitesse angulaire variable, monter deux excentriques, attaquant une coulisse ordinaire.

En somme; étant donné l'organe capable de faire décrire, à un point, une *ellipse*, ou une courbe voisine de l'ellipse, on peut transmettre le mouvement de ce point, au distributeur, par l'un quelconque des moyens employés, pour transmettre au même distributeur, le mouvement d'un point, qui décrirait un *cercle*.

Combiné avec la série des dispositifs de la première classe, le dispositif n constitue donc une nouvelle série, appartenant à la seconde classe.

Il est difficile; et il serait du reste d'une faible utilité, de donner ici, les formules, applicables à chacune de ces combinaisons. Il suffit de dire que, dans chaque cas spécial, il sera toujours possible :

1° De trouver l'expression de la course, fournie par l'extrémité de la barre, dont un point décrit la courbe elliptique; par les formules, ou tout au moins par la méthode, exposées n°s 80 et suivants; *en ayant soin de donner à* φ, (n° 81), *la valeur qui lui convient;*

2° De combiner, entre elles, les courses des extrémités de deux barres, s'il y en a deux, par la méthode indiquée n°s 99 et suivants; dans le cas où ces deux barres attaqueraient une coulisse ou un levier :

3° D'arriver ainsi à une formule de la course du distributeur; permettant, sinon la détermination, par calcul direct, de ρ_1 δ_1, et des autres quantités cherchées, en fonction des données ordinaires, permettant au moins de tracer le *genre* de la courbe polaire, qui représente cette course; en supposant pour δ_1 une valeur quelconque, zéro par exemple, quitte à déterminer ce même δ_1, c'est-à-dire l'orientation de la courbe polaire de marche, par *l'épure générale*, planche VII-VIII, n° 93;

4° ρ_1 δ_1 et les diverses autres quantités, données par l'épure générale, étant déterminés; on pourra, alors, par un travail graphique, ou de calcul, en sens inverse, passer à la connaissance des quantités r et δ. Ce dernier point s'éclaircira, par ce qui sera dit, dans la suite, du même travail inverse, applicable aux divers dispositifs de la première classe, dont il reste à continuer l'étude.

CHAPITRE III

DISPOSITIF HEUSINGER DE WALDEGG, OU WALSCHAERTS — SYSTÈME *b*, A RENVERSEMENT DE MARCHE, UN EXCENTRIQUE, UNE COULISSE, UN LEVIER D'AVANCE (PL. XXIII ET XXV-XXVI).

117. — Ce dispositif a commencé à être employé, en Allemagne, en 1857, sous le nom d'Heusinger von Waldegg ; et, en Belgique, en 1860, sous le nom de Walschaerts. Ce dernier paraît, toutefois, devoir être considéré comme le véritable inventeur; car son brevet premier, pris sous le nom de Fischer, en Belgique, porte la date du 5 octobre 1844 et du 5 octobre en France[1].

La théorie en a été publiée, pour la première fois, par Schmidt[2] en 1866 : On la trouvera aussi, dans le Traité des distributions par tiroirs, de G. Zeuner[3].

Le squelette de ce dispositif est représenté planche XXIII. L'angle d'avance[4] δ est toujours, ou nul, ou de 180°. La coulisse, montée en son milieu, sur un pivot *fixe*, n'active pas directement le tiroir ; mais un levier, dont l'une des extrémités A participe, au mouvement du piston ; et l'autre C donne le mouvement, au distributeur. C'est ce qu'on appelle le *levier d'avance* ; parce que, sans lui, le tiroir n'en aurait pas.

La manivelle motrice R, la bielle motrice L, le rayon de l'excentrique unique r, la barre d'excentrique l, la coulisse c, la bielle du coulisseau l_1, les leviers d'avance H h, sont repré-

1. Voir T. V. des *Rapports* des membres belges du jury, à l'Exposition universelle de Paris de 1878.

2. *Zeitschrift des Oesterreichischen Ingenieur-Vereins*, 1866.

3. V. traduction française, par A. Debize et E. Mérijot, 1869, Paris, ou 4e édition allemande, 1874, Leipzig.

4. Voir, au besoin, planche III-IV, la signification des symboles.

sentés, dans deux positions. L'une, en traits fermés, correspond à $\alpha = 90°$; l'autre, en traits brisés, correspond à $\alpha = 0°$.

Les choses doivent être disposées, pour que quand $\alpha = 0°$, ou 180°, le coulisseau puisse occuper une position quelconque, dans la coulisse, sans que le tiroir se déplace. Il résulte de là : que *le rayon de la coulisse doit être égal, à la bielle du coulisseau* l_1 ; et que la barre d'excentrique doit avoir *une longueur telle et être tellement calé, que le centre de courbure de la coulisse coïncide, à ce même moment, avec l'articulation de la bielle du coulisseau, sur le levier d'avance.*

L'action du levier d'avance étant ainsi indépendante de la position du coulisseau, dans la coulisse, *l'avance linéaire est constante, pour tous les degrés d'admission.* C'est une qualité caractéristique de la coulisse *renversée.*

Si le coulisseau pouvait être amené, en face de l'articulation de la barre d'excentrique, sur la coulisse, et si le levier h était nul, le tiroir marcherait, comme s'il était conduit directement par l'excentrique. La rotation aurait lieu, en sens inverse de la flèche. C'est-à-dire l'excentrique en avant de la manivelle, comme toujours ; mais sans avance et à pleine admission. Plus la durée de l'admission est restreinte, plus le recouvrement devient grand, plus aussi h augmente.

Quand le coulisseau passe de l'autre côté du pivot central de la coulisse, la marche est renversée.

118. — *Partie théorique.* — En somme, on se trouve ici en présence d'une droite $\overline{AC}$, dont un point A marche comme le piston ; un second point B, marche comme le coulisseau ; et un troisième point C marche comme le tiroir. La théorie de la composition des chemins parcourus est immédiatement applicable, (n°s 98 et suivants).

Les courses : z_1, pour le point A ; z_2, pour le point B ; z, pour le point C ; étant comptées positivement, à droite de leur position moyenne ; et l'origine des angles décrits, correspondant au point mort du piston vers l'arbre, comme d'habitude ; on a immédiatement, en admettant que les obliquités prises par les diverses pièces soient d'influence négligeable :

$$z_1 = -R \cos \alpha : \qquad z_2 = \frac{u}{c} r \sin \alpha.$$

Si B était fixe, la course de C, qui marche en sens inverse de A serait :

$$z' = -\frac{h}{H} z_1 = \frac{h}{H} R \cos \alpha \qquad [80]$$

Si A était fixe, la course de C serait :

$$z'' = \frac{h + H}{H} z_2 = \frac{h + H}{H} \frac{u}{c} r \sin \alpha \qquad [81]$$

A et B étant mobiles ; il n'y a qu'à sommer ces deux composantes de la course z du point C ; et l'on a :

$$z = \frac{h}{H} R \cos \alpha + \frac{h + H}{H} \frac{u}{c} r \sin \alpha$$

ou :

$$z = A_1 \cos \alpha + B_1 \sin \alpha \qquad [82]$$

C'est l'équation polaire d'un cercle.

On eut pu l'écrire, plus vite encore, suivant le second principe du n° 109, en remarquant que A et B_1 sont les valeurs de z, pour $\alpha = 0°$, et pour $\alpha = 90°$. Il est clair que :
pour $\alpha = 0°$, on a :

$$z_{(\alpha = o)} = A_1 = \frac{h}{H} R \qquad [83]$$

pour $\alpha = 90°$.

$$z_{(\alpha = 90)} = B_1 = \frac{h + H}{H} \frac{u}{c} R \qquad [84]$$

On eut pu aussi se servir du principe de la composition et de la décomposition des excentriques, (n°s 101 et suivants). Ici, les deux excentriques composants sont à angle droit. L'excentrique qui conduirait C, directement, comme le conduit le point A, (B étant fixe), aurait pour rayon :

$$\frac{h}{H} R = A_1$$

L'excentrique qui conduirait C directement, comme le conduit le point B (A étant fixe), aurait pour rayon :

$$\frac{h + H}{H} \frac{u}{c} r = B_1$$

Le rayon de l'excentrique fictif, apte à conduire directement C, comme il l'est, par les points A et B, serait, en grandeur et en direction, la diagonale du parallélogramme, (ici un rectangle), construit sur les deux autres; c'est-à-dire qu'on aurait, pour la grandeur :

$$\rho_1 = \sqrt{A_1^2 + B_1^2}$$

et pour la direction :

$$\operatorname{tg} \delta_1 = \frac{\quad}{B_1}$$

en désignant, par δ_1, l'angle d'avance, que cet excentrique fictif, de rayon ρ_1, devrait recevoir.

C'est ce que donne précisément [82], quand on en tire le maximum de z, en fonction de α, lequel répond à :

$$\operatorname{tg} \alpha = \frac{B_1}{A_1} \text{ ; ou encore à : } \alpha = 90^\circ - \delta_1.$$

Puisque la courbe polaire de marche donnée par ce dispositif, est une circonférence; il n'y a qu'à se reporter, aux formules générales, des n°s 70 et 72, qui permettent, en ce cas, de déterminer tous les éléments du distributeur; suivant que a_a ou n_a ou bien k_1 ou α_1, figurent parmi les données.

Les premières, plus souvent employées, sont groupées, en tête de la planche XXIII; au-dessous de la liste des données et des inconnues.

Connaissant les valeurs de A_1 et de B_1, on a :

$$\frac{h}{H} \text{ dans [83] et } r \text{ dans [84]}$$

le problème est, par là même, résolu analytiquement. Ces dernières valeurs sont également transcrites, planche XXIII.

119. — *Application.* — La planche XXV-XXVI donne un exemple d'application des formules; groupées planche XXII. Les résultats du calcul sont inscrits sous les données.

ρ_1 eut aussi pu se prendre directement, ainsi que δ_1 dans le tableau supérieur de la planche IX-X. ρ_1 et δ pourraient encore se déterminer, sans calcul, par le procédé graphique indiqué n° 87, et planche XIII, fig. 18; ou, par l'épure générale, indiquée n° 93 et planche VII-VIII.

Le *diagramme théorique*, ou de Zeuner, est construit, avec les valeurs numériques, fournies par ces formules. Il résume tout ce qu'il est intéressant de connaître; comme il est expliqué, n° 88.

Le diagramme automatique se prend, au *Dianomégraphe* ; comme l'indique aussi la planche XXV-XXVI. Il n'y a, pour cela, qu'à suivre les indications, données n° 35 et suivants.

La tringle K, qui renvoie le mouvement du tiroir, à la pointe traçante, est ici oblique ; mais la règle portant la pointe marche parallèlement au tiroir, cela ne trouble donc en rien les résultats. Il se produit seulement, sur les guides de la tringle, une poussée latérale, qui donne un supplément de résistance à la rotation. L'engrenage, dont est muni l'appareil, en multipliant l'effort appliqué sur la manivelle motrice, permet aisément de vaincre ce supplément.

Il est facile de reconnaître, à l'inspection de la figure représentant ce dispositif, que la course du coulisseau prise parallèlement à OX, est très sensiblement symétrique, par rapport à l'arc de cercle de rayon l_1, représentant l'axe de la coulisse, quand elle est en position moyenne ($\alpha = 0°$ ou $\alpha = 180°$). Le point supérieur N_1 de la tringle de suspension du coulisseau devrait donc, aussi lui, voyager, sur un arc de cercle de même rayon l_1 et tangent à la même perpendiculaire OX ; si l'on voulait maintenir, à peu près constante, la distance u du coulisseau au centre de la coulisse.

Cette dernière condition, excellente au point de vue de la durée du coulisseau, comme de la coulisse, qui s'usent d'autant moins, que leur glissement relatif est plus réduit, n'est à peu près jamais réalisée, en application, faute de place, et pour ne pas employer des leviers de dimension énorme.

Non seulement on réduit de beaucoup le rayon du cercle en question, mais on déplace souvent son centre G_1, de manière à *régulariser la durée de l'admission, sur les deux faces du piston.*

Pour arriver, à cette régularisation, les formules ne sont d'aucun secours. Il faut opérer, avec le *Dianomégraphe*, comme il a été expliqué n° 58. C'est-à-dire prendre des séries de diagrammes automatiques, en variant *méthodiquement* la position du point G_1, et la longueur de la tringle de suspension. Encore faut-il dire qu'il n'est généralement pas possible de régulariser, tous les degrés d'admission, sur les deux faces, dans les deux sens de marche; mais seulement deux degrés, dans un sens; ou un degré, dans les deux sens. C'es d'ailleurs toujours, au dépens de l'immobilité relative du coulisseau, dans la coulisse.

Un autre moyen d'approcher de cette régularisation consiste à tâtonner la position de l'articulation de la bielle d'avance, sur la crosse du piston; en coudant, au besoin, le levier d'avance, en B.

Dans son Traité[1], M. Zeuner conclut à l'infériorité de ce dispositif, par rapport à la coulisse droite ordinaire, ou de Stephenson; au point de vue de la simplicité de construction. Cette conclusion me paraît trop absolue. Ayant eu l'occasion, dans ma carrière d'Ingénieur, de construire plus de 700 locomotives de types les plus divers; je crois devoir dire : que de tous les systèmes à renversement de marche, celui dont il est ici question[2], l'emporte sensiblement, comme simplicité de construction, facilité d'installation, entretien et prix; surtout dans les locomotives à cylindres extérieurs.

Il présente de plus cet avantage notable, que le dérèglement de la distribution est moins à craindre; parce que l'influence des oscillations verticales de l'essieu moteur est nulle; et que l'effet de l'usure des coussinets du même essieu, ou du jeu de ses boîtes à graisse, est peu sensible sur la coulisse, nul, pour ainsi dire, sur le levier d'avance.

MODIFICATION BELPAIRE ET A. STEVART

(Planches LXVII-LXVIII, fig. 5.)

120. — C'est guidé par ces considérations[3], que M. A. Stévart, ingénieur aux chemins de fer de l'Etat Belge, sous les ordres de M. l'inspecteur général Belpaire, a fait l'application de ce système aux locomotives de fortes rampes, à huit roues couplées, créées en 1868[4], (cylindres extérieurs au chassis).

1. Page 152 de la traduction française de 1869 et 148 de la 4e édition allemande de 1874.
2. Le système Walschaerts.
3. V. *Annales des travaux publics*, t. XXVI, Bruxelles.
4. La première a été mise en service en 1870.

Et en vue de supprimer, dans la plus grande mesure possible, les causes perturbatrices, il a remplacé l'excentrique de droite, par un arbre transversal de renvoi à leviers, prenant le mouvement, sur la *crosse* du piston de *gauche*, pour activer la coulisse de *droite*, et inversement.

Par ce moyen, l'effet perturbateur principal, qui provient de l'obliquité des bielles motrices et des déplacements de l'essieu moteur, par rapport au chassis porteur des cylindres, se trouve considérablement amoindri.

Cette solution spéciale n'est applicable, évidemment, que quand on dispose de deux cylindres, attaquant l'arbre moteur, par des manivelles à angle droit.

D'ailleurs, l'agencement des organes permettant de faire passer le mouvement, de la *crosse* d'un piston, à la *coulisse* de l'autre, n'est pas sans présenter quelque complication de construction, particulièrement quand la marche doit être renversée.

La solution devient au contraire vraiment simple et élégante, quand les deux cylindres sont placés à angle droit, à peu près dans un même plan transversal à l'arbre, et attaquent *la même manivelle* motrice; comme M. Stévart a pu le réaliser, dans les machines des bateaux-mouches, faisant le service de Liège à Seraing, sur la Meuse, (Belgique).

Le premier de ces bateaux a été fabriqué par les *Ateliers de construction de la Meuse* en mai 1877.

La fig. 5 de la pl. LXVII-LXVIII représente ce dispositif. La crosse de *chaque* piston porte, rigidement liée, une barre perpendiculaire à l'axe du cylindre. Cette barre commande, *à la fois*, (par ses extrémités), le *levier d'avance* du tiroir de son propre cylindre et la *coulisse* de l'autre cylindre. Chaque coulisse pivote autour d'un point fixe.

Les deux tringles des coulisseaux ou *bielles des tiroirs* sont manœuvrées par le même arbre de renversement de marche.

Par un choix convenable de la longueur des tringles et de la position des divers points fixes, on peut toujours arriver, à régulariser la durée de l'admission, sur les deux faces des pistons, d'une manière très satisfaisante. Le *Dianomégraphe* rend, en ce cas, les plus utiles services.

CHAPITRE IV

DISPOSITIF DE PIUS FINK. — SYSTÈME C. COULISSE TAILLÉE DANS LE COLLIER DE L'EXCENTRIQUE LUI-MÊME. TIROIR ORDINAIRE. — RENVERSEMENT DE MARCHE (PL. XXIV ET XXVII-XXVIII).

121. — Ce dispositif a été breveté, en Autriche, par Fink en 1857; et, en Angleterre, par Stewart la même année; puis par Allen, en 1862, pour deux tiroirs[1].

Une théorie en a été donnée, d'abord par JENNI[2]. On la trouvera aussi dans le traité de ZEUNER, plusieurs fois cité; ou dans ses traductions française, ou anglaise. La théorie, exposée plus loin, diffère des précédentes tant par la méthode, que par la formule finale.

Le squelette du dispositif en question est représenté planche XXIV. La coulisse est taillée, dans le collier même de l'excentrique. La partie supérieure de cette coulisse sert, pour un sens de rotation; et la partie inférieure, pour le sens inverse. Si la rotation ne doit pas être renversée; on peut n'employer qu'une demi-coulisse.

L'angle d'avance δ est toujours de $\pm 90°$. Le point f de la droite $\overline{AB}$, qui joint le centre de l'excentrique, au centre de la coulisse, est guidé rectilignement, ou à peu près, suivant l'axe OX.

La manivelle motrice R, la bielle motrice L, le grand rayon r de l'excentrique unique, la coulisse, la bielle du coulisseau l_1,

1. V. *Link motion and expansion Gear practically considered*, by N. P. BURGH, 1872, London.

2. *Berg-und Huttenmænisches Jahrbuch der kk. Schemnitzer Bergacademie*, t. VIII, 1859, Wien.

sont représentés, dans deux positions. L'une, en traits pleins, correspond à $\alpha = 0°$. L'autre, en traits brisés, correspond à $\alpha = 90°$.

On a encore ici affaire au genre de coulisse dite : *renversée.* Les choses doivent être arrangées pour que quand $\alpha = 0°$ ou 180°, le coulisseau puisse occuper une position quelconque, dans la coulisse, sans que le distributeur se déplace. Il résulte de là que *le rayon de la coulisse doit être égal à la longueur l_1 de la bielle du coulisseau*; puis, que le point fixe F, et la longueur $\overline{Ff}$, doivent être tels que f se trouve sur l'axe $\overline{OX}$, pour $\alpha = 0°$ et $\alpha = 180°$.

Il y a deux cas à considérer.

1° — Le coulisseau décrit une trajectoire sensiblement parallèle à l'axe OX, *en glissant dans la coulisse.* C'est le cas de la planche XXIV.

2° — Le coulisseau reste *lié à la coulisse*, durant la rotation, comme par exemple, s'il était traversé par une vis de rappel, portée par la coulisse elle-même.

Dans les deux cas le distributeur marche, très sensiblement, comme la projection du coulisseau, sur l'axe OX ; et la course de cette projection peut elle-même être considérée, comme composée de deux parties. L'une z', due à la *translation* du centre de la coulisse. L'autre z'', due à la *rotation* de cette même coulisse, autour de son centre.

122. — *Partie théorique. — Premier cas.* — Le coulisseau est guidé parallèlement à OX, ou à peu près. Si a' est assez grand, par rapport à r, pour qu'on puisse confondre, avec l'unité, le cosinus de l'angle φ, (planche XXIV). Si les angles sont toujours comptés de la position origine, correspondant au point mort du piston, du côté de l'arbre moteur ; et les courses comptées à partir et à droite de la position moyenne, dans le sens positif. Le centre de la coulisse, pour un angle α décrit, fournit la course[1].

$$z' = r \cos \alpha.$$

La longueur h de la corde, comprise entre le centre du coulisseau et celui B de la coulisse est, en appelant u_c la

1. V., au besoin, planche III-IV, la signification des symboles.

hauteur à peu près constante du coulisseau, au-dessus de OX.

$$h = u_c + \frac{b'}{a'} r \sin \alpha.$$

A l'origine, (pour $\alpha = 0°$), cette corde h est égale à u_c. Elle fait, alors, avec la tangente à la coulisse, en B, un certain angle que nous désignerons par ψ. A mesure que α augmente, cet angle augmente aussi; et il augmente justement de φ, l'angle correspondant de $\overline{AB}$ avec OX. L'augmentation, dans la longueur, dans la projection de la corde h sur OX, que nous sommes convenus de désigner, par z'' est donc :

$$z'' = h \sin(\psi + \varphi) - u_c \sin \psi;$$

ou, en remplaçant h, par sa valeur;

$$z'' = \left(u_c + \frac{b'}{a'} r \sin \alpha\right) \sin(\psi + \varphi) - u_c \sin \psi;$$

ou, en développant $\sin(\psi = \varphi)$:

$$z'' = \left(u_c + \frac{b'}{a'} r \sin \alpha\right)(\sin \psi \cos \varphi + \cos \psi \sin \varphi) - u_c \sin \psi.$$

Mais, quand $\alpha = 0°$, le centre de cercle, auxquel appartient la coulisse est sur OX. Le diamètre de ce cercle passant en B, est $2 l_1$. La corde qui joint le coulisseau, à l'extrémité du diamètre opposé à B, fait aussi l'angle ψ avec OX, et constitue, avec u_c et $2 l_1$, un triangle rectangle qui donne :

$$\sin \psi = \frac{u_c}{2 l_1}.$$

Comme u_c est toujours petit, par rapport à l_1, on peut admettre :

$$\cos \psi = 1$$

On a d'ailleurs, dans la figure :

$$\sin \varphi = \frac{r}{a'} \sin \alpha;$$

et par la même raison que tout à l'heure, on peut admettre aussi, comme il avait été déjà dit plus haut :

$$\cos \varphi = 1$$

Il vient donc pour valeur de z'' :

$$z'' = u_c \sin\varphi + \frac{b'}{a'} r \sin\alpha \sin\psi + \frac{b'}{a'} r \sin\alpha \sin\varphi$$

$$= r\frac{u_c}{a'}\sin\alpha + r\frac{u_c}{a'}\sin\alpha\frac{b'}{2\,l_1} + \frac{r^2}{a'^2}\sin^2\alpha\, b'.$$

Enfin en ajoutant z' à z'', ou a définitivement, pour la course z du coulisseau, ou du distributeur :

$$z = r\cos\alpha + r\frac{u_c}{a'}\left(1 + \frac{b'}{2\,l_1}\right)\sin\alpha + b'\frac{r^2}{a'^2}\sin^2\alpha. \qquad [85]$$

Comme $\cos\psi$ et $\cos\varphi$ sont *rigoureusement* égaux à l'unité, quand $\alpha = 0°$ ou $180°$; [85] donne, alors, *rigoureusement* aussi, la course du distributeur. Ceci étant le point important; on peut négliger le troisième terme, de l'expression de z; d'autant que b' et $\frac{r}{a'}$ sont toujours petits. Il est à remarquer que ce troisième terme s'annule, d'ailleurs, en même temps que b'.

123. — *Deuxième cas.* — h demeure constant et égal à u_1. La valeur de z', plus haut établie, ne change pas. Celle de z'' devient :

$$z'' = u_1(\sin\psi + \sin\varphi) - u_1\sin\psi = u_1\sin\varphi = u_1\frac{r}{a'}\sin\alpha,$$

et enfin celle de z devient :

$$z = r\cos\alpha + r\frac{u_1}{a'}\sin\alpha. \qquad [86]$$

C'est la valeur que donnerait [85]; en y faisant $h' = o$, $u_c = u_1$. Il est bien évident en effet, qu'alors, *mais seulement alors*, les deux formules tendent à se confondre.

Les professeurs Jenni et Zeuner suivent, pour établir l'expression de z, une marche différente, moins directe et moins rapide. Ils mettent le problème, à peu près rigoureusement, en équation; mais pour, résoudre ces équations, ils sont obligés, en les développant, de négliger un grand nombre de termes, pour tomber finalement, sur une formule; qui, dans le *premier* cas, est identique à [85], sauf en ce qui concerne le 3e terme dit de correction; et en ayant, dans le second terme, $\left(1 + \frac{b'}{l_1}\right)$ au lieu de $\left(1 + \frac{b'}{2l_1}\right)$. Dans le *deuxième* cas, ils tombent, sur une formule identique à celle qu'ils ont trouvée, pour le premier; sauf en ce qui concerne le terme de correction.

Or, si les choses sont disposées, et elles peuvent l'être, de telle sorte que ce terme de correction soit réellement négligeable, sans que b' soit pour cela nul; il est évident de soi, à la seule inspection de la figure; que, pour toute valeur de α, différente de 0° et de 180°, la valeur de z doit être différente, dans le premier cas, de ce qu'elle serait, dans le deuxième; puisque, dans le premier, le coulisseau se déplace, par rapport à la coulisse; tandis que, dans le deuxième, il reste lié avec elle.

Les deux formules, établies ici, ont donc une apparence plus rationnelle, à ce point de vue. Il faut se hâter d'ajouter : que les unes, comme les autres, donnent, dans les cas ordinaires de l'application, des résultats qui s'éloignent, d'une manière non négligeable, de la réalité, pour $\alpha = 90°$, ou 270°. Il est aisé de le vérifier avec le *Dianomégraphe*. Les unes comme les autres donnent un résultat identique, et conforme, à la réalité pour $\alpha = 0°$ ou 180°.

En changeant le signe de u, dans [85], ou dans [86], on change le sens de la marche du tiroir. On renverse donc, par là, le sens de la rotation.

En négligeant le terme de correction, ces expressions reviennent, à la forme générale :

$$z = A_1 \cos \alpha + B_1 \sin \alpha$$

c'est-à-dire que ce système appartient, aux distributeurs de la première classe, à courbe polaire de marche voisine d'une circonférence. Il n'y a donc qu'à se reporter aux n°s 70 ou 72, pour trouver le moyen de déterminer tous les éléments de la distribution, suivant les données.

On a, de plus, dans [85], comme dans [86], en y faisant $\alpha = 0°$; et aussi en vertu de [9], et de [2] :

$$r = A_1 = e + a_a = \rho_1 \sin \delta_1 \qquad [87]$$

c'est-à-dire que *l'excentricité est égale au recouvrement plus l'avance d'entrée; et toujours plus petit que la demi-course normale ρ_1 du coulisseau.*

C'est là le principal défaut théorique de ce système. Il en résulte que les efforts, sur les articulations, sont amplifiés; et, avec eux, le travail de frottement, comme l'usure. Ce qui conduit vite au dérèglement du distributeur.

Connaissant r, il est aisé de déterminer la distance a' du centre de l'excentrique, au point de suspension f de la coulisse; en fonction de la distance D du centre de l'excentrique, au centre de la coulisse. On a, dans le premier cas :

$$b' = D - a' \qquad [88]$$

D ou a' sont des données de construction, dépendant de la grosseur de l'arbre et des dimensions de la coulisse. On a aussi, dans [85] :

$$B_1 = r \frac{u_c}{a'} \left(1 + \frac{b'}{2l_1}\right).$$

On en tire, en vertu de [87] :

$$b' = \left(\frac{B_1 a'}{r u_c} - 1\right) 2l_1 = a' \frac{B_1}{A_1} \frac{2l_1}{u_c} - 2l_1.$$

En égalant les deux valeurs de b', il reste :

$$a' \left(1 + \frac{B_1}{A_1}\right) = 2l_1 + D;$$

d'où :

$$a' = u_c A_1 \frac{2l_1 + D}{A_1 u_c + 2B_1 l_1} \qquad [89]$$

Dans le second cas, on tire directement de [86]

$$a' = r \frac{u_1}{B_1} \qquad [90]$$

[88] donne alors b' dans les deux cas.

Dans le premier dispositif, (*premier cas*), il est évident que plus b' est petit, moins le coulisseau voyage dans la coulisse, durant une rotation de la manivelle. Condition favorable à la durée de ces organes. Si l'on voulait avoir $b' = 0$ il faudrait poser, dans [88] :

$$a' = D;$$

puis dans [89] :

$$a' = u_c A_1 \frac{2l_1 + a'}{A_1 u_c + 2B_1 l_1};$$

d'où l'on conclut :

$$a' = u_c \frac{A_1}{B_1} \qquad [90]^{bis}$$

formule identique à [90]; puisqu'on a toujours $r = A_1$ [87]; et que pour $b' =$ zéro $u_c = u_1$.

A_1 et B_1 étant déterminés, indépendamment du dispositif; on voit que quand $b' =$zéro, on n'est plus libre de se donner u_c arbitrairement; il doit être choisi de manière à satisfaire [90] *bis*.

124. — *Application.* — Les formules du n° 70, correspondant aux données les plus habituelles, sont reproduites, ainsi que celles ci-dessus, en tête de la planche XXIV, immédiatement après la liste des données et des inconnues. La planche XXVII-XXVIII donne un exemple d'application de ces formules.

Sans se servir d'aucunes formules, ρ_1 de même que δ_1, peuvent aussi être pris directement, dans le tableau supérieur de la planche IX-X. ρ_1 et δ_1 peuvent encore se déterminer, sans calcul, par le procédé graphique, indiqué n° 87, et planche XIII, fig. 18; ou enfin, par l'épure générale, indiquée n° 93, et planche VII-VIII.

Dans ce dernier cas, si l'on se donne, à priori, les rapports $\frac{r}{a'}, \frac{r}{b}$ et le rayon l_1 de la coulisse, on peut construire, *par points,* la courbe polaire *exacte*, correspondant à une certaine hauteur du coulisseau, dans la coulisse. Transportée, dans l'épure de la planche VII-VIII, à l'échelle voulue, cette courbe servira à déterminer ρ_1 δ_1 et toutes les conditions exactes de la marche. Il est bien clair que ces conditions seraient autres, pour une autre hauteur du coulisseau, dans la coulisse.

Le *diagramme théorique,* ou de ZEUNER, est construit, avec les résultats numériques, fournis par les formules de la planche XXIV, et les données de la planche XXVII-XXVIII. Il résume tout ce qu'il y a intérêt à connaître; suivant les explications du n° 88.

Le *diagramme automatique* se prend au *Dianomégraphe*, comme l'indique aussi la planche XXVII-XXVIII. Il n'y a, pour cela, qu'à suivre les indications des n°s 35 et suivants.

La coulisse n'est plus ici montée sur la planchette porteuse D, planche XVII-XVIII. Cette planchette est enlevée. La coulisse repose directement sur la table et se fabrique toujours, par le procédé indiqué n°s 45 et suivants. Il n'y a du reste qu'à se conformer, aux indications de la planche XXVII-XXVIII.

Pour régulariser la durée de l'admission, sur les deux faces du piston, on dispose de divers moyens. D'abord, on peut tâtonner la position du point F, planche XXIV. Mais si la marche doit être également bonne, dans les deux sens de la rotation, ce procédé est peu convenable. Mieux vaut déterminer F, comme il a été dit au début n° 121. En second lieu; on peut tâtonner la position du point G_1 et la longueur $\overline{GN_1}$. On peut, à cet égard, faire une épure, comme suit :

125. — Marquer les deux positions exactes de la manivelle et de la coulisse, correspondant à l'admission égale, pour un certain nombre des fractions k de la course du piston. Tracer les deux hauteurs du coulisseau, dans la coulisse, pour chaque valeur de k dans un sens de la rotation. Il faut, pour cela mettre le tiroir, au point où il ferme l'une, puis l'autre, lumière d'admission; et, du pivot J de crosse du tiroir, comme centre, décrire un cercle, de rayon l_1 qui coupe la coulisse, dans ses deux positions. Par le milieu de la droite, joignant les deux points d'intersection ainsi trouvés, élever une perpendiculaire de longueur constante *à tâtonner*. En faire autant, pour le sens de rotation contraire. Joindre tous les sommets des perpendiculaires trouvés, par une courbe continue; et placer G_1 au centre moyen de la courbure.

Il ne faut pas croire qu'à cause de la valeur, ordinairement grande, de son *terme de correction*, ce système se prête, moins qu'un autre, à égaliser l'admission sur les deux faces. C'est le contraire qui est vrai. Mais c'est, comme toujours, par un déplacement relatif du coulisseau, dans la coulisse, durant la rotation, c'est-à-dire au détriment de la durée de ces organes.

On peut, au besoin, tout en laissant le cylindre, *à droite* de l'arbre moteur, placer la coulisse et son point de suspension F, *à gauche* de cet arbre; en tournant la concavité de la coulisse, vers le cylindre.

On peut encore, dans les deux combinaisons ci-dessus,

tourner la convexité de la coulisse, vers le cylindre, et diriger la bielle du coulisseau, à l'opposé du cylindre; quitte à employer une tringle de renvoi du mouvement au distributeur.

Le dispositif, dû à Fink, est, l'un des plus simples connus, pour renverser la marche. Il est fâcheux que l'avantage de cette simplicité soit détruit, et au delà, par l'inconvénient résultant de l'usure grande des organes, et de l'influence considérable de cette usure, sur la régularité de la marche. Inconvénient, qui en rend l'emploi peu pratique.

CHAPITRE V

DISPOSITIF STEPHENSON. — SYSTÈME *d*.
COULISSE DROITE ORDINAIRE, DEUX EXCENTRIQUES.
RENVERSEMENT DE LA MARCHE
(PL. XXIX ET XXXI-XXXII).

126. — Ce dispositif, dont le squelette est représenté, planche XXIX, a été imaginé par W. Howe, et employé par Robert Stephenson et Cie[1], en 1842. Le modèle original en est conservé, au Musée de South-Kensington (Angleterre). Aucun changement essentiel ne lui a été appliqué, depuis lors, bien qu'on ait varié d'une multitude de manières, l'agencement des points d'attache de la suspension, des guides,... etc., de la coulisse ; comme du coulisseau.

La théorie en a été donnée, d'abord, par Philipps[2] ; puis, par Weisbach[3]. Les formules, auxquelles ce dernier arrive, sont reproduites, par G. Zeuner, dans son Traité déjà cité, où on les trouvera. Le professeur Redtenbacher[4] a aussi établi une formule ; mais elle est moins exacte.

Le coulisseau est guidé rectilignement, ou à peu près, suivant l'axe OX. La coulisse est suspendue, à une tringle, dont le point supérieur N_1 est articulé, sur un levier, porté lui-même, par un arbre G_1, appelé *arbre de renversement de marche*, ou *arbre de relevage*. La coulisse tourne toujours sa *concavité*, *vers l'arbre moteur*.

La manivelle motrice R, la bielle motrice L, les excen-

1. *History of the invention of link motion*, by N.-P. Burgh, London, 1872.
2. *Annales des Mines*, t. III, 1854, Paris,
3. *Ingenieur und Maschinen-Mechanic*, t. III.
4. *Gesetze des Locomotivbaues*, 1855, Mannheim.

triques r, les barres d'excentriques l, la coulisse c, et la bielle du coulisseau l_1, sont représentés dans deux positions. L'une en traits fermes, répond à $\alpha = 90°$.

Dans la figure : les rayons r, les angles d'avance δ, les barres l, ont même valeur, pour les deux excentriques. C'est le cas presqu'absolument général. V. n° 128.

127. — *Partie théorique.* — Sans entrer, dans les démonstrations fort longues, qu'exigerait la reproduction de la théorie de PHILIPPS, ou de WEISBACH ; nous pouvons, très brièvement, arriver au même résultat, en partant de la formule générale [73], établie n° 100. Si l'on pose : $c_1 = c_2 = c$; $r_1 = r_2 = r$; $l_1 = l_2 = l$; $\psi_1 = \psi_2 = \delta$; il vient [1] :

$$z = r\left[\sin\delta \pm \frac{c^2 - u^2}{cl}\cos\delta\right]\cos\alpha \pm r\frac{u}{c}\cos\delta\sin\alpha. \qquad [91]$$

Le signe *supérieur* s'applique, aux barres *ouvertes* ; le signe *inférieur*, aux barres *croisées*. Dans la fig. planche XXIX, les barres sont ouvertes.

Cette formule est encore l'équation polaire d'une circonférence ; car elle revient à :

$$z = A\cos\alpha + B\sin\alpha\,.$$

La méthode des n°s 70 et 72 est donc immédiatement applicable, à la détermination de $\rho_1\,\delta_1\,A_1\,B_1\,e\,i$... etc [1] ; suivant les données du problème.

A_1, et B_1 étant déterminés ; il est clair que, dans [91], il est permis de poser, pour les valeurs spéciales u_1 de u ; A_1 de A ; B_1 de B :

$$\left.\begin{aligned} A_1 &= r\left(\sin\delta \pm \frac{c^2 - u_1^2}{cl}\cos\delta\right) \\ B_1 &= \pm r\frac{u_1}{c}\cos\delta \end{aligned}\right\} \qquad [92]$$

Si l'on faisait $u = c$, les quantités A et B de [91] prendraient les valeurs :

$$\left.\begin{aligned} A_c &= r\sin\delta \\ B_c &= \pm r\cos\delta \end{aligned}\right\} \qquad [93]$$

1. V. au besoin, planche III-IV, pour la signification des symboles.

substituant dans [92], il vient :

$$A_1 = A_c \pm B_c \frac{c^2 - u_1^2}{cl}; \qquad B_1 = \pm B_c \frac{u_1}{c};$$

d'où l'on tire :

puis :

$$\left.\begin{aligned} B_c &= \pm B_1 \frac{c}{u_1} \\ A_c &= A_1 \mp B_1 \frac{c^2 - u^2}{lu_1} \end{aligned}\right\} \quad [94]$$

D'ailleurs [93] donne évidemment :

et :

$$\left.\begin{aligned} r &= \sqrt{A_c^2 + B_c^2}; \\ \sin\delta = \frac{A_c}{r}; &\quad \text{ou} \quad \text{tg}\,\delta = \frac{A_c}{B_c} \end{aligned}\right\} \quad [95]$$

On eut pu aussi tirer tg δ, des formules [92].

Tout est donc absolument déterminé ; et il est possible de tracer immédiatement le diagramme polaire théorique, ou de Zeuner.

[92] montre que, dans ce dispositif, l'abscisse $\frac{A_1}{2}$, du centre de la circonférence polaire, ne varie pas proportionnellement à u ; comme le fait l'ordonnée $\frac{B_1}{2}$. *Le lieu des centres* de cette circonférence n'est donc plus une *droite*, comme dans les dispositifs *b* et *c*. C'est une *courbe* ; qui, par suite du double signe, dans la valeur de A_1, tourne sa *concavité*, vers le pôle, quand les barres sont *ouvertes* ; et sa *convexité*, quand les barres sont *croisées*. Cette courbe est symétrique, par rapport à l'axe OX ; puisqu'à une valeur positive et négative, égale de u, répond même valeur, pour le terme $\frac{c^2 - u^2}{cl}$. L'abscisse du sommet de cette courbe s'obtient en faisant $u = 0$, dans [92]. Il reste, en vertu de [93] :

$$(u=0)\ \frac{A}{2} = \frac{r}{2}\left(\sin\delta \pm \frac{c}{l}\cos\delta\right) = \frac{A_c}{2} \pm \frac{c}{l}\frac{B_c}{2}$$

et, en vertu de [94] :

$$(u=0)\ \frac{A_1}{2}\ z = \frac{A_1}{2} \pm \frac{B_1}{2}\frac{u_1}{l} \qquad [96]$$

Si l'on rapporte la courbe, à son sommet, on a, pour une valeur quelconque de u, en désignant l'abscisse $\frac{A}{2}$ par x, et l'ordonnée $\frac{B}{2}$ par y; $\left(\text{retrancher } \frac{A}{2} (u = 0) \text{ de } \frac{A}{2} \text{ donnée par [91]}\right)$:

$$x = \mp \frac{r}{2} \frac{u^2}{cl} \cos \delta; \qquad \text{d'où :} \qquad u^2 = \mp \frac{2cl}{r} \frac{x}{\cos \delta};$$

$$y = \frac{r}{2c} u \cos \delta$$

Élevant au carré la valeur de y, et substituant u^2, trouvé tout à l'heure, on a :

$$y^2 = \frac{rl}{2c} \cos \delta\, x. \qquad [97]$$

C'est donc une *parabole*, dont le paramètre est : $\frac{rl}{2c} \cos \delta$. Cette parabole est d'ailleurs facile à tracer, par les moyens connus ; puisqu'on connaît son sommet, et les coordonnées de deux de ses points ; $\frac{A_1}{2}$ et $\pm \frac{B_1}{2}$. La formule [92] montre que A augmente, quand u diminue, avec les barres *ouvertes* ; et inversement, avec les barres *croisées*. Donc, dans le premier cas, la parabole tourne sa *concavité* vers le *pôle* ; et sa *convexité*, dans le second.

On sait, par [9], que $a_a = A_1 - e$; et [92] montre que A varie avec u. Donc *dans la coulisse droite, l'avance linéaire à l'admission a_a varie avec u. Elle augmente avec u, quand les barres sont croisées. Elle diminue, quand les barres sont ouvertes.* Il en est évidemment de même, pour l'avance linéaire à *l'émission.*

Cette variation de l'avance est considérée comme un défaut du système Stephenson ; qui, à cela près, se présente avec un grand caractère de simplicité. C'est du reste un des plus employés, même aujourd'hui. En Angleterre, on n'en connaissait pour ainsi dire, pas d'autre jusqu'à ces derniers temps.

128. — *Application.* — Les formules ci-dessus, et celles du n° 70, qui répondent à la manière dont le problème est le plus habituellement posé, sont groupées en tête de la planche XXIX, au-dessous de la liste des données et des inconnues. Un exemple d'application de ces mêmes formules est donné

planche XXXI-XXXII ; en tête de laquelle sont groupées les valeurs numériques des données et des inconnues.

ρ_1 et δ_1 peuvent encore se prendre directement, dans le tableau supérieur de la planche IX-X. Ces mêmes quantités, et celles qui en découlent, peuvent encore se déterminer, graphiquement, par le procédé décrit n° 87, et planche XIII fig. 18 ; ou enfin, par l'épure générale, indiquée n° 93 et pl. VII-VIII.

Le *diagramme théorique*, ou de Zeuner, est construit, planche XXIX, avec les résultats numériques de la pl. XXXI-XXXII. Il résume tout ce qu'il y a intérêt à connaître, suivant ce qui est dit n° 88. Il montre notamment que la durée de l'admission diminue, et celle de la compression augmente, quand *u* diminue ; et aussi que le sens de la rotation se renverse, quand *u* devient négatif.

Le *diagramme automatique* se prend au *Dianomégraphe*, comme l'indique la même planche XXXI-XXXII. Il suffit de se conformer aux indications des n°s 35 et suiv. Le tiroir se *règle* toujours, avec l'avance égale, sur les deux faces du piston ; sauf, dans les machines verticales, où l'on réduit quelquefois l'avance, sur la face supérieure, au départ; parce que l'usure tend à faire descendre le tiroir; et que le poids des pièces; l'excès de surface du piston, due à l'absence de la tige; la plus grande fraction de course, parcourue par le piston, pour un angle donné; tendent à exagérer le travail, sur la face supérieure du piston. Une réduction de l'avance, c'est-à-dire, une augmentation du recouvrement, tend à atténuer ce défaut d'équilibre. L'avance égale, quand on l'applique, doit correspondre à l'admission de marche normale; car elle ne peut l'être, rigoureusement, pour tous les degrés d'admission.

D'ordinaire une réduction, dans la durée de l'admission, répond à une accélération de la vitesse. A mesure que la vitesse augmente, il est plus rationnel de voir augmenter, que réduire, l'avance. Le dispositif à barres *ouvertes* semble donc généralement à préférer. C'est aussi ce qui a lieu.

Pour régulariser l'avance, on a quelquefois donné des valeurs inégales, à l'angle d'avance des deux excentriques. Ce qui revient dans la figure à abaisser, ou à remonter, un peu la manivelle motrice, par rapport à la position qu'elle occupe, pour $\alpha = 0°$; en laissant les excentriques à leur place. Le résultat, produit par ce déplacement de la manivelle motrice, (ou de l'axe OX), est facile à apprécier, soit, dans le diagramme théorique planche XXIX; soit, plus exactement, dans le diagramme automatique, donné par le *Dianomégraphe*. Ce moyen ne convient, que *si l'un des sens de la rotation peut être sacrifié à l'autre.*

129. — Un autre moyen consiste à tâtonner le *rayon* de la coulisse. Dans les conditions normales de la planche XXXI-XXXII; c'est-à-dire avec des angles d'avance égaux, et des longueurs de barres égales; la tangente au centre de la coulisse est verticale, quand $\alpha = 0°$ et quand $\alpha = 180°$. Cette tangente verticale coupe l'axe OX, en deux points, qui sont aussi les positions du coulisseau quand $u = 0$. Si, dans ces deux positions, on remplace le coulisseau par une pointe traçante, placée en son centre; et, qu'ayant immobilisé cette pointe, on fasse monter et descendre la coulisse, de toute la quantité, dont elle doit se déplacer, sous l'action du levier de relevage; on obtiendra deux courbes, d'autant plus voisines de pouvoir être superposées, que les barres seront plus longues, par rapport au rayon r des excentriques, et à la demi-hauteur c de la coulisse. Chaque courbe sera très voisine d'un arc de cercle.

Dans l'impossibilité de tailler la coulisse parrallèlement à la fois à ces deux courbes, qui ne se confondent jamais tout à fait; et, pour faciliter la construction; on les remplance, par un arc de cercle unique, donnant à peu près leur courbure moyenne.

Si les barres sont relativement grandes; le rayon de ce cercle moyen approche beaucoup de se confondre, avec la longueur de ces barres. *Le plus souvent on lui donne cette dernière valeur.* Si les barres sont relativement courtes, il y a avantage à faire la construction, qui vient d'être indiquée. Le rayon de la coulisse diffère, alors, un peu de la longueur des barres.

La même construction est encore à conseiller, quand le point d'attache des barres d'excentriques, sur la coulisse, est éloigné de l'axe de cette dernière : comme cela se pratique assez souvent.

130. — En ce qui concerne la *régularisation de l'admission*, sur les deux faces du piston; divers moyens sont aussi employés, par les praticiens. Disons d'abord que la longueur du levier de relevage $\overline{G_1 N_1}$, planche XXXI-XXXII, lequel suivant les déductions tirées du *terme de correction*, (V. le *Traité* de ZEUNER), devrait être égale à la longueur des barres d'excentriques, est toujours beaucoup plus petite, en application; et cela, non pas seulement par suite de nécessités de construction, mais pour améliorer le résultat.

On peut arriver à la détermination du levier $\overline{G_1 N_1}$, et du point G_1, avec le *Dianomégraphe*, comme suit. (Voyez aussi ce qui est dit, au nº 134, pour la coulisse *renversée*.)

Marquer, sur un repère fixe, la position du coulisseau, quand le distributeur commence à fermer l'orifice d'admission, sur chaque face du piston, pour le cran de marche normale. Mettre la manivelle, dans la position *vraie*, répondant à la fraction de course, que le piston doit avoir parcouru, pour ce degré d'admission normale, sur les deux faces, dans un sens de la marche. Déplacer la coulisse *à la main* (en la faisant monter ou descendre), jusqu'à ce que son axe rencontre la position correspondante du coulisseau, pour le degré d'admission égale en question. *On a ainsi deux positions du* point de suspension de la coulisse. Par le milieu de la droite, joignant ces deux positions, élever une perpendiculaire, de longueur constante, *à tâtonner*. Répéter cette opération, pour tous les crans de marche, et pour les deux sens de la rotation. Joindre, par une courbe continue, les sommets de la perpendiculaire ainsi trouvés. Remplacer cette courbe, par un arc de cercle, qui approche de se confondre avec elle; au moins pour les principaux crans de marche. Enfin, prendre, pour G_1, le centre de ce cercle.

On trouve rarement un cercle, qui remplace bien la courbe, dans son entier. On se contente donc, le plus souvent, de chercher le centre du cercle, qui approche de se confondre, avec les portions de la courbe, voisines du point de marche normale.

Pour que le coulisseau ait le plus faible *déplacement relatif*, dans la coulisse, condition désirable, en vue d'amoindrir l'usure des organes, la tige de suspension F de la coulisse, (planche XXIX), devrait, pour chaque position du point N_1, osciller, à peu près également, à droite et à gauche, de la verticale; mais il faut bien dire que cette condition est presque toujours incompatible, avec celle de l'égalité d'admission, sur les deux faces.

Pour réduire, autant que possible, le déplacement relatif du coulisseau, dans la coulisse, M. de LANDSÉE a indiqué[1] un moyen de guider rectilignement : non seulement la barre du coulisseau, ce qui est simple; mais encore le centre de la coulisse, ce qui l'est moins. Pour cela, il fait glisser le pivot central de la coulisse (voy. pl. LXVII, fig. 4), dans une rainure, parallèle au guide du coulisseau. Cette rainure est fixée, à angle droit, sur l'un des côtés d'un parallélogramme, dont les deux côtés adjacents tournent, en leur milieu, chacun autour d'un point fixe; de manière que, tout en montant et en descendant, cette rainure demeure parallèle à elle-même. L'un des points fixes est l'arbre de relevage. Cette solution, irréprochable théoriquement parlant, eu égard au but proposé, a le double tort de ne pas tendre à donner l'admission égale, sur les deux faces du piston; et d'être compliquée de construction. Elle n'annule, d'ailleurs, le déplacement relatif du coulisseau, dans la coulisse, que quand il est juste en son milieu; ce qui est sa position la moins habituelle.

Cette solution, appliquée, à l'origine, par M. BEUGNIOT, ingénieur de la maison KŒCHLIN et Cie, de Mulhouse, est fort peu répandue; malgré que M. NASMITH l'ait simplifiée, en supprimant le levier $\overline{GM}$ et la tringle $\overline{MN}$; qui, de fait, sont inutiles.

1. *Bulletin de la Société industrielle de Mulhouse*, 1868.

CHAPITRE VI

DISPOSITIF GOOCH, — SYSTÈME *e*. COULISSE RENVERSÉE, DEUX EXCENTRIQUES, RENVERSEMENT DE LA MARCHE (PL. XXX ET XXXIII-XXXIV).

131. — On trouvera ce dispositif, réduit à ses axes, sur la planche XXX. C'est, sous cette forme, qu'il a été breveté, par l'ingénieur anglais Daniel GOOCH, en 1862. Mais il était connu, bien antérieurement; puisque la théorie en avait été donnée, dès 1854 par M. PHILIPPS[1] et en 1855, par l'ingénieur autrichien : E. ZECH[2]. On trouvera cette même théorie, dans le Traité de G. ZEUNER, bien des fois cité; édition allemande, ou française, ou anglaise.

La manivelle R, la bielle motrice L, les excentriques r, les barres d'excentriques l, la coulisse c, la bielle du coulisseau l, sont représentés, dans deux positions. L'une, en traits brisés, correspond à $\alpha = 0°$. L'autre, en traits fermes, correspond à $\alpha = 90°$.

Le coulisseau est guidé rectilignement, ou à peu près, suivant l'axe $\overline{OX}$. Le coulisseau est suspendu, à un triangle, dont le point supérieur N_1 est articulé, sur un levier, porté lui-même par un arbre G_1, appelé arbre de *renversement de marche*, ou arbre de *relevage*. La coulisse tourne ordinairement sa *concavité vers l'arbre moteur*. Ce qui est juste l'inverse du dispositif STEPHENSON ; de là le nom de coulisse *renversée*.

On a cependant, pour gagner de la place en longueur, mis quelquefois l'articulation de la tige du tiroir et de la bielle du coulisseau, *entre la coulisse et l'arbre moteur*[3]. Dans ce cas, la

1. *Annales des Mines*, t. III, 1854. Paris.
2. *Zeitschrift des Oeterreichischen Ingenieur-Vereines*, 1855, Vienne.
3. *Link motion and Expansion Gear*, N. P. BURGH, 1872, Londres, pl. XI, XII, XVII.

coulisse tourne sa *concavité*, vers l'arbre moteur; comme le fait la coulisse *droite*. La dénomination de coulisse *renversée* est alors, peu convenable. D'une manière plus correcte, il faut donc dire, que le caractère de cette coulisse est de *tourner toujours sa concavité, vers la bielle du coulisseau.*

132. — *Partie théorique.* — Sans répéter ici la démonstration, donnée par PHILIPPS; ce qui exigerait des développements assez longs; il suffit de se reporter, à l'expression générale [70], applicable aux coulisses renversées, établie n°s 98 et suivants. Si l'on pose[1] : $r_1 = r_2 = r$; $l_1 = l_2 = l$; $c_1 = c_2 = c$; $\psi_1 = \psi_2 = \delta$; on tombe immédiatement, sur la formule, donnée par PHILIPPS, ZECH et ZEUNER :

$$z = r\left[\sin\delta \pm \frac{c}{l}\cos\delta\right]\cos\alpha \pm r\frac{u}{c}\left[\cos\delta \mp \frac{c}{l}\sin\delta\right]\sin\alpha \qquad [98]$$

Le signe supérieur s'applique aux barres *ouvertes*; le signe inférieur aux barres *croisées*. Dans la planche XXX, les barres sont ouvertes.

Cette formule revient à :

$$z = \mathrm{A}\cos\alpha + \mathrm{B}\sin\alpha.$$

C'est toujours l'équation polaire d'une circonférence, rapportée à l'un de ses points. Et la méthode des n°s 70 et 72, servant à la détermination des quantités ρ_1 δ_1 A_1 B_1 *e* *i*, etc.[1] est encore directement applicable.

A_1 et B_1 étant déterminés, indépendamment du dispositif moteur, il est clair que, pour les valeurs spéciales : u_1 de u; A_1 de A; B_1 de B; [98] permet de poser :

$$\mathrm{A}_1 = r\left[\sin\delta \pm \frac{c}{l}\cos\delta\right]$$

$$\mathrm{B}_1 = r\frac{u_1}{c}\left[\cos\delta \mp \frac{c}{l}\sin\delta\right].$$

Si dans cette même formule on fait $u_1 = c$; il vient, en désignant par A_c et B_c les nouvelles valeurs de A et de B; puis en les comparant avec celles de A_1 et de B_1 :

$$\left.\begin{aligned} \mathrm{A}_c &= r\left[\sin\delta \pm \frac{c}{l}\cos\delta\right] = \mathrm{A}_1 \\ \mathrm{B}_c &= r\left[\cos\delta \mp \frac{c}{l}\sin\delta\right] = \frac{c}{u_1}\mathrm{B}_1 \end{aligned}\right\} \qquad [99]$$

1. V. au besoin, planche III-IV, la signification des symboles.

donc :

$$r = \sqrt{A_c^2 + B_c^2} = \sqrt{A_1^2 + \frac{c_2}{u_1^2} B_1^2}. \qquad [100]$$

On peut tirer δ de [99], où il est seul inconnu, après que l'on a calculé r par [100]. On trouve, par des développements faciles à faire :

$$\sin\delta = \frac{l^2}{l^2 + c^2}\left[\frac{A_c}{r} \mp \frac{c}{l}\sqrt{\frac{l^2 + c^2}{l^2} - \left(\frac{A_c}{r}\right)^2}\right]. \qquad [101]$$

On peut encore remarquer que [99] donne :

$$\frac{A_c}{r} = \sin\delta \pm \frac{c}{l}(\cos\delta\,;)$$

ce qui n'est pas autre chose que l'équation polaire d'une circonférence, rapportée à l'un de ses points ; circonférence dont l'abscisse et l'ordonnée du centre sont : $\frac{c}{2l}$ et $\frac{1}{2l}$. Il est donc facile de tracer cette circonférence, et d'y mener les deux rayons polaires de longueur $\frac{A_c}{r}$. L'angle formé, par chacun de ces rayons, avec l'axe des abscisses, donne la double valeur de δ cherchée.

A la seule inspection de la figure, planche XXX, on reconnaît, d'ailleurs, que δ doit être plus grand, pour les barres croisées, que pour les barres ouvertes; puisque la barre ouverte devient barre croisée, en faisant tourner l'excentrique et sa barre, dans le sens de l'augmentation de δ, de manière à amener l'articulation M_1 en M_2, et inversement. Il n'y a donc pas d'hésitation possible ; dans le choix de la double valeur de δ_1 donnée par la construction ci-dessus.

Tout est ainsi déterminé.

La formule [99] montre que l'abscisse $\frac{A_1}{2}$ du *centre* de la circonférence polaire, représentant la marche du coulisseau, ou du tiroir, demeure constante, pendant que l'ordonnée $\frac{B_1}{2}$ varie, proportionnellement à la hauteur u du coulisseau, dans la coulisse. Le *lieu de ce centre* est donc une droite perpendiculaire à OX, qui coupe cet axe à une distance du pôle égale à $\frac{A_1}{2}$. Cela simplifie le tracé du diagramme théorique.

On sait par [9] que $a_a = A_1 - e$.

Puisque A_1 demeure constant, on peut dire que : *avec la coulisse de* Gooch, *l'avance linéaire* a_a *à l'admission reste constante, quelle que soit la hauteur du coulisseau, dans la coulisse.* Il en est de même, évidemment, de l'avance linéaire à l'*émission*. C'est la propriété caractéristique et très appréciée de la coulisse *renversée* ; qui, en somme, se compose absolument des mêmes organes, que la coulisse *droite* ; et serait aussi employée qu'elle ; n'était l'antériorité, et les habitudes prises, en faveur de cette dernière.

133. — *Application.* — Les formules ci-dessus, et celles du n° 70, qui répondent aux données les plus habituelles du problème, sont groupées, en tête de la planche XXX, immédiatement au-dessous de la liste des données et des inconnues. La planche XXXIII-XXXIV présente un exemple d'application de ces mêmes formules. Les valeurs numériques des données, et les valeurs calculées des inconnues, sont groupées en tête de cette dernière planche ; les secondes en dessous des premières.

ρ_1 et δ_1 eussent aussi pu se tirer directement du tableau supérieur de la planche IX-X ; ou se déterminer, sans calcul, de même que les quantités qui en découlent, par le procédé purement graphique décrit n° 87 et planche XIII, figure 18 ; ou, enfin, se trouver, par l'épure générale, indiquée n° 93 et planche VII-VIII.

Le *diagramme théorique*, ou de Zeuner, est tracé planche XXX, avec les données numériques de la planche XXXIII-XXXIV. On en tire tout ce qu'il est utile de connaître, suivant les indications du n° 88. Il montre, notamment : que la durée de l'admission *diminue*, et celle de la compression *augmente*, quand u diminue ; et aussi que le sens de la rotation *se renverse*, quand u devient négatif.

Le *diagramme automatique* se prend au *Dianomégraphe* ; comme l'indique la même planche XXXIII-XXXIV ; qu'il suffit de suivre scrupuleusement, pour le *montage* du dispositif; en se conformant, pour la prise du diagramme, aux instructions des nos 35 et suivants.

Le tiroir se *règle*, comme d'ordinaire, avec l'avance égale, sur les deux faces du piston sauf dans le cas, signalé au n° 128, pour les cylindres verticaux.

Pour réaliser la condition de constance, dans l'avance linéaire à l'admission, à tous les *crans* de marche, il faut évidemment, que quand $\alpha = 0°$ et $180°$, c'est-à-dire, dans la planche XXX ou XXXIII-XXXIV, quand la tangente, au point milieu de la coulisse, est perpendiculaire, sur l'axe OX; il faut, disons-nous, que le coulisseau puisse passer, d'une extrémité à l'autre, de la coulisse, sans que le distributeur change de place. Cela exige :

1° Que le *rayon de la coulisse soit égal, à la longueur* l_1 *de la bielle du coulisseau*;

2° Que, pour $\alpha = 0°$ ou $180°$, le *centre du cercle*, auquel appartient la coulisse, se confonde avec le *centre de l'articulation* T de l'extrémité de la bielle l_1, opposée au coulisseau; ou si l'on veut, plus simplement, que le *centre du cercle, auquel appartient la coulisse*, *tombe sur l'axe* OT. Cet axe OT peut d'ailleurs être différent de l'axe du cylindre, comme il arrive quand la chapelle est inclinée. En ce dernier cas, on sait, (n° 110), que l'angle d'avance δ des excentriques doit être pris, par rapport à une perpendiculaire *à la droite* OT; et non plus, par rapport à une perpendiculaire à *la manivelle motrice*.

La coulisse peut être suspendue, d'une infinité de manières; soit par l'un ou l'autre des pivots des barres d'excentriques, soit par un pivot, placé au milieu de l'arc, ou au milieu de la corde joignant les articulations des barres d'excentriques; — ce sont les solutions les plus ordinaires, — soit en tout autre point.

Le point de suspension de la coulisse peut, à son tour, être guidé, soit rectilignement, soit circulairement. Le second moyen est le plus employé. Il est d'une installation ordinairement plus simple, et développe moins de frottement. La condition à remplir est que le centre de la coulisse s'éloigne peu de l'axe OT.

Le coulisseau est toujours suspendu, par une tringle; articulée, d'un bout, sur la bielle de celui-ci, en un point pris, soit au centre du coulisseau lui-même, soit à droite, ou à gauche de ce centre; et de l'autre N_1 sur un levier, faisant corps avec l'arbre du relevage G_1. Si l'on a en vue seulement le *déplacement relatif le plus faible du* coulisseau, dans la coulisse, le point N_1 doit tomber sur une perpendiculaire à OT, passant par la position moyenne du coulisseau, pour chaque valeur de u; c'est-à-dire qu'il devrait se trouver sur un arc de cercle de rayon l_1. C'est le résultat auquel arrivent les auteurs, cités au n° 131, par la discussion de la formule, exprimant la course théorique du distributeur, y compris le terme dit de correction.

134. — Mais on se propose, le plus souvent, un autre but que de réduire, à son minimum, le déplacement relatif du coulisseau. Ce déplacement n'est jamais nul, quoiqu'on fasse. Sans l'augmenter trop sensiblement, mieux vaut donc tâcher d'en tirer parti, pour *régulariser la durée de l'admission sur les deux faces du piston*; suivant la remarque faite au n° 119. Ici les formules sont d'un faible secours, à cause de l'influence de l'obliquité de la bielle motrice, etc.; mais on peut arriver au résultat cherché, à l'aide du *Dianomégraphe*, en procédant comme suit.

Quand les dimensions du dispositif ont été calculées, comme il a été dit plus haut; que ce dispositif est *monté*, comme l'indique la planche XXXIII-XXXIV, par exemple; sauf le levier $G_1 N_1$ et la tringle $\overline{N_1 J_1}$ et que le tiroir a été *reglé*; on amène la manivelle motrice, successivement, dans les positions *exactes*, correspondant à des courses k connues du piston; comme $k = 0{,}1$, $0{,}2$, $0{,}3$... etc. En chacune de ces positions de la manivelle, pour un sens de rotation et pour l'admission sur une des faces du piston, on fait glisser, à la main, le coulisseau dans la coulisse, jusqu'à ce que le tiroir commence à fermer l'orifice, par lequel l'admission a lieu. Du point J, comme centre, avec une longueur $\overline{JN_1}$ arbitraire, qu'il faudra *tâtonner*, au besoin, on décrit des arcs de cercles, voisins d'une perpendiculaire à $\overline{OT}$, en J. On numérote ces arcs de cercle : 1, 2, 3... etc.

On opère d'une façon semblable, pour le même sens de marche, mais pour l'admission sur l'autre face du piston. Les nouveaux arcs, décrits du point mobile J comme centre, coupent ceux qui portent le même numéro d'ordre, en des points, que l'on joint par une courbe continue.

On fait la même construction, dans le même ordre, avec les mêmes valeurs de k et de la longueur $\overline{JN_1}$, pour le sens de rotation opposé. On obtient une seconde portion de courbe, qui continue et complète la première.

On remplace cette courbe, par un arc de cercle, qui s'en approche autant que possible. Le centre de ce cercle est le point G_1 cherché. C'est-à-dire, la position de l'arbre de relevage. Son rayon donne la longueur $\overline{G_1N_1}$ du levier de suspension.

D'ordinaire, un seul cercle ne pourra passer par tous les points de la courbe. On sacrifiera ceux de ces points, qui ne répondent pas à des conditions voisines de la marche normale. Le plus souvent, on est amené à sacrifier, en partie, à la fois, le déplacement relatif du coulisseau et la régularité de l'admission, pour adopter des dimensions exécutables, qui conduisent à un résultat intermédiaire.

CHAPITRE VII

DISPOSITIF ALLAN, OU TRICK, — SYSTÈME *f*. COULISSE RECTILIGNE; DEUX EXCENTRIQUES; RENVERSEMENT DE LA MARCHE (PLANCHES XXXV ET XXXVII-XXXVIII).

135. — Ce dispositif, réduit à ses axes, est représenté, planche XXXV. Il est intermédiaire, entre ceux de STEPHENSON et de GOOCH. C'est-à-dire que la coulisse et le coulisseau sont mobiles, tous les deux.

Le brevet, pris en Angleterre, par M. Alexandre ALLAN, DE PERTH, remonte à l'année 1855. M. TRICK, en Allemagne, était aussi arrivé au même dispositif, à peu près à la même époque, bien qu'un peu plus tard.

La théorie complète en a été donnée, pour la première fois, par le Professeur REULEAUX[1]. On la trouvera aussi, dans le traité de G. ZEUNER.

Dans la figure, planche XXXV, le coulisseau et la coulisse sont suspendus, par deux tringles; dont les extrémités supérieures N_1 N_2 sont articulées, sur un double levier, porté par l'arbre G_1, qui sert au *renversement* de la marche; de manière que quand le coulisseau monte, la coulisse descend; et inversement.

La coulisse est *rectiligne*. Cette possibilité de faire déplacer le coulisseau, suivant une ligne droite, entre les points d'attache des deux barres d'excentriques, permet même la suppression de toute coulisse; et son remplacement par un parallélogramme de WATT ou de TCHEBITSCHEFF; dont les deux points fixes seraient les extrémités des barres d'excentriques. Cela

1. *Die Allan'sche Coulissensteuerung. Civil-Ingenieur*, t. III, 1857.

transforme le frottement de glissement du coulisseau, en un frottement sur pivots. Ce dernier dispositif, bien que breveté aussi par Allan, n'est pas employé. Il exige trois barres de plus; ce qui en rend l'agencement peu pratique.

Si, dans les dispositfs de Stephenson et de Gooch, la coulisse est *curviligne*; c'est pour que, quand il y a déplacement relatif du coulisseau, la distance, entre le point milieu de la course du distributeur et l'arbre, ne soit pas changée, ou le soit le moins possible. En faisant monter le coulisseau, et descendre la coulisse, ou inversement, on aperçoit de suite, qu'il doit être possible d'employer une coulisse rectiligne; parce qu'alors, si comme dans la planche XXXV, la coulisse, en descendant, tend à éloigner le distributeur, le coulisseau, en montant, tend à rapprocher ce même distributeur de l'arbre moteur. En disposant bien les choses, il peut y avoir compensation.

C'est le premier point à examiner.

136. — *Partie théorique*. — Supposons le coulisseau, au milieu de la coulisse, et sur l'axe OX. Quand $\alpha = 0°$, comme quand $\alpha = 180°$, la coulisse est exactement perpendiculaire à OX. Si, pour ces deux mêmes valeurs de α, on fait descendre la coulisse, de la quantité u' elle va s'incliner, en tournant autour d'une série de *centres instantanés*, déterminés par le point de rencontre des deux axes des barres d'excentriques prolongés. Cette rencontre a lieu, au delà de l'arbre, pour $\alpha = 0°$; et en deçà, pour $\alpha = 180°$. La distance du centre instantané *moyen*, à la coulisse, peut être considérée, sans grande erreur, comme égale à la longueur même l des barres d'excentriques.

Dans ces conditions; c'est-à-dire en tournant autour d'un point supposé fixe; la coulisse s'inclinera de la même quantité, que le rayon de longueur l qui joint son centre à ce point. Si φ est l'angle dont il s'agit; on a donc, en développant le cosinus, par la formule du binôme, réduite à ses deux premiers termes, eu égard à la très petite valeur des suivants :

$$\left.\begin{aligned} \sin\varphi &= \frac{u'}{l} \\ \cos\varphi &= \sqrt{1 - \frac{u'^2}{l^2}} = 1 - \frac{u'^2}{2l^2} \end{aligned}\right\} \qquad [102]$$

En s'abaissant, par rotation, de la quantité u', le centre de la coulisse s'est approché de l'arbre moteur de :

$$l\,(1 - \cos\varphi) \quad \text{ou} \quad \frac{u'^2}{2\,l}.$$

En s'élevant de u, par rapport au centre de la coulisse, le coulisseau s'est éloigné de la perpendiculaire à OX, passant par le centre de la coulisse de :

$$u \sin\varphi \quad \text{ou} \quad \frac{uu'}{l}.$$

Il s'est en définitive *éloigné* de l'arbre moteur de la différence :

$$\frac{uu'}{l} - \frac{u'^2}{2\,l}. \qquad [103]$$

Si u'' désigne la quantité, dont le coulisseau a monté, au-dessus de OX; on a évidemment :

$$\left.\begin{aligned} & u'' = u - u'; \\ \text{et en posant :}\quad & u = tu'; \ \text{ d'où } \ u' = \frac{u}{t}; \\ & u'' = \left(1 - \frac{1}{t}\right) = u\,\frac{t-1}{t}. \end{aligned}\right\} \qquad [104]$$

Mais, pendant que le coulisseau monte de u'', sa bielle s'incline, si φ_1 désigne l'angle de cette bielle, avec OX, on a en développant, comme plus haut, par la formule du binôme, réduite à ses deux premiers termes, pour la même raison :

$$\left.\begin{aligned} & \sin\varphi_1 = \frac{u''}{l_1}; \\ & \cos\varphi_1 = \sqrt{1 - \frac{u''^2}{l_1^2}} = 1 - \frac{u''^2}{2\,l_1^2}. \end{aligned}\right\} \qquad [105]$$

Le distributeur se *rapproche* donc de l'arbre moteur, de :

$$l_1\,(1 - \cos\varphi_1) = \frac{u''^2}{2\,l_1}.$$

En égalant cette valeur, à celle de sens inverse, donné par [103]; on aura, en définitive, maintenu le distributeur, à sa distance moyenne primitive. Il vient alors, en vertu de [104], en supprimant u^2 facteur commun :

$$\frac{1}{tl} - \frac{1}{2t^2 l} = \frac{1}{2l_1} \frac{t^2 - 2t + 1}{t^2};$$

ou, en réduisant au même dénominateur :

$$t^2 - 2t\left(1 + \frac{l_1}{l}\right) + 1 + \frac{l_1}{l} = 0\,;$$

d'où l'on tire :

$$t = 1 + \frac{l_1}{l}\left(1 \pm \sqrt{1 + \frac{l}{l_1}}\right) \qquad [106]$$

On est, comme on voit, conduit à deux valeurs de t, théoriquement. Rien de plus juste ; car, au lieu de donner au coulisseau, et à la coulisse, un mouvement *inverse*, par le levier de suspension $\overline{N_1 N_2}$; on peut les déplacer, *dans le même sens.* C'est ce qui se réaliserait, par exemple ; si la bielle du coulisseau se dirigeait, de la coulisse, vers l'arbre ; au lieu de la coulisse, vers le cylindre (V. n° 131). Il faudrait alors poser, dans [104] :

$$u'' = u' - u;$$

au lieu de

$$u'' = u - u'.$$

Mais on perd ainsi l'avantage pratique d'équilibrer le coulisseau, par la coulisse, que donne naturellement le premier dispositif ; lequel répond au signe + du radical.

137. — La valeur du rapport t, entre u et u' ; c'est-à-dire, entre la quantité dont le coulisseau doit s'élever, au-dessus du centre de la coulisse, et celle dont ce centre doit s'abaisser, au-dessous de l'axe OX, ou inversement, *est indépendant de* u, d'après [106]. Ce rapport est donc très facile à réaliser. Il suffit de donner, aux leviers a'' et b'', de suspension de la coulisse et du coulisseau, une longueur convenable ; ce qui se fait comme suit.

Soit : l_0 la distance du point de suspension de la bielle du coulisseau, à son articulation, sur la tige du distributeur, (planche XXXV) ; et u_0 la quantité, dont monte ce point, quand le coulisseau monte de u''; on a évidemment :

$$u_0 = u'' \frac{l_0}{l_1}.$$

Mais on a, entre u_0 et u', la relation évidente aussi; à la condition que les tiges de suspension soient longues, et s'écartent peu d'une perpendiculaire à OX; ou de la verticale :

$$u_0 = u' \frac{b''}{a''}.$$

En égalant, ces deux valeurs de u_0; et en vertu de [104], on a enfin :

$$(t-1)\frac{l_0}{l_1} = \frac{b''}{a''} \quad \text{d'où} \quad t = 1 + \frac{l_1 b''}{l_0 a''}. \qquad [107]$$

La condition de la verticalité moyenne des tiges de suspension conduit à la relation :

$$b'' + a'' = l_1 - l_0 \quad \text{d'où} \quad b'' = l_1 - l_0 - a''; \qquad [108]$$

ce qui, par substitution dans [107], donne :

$$a'' = \frac{l_1}{l_0} \frac{l_1 - l_0 - a''}{t-1};$$

et, en remplaçant t, par sa valeur [106] :

$$a''\left[\frac{l_0}{l_1}\left(1 \pm \sqrt{1 + \frac{l}{l_1}}\right) + 1\right] = l_1 - l_0;$$

d'où l'on tire :

$$a'' = \frac{l(l_1 - l_0)}{l + l_0\left(1 \pm \sqrt{1 + \frac{l}{l_1}}\right)}. \qquad [109]$$

Cette formule servira à déterminer l'une des quantités a'' l_1 ou l_0; car l doit être considéré comme une donnée. [108] fournira, alors, la valeur de b''; ce qui résout complètement le problème.

Les formules [106] et [107] sont identiques, à celles données par Reuleaux et Zeuner; bien qu'établies par une méthode différente.

138. — En ce qui concerne l'impression de la course du

distributeur lui-même, comptée de sa position moyenne, comme d'ordinaire; elle est très simple à établir; puisqu'après satisfaction des conditions ci-dessus, il est évident que la courbure de la coulisse de Gooch est remplacée, par le déplacement simultané de la coulisse et du coulisseau d'Allan. Nous pouvons donc appliquer immédiatement la formule [98]; en remarquant, toutefois, que l'ensemble de la coulisse et des barres d'excentriques, ayant tourné d'un certain angle, désigné par φ n° 136, par rapport à l'axe origine OX; il faut transporter, d'autant, en avant, l'origine des angles α; c'est-à-dire qu'il faut remplacer α, par $\alpha - \varphi$.

En vertu de [102]; et en supposant, comme il l'est toujours $\frac{u'}{l}$ petit, ce qui permet d'admettre $\cos\varphi = 1$; on a :

$$\cos(\alpha - \varphi) = \cos\alpha + \frac{u'}{l}\sin\alpha;$$

$$\sin(\alpha - \varphi) = \sin\alpha - \frac{u'}{l}\cos\alpha;$$

et, par suite, dans [98][1] :

$$z = r\cos\alpha\left(\sin\delta \pm \frac{c}{l}\cos\delta\right) + r\sin\alpha\left(\frac{u'}{l}\sin\delta \pm \frac{u'c}{l^2}\cos\delta\right)$$
$$\pm r\sin\alpha\left(\frac{u}{c}\cos\delta \mp \frac{u}{l}\sin\delta\right) \mp r\cos\alpha\left(\frac{uu'}{cl}\cos\delta \mp \frac{uu'}{l^2}\sin\delta\right).$$

Groupant les termes, en $\cos\alpha$ et $\sin\alpha$; remplaçant u', par sa valeur $\frac{u}{t}$, tirée de [104]; négligeant les termes en $\frac{u^2}{tl^2}$, ce qui est bien permis, car t est toujours plus grand que l'unité [106], [107]; réduisant, on a enfin :

$$z = r\cos\alpha\left[\sin\delta \pm \frac{tc^2 - u^2}{tcl}\cos\delta\right] \pm r\sin\alpha\frac{u}{c}\left[\left(1 + \frac{c^2}{tl^2}\right)\cos\delta \mp \frac{c(t-1)}{tl}\sin\delta\right]$$

ou, en négligeant le terme $\frac{c^2}{tl^2}$ ce qui est ordinairement permis :

$$z = r\cos\alpha\left[\sin\delta \pm \frac{tc^2 - u^2}{tcl}\cos\delta\right] \pm r\sin\alpha\frac{u}{c}\left[\cos\delta \mp \frac{c(t-1)}{tl}\sin\delta\right] \qquad [110]$$

1. V. au besoin, planche III-IV, la signification des symboles.

C'est exactement la formule, donée par REULEAUX et ZEUNER, établie directement; c'est-à-dire par une méthode beaucoup moins rapide. Le signe supérieur convient aux barres *ouvertes*; le signe inférieur, aux barres *croisées*.

Cette formule revient, encore, à l'équation polaire d'une circonférence, rapportée à l'un de ses points :

$$z = A \cos \alpha + B \sin \alpha.$$

Elle montre que A et B sont fonction de u; c'est-à-dire que l'*avance linéaire, à l'admission et à l'émission, varie, quand le coulisseau est déplacé, relativement à la coulisse*. Lorsque u *décroît* cette avance *augmente*, avec les barres *ouvertes*; elle *diminue* avec les barres *croisées*. Le *lieu des centres* de la circonférence polaire, répondant aux diverses valeurs de u, n'est donc pas une *droite*; mais une *courbe*, tournant sa *concavité* vers le pôle, avec les barres *ouvertes*, et sa *convexité*, avec les barres *croisées*; *comme dans la coulisse de* STEPHENSON.

Par une marche semblable, à celle suivie n° 127, on établirait que cette courbe est une parabole; dont la distance du sommet, au pôle, est pour $u = 0$:

$$\frac{1}{2} A_{(u=0)} = \frac{r}{2} (\sin \delta \pm \frac{c}{l} \cos \delta) ; \qquad [111]$$

absolument comme avec la coulisse de STEPHENSON [96]; parabole, dont l'équation s'écrit :

$$y^2 = \frac{rtl}{2 c \cos \delta} [\cos \delta \mp \frac{c(t-1)}{tl} \sin \delta]^2 x. \qquad [112]$$

En comparant [112], à [97], on remarque que dans le dispositif d'ALLAN, les deux paraboles concave et convexe *ne sont plus semblables*, pour la même valeur de δ; comme dans le dispositif de STEPHENSON; et que la convexe, c'est-à-dire, celle qui convient aux barres croisées, (signe inférieur), a pour les mêmes valeurs de c de t et de δ, une courbure moins prononcée que la concave; et moins prononcée que dans le système STEPHENSON.

*La variation de l'avance linéaire à l'admission et à l'émission est donc réduite, dans le système d'*ALLAN*; avec les barres croisées.*

139. — La méthode des nos 70 et 72 est toujours immédia-

tement applicable, à la détermination des quantités ρ_1 δ_1 A_1 B_1 e i, etc. [1]; suivant les données du problème.

A_1 et B_1 étant déterminés, indépendamment du système, donnant le mouvement au distribuleur; il est clair que l'on peut écrire, en vertu de [110], pour les valeurs spéciales u_1 de u; A_1 de A; et B_1 de B :

$$\left.\begin{aligned} A_1 &= r\left(\sin\delta \pm \frac{tc^2 - u_1^2}{tcl}\cos\delta\right); \\ B_1 &= r\frac{u_1}{c}\left(\cos\delta \mp \frac{c(t-1)}{tl}\sin\delta\right); \end{aligned}\right\} \qquad [113]$$

par suite, le rapport de A_1 à B_1 devient, en divisant partout par cos δ, dans le second membre :

$$\frac{A_1}{B_1} = \frac{tg\,\delta \pm \dfrac{tc^2 - u_1^2}{tcl}}{\dfrac{u_1}{c} \mp \dfrac{u_1(t-1)}{tl}\,tg\,\delta};$$

d'où l'on tire aisément la valeur de $tg\,\delta$, en fonction de toutes quantités connues :

$$tg\,\delta = \frac{A_1\dfrac{u_1}{c} \mp B_1\dfrac{tc^2 - u_1^2}{tcl}}{B_1 \pm A_1\dfrac{u_1(t-1)}{tl}}. \qquad [114]$$

Connaissant $tg\,\delta$, ou a, par les formules familières :

$$\sin\delta = \frac{tg\,\delta}{\sqrt{1 + tg^2\,\delta}}; \quad \cos\delta = \frac{1}{\sqrt{1 + tg^2\,\delta}};$$

ce qui permet de tirer r, de l'une, ou de l'autre, des deux formules [113]; par exemple :

$$r = \frac{A_1}{\sin\delta \pm \dfrac{tc^2 - u_1^2}{tcl}}. \qquad [115]$$

Le problème est ainsi résolu, en ce qui concerne les dimensions des excentriques et leur angle d'avance. Reste à dire un mot de la position de l'arbre de relevage G_1.

L'ordonnée du point G_1 ou N_1 est évidemment égale, à la lon-

1. V. au besoin planche III-IV, la signification des symboles.

gueur des barres de suspension, dans le cas de la pl. XXXV; car le coulisseau et le centre de la coulisse doivent être, sur l'axe OX, pour $u =$ zéro. L'abscisse moyenne du point N_1 peut, à son tour, être prise égale, à la distance de l'arbre moteur, au centre de la coulisse, quand $\alpha = 0°$, *moins* la valeur de A, pour $u =$ zéro; c'est-à-dire (voy. [113]) :

$$\textit{moins} \quad r\left(\sin\delta \pm \frac{c}{l}\cos\delta\right).$$

En de certains cas, la coulisse est suspendue, par l'un ou l'autre des pivots des barres d'excentriques. Alors les tiges de suspension sont d'inégale longueur.

On trouve ordinairement avantage à déplacer le point G_1; et à modifier le rapport $\frac{b''}{a''}$ donné par [107], [108], [109]; au point de vue de la régularisation de l'admission, sur les deux faces. Il faut, pour cela, recourir au *Dianomégraphe*.

140. — *Application*. — Les formules ci-dessus, de même que celles du n° 70, qui répondent à la manière dont le problème est ordinairement posé, sont groupées, en tête de la planche XXXV; au-dessous de la liste des données et des inconnues. Un exemple d'application, faite au moyen de ces mêmes formules, est donné par la pl. XXXVII-XXXVIII; où l'on trouvera les valeurs numériques des inconnues, calculées en dessous des valeurs numériques des données.

ρ_1 et δ_1 eussent pu se prendre, directement, dans le tableau supérieur de la planche IX-X, ou se déterminer, sans calcul, par la méthode graphique, décrite n° 87 et planche XIII, fig. 18; ou enfin, s'obtenir, par l'épure générale, indiquée n° 93 et planche VII-VIII.

La planche XXXV donne le *diagramme théorique* ou de Zeuner, construit avec les données de la planche XXXVII-XXXVIII. Ce diagramme résume tout ce qu'il est utile de connaître; suivant les indications du n° 88. Il montre, notamment, que la durée de l'admission diminue, et que celle de la compression augmente, à mesure que l'ordonnée B diminue; c'est-à-dire, à mesure que le coulisseau se rapproche du centre de la coulisse [113]. Il montre, encore, que B devient négatif avec u; ce qui entraîne le renversement du sens de la rotation.

Le diagramme *automatique* se prend au *Dianomégraphe*. La planche XXXVII-XXXVIII montre comment le dispositif doit être *monté*. Il n'y a qu'à la suivre exactement ; en se conformant aux instructions du n° 35 et suivants, pour la confection du diagramme.

Le tiroir se règle comme d'ordinaire, avec l'avance égale sur les deux faces du piston ; sauf encore le cas signalé au n° 128.

En ce qui concerne *l'égalisation* de la durée d'admission, sur les deux faces ; on peut en approcher, comme il a été annoncé n° 139 ; en tâtonnant *méthodiquement*, à la fois la position du point G_1, et le rapport des leviers de suspension $b'' a''$; dont la valeur théorique est donnée par [108], [109]. L'influence du rapport de l_0 *à* l_1 n'est pas non plus négligeable ; surtout si l_1 est petit.

Comme exemple, voir les indications données dans le même but, n°s 130 et 134, pour les dispositifs de Stéphenson *d* et de Gooch *e*.

CHAPITRE VIII

DISPOSITIF POLONCEAU, — SYSTÈME *g*. COULISSE DOUBLE, A DEUX EXCENTRIQUES, — DEUX TIROIRS. VARIATION DE L'ADMISSION, PAR LE SECOND TIROIR. RENVERSEMENT DE LA MARCHE (PL. XXXVI ET XXXIX-XL).

141. — Ce dispositif, dont le squelette est représenté, planche XXXVI, a été imaginé par C. Polonceau, ingénieur en chef de la Compagnie d'Orléans, qui l'appliqua à un certain nombre de locomotives, vers 1852. En 1856 MM. Charlton et Turnbull, d'Essex et Surrey prirent un brevet, pour un dispositif analogue [1]. Un peu après M. Krauss en fit l'application à des locomotives de l'Ouest-Suisse ; et en donna la théorie [2] ; en se servant du diagramme de Zeuner. En 1858, la maison Borsig, de Berlin, en faisait une application courante [3], avec quelque modification dans l'agencement. M. Spencer prit un brevet, en Angleterre, pour un dispositif identique, en 1863. On en trouvera la description et la théorie, dans le traité de G. Zeuner. Personne n'a indiqué, pas plus pour ce système, que pour les autres, un moyen rationnel, et une méthode sûre d'en déterminer les dimensions, comme il est fait ici.

A l'époque où ce système prit naissance, on se préoccupait beaucoup d'appliquer, aux locomotives, des appareils de distribution, permettant de réduire l'admission, sans augmenter la compression ; ce que ne permet aucun système à un seul tiroir. Polonceau employa donc deux tiroirs ; mais, pour simplifier le mécanisme, donnant le mouvement au second tiroir, il songea à utiliser la coulisse même qui sert à mouvoir le premier, dans le dispositif de Gooch.

1. *Lind motion and Expansion Gear*, N. P. Burgh, 1872, London.
2. *Civil-Ingénieur*, t. VI, p. 110, 1860.
3. *Organ für die Fortschritte des Eisenbahnwesens*, t. XIII, 1858.

Il s'agit donc, en somme, d'une coulisse renversée *double*, ou simple, mais en ce dernier cas, assez large pour recevoir deux coulisseaux, pouvant se déplacer *indépendamment* l'un de l'autre, en se croisant au besoin : Il n'y a que deux excentriques ; mais chaque coulisseau possède son mouvement de relevage distinct.

La manivelle motrice R ; la bielle motrice L ; les deux excentriques r ; la coulisse double ; les barres d'excentriques l ; les barres des coulisseaux l_1 et l_0 ; sont représentés, dans deux positions, par la planche XXXVI. L'une, en traits brisés, correspond à $\alpha = 0°$. L'autre, en traits fermes, correspond à $\alpha = 90°$.

La coulisse et les coulisseaux sont suspendus, et guidés, comme dans le système Gooch. L'arbre de *relevage* G_1 est supposé commun, pour les deux coulisseaux ; mais leurs leviers sont distincts et indépendants. Le rayon de la coulisse commune est égal, à la longueur des bielles des coulisseaux, qui sont elles-mêmes égales ($l_1 = l_0$). Tout est reglé, de telle sorte, que pour $\alpha = 0°$, comme pour $\alpha = 180°$, les coulisseaux peuvent, l'un comme l'autre, se déplacer dans la coulisse, sans que les distributeurs bougent. Toujours comme dans le système Gooch.

142. — *Partie théorique*. — Il n'y a qu'à se reporter, à ce qui a été exposé, au sujet de la coulisse Gooch, n° 132, pour écrire immédiatement la formule, qui représente la course, tant du tiroir *principal*, que du tiroir de *détente*. Soit z la première, pour une hauteur u du coulisseau dans la coulisse, z_0 la seconde, pour une hauteur u_0. On a dans [98][1] :

$$z = r\left(\sin\delta \pm \frac{c}{l}\cos\delta\right)\cos\alpha \pm r\frac{u}{c}\left(\cos\delta \mp \frac{c}{l}\sin\delta\right)\sin\alpha$$

ou :

$$z = A\cos\alpha + B\sin\alpha \qquad [116]$$

et :

$$z_0 = r\left(\sin\delta \pm \frac{c}{l}\cos\delta\right)\cos\alpha \pm r\frac{u_0}{c}\left(\cos\delta \mp \frac{c}{l}\sin\delta\right)\sin\alpha$$

ou :

$$z_0 = A_0\cos\alpha + B_0\sin\alpha \qquad [117]$$

1. V. au besoin, planche III-IV, la signification des symboles.

Si maintenant z_z désigne la course *relative* du tiroir de détente, par rapport au tiroir principal, il est évident que l'on a, pour la valeur spéciale u_1 de u :

$$\left.\begin{aligned} z_z &= z_0 - z = \frac{u_0 - u_1}{c} r \left(\cos\delta \mp \frac{c}{l}\sin\delta\right)\sin\alpha \\ \text{ou :}\quad z_z &= B_z \sin\alpha \end{aligned}\right\} \qquad [118]$$

Le signe *supérieur* s'applique aux barres *ouvertes*. Le signe *inférieur* aux barres *croisées*.

Comme les précédentes, cette formule revient encore à l'équation polaire d'une circonférence ; mais, ici, l'abscisse du centre de cette circonférence est toujours nulle. C'est-à-dire que le *lieu* de ce centre est une droite, *menée par le pôle*, perpendiculairement à l'axe origine OX, (V. planche XXXVI).

Le diamètre polaire ρ_z de la circonférence se confond, avec la perpendiculaire en question. C'est, en effet, la valeur maxima de z_z, qui répond évidemment à $\alpha = 90°$. On a dans [118] :

$$\rho_z = B_z = \frac{u_0 - u_1}{c} r \left(\cos\delta \mp \frac{c}{l}\sin\delta\right). \qquad [119]$$

L'angle δ_z de ce diamètre polaire, avec l'axe OY, est donc toujours nul ; ce qui s'écrit :

$$\delta_z = 0° \qquad [120]$$

Dans [118] et [119] δ n'est jamais assez grand, pour que le terme entre parenthèse devienne négatif, que les barres soient ouvertes, ou croisées. D'ailleurs, pour $\alpha = 0°$, ou $180°$, on a : $z_z = 0$. Donc, *les axes des tiroirs principal et de détente coïncident toujours, pour* $\alpha = 0°$, *et* $\alpha = 180°$; *et le signe de* Z_z, *comme de* ρ_z, *dépend uniquement du signe de* $u_0 - u_1$.

Dans le dispositif primitif de Polonceau, de Charlton, de Krauss et de Spencer, on avait toujours : $u_0 \overline{\gtrless} u_1$. C'est-à-dire que le déplacement possible du coulisseau de détente, dans la coulisse, pouvait égaler, mais non dépasser, le déplacement du coulisseau du tiroir principal. Dans le dispositif de Borsig, il en est autrement ; et l'on peut avoir $u_0 \gtrless u$. Cette dernière solution exige une forme spéciale du tiroir.

143. — En effet, en partant de $\alpha = 0°$, ou de $\alpha = 180°$, le ti-

roir de détente doit déjà découvrir l'orifice d'admission; autrement il y aurait retard. Si $u_0 < u_1$ le tiroir de détente court *moins vite*, que le tiroir principal. Le premier ne peut donc donner la fermeture que par ses arêtes *extérieures*; et, à la condition de présenter un *recouvrement négatif*. Mais, si $u_0 > u_1$, le tiroir de détente court *plus vite*, que le tiroir principal. Le premier ne peut donc donner la fermeture, par ses arêtes extérieures; et force est de la demander aux arêtes d'une ouverture centrale; c'est à dire aux arêtes *intérieures*. La forme du tiroir est alors celle, représentée planche XLIX-L, pour le tiroir de détente du système k. C'est la forme employée par Georges [1], et Gourenbach [2]; mais pour un tiroir de détente glissant sur table fixe.

Dans ce deuxième cas, la course relative est *positive*, au lieu de *négative* qu'elle était, dans le premier. Elle est *nulle*, quoiqu'on fasse, pour $\alpha = 0°$, ou $\alpha = 180^{\circ}$; et, comme alors l'orifice doit être déjà découvert, il faut encore que le recouvrement du tiroir de détente soit *négatif*, comme dans le premier cas. C'est un *découvrement*.

Au moment de la fermeture, par le tiroir de détente, si α_0 est la valeur de α et si e_0 désigne le recouvrement du tiroir de détente, on doit avoir évidemment [4] et [118].

$$e_0 = z_{z\,(\alpha=o)} = \frac{u_0 - u_1}{c}\, r\left(\cos\delta \mp \frac{c}{l}\sin\delta\right)\sin\alpha_0 = B_z \sin\alpha_0 \quad [121]$$

α_0 peut être considéré, comme une donnée du problème; car si la fraction k_0 de course du piston était donnée, à sa place; ou a comme on sait, n° 67 :

$$\sin\alpha_0 = 2\sqrt{k_0 - k_0^2} \quad [122]$$

Dans [121] e_0 est bien *négatif*, pour $u_0 < u_1$; comme cela doit être, suivant ce qui vient d'être dit. Il devient *positif*, pour $u_0 > u_1$; ce qui semble correspondre à un véritable *recouvrement*, et non à un *découvrement*, pour ce second cas, comme cela devrait être; ce qui ne correspondrait pas, à la conclusion, plus haut posée. Mais il faut bien réfléchir, que le signe, donné par [121] veut dire : que e_0 est dirigé, en sens contraire

1. *Publications industrielles* d'ARMENGAUD, t. IX, 1856.
2. ZEUNER, *Civil-Ingenieur*, t. III, 1857.

de la course, pour le premier cas, et dans le sens de la course, pour le second ; en partant de l'arête de l'orifice, appartenant au tiroir principal, sur laquelle le tiroir de détente produit la fermeture. Cela répond bien à un *découvrement* dans les deux cas ; découvrement qui, dans le second cas, est bien réellement dirigé *en sens inverse* de ce qu'il est, dans le premier cas.

Dès que deux des quantités $u_0 - u_1$, α_0, e_0, sont connues ; la troisième peut être calculée, par [121] ; car u_1 c r δ l sont, ou données, ou calculées d'avance ; comme il a été dit à propos du système e. D'ailleurs, e_0 est une constante. Une fois cette constante fixée, [121] donne une relation entre u_0 et α_0. Mais comment convient-il de fixer e_0 ou u_0 ?

144. — Remarquons que si e_0 était nul, on aurait beau varier u_0, on aurait toujours $\alpha_0 =$ zéro, dans [121]. A mesure que e_0 grandit, numériquement parlant, on voit que α_0 *grandit aussi*, pour une même valeur de $u_0 - u_1$; mais grandit, d'autant plus que $u_0 - u_1$ est *plus petit*. Cela veut dire : que *plus la course relative du petit tiroir est réduite, plus la durée de l'admission maxima, qu'il permet, est grande ; et inversement.* Pour $u_0 - u_1 =$ zéro ; c'est-à-dire : $u_0 = u_1$; comme e_0 doit être négatif, [n° 143], il n'y a plus de fermeture, par le petit tiroir, qui reste immobile, relativement parlant ; et l'on retombe, sur le dispositif de GOOCH.

Il résulte de là que, pour réaliser une variation aussi grande que possible de l'admission, c'est-à-dire de k_0 ou α_0 ; ce qui est, en définitive, le but du dispositif ; il faut, pour calculer e_0, dans [121], attribuer, à α_0, sa valeur maxima, et à $u_0 - u_1$ une valeur réduite.

Mais on n'est pas libre d'augmenter indéfiniment α_0, ni de réduire indéfiniment $u_0 - u_1$.

En effet, en annulant $u_0 - u_1$, on annule, par là même e_0 dans [121]. Par suite plus d'admission [n° 142] ; puisqu'il n'y a plus, ni course relative [118], ni découvrement. D'un autre côté ; quelles que soient les valeurs de $u_0 - u_1$ et de e_0, il est clair qu'on peut tirer de [121], une valeur de sin α_0, à laquelle répondent *deux* valeurs de α_0 ; car α_0 et $180° - \alpha_0$ ont même sinus, cela veut dire, que si le tiroir de détente ferme, quand $\alpha = \alpha_0$; il ouvre, quand $\alpha = 180° - \alpha_0$. Or, sous peine de voir la vapeur admise, durant la seconde moitié de la course du piston, après avoir été interrompue durant la première moitié, il faut évidemment que le tiroir de détente n'ouvre pas, avant que le tiroir principal ait fermé. C'est-à-dire [1], avant que α ait pris la valeur α_1, ou k la valeur k_1. Cela s'écrit en désignant par α_0'', cette valeur maxima de α_0, et k''_0 la valeur correspondante de k_0:

$$180^\circ - \alpha_0'' > \alpha_1\,; \quad \text{d'où :} \quad \alpha_0'' < 180^\circ - \alpha_1$$

ou, d'après [11], [12] n° 67 : [123]

$$k_0'' < 1 - k_1\,;$$

car cela revient à : $\cos \alpha_0'' > \cos (180^\circ - \alpha_1)$

On tourne donc, en somme, dans un cercle vicieux. D'un côté, pour réaliser une grande variation dans l'admission, il faudrait faire α''_0 grand, $u_0 - u_1$ petit, en valeur absolue; et, d'un autre coté, ces deux quantités sont limitées, dans leur valeur, par d'autres raisons dominantes. Il en résulte, en définitive, que *la variation désirée, par le tiroir de détente seul, ne peut se faire que dans des limites restreintes; et seulement durant une fraction de la première moitié de la course du piston.* C'est là le coté faible de la solution de POLONCEAU, comme de celle de BORSIG.

145. — La question du n° 143 reste donc entière... Comment convient-il de fixer e_0 ou u_0 ?

D'après ce qui vient d'être dit, on donnera à α_0, dans [121], sa valeur limite α_0'', déterminée par [123]. Quant à e_0, on lui donnera une valeur petite, mais telle cependant que la grandeur de l'ouverture, réalisée par le tiroir de détente, soit suffisante. Voici comment on peut fixer cette grandeur.

Son maximum se produit quand $\alpha = 0^\circ$. (V. le diagramme, pl XXXVI.) C'est là une conséquence du *découvrement*. Ce maximum d'ouverture est donc égal au découvrement e_0 lui-même. Or il est inutile que ce maximum dépasse la grandeur connue o_1 de l'orifice, pratiqué dans le tiroir principal; et même qu'il dépasse la grandeur $\frac{o_1}{m}$, m étant le nombre des orifices s'il y en a plusieurs, (dans le genre de ce qui est repré-

1. Voir au besoin pl. III-IV la signification des symboles.

senté, pl. XLV et XLVII, pour le système j). Posons donc :

$$e_0 = \frac{o_1}{m} \text{ (ou très peu plus)} \qquad [124]$$

[121] et [122] donnent, par suite, en désignant par B''_z, u_0'', les valeurs de B_z, et de u_0, correspondant à α''_0 :

et :

$$\left. \begin{aligned} B''_z &= \frac{e_0}{\sin \alpha''_0} = \frac{o_1}{m \sin \alpha''_0} = \frac{o_1}{2m\sqrt{k''_0 - k''^2_0}} \\ u''_0 - u_1 &= B_z'' \frac{c}{r\left(\cos \delta \mp \frac{c}{l} \sin \delta\right)} \end{aligned} \right\} \qquad [125]$$

Connaissant e_0 et α''_0, ou k_0'', il y a une limite déterminée, pour α_0' ou k_0', dès que u_0' est donné et réciproquement ; car [121] permet d'écrire :

$$e_0 = \frac{u_0' - u_1}{c} r \left(\cos \delta \mp \frac{c}{l} \sin \delta\right) \sin \alpha_0'. \qquad [126]$$

Tout ce qui vient d'être dit suppose que u_1 conserve une valeur *constante*. C'est-à-dire que la variation, dans l'admission, s'obtienne par la seule manœuvre du coulisseau de détente, en laissant fixes toutes les conditions de marche du tiroir principal : c'est-à-dire commencement de l'admission, commencement et fin de l'émission.

Si l'on fait varier u_1, en même temps que u_0, les conditions changent. En effet, en réduisant u_1 on réduit, comme on sait, la durée de l'admission, par le grand tiroir ; c'est-à-dire α_1 et k_1. Cela se vérifierait, au besoin, par la comparaison des formules [116] et [5]. Il en résulte, dans [123], que α_0'' augmente. Si α_1 est réduit jusqu'à 90°, α_0'' croît, de son côté, jusqu'à 90°. Alors il n'y a plus de fermeture ; ou, pour parler plus exactement, il n'y a plus qu'une fermeture instantanée, par le tiroir de détente. Ajoutons que cette fermeture se produit, dans des conditions assez fâcheuses ; puisqu'à ce moment même, la vitesse relative du tiroir de détente passe par zéro. Il est à son maximum de course relative.

C'est là d'ailleurs un moyen qui renverse toute l'économie du dispositif, dont le but principal est de varier la fin de l'admission, sans toucher aux autres phases de la distribution.

En résumé : *les dispositifs* Polonceau, *ou* Borsig, *permettent la variation de l'admission, par le seul tiroir de détente, en laissant fixes les conditions de l'émission durant une fraction restreinte de la première moitié de la course du piston. Cette admission ne peut pas être nulle ; et elle ne peut atteindre la demi-course.* On recule la limite supérieure de variation, en réduisant la course du tiroir principal, en même temps que celle du tiroir de détente, mais alors on varie les conditions de l'émission.

146. — *Application.* — Les formules ci-dessus ; de même que celles du n° 70, qui répondent aux données ordinaires du problème, sont reproduites, en tête de la planche XXXVI ; au-dessus de la liste des données et des inconnues. Un exemple d'application, faite au moyen de ces formules, est donné par la planche XXXIX-XL, où l'on trouvera la valeur numérique des inconnues calculée, en dessous de la valeur numérique des données. e_0 est pris un peu plus grand que o_1 [124], m étant égal à 1.

Les valeurs de ρ_1 et δ_1 eussent pu se tirer directement du tableau supérieur de la planche IX-X ; ou se trouver, sans calcul, par la méthode graphique décrite n° 87 et planche XIII, fig. 18 ; ou enfin se déterminer, par l'épure générale, indiquée n° 93 et planche VII-VIII.

La planche XXXVI donne le *diagramme théorique,* ou de Zeuner, construit avec les valeurs numériques de la planche XXXIX-XL. La partie hachurée indique la grandeur de l'ouverture, donnée par le tiroir de détente, pour la plus grande admission. Les cercles de marche relative du tiroir de détente, tracés en lignes brisées, ont leurs centres sur l'axe OY, comme il a été dit n° 142. Le plus petit correspond, à la plus grande admission. Le plus grand, qui n'est pas tracé en entier, correspond, à la plus petite admission.

La règle du parallélogramme des excentriques, démontrée n° 103, est applicable, à la détermination, sans calcul, du centre des circonférences relatives, comme la construction l'indique.

Les valeurs limites α_0'' α_0' k''_0 k_0' sont faciles à trouver graphiquement ; et vérifient les démonstrations des n°s 142 et suivants; dont l'intelligence sera grandement facilitée, si l'on a le diagramme, sous les yeux.

Pour être rigoureux, dans l'application de la méthode, suivant les conventions faites, les circonférences relatives de ce diagramme eussent dû être tracées, en dessous de l'axe OX car l'ordonnée B_z de leur centre est négative. Pour économiser la place, elles sont supposées avoir tourné autour de OX, comme charnière. Cela ne change rien aux résultats, et facilite même la lecture. Voir, au besoin, pour le reste, les explications du n° 88.

En donnant à u_1, une autre valeur plus petite que la valeur maxima supposée, on aurait obtenu une autre circonférence polaire, pour le tiroir principal, (V, système *e* planche XXX); et une série d'autres circonférences, pour la marche relative du tiroir de détente. Ce tracé n'a pas été fait, afin de ne pas compliquer la figure.

147. — Le *diagramme automatique* se prend au *Dianomégraphe*, comme l'indique la planche **XXXIX-XL**; qu'il suffit de suivre exactement pour le *montage* du dispositif, en se conformant aux instructions des n°s 35 et suivants, pour la prise des diagrammes.

Le tiroir principal se *règle* de la manière ordinaire, avec l'avance égale. Le tiroir de détente se *règle* aussi, avec l'avance égale, pour l'admission normale.

Pour tracer le diagramme du tiroir principal, il faut démonter le coulisseau du tiroir de détente, ou la bielle de ce coulisseau; et réunir les planchettes porteuses des tiroirs, au moyen de la vis à oreilles qui les traverse.

Pour tracer le diagramme du tiroir de détente, il faut remettre en place le coulisseau de ce tiroir, avec sa bielle; et démonter, au contraire, les pièces similaires du tiroir principal. Alors, pour une certaine valeur de u_0, on tourne à la manivelle, jusqu'à ce que le tiroir de détente commence à fermer l'admission, sur l'une des faces du piston. On change la couleur de l'encre de la *pointe traçante*, (n° 49); on fait glisser cette pointe, sur la règle d'acier, jusqu'à ce qu'elle tombe juste, au-dessus de la courbe du tiroir principal, du côté convenable, correspondant à la position du piston; on la fixe, et on lui fait tracer une courbe. Une seconde courbe s'obtient, en mettant la manivelle, en la position, où la fermeture doit se produire, par le tiroir de détente, sur l'autre face du piston; et en faisant glisser la pointe traçante, jusqu'à ce qu'elle tombe, sur la courbe du tiroir principal, du côté convenable.

On répèterait l'opération, pour toute autre valeur de u_0; et on obtiendrait de nouvelles séries de courbes, en faisant varier u_1.

148. — La position de *l'arbre de relevage*, pour le tiroir principal, doit se choisir de manière que le coulisseau voyage le moins possible, dans la coulisse. Il en sera de même, par le fait, pour le coulisseau de détente; car l'arbre est d'ordinaire commun. Il y a peu de bénéfice à chercher une autre place, pour l'arbre de relevage, au point de vue de l'égalisation de l'admission, sur les deux faces du piston; égalisation qui s'obtient rigoureusement, pour la marche normale, en réglant, comme il faut, la longueur de la tige du tiroir de détente; et, au besoin, en tâtonnant la valeur du découvrement e_0, pour d'autres crans de marche. La variation n'est jamais très sensible.

Il a été dit, n° 143, que l'on réduisait la durée de l'admission, par le tiroir de détente, en écartant les deux coulisseaux, et inversement. Il a été dit aussi, n° 144, que si l'on rapproche les deux coulisseaux, de manière à les superposer, on annule complètement l'action du tiroir de détente. Enfin, il est clair que le renversement de la marche ne peut être donné, que par le déplacement du coulisseau principal, et son passage de l'autre côté de l'axe OX, planche XXXVI.

Pour permettre de réaliser ces diverses conditions, Polonceau activait les deux coulisseaux, par deux leviers indépendants, placés sous la main du machiniste. Il résultait de là que, pour renverser efficacement la marche; c'est-à-dire, pour permettre la grande admission, que le tiroir principal peut seul donner; il fallait manœuvrer, à la fois, les deux leviers; afin de maintenir toujours les deux coulisseaux superposés, ou à peu près; tant dans la marche en avant, que dans la marche en arrière. M. Krauss a rendu cette manœuvre plus facile ; en faisant porter le secteur à crans du levier de détente, *par le levier même* du tiroir principal. Il suffit, alors, de mettre le levier de détente, au point mort, correspondant à la superposition des coulisseaux ; puis de donner la marche, soit dans un sens, soit en sens contraire, par le levier du tiroir principal, qui entraîne nécessairement l'autre.

Remarquer, que vers le point mort, c'est-à-dire, *en son milieu*, le secteur du levier de détende n'a *pas besoin de porter de crans* ; puisque la plus petite valeur utile de u_0, est u_0'' et non zéro. Le diagramme automatique sert à déterminer, exactement, la position du premier *cran utile*, dans les deux sens de marche.

CHAPITRE IX

DISPOSITIF MEYER, — SYSTÈME h.
DEUX TIROIRS, A MOUVEMENTS INDÉPENDANTS, DIRECTEMENT SUPERPOSÉS; LE SUPÉRIEUR, EN DEUX PIÈCES, D'ÉCARTEMENT VARIABLE, A LA MAIN OU AUTOMATIQUEMENT
(PL. XLI ET XLIII. V. aussi PL. XIII, FIG. 19).

149. — Ce dispositif, réduit à ses lignes d'axe, est représenté planche XLI. Son emploi remonte à l'année 1842. La théorie et l'étude, au moyen du diagramme polaire, en ont été données, pour la première fois, par G. Zeuner, en 1857 [1]. On la trouvera, dans les diverses éditions allemande, française et anglaise de son Traité. J'ai moi-même établi une théorie, plus générale, de la marche relative de deux distributeurs, immédiatement superposée [2]. Le résumé de cette théorie est donné nos 103 et suivants. L'application va en être faite, tout à l'heure.

Le principe du dispositif Meyer repose sur l'emploi de deux tiroirs, directement superposés. L'un, inférieur, agit à la manière d'un tiroir simple ordinaire sur : le commencement de l'admission; le commencement et la fin de l'émission. L'autre, supérieur, a pour mission unique de donner la fin de l'admission; et il permet de varier cette fin, même, durant la marche.

Dans ce but, il est toujours fait en deux pièces, pouvant s'écarter et se rapprocher, en de certaines limites. C'est donc la variation, dans la longueur du tiroir de détente, ou dans son *recouvrement*, qui produit la variation dans la durée de l'admission, comme on va voir. Dans le système PoloncEAU,

1. *Civil-Ingenieur*, t. III, 1857.
2. *Annales industrielles*, 1er semestre 1874, Paris.

étudié plus haut, et dans ceux de GOUZENBACH de GUINOTTE, etc., que l'on trouvera plus loin, le recouvrement du tiroir de détente est *fixe*; la durée de l'admission est variée, par l'altération de la *course* du tiroir.

Les mouvements, transmis au tiroir principal, et au tiroir de détente sont indépendants. Leur origine peut d'ailleurs être quelconque. Ainsi le tiroir principal peut être mû : soit par un seul excentrique, soit par une coulisse, de l'un ou de l'autre système. Le tiroir de détente est mû, d'ordinaire, par un excentrique spécial. Dans quelques cas, il l'est, par l'intermédiaire d'un levier, activé par la crosse du piston.

De même, l'écartement des deux plaques, composant le tiroir de détente, peut être obtenu : soit par une vis à filets contraires, logée dans la chapelle, et agissant directement sur les plaques; (c'est la solution due, à proprement parler, à Meyer); soit en munissant chaque plaque de tiges, qui, sorties de la chapelle, sont reliées, ou par une vis à filets contraires, ou aux extrémités d'un petit balancier. (V. planche LX, système *q*), dont le centre reçoit le mouvement de l'excentrique spécial de détente, et entraîne à la fois les deux plaques. Ces plaques peuvent ainsi être écartées, ou rapprochées, pendant la marche, suivant l'inclinaison du balancier, si on le force à pivoter autour de son centre. C'est la solution, due à M. RACHER, un des ingénieurs de SERAING [1]. Elle offre, sur les précédentes, ce grand avantage, que *l'inclinaison du petit balancier peut être commandée, par le régulateur de vitesse; qui agit alors directement, sur la détente.*

150. — *Partie théorique.* — Dans la figure de la planche XLI, les tiroirs *principal* et de *détente* sont supposés commandés directement, chacun par un excentrique distinct. Si l'un d'eux était activé autrement : par une coulisse, par exemple, on saurait aisément, soit par le principe de la composition et de la décomposition des excentriques (n°s 101 et suivants), soit au moyen des formules, applicables au dispositif réel employé, passer, du rayon $\rho_1 = r$ et de l'angle de calage δ_1, convenant à l'excentrique direct, dont l'emploi est

1. *Annales industrielles*, Étude sur les appareils de distribution exposés à Vienne en 1873, 1er semestre 1874, Paris.

ici supposé, aux rayons et angles de calage des excentriques appartenant à un autre dispositif, quel qu'il soit, dont on voudrait faire emploi.

Il suffit donc d'aborder l'étude, dans le cas simplifié, qui vient d'être énoncé. La *rotation* sera supposée d'abord *se faire, dans un seul sens.*

Puisque le tiroir principal est conduit, par un excentrique; sa marche est représentée, suivant ce qui a été établi, n° 111, par la formule [1] [1].

$$z = r \sin \delta_1 \cos \alpha + r \cos \delta_1 \sin \alpha = A_1 \cos \alpha + B_1 \sin \alpha. \quad [126]$$

En désignant par z_0 r_0 δ_0 la course, le rayon d'exentrique, et l'angle d'avance, concernant le tiroir de détente; on aurait, semblablement, s'il marchait sur table *fixe*:

$$z_0 = r_0 \sin \delta_0 \cos \alpha + r_0 \cos \delta_0 \sin \alpha = A_0 \cos \alpha + B_0 \sin \alpha. \quad [127]$$

Mais, la table sur laquelle glisse le tiroir de détente, n'est pas fixe ; elle possède le mouvement exprimé par [126]. Pour obtenir la course *relative* z_z du tiroir de détente, il suffit évidemment de faire la *différence algébrique*, entre son mouvement *absolu*, et *celui de la table*, sur laquelle il marche. C'est-à-dire de retrancher [126] de [127]. On a:

$$\left.\begin{aligned} z_z &— [r_0 \sin \delta_0 - r \sin \delta_1] \cos \alpha + [r_0 \cos \delta_0 - r \cos \delta_1] \sin \alpha \\ &= (A_0 - A_1) \cos \alpha + (B_0 - B_1) \sin \alpha = A_z \cos \alpha + B_z \sin \alpha \end{aligned}\right\} [128]$$

Les formules [126], [127], [128], sont toutes trois des équations polaires de circonférences, rapportées à l'un de leurs points.

Il n'y a rien à dire, ici, en ce qui concerne le tiroir principal. On saura trouver ρ_1 δ_1 A_1 B_1 e i r $\delta = \delta_1$... etc. comme dans le système a. Reste à déterminer, pour le tiroir de détente: r_0 δ_0 e_0 (V. fig. 19, planche XIII).

151. — Si A_z et B_z étaient connus, tout serait déterminé ; car connaissant A_z et A_1 ; puis B_z et B_1 ; on aurait aisément A_0 et B_0, dans [128].

Autrefois, on faisait le raisonnement que voici. Au delà de la valeur $\alpha = \alpha_1$; c'est-à-dire quand l'admission a cessé, par le

1. V. au besoin, planche III-IV, la signification des symboles.

tiroir principal, il est *inutile*, que le tiroir de détente continue à admettre. Il convient, cependant, qu'il *puisse* admettre, jusqu'à cette limite. Donc, faisons coïncider son admission maxima, avec cette valeur $\alpha = \alpha_1$. C'est-à-dire, posons :

$$\alpha_0'' = \alpha_1 ; \quad \text{ou} \quad k_0'' = k_1.$$

Or, l'admission, par le tiroir de détente, croît, quand le recouvrement diminue, (comme avec tout tiroir mû par un excentrique) ; l'admission *maxima* correspond, par suite, au recouvrement négatif maximum ; lequel peut atteindre la plus grande valeur de z_z. Donc le diamètre polaire ρ_z de la circonférence, représentant z_z maximum ; doit faire l'angle α_1 avec OX.

Cela déterminait le rapport de A_z à B_z qui représente la tangente de l'inclinaison de ce diamètre polaire, par rapport à OY, [2]. On se donnait, alors, *plus ou moins arbitrairement*, la grandeur ρ_z de ce diamètre polaire ; et tout était fini. C'est la méthode indiquée, par G. ZEUNER, dans son Traité si répandu.

Je crois avoir, le premier [1], indiqué une autre méthode, plus rationnelle et plus générale.

Il est *indifférent*, mais non pas *inutile*. que le tiroir de détente *puisse* admettre la vapeur, quand le tiroir principal a fermé l'orifice de la table. Ce qu'il faut avant tout, c'est qu'il ferme l'admission, dans les meilleures conditions possibles ; et qu'il permette la variation de cette admission, dans les plus larges limites possibles. Il convient donc d'examiner s'il n'y a pas de raisons, pouvant guider dans le choix de l'orientation, et en même temps dans le choix de la grandeur du diamètre polaire ρ_z.

J'en trouve deux, toutes naturelles. D'abord l'emploi d'un tiroir spécial de détente est motivé, non seulement, parce qu'il permet de varier la fin de l'admission, sans toucher aux autres phases de la distribution ; mais aussi, parce qu'il permet une fermeture *plus rapide* de l'orifice. Il est évident de soi, à l'inspection de la figure 19, (planche XIII), et cela se tirerait aisément de la formule [128], par les règles servant à déter-

1. *Annales industrielles*, Étude sur les appareils de distribution exposés à Vienne en 1873, 1er semestre 1874, Paris.

miner la vitesse maxima d'un mobile, quand on connaît la loi de sa marche, que la plus grande *vitesse relative* du tiroir de détente, c'est-à-dire celle d'un tiroir qui serait conduit sur table fixe, par un excentrique de centre D_z de rayon ρ_z ; se produit quand le grand rayon $\overline{OD_z}$ de l'excentrique est perpendiculaire, sur OX ; ou, en d'autres termes, quand $\alpha = 180° - \delta_z$; la rotation réelle de l'arbre s'effectuant, en sens inverse de la flèche, suivant la convention faite au n° 25. Si donc on veut réaliser la fermeture la plus rapide possible, au moins pour l'admission normale ; c'est-à-dire, pour $\alpha = \alpha_0$; il suffit de poser :

$$\alpha_0 = 180° - \delta_z \; ; \quad \text{d'où :} \quad \delta_z = 180° - \alpha_0. \qquad [129]$$

Dans [128], en vertu des relations fondamentales [1] et [2] et en remplaçant δ_z, par sa valeur, tirée de [129], il est clair qu'on a d'abord :

$$z_z = \rho_z \sin \delta_z \cos \alpha + \rho_z \cos \delta_z \sin \alpha ;$$

puis :

$$z_z = \rho_z \sin \alpha_0 \cos \alpha - \rho_z \cos \alpha_0 \sin \alpha. \qquad [130]$$

Posant $\alpha = \alpha_0$, dans cette formule, on a : $z_z =$ zéro. Ce qui veut dire : que la course relative, au moment où se termine l'admission moyenne, par le tiroir de détente, est nulle. Son recouvrement doit donc être nul aussi.

De là on tire cette première règle, fort simple.

Dans une distribution Meyer, rationnellement déterminée, le recouvrement e_0 du tiroir de détente doit être nul, pour l'admission moyenne ; et l'angle d'avance δ_z de l'excentrique fictif, qui donnerait au tiroir de détente sur table fixe, la marche relative qu'il possède, par rapport au tiroir principal, est égal au supplément de l'angle, décrit par la manivelle motrice, pour cette même admission moyenne.

152. — En second lieu, il *faut* et il *suffit*, que la demi-course ρ_z du tiroir de détente, soit assez grande, pour ouvrir à la vapeur, à quelque degré d'admission qu'il travaille, un passage convenable.

Plus l'admission est réduite, en durée, plus la largeur de ce passage peut être réduite : parce que la vitesse du piston est d'autant moindre, qu'il est plus près du commencement de sa course. Le maximum de vitesse ayant lieu, quand $\alpha = 90°$;

c'est donc, pour ce degré d'admission, qu'il convient de régler la largeur d'ouverture, donnée par le tiroir de détente.

Il est évidemment inutile que cette largeur l'emporte sur celle donnée par le tiroir principal, *au moment* où cette dernière est la plus grande. Or le tiroir principal fournit son maximum d'ouverture o_1 (donnée du problème), quand $\alpha = 90° - \delta_1$ Cela se voit, dans la figure 19, (pl. XIII) et se tirerait de [1], ou [126]; en y cherchant le maximum de z_1, par rapport à α. C'est donc, pour la même valeur $\alpha = 90° - \delta_1$, que le tiroir de détente doit découvrir aussi de o_1. Sa course relative doit être, *alors* :

$$z_z = o_1 + e_0;$$

e_0 désignant le recouvrement, pour une admission qui réponde à $\alpha = 90°$. Mais, la valeur donnée par [130] pour $\alpha = 90°$ est *alors* aussi :

$$e_0 = -\rho_z \cos \alpha_0.$$

Cela permet d'écrire la formule ci-dessus :

$$z_z = o_1 - \rho_z \cos \alpha_0;$$

puis, remplaçant z_z, par sa valeur, tirée encore de [130], mais pour $\alpha = 90° - \delta_1$:

$$\rho_z \sin \alpha_0 \sin \delta_1 - \rho_z \cos \alpha_0 \cos \delta_1 = o_1 - \rho_z \cos \alpha_0;$$

d'où l'on tire la valeur de ρ_z, seule inconnue :

$$\rho_z = \frac{o_1}{\sin \alpha_0 \sin \delta_1 + \cos \alpha_0 (1 - \cos \delta_1)}. \qquad [131]$$

Il est évident que si la largeur du tiroir de détente, (ou si l'on veut le développement du contour, par lequel ce tiroir laisse arriver la vapeur), différait de celle du tiroir d'admission, comme il arrive quelquefois, il faudrait prendre pour o_1, dans [131], une valeur inversement proportionnelle, qui peut se désigner par o_0 *répondant* à o_1 (V. données de la pl. XLI).

Tout est ainsi déterminé ; car [129] donne :

$$\sin \delta_z = \sin \alpha_0; \quad \cos \delta_z = -\cos \alpha_0;$$

par suite, on a, dans la relation fondamentale [2] :

$$A_z = \rho_z \sin \alpha_0; \quad B_z = -\rho_z \cos \alpha_0. \qquad [132]$$

Cela achève de faire connaître tout ce qui a rapport au tiroir de détente.

153. — Remarquer qu'on tire, de [132] :

$$\frac{A_z}{B_z} = \operatorname{tg} \delta_z = -\operatorname{tg} \alpha_0. \qquad [133]$$

Le centre D_z *de l'excentrique fictif, de rayon* $\rho_z = \overline{OD_z}$, fig. 19, (planche XIII), *tombe donc toujours, soit dans le quatrième, soit dans le deuxième quadrant* ; (le premier étant, dans l'angle $\widehat{XOY}$) ; *tant que* α_0 *reste plus petit que* 90° ; *c'est-à-dire tant que l'admission moyenne, par le tiroir de détente, se doit produire, durant la première moitié de la course du piston.* C'est, on peut dire, le cas absolument général.

Remarquer encore, dans [131], que δ_1 et α_0 étant toujours compris, entre zéro et 90° ; ρ_z est toujours positif. Il en est de même de A_z. B_z est, au contraire, toujours négatif. Donc, en réalité le centre D_z de l'excentrique fictif tombe toujours, dans le quatrième quadrant.

Cette condition est éminemment convenable.

On a vu, en effet, que dans le système Polonceau, (n° 142), ce centre tombait, sur la ligne de séparation du troisième et du quatrième quadrant ; c'est-à-dire ; sur l'axe OY négatif ; d'où résultait ce grave inconvénient, qu'à toute fermeture, par le tiroir de détente, pour un angle α, décrit par la manivelle, répondait une réouverture, pour un angle 180° — α ; ce qui restreignait considérablement les limites de la variation possible dans l'admission. Ces conditions empireraient, si ce centre tombait dans le troisième, ou le premier quadrant. Mais elles s'améliorent, s'il tombe dans le quatrième.

Ce résultat confirme le bien fondé des motifs, mis en avant, pour déterminer la grandeur et l'orientation du rayon polaire ρ_z de l'excentrique fictif.

Pour avoir la certitude que le tiroir principal soit fermé, avant que le tiroir de détente ouvre à nouveau ; ce qui est toujours nécessaire ; il suffit évidemment, (fig. 19, pl. XIII), que l'angle δ_z — 90°, formé par le diamètre polaire ρ_z prolongé, (ou OD_z'), avec l'axe OX_1, soit plus petit que 180° — α_1. Ce qui s'écrit, en remplaçant δ_z, par sa valeur [129] :

$$\delta_z - 90^\circ = 90^\circ - \alpha_0 < 180^\circ - \alpha_1 ;$$

d'où :

$$\alpha_1 < \alpha_0 + 90^\circ ; \quad \text{ou encore :} \quad \alpha_0 > \alpha_1 - 90^\circ.$$

On peut, alors, faire varier l'admission, depuis $\alpha = 0^\circ$, jusqu'à $\alpha = \alpha_1$, en donnant à e_0 la valeur qui lui convient. Cette valeur de e_0 se tire aisément de [130]. Ses limites e_0' et e_0'', par exemple, s'obtiennent, en donnant à α les valeurs α_0' et α_0''. On a :

$$\left. \begin{array}{l} e_0' = \rho_z \sin \alpha_0 \cos \alpha_0' - \rho_z \cos \alpha_0 \sin \alpha_0' \\ e_0'' = \rho_z \sin \alpha_0 \cos \alpha_0'' - \rho_z \cos \alpha_0 \sin \alpha_0'' \end{array} \right\} \qquad [134]$$

Il est clair que, pour toute valeur $\alpha_0' < \alpha_0$, on a $e_0' > o$. Pour toute valeur $\alpha_0'' > \alpha_0$, on a $e_0'' < o$. On a vu, plus haut, d'ailleurs, que pour $\alpha_0' = \alpha_0'' = \alpha_0$, on a $e_0 =$ zéro. Concluons donc : que : *le recouvrement du tiroir de détente est positif, ou négatif ; suivant que l'admission est plus petite, ou plus grande, que l'admission moyenne.*

Si, dans [134], on pose : $\alpha'_0 = \alpha_0 - \varphi$, et $\alpha''_0 = \alpha_0 + \varphi$; ce qui suppose : $\alpha^0 = \dfrac{\alpha'_0 + \alpha''_0}{2}$; on trouve, tout calcul fait :

$$e'_0 = \rho_z \sin \varphi ; \quad e''_0 = - \rho_z \sin \varphi. \qquad [135]$$

Donc, *en choisissant* α_0, *moyenne arithmétique, entre* α_0' *et* α_0'' ; *les valeurs extrêmes du recouvrement* e_0 *sont égales et de signe contraire.*

De même que le maximum de vitesse relative du tiroir de détente répond, au minimum de z_z, (ou plutôt à $z_z =$ zéro) ; c'est-à-dire, à $\alpha = 180^\circ - \delta_z$; ou $\alpha = \alpha_0$, comme on l'a vu n° 151 ; de même le minimum de vitesse relative du tiroir de détente répond, au maximum de z_z ; c'est-à-dire, (V. la figure), à $\alpha = 180^\circ - \delta_z + 90^\circ = 270^\circ - \delta_z$; ou, d'après [129], à : $\alpha = 90^\circ + \alpha_0$. On l'établirait, aisément dans [130], par les règles ordinaires de la recherche des maxima et des minima. Donc : plus l'angle $90^\circ + \alpha_0$ dépassera l'angle α_1, plus la fermeture, pour l'admission maxima, sera rapide ; puisque le tiroir sera plus éloigné du point, où sa vitesse relative devient minima ; (elle y est nulle) :

D'après l'ancienne méthode, qui posait justement : $\alpha_1 = 270^\circ - \delta_z$; on tombait, en plein, dans l'inconvénient d'une vitesse de fermeture, très faible ; à mesure qu'on rapprochait de l'admission limite, répondant à $\alpha = \alpha_1$; auquel cas cette vitesse devenait nulle.

154. — Connaissant $\rho_z A_z B_z \delta_z$ il s'agit de déterminer $\rho_0 A_0 B_0 \delta_0$. On a, en vertu de la relation fondamentale [3] :

$$\rho_0^2 = A_0^2 = B_0^2 ;$$

et, en tirant A_0 et B_0 de [128] :

$$\rho_0^2 = (A_z + A_1)^2 + (B_z + B_1)^2 ;$$

ou :

$$\rho_0^2 = A_z^2 + 2 A_z A_1 + A_1^2 + B_z^2 + 2 B_z B_1 + B_1^2 .$$

Comme :

$$A_z^2 + B_z^2 = \rho_z^2 ; \quad A_1^2 + B_1^2 = \rho_1^2 ; \quad \text{et que} \quad A_z = \rho_z \sin \delta_z ;$$

$$B_z = \rho_z \cos \delta_z ; \quad A_1 = \rho_1 \sin \delta_1 ; \quad B_1 = \rho_1 \cos \delta_1 ; \quad \text{il reste :}$$

$$\rho_0^2 = \rho_z^2 + \rho_1^2 + 2 \rho_z \rho_1 (\sin \delta_z \sin \delta_1 + \cos \delta_z \cos \delta_1) ;$$

ou enfin :

$$\rho_0^2 = \rho_z^2 + \rho_1^2 + 2 \rho_z \rho_1 \cos (\delta_z - \delta_1). \qquad [136]$$

Remarquer, (fig. 19, planche XIII), que l'angle $\delta_z - \delta_1$ n'est pas autre chose, que l'angle $\widehat{DOD_z}$, formé par les deux rayons $\rho^z = \overline{OD_z}$, et $\rho_1 = \overline{OD}$. Remarquer aussi que, dans le parallélogramme ODD_0D_z, la valeur, donnée par [136], s'applique parfaitement, à la diagonale $\overline{OD_0}$; car l'angle $\widehat{DOD_z} = \delta_z - \delta_1$ a pour supplément l'angle $\widehat{OD_zD_0}$; par suite ces $\widehat{OD_zD_0} = -\cos (\delta_z - \delta_1$. Donc dans le triangle OD_0D_z on peut écrire :

$$\overline{OD_0}^2 = \rho_0^2 = \rho_z^2 + \rho_1^2 - 2 \rho_z \rho_1 \cos. \widehat{OD_zD_0} = \rho_z^2 + \rho_1^2 + 2 \rho_z \rho_1 \cos(\delta_z - \delta_1)$$

Remarquer enfin que le rayon $\rho_0 = \overline{OD_0}$ de l'excentrique réel de détente est bien, en grandeur et en direction, la diagonale du parallélogramme, construit sur l'excentrique d'entraînement ρ_1, et l'excentrique relatif ρ_z; comme le veut la loi de la composition des excentriques, (n° 103).

Mais, dans le même parallélogramme il est une seconde diagonale $\overline{DD_z}$, ou sa parallèle $\overline{OD_{00}} = \rho_{00}$ dont la grandeur serait aussi exactement représentée par la formule [136], si l'on y *changeait le signe de* $\cos (\delta_z - \delta_1)$. Pour ce faire, que faudrait-il ? Il suffirait évidemment de poser, dans [128] :

$$\left.\begin{array}{ll} A_z = A_1 - A_{00} ; & B_z = B_1 - B_{00} ; \\ \text{au lieu de :} \quad A_z = A_0 - A_1 ; & B_z = B_0 - B_1 . \end{array}\right\} \qquad [137]$$

On aurait alors, en suivant la même marche que tout à l'heure :

$$\rho_{oo}^2 = \rho_z^2\ \rho + {}_1^2 - 2\,\rho_z\,\rho_1 \cos(\delta_z - \delta_1). \qquad [138]$$

L'opération, qui vient d'être indiquée, n'a rien changé à la valeur de A_z, de B_z, ni de ρ_z, par hypothèse, mais elle a complètement modifié la grandeur et l'orientation du rayon polaire ρ_{oo} de l'excentrique réel, conduisant le tiroir de détente. Dans le premier cas, il *précédait* l'excentrique du tiroir principal. Maintenant, il le *suit*. Cela modifie évidemment, le mode d'action *absolue* du tiroir de détente. Et cependant son action *relative* doit être restée identique. Comment cela est-il possible ?... La chose est des plus simples. Dans le premier cas, le tiroir de détente fermait l'admission par ses arêtes *extérieures ;* maintenant il la fermera par ses arêtes *intérieures.* Mais la fermeture, comme l'ouverture, se produira *au même instant ;* et sera représentée, dans les deux cas, par le *même diagramme relatif.*

On a, en définitive, implicitement renversé le sens de la marche relative du tiroir de détente. En effet, si l'on opère ce renversement, dans la fig. 19, (planche XIII), le centre de l'excentrique relatif tombe, en D'; au lieu de D_z; et suivant la règle, rappelée au n° 154, l'excentrique réel ρ_{oo}, ou $\overline{OD}_{oo}$ est bien encore, en grandeur et en direction, la diagonale du parallélogramme, construit sur l'excentrique *d'entraînement* ρ_1, et sur l'excentrique *relatif* ρ_z.

Si les formules [137], et [138], donnent le centre de l'excentrique relatif en D_z, dans le deuxième cas, aussi bien que dans le premier ; c'est que, si l'on a renversé implicitement le sens *relatif* de la marche du tiroir de détente ; on a implicitement aussi déplacé la position de ce tiroir, à l'origine conventionnelle de sa course. Suivant la règle toujours appliquée (V. n° 24, 74, 110), les courses doivent se compter, positivement, à droite de la position moyenne du distributeur, le piston partant du point mort, côté de l'arbre. Ici, dans le *premier* cas, le distributeur marche, *en avant,* du tiroir principal, qui lui sert de table. Il est, au départ, *à droite* de sa position relative moyenne. Sa course doit être mesurée positivement, dans la circonférence polaire de centre C_x. Dans le *second* il marche, *en arrière*, de sa table. Il est au départ, *à gauche*, de sa position relative moyenne. Sa course doit être mesurée négativement, dans la circonférence polaire de centre C_x' ; ce qui revient à la prendre positivement, dans la circonférence de centre C_x ; comme dans le premier cas.

Cette observation n'a qu'une importance purement théorique.

155. — De ce qui précède il résulte ce fait certainement remarquable[1] que *l'on peut réaliser les mêmes conditions, dans la distribution ; en employant, pour activer le tiroir de détente, soit l'excentrique de centre* D_0, (fig. 19, planche XIII), *d'angle de calage* δ_{01} ; *soit l'excentrique de centre* D_{00}, *d'angle de calage* δ_{001}. Le premier *précède* l'excentrique du tiroir principal, dans le sens de la rotation ; le second le *suit*. Le premier ouvre et ferme l'admission, par ses arêtes *extérieures* ; le second par ses arêtes *intérieures*. Les points DD_0D_{00} sont toujours en *ligne droite et l'on a toujours* : $\overline{DD_0} = \overline{DD_{00}} = \rho_x$.

Il est, maintenant, aisé de déterminer, quand l'emploi de l'excentrique $\overline{OD_0}$ est plus avantageux, que celui de l'excentrique $\overline{OD_{00}}$.

Il est clair, en effet, que puisque les conditions de la distribution sont les mêmes, avec les deux excentriques, il est avantageux d'employer celui, dont l'excentricité est la plus faible ; pour avoir moins de frottement, dans les presse-étoupes, une chapelle plus petite, etc. Or, les formules [136] et [138], comme la figure, montrent que l'on a : $\rho_{00} \lessgtr \rho_0$, suivant que $(\delta_x - \delta_1) \lessgtr 90°$; ou, en vertu de [129], suivant que $\alpha_0 - \delta_1 \gtrless 90°$.

Donc : *on emploiera l'excentrique* ρ_{00}, *si l'angle* α_0, *correspondant a l'admission moyenne* k_0, *est* $> 90° - \delta_1$. *On emploiera l'excentrique* ρ_0, *si cet angle est* $< 90° - \delta_1$.

Le plus ordinairement, surtout si l'on veut, comme il convient, faire un peu de compression, auquel cas δ_1 ne peut être

1. Je crois avoir, le premier, signalé explicitement ce résultat. (*Annales industrielles*, 1er semestre 1874, Paris. Étude sur les appareils de distribution exposés à Vienne en 1873.) M. G. ZEUNER, dans son Traité si complet, n'en dit rien ; même dans la dernière édition allemande, août 1874, Leipzig.

très petit, on a $\alpha_0 > 90^\circ - \delta_1$. C'est donc l'excentrique ρ_{00} qu'il faut employer; *à l'inverse de ce qui se pratique très souvent*. Cela montre l'importance de cette solution; négligée à tort, jusqu'à ces dernières années; parce qu'elle n'est pas assez connue.

Dans les triangles ODD_0, et ODD_{00}, (fig. 19, planche XIII); et, en vertu de [129], on a encore les relations suivantes dont l'emploi peut être utile :

$$\left.\begin{aligned} \sin(\delta_{01} - \delta_1) &= \frac{\rho_z}{\rho_0} \sin(\delta_z - \delta_1) = \frac{\rho_z}{\rho_0} \sin(\alpha_0 + \delta_1) \\ \sin(\delta_{001} + \delta_1) &= \frac{\rho_z}{\rho_{00}} \sin(\delta_z - \delta_1) = \frac{\rho_z}{\rho_{00}} \sin(\alpha_0 + \delta_1) \end{aligned}\right\} \quad [139]$$

156. — *Cas du renversement de la marche.* — Tout ce qui précède s'applique, comme il a été dit n° 150, au cas où la rotation se fait, dans un seul sens. Certaines observations sont nécessaires, pour le cas où la marche devrait être renversée.

Observons, d'abord, que si, dans le diagramme, (fig. 19, planche XIII), le point D occupait une position symétrique, au-dessous de OX, le sens de rotation serait renversé. Il est clair que si le point D_0 tombait lui-même, sur l'axe OX, la symétrie serait complète. C'est-à-dire, que les conditions de la marche renversée seraient identiquement les mêmes, que celles de la marche directe.

Pour amener D_0 sur l'axe OX, D étant supposé fixe, il faut abaisser D_z; c'est-à-dire, soit augmenter l'angle δ_z; ce qui réduit la limite d'admission maxima, par le tiroir de détente; soit augmenter ρ_z; ce qui augmente le travail du frottement des tiroirs, l'un contre l'autre. Ce sont là des inconvénients; mais d'un ordre petit, comparés à l'avantage d'obtenir une distribution symétrique dans les deux sens de la rotation.

L'excentrique de centre D_0 peut, alors, être remplacé, par un levier directement relié, d'un bout, à la crosse du piston, de l'autre, à la tige du tiroir de détente; et pivotant autour d'un point fixe, ménagé entre les deux, à une place telle, que la course totale du tiroir soit réduite, à celle que lui donnerait l'excentrique. Le tiroir de détente doit, en effet dans ce cas, marcher comme le piston; mais avec une course réduite et changée de sens.

D'ailleurs, sans toucher à δ_z, ni à ρ_z, on obtient encore l'abaissement du point D_0 par l'augmentation de l'angle δ_1. Cela conduit, à une admission maxima, un peu moindre ; et à une compression, un peu plus forte.

Si D_0 peut être assez facilement amené, sur l'axe OX, il n'en peut être de même de D_{00}. Pour renverser la marche, il faut faire descendre D_{00} *symétriquement*, sous l'axe OX, *en même temps que* D. Cela peut se faire au moyen d'une coulisse, et d'autres combinaisons. La solution est, alors, absolument générale; mais elle est évidemment, moins simple. Disons, en passant, que le double tiroir Meyer s'applique, de moins en moins, dans les machines à renversement de marche.

Quand on emploie D_0 pris sur l'axe OX, à mesure que D s'abaisse, D_z se relève. Quand D tombe exactement, sur l'axe OX; point intermédiaire, autre la marche avant, et la marche arrière; D_z tombe aussi sur l'axe OX. L'admission maxima, par le tiroir de détente, augmente, mais inutilement; puisqu'elle diminue, par le tiroir principal.

157. — *Application.* — La marche rationnelle à suivre consiste, à déterminer les éléments concernant le tiroir principal, par les méthodes ordinaires; suivant le dispositif qui lui donne le mouvement; en ayant soin, si la rotation doit pouvoir être renversée, de choisir une admission maxima, (k_1 ou α_1), modérée; et de forcer o_1, plutôt que de le réduire. On se donne, alors, k_0 ou α_0; puis k_0', ou α_0'; et k_0'', ou α_0''. D'ordinaire on prendra $k_0''=k_1$. Et si la détente doit être variée, par le régulateur de vitesse, il est à conseiller de prendre toujours $k_0'=$ zéro. Il est à conseiller, de plus, de prendre $\alpha_0=\frac{\alpha_0'+\alpha_0''}{2}=\varphi$. On a alors, immédiatement, dans :

[135] : $e_0'=-e_0''=\rho_z \sin\varphi=\rho_z \sin\alpha_0$;

[129] : $\delta_z=180°-\alpha_0$;

[131] : $\rho_z=\frac{o_1}{\sin\alpha_0 \sin\delta_1+\cos\alpha_0(1-\cos\delta_1)}$;

[132] : $A_z=\rho_z \sin\alpha_0 \qquad B_z=-\rho_z\cos\alpha_0$;

[136] avec [129] : $\rho_0^2=\rho_z^2+\rho_1^2-2\rho_z\rho_1\cos(\alpha_0+\delta_1)$

[138] avec [129] : $\rho_{00}^2=\rho_z^2+\rho_1^2+2\rho_z\rho_1\cos(\alpha_0+\delta_1)$.

On choisira la plus petite des deux dernières quantités, on peut, d'ailleurs, s'épargner le calcul de l'une d'elle ; en appliquant la règle du n° 155 : Prendre ρ_o, ou ρ_{oo}, suivant que $\alpha_o + \delta_1 \lesseqgtr 90°$. On aurait aussi, dans :

[137] et [3] : $A_o = A_1 + A_z$; $B_o = B_1 + B_z$; $\rho_o^2 = A_o^2 + B_o^2$;

ou : $A_{oo} = A_1 - A_z$; $B_{oo} = B_1 - B_z$; $\rho_{oo}^2 = A_{oo}^2 + B_{oo}^2$;

dans :

[2] : $\sin \delta_{o_1} = \dfrac{A_o}{\rho_o}$; $\sin \delta_{oo_1} = \dfrac{A_{oo}}{\rho_{oo}}$;

ou : $\operatorname{tg} \delta_{o_1} = \dfrac{A_o}{B_o}$; $\operatorname{tg} \delta_{oo_1} = \dfrac{A_{oo}}{B_{oo}}$;

ou, dans :

[139] : $\sin(\delta_{o_1} - \delta_1) = \dfrac{\rho_z}{\rho_o} \sin(\alpha_o + \delta_1)$;

et : $\sin(\delta_{oo} + \delta_1) = \dfrac{\rho_z}{\rho_{oo}} \sin(\alpha_o + \delta_1)$.

Enfin, la valeur du recouvrement e_o; correspondant à une admission quelconque α; est donnée, avec son signe, par :

[130], ou [134]: $e_o = \rho_z \sin\alpha_o \cos\alpha - \rho_z \cos\alpha_o \sin\alpha$.

Si la marche doit être renversée; ou si l'on veut pouvoir conduire le tiroir de détente, par la crosse du piston et un levier; on forcera ρ_z, dans [131], jusqu'à avoir, dans [2] $\delta_{o_1} = 90°$; c'est-à-dire, dans [2] : $B_o =$ zéro ; ou dans [137] [3] : $B_z = - B_1$; ou dans [132] :

$$\rho_z = \frac{B_1}{\cos\alpha_o}. \qquad [140]$$

Pour limiter la longueur d de chacune des plaques, composant le tiroir de détente, (planche XLI), il suffit d'observer que le recouvrement positif maximum étant e_o', donné, par [134], et o_o étant la largeur de la lumière, dans le tiroir principal, on doit avoir :

$$d > e_o' + o_o + \rho_z. \qquad [141]$$

Si le tiroir distribue, par ses arêtes *intérieures* ; il est d'ailleurs évident, qu'entre les deux arêtes intérieures des orifices, portés par le tiroir principal, il doit y avoir une distance :

$$d_{oo} > 2e_o'. \qquad [142]$$

Si le tiroir distribue par ses arêtes *extérieures*; il doit y avoir, entre les arêtes extérieures des orifices, portés par le tiroir principal, une distance :

$$d_0 > 2\,(e_0'' + d). \qquad [143]$$

158. — Les diverses formules, qui précédent, sauf les deux dernières, sont reproduites, (planche XLI), en dessous de la liste des données et des inconnues. Un exemple d'application, fait au moyen de ces formules est donné, par la planche XLIII la valeur numérique calculée des inconnues est inscrite, au-dessous de celle des données. ρ_{00} se trouvant plus petit que ρ_0, on a fait distribuer le tiroir de détente, par ses arêtes *intérieures.*

Les valeurs de ρ_1 et de δ_1 auraient pu être prises directement, dans le tableau supérieur de la planche IX-X; ou se chercher, par la méthode graphique, indiquée n° 87, et planche XIII, fig. 18; ou enfin être déterminées, par l'épure générale, décrite n° 93, et planche VII-VIII.

La planche XLI donne le *diagramme théorique*, construit avec les valeurs numériques de la planche XLIII. La partie hachurée indique la grandeur de l'ouverture, donnée par le tiroir de détente, pour une certaine admission k_{01}. Le recouvrement correspondant, pour le tiroir de détente, est $\overline{OT}$. La place a manqué, pour tracer entièrement la circonférence polaire relative; qui se trouve dans le quatrième quadrant; (XOY étant le premier quadrant). Son diamètre serait égal et opposé à $\overline{OD_2'}$.

La règle du parallélogramme des excentriques est applicable, sans calcul, à la détermination du centre de la circonférence polaire, représentant la marche absolue du tiroir de détente, (n° 154). L'épure vérifie les calculs; et résume tout ce qu'il est utile de connaître.

Le *diagramme automatique* se prend, au *Dianomégraphe*; comme l'indique la planche LXIII; aux indications de laquelle il convient de se conformer scrupuleusement, pour le *montage* du dispositif. Si le tiroir principal était activé, autrement que par un excentrique, (par une coulisse, supposons); il faudrait monter le dispositif, qui lui serait appliqué; suivant les indications des autres planches, donnant les divers dispositifs par coulisse, etc...

La figure, (planche XLIII), montre la disposition des courbes automatiques, se rapportant aux deux tiroirs. Ces courbes se prennent absolument, comme il a été indiqué n° 147, pour le dispositif POLONCEAU. Il convient de tracer la courbe du tiroir de détente, qui se rapporte à l'admission *normale*. C'est aussi pour cette dernière admission, qu'il faut *régler* le tiroir de détente; de manière à ce qu'il donne exactement l'admission égale, sur les deux faces du piston. On trouvera généralement que le recouvrement n'est pas nul, comme l'indiquent les formules approchées, établies plus haut; mais qu'il est positif, pour une face; et négatif, pour l'autre.

Une fois tracée, la courbe du tiroir de détente, à quelque degré d'admission qu'elle réponde, d'ailleurs, montre, très facilement, de combien il faut déplacer exactement chacune des plaques, pour obtenir un autre degré d'admission. Il n'y a qu'à marquer, sur le diagramme automatique, les deux positions réelles de la manivelle motrice, correspondant à cette nouvelle admission, sur les deux faces, et à mesurer, dans le sens voulu, sur les deux rayons-manivelle, la distance qui sépare la courbe polaire du tiroir principal, de celle du tiroir de détente.

Il y a là un moyen commode de graduer, d'avance, l'échelle des variations de l'admission, avec une exactitude égale, sinon supérieure, et une rapidité comme une commodité, incomparablement plus grande, que si l'on opérait, sur la machine elle-même; ce qu'il était obligatoire de faire, autrefois, au milieu de la poussière, de l'huile et du bruit, dans l'atelier, en tournant à la main, d'autant plus péniblement que la machine était plus puissante; c'est-à-dire, qu'une bonne réglementation présentait plus d'intérêt. C'est l'un des avantages de l'emploi du *Dianomégraphe*.

Observons, en terminant, que le diagramme vrai diffère toujours, très sensiblement, du diagramme théorique; surtout pour des admissions voisines de 50 0/0. Si l'on ne *monte* pas la distribution; on est exposé à commettre des erreurs notables ; tant dans la détermination de la longueur des plaques, que dans la distance entre les arêtes des orifices, du jeu à ménager dans la chapelle, et de l'action d'un déplacement donné des plaques, sur la durée de l'admission ; tant pour une face, que pour l'autre.

VARIATION AUTOMATIQUE DE LA DÉTENTE,

PARTICULIÈREMENT PAR LE RÉGULATEUR DE VITESSE

159. — Il a été dit un mot, au nº 149, de la *variation dans la durée de l'admission,* par l'action du Régulateur de vitesse.

D'une manière générale, que les deux pièces du tiroir de détente soient reliées par une vis commune, à filets contraires, genre Meyer, ou par deux tiges activées par un balancier, genre Racher, ou de toute autre façon ; il est évident que l'on peut faire varier l'écartement des plaques et, par conséquent, la durée de l'admission, non pas seulement à la main, mais en prenant l'origine du mouvement, sur le moteur même, en le transmettant aux plaques d'une façon rigide et automatique suivant une loi imposée, *sans se préoccuper de la résistance, plus ou moins grande, offerte par les plaques à la manœuvre dont il s'agit.*

Dans une machine d'extraction, par exemple, le travail, à fournir par le moteur, varie avec la hauteur relative des cages. Si la loi de cette variation est connue, il est toujours possible, soit de faire tourner la vis de Meyer, soit d'incliner le balancier Racher, de manière que les plaques de détente, s'écartent, ou se rapprochent, de la quantité voulue ; pour proportionner, à chaque instant, le travail de la puissance à celui de la résistance.

C'est là une solution analogue à celle réalisée par M. Guinotte, à Mariemont, (Belgique), avec le système de distribution, par coulisse, imaginé par lui (V. nº 219-25).

Mais la question, de beaucoup la plus importante, consiste à faire varier la durée de l'admission, par le régulateur de vitesse. Dans ces conditions, *la résistance offerte par les plaques à leur manœuvre d'écartement, ou de rapprochement, n'est plus indifférente*. C'est cette résistance, nécessairement grande, pour de puissantes machines, qui a conduit les ingénieurs à chercher d'autres organes distributeurs que les tiroirs. C'est de là que sont nés les robinets distributeurs et les soupapes distributrices, avec les nombreux dispositifs, à déclic, qui mettent leur mouvement sous la dépendance du régulateur de vitesse.

On a vu n° 14, que c'était là éviter un mal, en tombant peut-être dans un pire ; c'est-à-dire chercher à retirer un petit gain, de l'amélioration des conditions dans la fermeture à l'admission, en s'exposant à une grande perte, celle due à la non-étanchéité du distributeur.

De tous les distributeurs, celui qui conserve le mieux son étanchéité, c'est *le tiroir plan*.

Il est donc bon de citer, ici, les divers efforts faits pour rendre les plaques de détente MEYER, qui sont des tiroirs plans, manœuvrables par le régulateur de vitesse.

En *premier lieu*, on a cherché à réduire la résistance offerte par ces plaques: en leur donnant la forme d'un cylindre plein, ou creux, voyageant dans un autre cylindre creux, porté par le tiroir principal. (V. pl. LXVII-LXVIII, fig. 6.)

Au lieu de la forme cylindrique, on peut employer une forme polygonale quelconque. (V. pl. LXVII-LXVIII, fig. 7.)

La première forme est assez répandue en Allemagne, et appliquée à des machines développant mille chevaux de puissance indiquée au cylindre, et plus[1].

La seconde est appliquée à des machines, de grande puissance aussi, par la Société Cockerill, à Seraing, (Belgique), depuis 1873.

En *second lieu*, tout en laissant *plan* le tiroir principal et en le disposant comme celui de MEYER, pour la face qui glisse sur la table de la chapelle, on a devié les deux orifices de ce tiroir, en les contournant *en hélice, de pas inverse*, et on les a fait aboutir à une surface demi-cylindrique, placée sur le dos du tiroir principal.

1. Nous pouvons citer deux machines de laminoirs : l'une verticale à Ruhrort, l'autre horizontale, à Rothe-Erde, près Aix-la-Chapelle, dont nous avons eu en mains les diagrammes pris à l'indicateur, 1884.

Dans ce demi-cylindre on a disposé des plaques de détente, cylindriques aussi, et ayant leurs arêtes taillées également, suivant des *hélices de pas contraire*, identiques à celles des orifices ; de façon que, dans une certaine position, les arêtes de ces plaques et celles des orifices coïncident exactement.

Alors, au lieu de faire varier le *recouvrement* des plaques, en les écartant, ou en les rapprochant, dans le sens de l'axe du demi-cylindre, qui est aussi le sens, dans lequel elles effectuent leur course, on les a fait tourner, d'un certain angle, autour de cet axe ; et cela pendant la marche, par le moyen du régulateur de vitesse.

En *troisième lieu*, on a fait varier le *recouvrement* des plaques de détente, au moyen d'organes, empruntant leur mouvement au moteur, par des manchons d'embrayage, mis sous la dépendance du régulateur ; et donnant l'écart, ou le rapprochement, dans le sens voulu[1]. Cette solution s'est toujours montrée défectueuse. L'action du régulateur est trop tardive.

En *quatrième lieu* on a fait varier le *recouvrement* des plaques de détente *planes*, au moyen du balancier Racher, (V. n° 149), activé *directement*, par le régulateur, ou par l'emploi d'un cadre à deux coulisses, inversement inclinées, activé, aussi directement, par le régulateur. Dans ces cas, les résistances étant forcément grandes, il a fallu employer des régulateurs de vitesse puissants. (V. n° 15)[2].

En *cinquième lieu*, on a fait varier le *recouvrement* des plaques de détente, planes, ou autres, non plus par vis, balancier, ou cadre à rainures, inverses; mais en les actionnant, par l'intermédiaire d'un cadre, articulé, *sans jeu*, à la barre d'excentrique, et présentant, entre lui et le point de la tige du tiroir, sur lequel il doit agir, un certain *jeu*, dont l'amplitude peut être variée, par un coin. Le coin avance, ou recule, sous l'action du régulateur. Les plaques de détente peuvent être rigidement liées, entre elles, ou être indépendantes.

1. La machine de Rothe-Erde, citée à la note précédente, est dans ces conditions.

2. C'est à cette occasion que le système imaginé par l'auteur, a été breveté, par la Société Cockerill, à Seraing (Belgique), le 24 octobre 1876. V. *Génie civil*, 1880, Paris, ou *Annales industrielles*, 1880, Paris.

Pendant l'intervalle de temps, que le coin ne butte pas, contre les tiges des tiroirs, (ce qui se produit deux fois, par tour de manivelle, puisque l'entraînement du tiroir a lieu, tantôt dans un sens, tantôt dans l'autre), la résistance, à l'action du régulateur, devient *indépendante* de la résistance du tiroir de détente. Ce moyen permet donc d'employer des plaques planes de grande dimension.

Il se produit, à la vérité, entre le coin et le cadre, des chocs, d'autant plus sensibles, que la vitesse de l'excentrique est plus grande, et que le tiroir offre plus de résistance.

En *sixième lieu*, on a fait varier, non plus le *recouvrement* des plaques de détente, quelle que soit leur forme, mais on a fait varier leur course, au moyen d'un *levier coulisse*, activé, soit par la crosse du piston, soit par un point de la barre de l'excentrique du tiroir principal, soit par un excentrique spécial.

La hauteur, dans la coulisse, du coulisseau, articulé à la bielle du tiroir de détente, est variée, par le régulateur de vitesse.

En *septième lieu*, on a activé les plaques de détente, non par un excentrique, mais par un piston à vapeur, muni, lui, d'un tout petit tiroir de distribution mû par une coulisse droite, ou autre, à deux excentriques. Le régulateur est chargé de varier la hauteur relative du coulisseau dans la coulisse ce qui, comme on l'a vu, (systèmes *defg*... etc.), permet de changer, soit le commencement, soit la fin de l'admission de la vapeur, dans le cylindre auxiliaire ; et, par conséquent, le moment de la fermeture, par les plaques de détente.

Le petit piston se met, d'ailleurs, en mouvement, soit au moment, où la coulisse admet la vapeur, sur l'une des faces ; si l'autre face est en relation avec l'atmosphère, ou le condenseur ; soit au moment, ou la coulisse produit l'émission de la vapeur, sur l'une des faces ; si l'autre est en relation avec la chaudière.

Dans le second cas, la coulisse renversée, et ses dérivées, conviennent bien, parce qu'elles donnent l'admission sensiblement constante ; tandis qu'elles permettent de varier l'émission, dans une large mesure.

L'exiguïté du tiroir, réglant la marche du piston auxiliaire, fait, que ce tiroir offre peu de résistance, à l'action du régulateur; ce dernier devient, ainsi, à peu près indépendant des dimensions du tiroir de détente.

En *huitième lieu*, on a employé des déclics, manœuvrés par le régulateur, pour déclancher, brusquement, l'une des pièces, qui transmettent, aux plaques, le mouvement de l'excentrique. En produisant le déclanchement, plus ou moins tôt, le régulateur varie la durée de l'admission.

Cette dernière classe, à elle seule, peut embrasser un nombre considérable de dispositifs, variables dans la forme, identiques au fond.

Ils ont tous, pour défaut: d'abord d'exiger l'emploi de ressorts de rappel, plus puissants, que ce qui suffirait à vaincre la résistance minimum, ou normale, du tiroir; d'où, consommation inutile de travail, pour bander ces ressorts; ensuite, d'exiger l'emploi d'un appareil spécial, pour amortir le choc, nécessairement engendré, par le déclanchement brusque.

Il y a, sans doute, encore bien d'autres combinaisons possibles, connues, ou à créer, conduisant toutes, à la solution cherchée, de pouvoir varier automatiquement la durée de l'admission.

Quant au tracé de la courbe *théorique*, ou *automatique*, représentant la marche des plaques de détente, réalisée, par ces divers dispositifs, il ne présente pas de particularités, qu'il soit utile d'indiquer ici.

On trouvera, au chapitre XIX — IIIe partie, — n° 248 et suivants, la description d'un certain nombre de dispositifs, donnés, comme exemple d'application des divers principes, qui viennent d'être énoncés.

Voir aussi, aux n° 171-174, d'autres moyens de varier la durée de l'admission, pendant la marche, en employant des tiroirs de détente, glissant, non plus sur le tiroir principal, mais sur table fixe, en chapelle distincte.

CHAPITRE X

DISPOSITIF NAPIER ET RANKINE, — SYSTÈME *h*. TIROIR ORDINAIRE, MARCHANT SUR TABLE MOBILE. DIMENSIONS INVARIABLES DES TIROIRS. ORGANES MOTEURS INDÉPENDANTS (FIG. 5, PL. LXV-LXVI).

160. — Un croquis de ce dispositif est donné, figure 5, planche LXV-LXVI. Il a été breveté, en 1867, par MM. Napier et Rankine, en Angleterre. La théorie en a été exposée, par M. Rankine lui-même[1]; on la trouvera aussi dans le traité de G. Zeuner (4e édition allemande)[2]; mais suivant des méthodes différentes de celle qui va être donnée.

Partie théorique. — Au lieu de mettre comme Meyer le tiroir de détente, sur le dos du tiroir principal, on peut faire l'inverse; c'est-à-dire faire glisser un tiroir ordinaire, sur une table entièrement, ou partiellement mobile.

Une table *entièrement mobile*; s'entend de celle, dans laquelle les arêtes d'émission, comme d'admission, changeraient de place. En ce cas, il est aisé de comprendre qu'il devient possible d'activer le tiroir principal, par un excentrique, *sans angle d'avance*; quoique muni comme à l'ordinaire de *recouvrements* extérieur et intérieur; à la condition de donner, à la table, pour $\alpha = 0°$, le déplacement qu'il eut fallu donner au tiroir : (le recouvrement plus l'avance linéaire); mais *en sens inverse*.

Cela est très facile. Il suffit d'activer la *table mobile*, par la crosse du piston et un levier réduisant la course; à l'amplitude

1. *The Engineer*, octob. 1867, Londres.
2. *Die Schiebersteuerungen*, von Dr G. Zeuner, 1874, Leipzig.

convenable, *sans la renverser*; ce qui est l'inverse de l'effet produit, par le *levier d'avance*, dans le système b; (pl. XXIII).

Dans ces conditions, l'excentrique du tiroir principal, *n'ayant pas d'angle d'avance, peut activer une coulisse, dont le milieu pivote autour d'un point fixe*, (toujours comme dans le système b); laquelle est, par suite, apte à conduire le tiroir principal, *dans les deux sens* de la rotation. Il est évident de soi, que l'avance linéaire est, constante; puisque le tiroir et la table sont toujours, dans la même position relative, pour $\alpha = 0°$, et pour $\alpha = 180°$.

Le diagramme serait identiquement le même, que dans le système b. On saurait, sans peine, le tracer et calculer tous les éléments de la distribution. Il n'y aurait qu'à procéder, comme il a été dit, pour ce dernier système.

Cette disposition n'a d'ailleurs jamais été employée, à ma connaissance. Elle présente, par rapport au système b, l'inconvénient d'exiger deux presse-étoupes, et deux surfaces de glissement; sans avantage compensateur, d'aucune sorte. La variation, dans la fin de l'admission, entraîne toujours celle, dans la fin de l'émission.

Une table *partiellement mobile*, s'entend de celle, dans laquelle les arêtes, réglant l'*émission*, seraient fixes; et les arêtes, réglant l'*admission*, seraient seules mobiles. C'est la solution mise en avant, par MM. Napier et Rankine, en Angleterre, il y a une quinzaine d'années. C'est aussi celle qui est représentée, par la fig. 5, de la planche LXV-LXVI.

Le tiroir principal se détermine, comme un tiroir spécial d'émission; en se donnant l'avance linéaire, ou angulaire, à l'émission; c'est-à-dire a_e ou n_e; ou bien α_2 ou k_2 [1]; l'ouverture maxima d'émission o_e; et la fin de l'émission α_3 ou k_3. Il suffit de procéder, comme pour un tiroir ordinaire, en changeant les indices, dans les formules des n°s 70, ou 72. On obtient ainsi ρ A_e B i δ_e etc.

Si la table partiellement mobile était fixe, on calculerait les dimensions fictives du tiroir et de l'excentrique, encore par les formules des n°s 70, ou 72. Par exemple, étant donnés : l'a-

1. V. au besoin, planche III-IV, la signification des symboles.

vance linéaire à l'admission a_a, ou n_a; l'ouverture maxima o_a; la fraction de course, répondant à la fin de l'admission k_1, ou α_1; on aurait la valeur du rayon ρ_z de l'excentrique fictif, (ou relatif), par [20]; puis e, par [4]; A_z, par [9]; B_z, par [2], ou [3]; δ_z, par [2], etc.

Or, en désignant par : A_{oo} B_{oo}, ρ_{oo} δ_{oo}, les quantités qui se rapportent à la table partiellement mobile; laquelle est identique au tiroir de détente Meyer, distribuant par ses arêtes intérieures; sauf qu'elle est placée, *en dessous* du tiroir principal, au lieu de l'être *au dessus;* ce qui ne change absolument rien, à la marche relative; il est clair qu'on a, (V. n° 154) :

$$A_{oo} = A_e - A_z; \qquad B_{oo} = B_e - B_z. \qquad [144]$$

C'est la reproduction de la formule [137] supérieure.

A_{oo} et B_{oo} étant connus; on a immédiatement, par [2] et [3]:

$$\rho_{oo}^2 = \sqrt{A_{oo}^2 + B_{oo}^2};$$

puis :

$$\sin \delta_{oo1} = \frac{A_{oo}}{\rho_{oo}};$$

ou :

$$\operatorname{tg} \delta_{oo1} = \frac{A_{oo}}{B_{oo}};$$

Tout est déterminé.

Remarquer que, si A_e et A_z sont constantes; il en résulte que A_{oo} est lui-même constant. Cela est très facile à réaliser; et il convient de le faire, pour avoir égalité, dans l'avance à l'admission, comme à l'émission. D'un autre côté, si B_{oo} demeure aussi constant, il suffit de faire varier B_e, pour avoir une variation, dans B_z.

Enfin, si l'on choisit $B_{oo} =$ zéro —, ce qu'ont fait MM. Napier et Rankine, l'ordonnée du centre de la circonférence polaire de marche *relative* varie, comme celle du centre de la circonférence polaire de marche *absolue* du tiroir principal, c'est-à-dire, que si cette dernière devient négative, le sens de la rotation se trouve naturellement renversé.

161. — Voilà donc une solution, presque identique à celle de Meyer. En obligeant les arêtes extérieures des lumières d'entrée de la table, formant cadre rigide, à se déplacer, sous l'action d'un excentrique, en maintenant, fixes, les arêtes in-

térieures des mêmes lumières; puis en faisant glisser, sur cette table, partiellement mobile, un tiroir ordinaire, mû par un dispositif à changement de marche; — une coulisse renversée par exemple; — on peut faire varier la durée de l'admission, dans des limites très étendues; depuis 80 0/0, et au delà; jusqu'à presque zéro; dans les deux sens de marche. On ne peut descendre à zéro, si l'on conserve une avance linéaire à l'admission constante, comme avec la coulisse renversée. Mais on pourrait employer aussi bien la coulisse droite, à barres croisées; ou celle d'Allan, etc... Le tiroir principal est en une seule pièce, de dimensions invariables; de même que la table partiellement mobile. Cette dernière peut être activée, par la crosse du piston.

C'est une solution certainement très élégante et plus simple que celle de MEYER; car, n'ayant pas à modifier l'écartement des plaques de détente, tout se fait par le seul mouvement de renversement de marche.

Mais, il y a cette différence essentielle; qu'avec le dispositif MEYER, on varie la fin de l'admission, sans influencer aucunement les autres phases; tandis, qu'avec le dispositif NAPIER et RANKINE, en variant la fin de l'admission, on varie aussi le commencement et la fin de l'émission.

On peut, à la vérité, laisser A_e et B_e constants, c'est-à-dire, ne pas toucher à la marche du tiroir principal; si ce n'est, pour renverser le sens de la rotation; en ayant soin de maintenir A_{oo} constant, ou à peu près, et faire varier B_{oo}; ce qui suppose l'emploi d'une coulisse, pour activer la table mobile. Dans ces conditions, la fin de l'admission peut être variée, sans que le commencement, ni la fin, de l'émission le soient; mais on tombe dans la complication, résultant de l'emploi obligatoire de deux coulisses; qui, dans le cas général, devront être activées, par des excentriques de rayons et d'angles d'avance différents.

Une *solution simplifiée* consisterait, à activer le tiroir et la table, par une coulisse du système *b*. (HEUSINGER de WALDEGG, ou WALSCHAERTS), dans laquelle deux coulisseaux pourraient librement voyager. Chacun de ces coulisseaux attaquerait, par une tringle, un levier d'avance; dont l'un des points serait relié, à la crosse du piston, et l'autre, au tiroir ; avec renversement de sens, pour le tiroir principal ; sans renversement pour la table mobile.

On tomberait alors sur un dispositif rappelant, à la fois, celui de POLONCEAU, (système g, planche XXXVI), et celui de GUINOTTE-PICHAULT, (système o, planche LIV). Le premier de ces deux systèmes donne une solution inférieure, à celui de NAPIER et RANKINE, modifié comme il vient d'être dit ; le deuxième une solution égale ; au point de vue de l'étendue dans la variation, réalisable pour l'admission, *sans modification des autres phases de la distribution.*

D'ordinaire A_e est plus petit que A_z ; A_{oo} est alors négatif [144] ; la table partiellement mobile peut donc être activée, par la crosse du piston, au moyen d'un levier réducteur de course, ne renversant pas le sens du mouvement. Si A_{oo} était positif le levier réducteur, en question, devrait, en même temps renverser le sens du mouvement de la crosse. A_{oo} négatif veut dire, en effet, suivant la convention faite, dès l'origine, sur le sens dans lequel sont comptées les courses ; que la table mobile doit se trouver, à *gauche*, de sa position moyenne, pour $\alpha = 0°$; c'est-à-dire, du côté de l'arbre ; c'est-à-dire, du même côté que le piston.

Les formules [144] et suivantes s'appliqueraient, du reste, exactement, au cas, où la table serait entièrement mobile.

L'angle d'avance de $\pm$ 90°, exactement, n'est obligatoire, qu'en cas de renversement de marche.

162. — *Application.* — Ce qui précède suffit amplement, pour permettre de calculer, sans tâtonnement les dimensions du tiroir, et de la table mobile ; quelle que soit la disposition que l'on choisisse. Cela suffit encore, pour trouver la valeur des diamètres polaires : $\rho_e\ \rho_z\ \rho_{oo}$; et de leur angle d'avance $\delta_{e_1}\ \delta_z\ \delta_{oo_1}$.

Si le tiroir ou la table, ou tous les deux à la fois, sont activés, par l'un quelconque des nombreux appareils à renversement de marche, dont la description et la théorie sont données, dans cet ouvrage ; il sera toujours aisé de déterminer les dimensions de ces appareils, au moyen des quantités ci-dessus, préalablement calculées ; et, par les méthodes indiquées, pour chacun de ces appareils.

On pourra, aussi, prendre directement ρ_e et δ_{01} comme ρ_z et δ_z, dans le tableau supérieur de la planche IX-X ; ou les déterminer, soit par la méthode graphique, décrite n° 87, et planche XIII, fig. 18 ; soit par l'épure générale, indiquée n° 93, et planche VII-VIII. Il n'a pas paru nécessaire de donner un exemple d'application.

Le *diagramme théorique* se tracerait, avec les données ci-dessus, exactement comme dans le cas du dispositif MEYER. On vérifierait, par là, les valeurs calculées, et la règle de la composition des excentriques.

La quantité o_t', fig. 5 (planche LXV-LXVI), se détermine, par la condition, que l'on ait, à chaque instant :

$$\left.\begin{array}{l} o_t' + z_0 > z_e - i; \\ o_t' - z_0 > z_z - e. \end{array}\right\} \qquad [145]$$

et

$z_0\, z$ étant les courses absolues de la table mobile, et du tiroir prises avec leur valeur algébrique. La première condition exprime que l'ouverture, laissée réellement libre, à l'émission, par la table mobile, est toujours au moins égale à l'ouverture, donnée par le tiroir principal. La seconde, que l'ouverture laissée réellement libre, à l'admission, par la table mobile, est toujours au moins égale, à celle donnée aussi, par le tiroir principal. Le diagramme théorique sera d'un utile secours, pour vérifier l'accomplissement de ces conditions. Analytiquement parlant, il faudrait, dans chacune des formules [145], remplacer le signe $>$, par le signe —; on aurait, alors, la différence, entre les deux membres de l'équation; — chercher le minimum de cette différence ; l'égaler à zéro et en tirer o_t'. Des deux valeurs de o_t' trouvées, on doit prendre la plus grande.

Le *diagramme automatique* s'obtiendrait, au *Dianomégraphe*; après montage du dispositif; en suivant encore, à peu près exactement, ce qui a été fait, planche XLIII-XLIV, pour le système MEYER, et en se conformant, à ce qui a été dit au n° 158.

Au point de vue pratique; le dispositif NAPIER et RANKINE n'est pas hors des atteintes de la critique. D'abord ; le tiroir principal glisse, en partie, sur table mobile, en partie, sur table fixe. Il y a là une ligne de jonction, qui doit rester étanche. Le restera-t-elle ? La probabilité est pour la négative. En second lieu ; la pression du tiroir, sur la table, est beaucoup plus grande, que dans le système MEYER. Il y a donc plus de travail perdu, en frottement. Aussi, MM. NAPIER et RANKINE avaient-ils eu soin d'équilibrer le tiroir principal, ce qui constitue une complication.

CHAPITRE XI

DISPOSITIF SAULNIER, OU GOUZENBACH, OU ANGÉLY, — SYSTÈME i. DEUX TIROIRS, A MOUVEMENTS INDÉPENDANTS ; MARCHANT, SUR TABLES DISTINCTES (PL. XLII ET XLIV).

163. — Ce dispositif connu, en France, sous le nom de SAULNIER, et aussi de GEORGES[1]; en Allemagne, sous le nom de GOUZENBACH; en Belgique, sous le nom d'ANGÉLY, est assez ancien. Il a précédé celui de MEYER.

Réduit à ses formes essentielles, il est représenté, par la planche XLII. Il se compose de deux tiroirs, à mouvements indépendants, marchant chacun, sur une table fixe. Le tiroir inférieur est de la forme ordinaire. Au-dessus de lui, dans la même chapelle, se trouve une cloison faisant corps, avec celle-ci; ou rapportée, à la façon d'un couvercle étranche. Cette cloison est percée d'un, ou plusieurs, orifices; sur lesquels glissent, une ou plusieurs plaques, rigidement liées entre elles.

Le mouvement de chacun des tiroirs peut être emprunté, soit à un excentrique, soit à une coulisse, etc... La figure suppose l'emploi d'un excentrique spécial activant directement chacun des tiroirs. C'est le cas plus simple et celui qu'il suffit de traiter ici; car que ces excentriques soient réels ou fictifs; on sait, quand ils sont déterminés, les remplacer, par d'autres combinaisons de mouvements; comme on l'a vu.

La théorie claire, du dispositif en question, paraît avoir été donnée, pour la première fois, par G. ZEUNER[2]. On la trouvera, dans les diverses éditions de son traité. Elle s'établit d'ailleurs facilement. La théorie, donnée ci-après, diffère de celle de ZEU-

1. Le dispositif de GEORGES peut être considéré comme un perfectionnement. Il en sera question plus loin, n° 172.

2. *Civil-Ingenieur*, t. III, 1857.

NER, quant à la méthode. Elle est plus générale; et conduit à des conséquences qui n'avaient jamais été signalées, je crois.

164. — *Partie théorique.* — Du tiroir principal, il n'y a rien à dire, ici. Il suffit de se reporter, à ce qui a été précédemment exposé; ou à ce qui le sera, dans la suite, selon l'agencement des organes, qui lui impriment le mouvement. Que ces organes se réduisent à un excentrique, donnant la rotation, dans le même sens; ou comprennent des combinaisons cinématiques, plus compliquées, donnant la rotation, dans les deux sens; on saura, toujours, déterminer et les dimensions du tiroir, et celles des organes qui le meuvent, en se reportant, pour la marche à suivre, au chapitre concernant le dispositif employé, ou un dispositif analogue.

Le tiroir principal, (l'inférieur), a pour fonction, de régler : le commencement de l'admission, le commencement et la fin de l'émission, le sens de la rotation. Le tiroir de détente, (le supérieur), a pour fonction de régler : seulement la fin de l'admission.

La manivelle motrice étant au point mort, suivant OX_1, (planche XLII), et la rotation réelle se faisant, de X_1 vers Y; l'excentrique, qui conduit le tiroir de détente, peut être calé : soit dans le premier quadrant XOY, (ou dans le troisième); soit dans le second quadrant YOX_1, (ou dans le quatrième).

Dans le premier cas; si le tiroir distribue par ses arêtes *extérieures*, comme à l'ordinaire, son recouvrement est nécessairement *positif*; autrement il admettrait, depuis $\alpha \gtreqless 0°$, jusqu'à $\alpha \lesseqgtr 180°$[1]; puisqu'au moment où il cesserait d'admettre, par une de ses arêtes, il aurait déjà commencé, ou commencerait à admettre, par l'autre, dans la chapelle commune. Il serait donc inutile. S'il distribue, par ses arêtes *intérieures*, son recouvrement est nécessairement *négatif*; autrement il n'admettrait déjà plus, pour $\alpha = 0°$. Mais, alors, la durée possible de la fermeture est très faible, même pour $\delta_0 = 0°$. Ce n'est pas une solution pratique.

Dans le second cas; s'il distribue, par ses arêtes *extérieures*, son recouvrement est nécessairement *négatif*; sous peine de ne pas admettre, pour $\alpha = 0°$. Mais alors il admet, depuis $\alpha \gtreqless 0°$,

1. V. au besoin, planche III-IV, la signification des symboles.

jusqu'à $\alpha \gtreqless 180°$. Il serait donc inutile, comme plus haut. S'il distribue, par ses arêtes *intérieures*, son recouvrement peut être *positif*, ou *négatif*; suivant que l'angle à parcourir, par la manivelle motrice, avant la fermeture à l'admission, est plus petit, ou plus grand, que l'angle d'avance négatif δ_{oo}.

Tout cela se vérifie, sans peine, sur le diagramme théorique; et mieux encore, c'est-à-dire sans confusion possible, au *Dianomégraphe*.

En somme, il n'y a donc que deux cas à considérer.

165. — 1° *Le centre de l'excentrique du tiroir de détente tombe, dans le premier, (ou le troisième) quadrant. Ce tiroir admet, par ses arêtes extérieures.* — Le rayon de l'excentrique est r_o, son angle d'avance δ_o, son recouvrement e_o. (Voir le diagramme théorique, planche XLII). Soit C_o le centre de la circonférence polaire de marche du tiroir de détente. Quand l'admission cesse, par le tiroir de détente, l'angle, décrit par le rayon manivelle OX, dans le sens de la flèche, est $XOV_o = \alpha_o$; correspondant à la fraction k_o de course, parcourue par le piston. Quand l'admission commence, à nouveau, par ce même tiroir, le rayon manivelle occupe par rapport à la normale en O à $\overline{OC_o}$, une position nécessairement symétrique à $\overline{OV_o}$.

L'angle de $\overline{OV_o}$, avec $\overline{OX}$ et α_o. L'angle de $\overline{OV_o}$ avec $\overline{OC_o}$. est $\alpha_o - (90° - \delta_o)$; ou $\alpha_o + \delta_o - 90°$. L'angle de $\overline{OV_o}$ avec la normale en O à $\overline{OC_o}$, est 90° moins le précédent; ou $180° - (\alpha_o + \delta_o)$. L'angle, décrit par la manivelle motrice, quand le tiroir de détente ouvre à nouveau, est donc α_o + 2 fois le dernier; c'est-à-dire :

$$\alpha_o + 2\,[180° - (\alpha_o + \delta_o)] = 360° - \alpha_o - 2\,\delta_o.$$

Or, cet angle doit être plus petit que α_1; sous peine de voir la vapeur, admise de nouveau, par le tiroir de détente, avant que le tiroir principal ait fermé. On a donc la condition :

$$\alpha_1 < 360° - \alpha_o - 2\,\delta_o.$$

On tire de là :

$$\delta_o < 180° - \frac{\alpha_o + \alpha_1}{2}.$$

On prendra, par exemple : [146]

$$\delta_o = 170° - \frac{\alpha_o + \alpha_1}{2}.$$

D'un autre côté, si o_1 est la largeur d'ouverture imposée, pour le tiroir principal : il suffit évidemment, qu'à égalité de longueur, celle o, donnée par le tiroir de détente, quand l'admission correspond à α_0 soit :

$$o = o_1 \sin \alpha_0 ;$$

par la raison que la vitesse du piston est proportionnelle à sin α; et que si une ouverture o_1 a été jugée suffisante, pour la plus grande vitesse du piston, (quand $\alpha = 90°$); o peut être réduit, dans le rapport des vitesses, qui est sin $\alpha : 1$. Il est bien entendu, d'ailleurs, que si $\alpha_0 > 90°$, il faut prendre : $o = o_1$.

D'ordinaire, la table, sur laquelle court le tiroir de détente, est percée de plusieurs orifices. Soit m leur nombre. La quantité, dont chacun doit être découvert, devient :

$$o_0 = \frac{o}{m} = \frac{o_1 \sin \alpha_0}{m} ; \qquad [147]$$

En vertu de [1], on peut écrire, en désignant par z_0, la course du tiroir de détente, comptée positivement, à partir et à droite de sa position moyenne, pour un angle α quelconque ; l'origine des angles α correspondant, comme toujours, à la position de la manivelle motrice, dirigée à l'opposé du cylindre; par ρ_0 le rayon de l'excentrique, apte à conduire directement le tiroir de détente; ou par $r_0 = \rho_0$ le rayon de cet excentrique, s'il est réel :

$$z_0 = \rho_0 \sin \delta_0 \cos \alpha + \rho_0 \cos \delta_0 \sin \alpha .$$

Pour $\alpha = \alpha_0$, la valeur de z_0 doit justement être celle du recouvrement e_0 puisque l'orifice doit commencer à se fermer. On doit donc poser :

$$e_0 = \rho_0 \sin \delta_0 \cos \alpha_0 + \rho_0 \cos \delta_0 \sin \alpha_0 = \rho_0 \sin (\alpha_0 + \delta^0) \qquad [148]$$

valeur nécessairement positive, comme il a été dit, n° 164.

Mais, en vertu de [4], on a aussi :

$$e_0 = \rho_0 - o ; \qquad [149]$$

On tire, de là :

$$r_0 = \rho_0 = \frac{o_0}{1 - \sin (\alpha_0 + \delta_0)} . \qquad [150]$$

Tout est ainsi déterminé ; car connaissant o_1 et m on a : δ_0, dans [146] ; o_0, dans [147] ; ρ_0, dans [150] ; e_0, dans [148], ou [149].

166. — 2° *Le centre de l'excentrique du tiroir de détente tombe dans le second, (ou le quatrième) quadrant. Ce tiroir admet par ses arêtes intérieures.* — Désignons : par $\rho_{00} = r_{00}$ la valeur fictive, ou réelle, de l'excentricité ; par $-\delta_{00}$ l'angle d'avance, supposé négatif ; par e_{00} le recouvrement, sur le signe duquel il n'est pas fait d'hypothèse, pour le moment. Soit encore C_{00}, le centre de la circonférence polaire de marche du tiroir de détente, (planche XLII).

Quand l'admission cesse, par le tiroir de détente, l'angle décrit, par la manivelle motrice, est, comme plus haut : $XOV_0 = \alpha_0$. Quand l'admission commence, à nouveau, par ce même tiroir ; la manivelle occupe, par rapport au diamètre polaire $\overline{OC_{00}}$ une position symétrique à OV_0. L'angle de $\overline{OV_0}$, avec $\overline{OX}$, est toujours α_0. Celui de $\overline{OV_0}$, avec $\overline{OC_{00}}$ est, d'une manière générale, en convenant que δ_{00} sera positif, si $\overline{OC_{00}}$ tombe à droite de OY ; et négatif, s'il tombe à gauche :

$$90_0 - \delta_{00} - \alpha_0.$$

L'angle, décrit par la manivelle motrice, quand le tiroir de détente découvre à nouveau, est donc : $\alpha_0 +$ deux fois le dernier ; c'est-à-dire :

$$\alpha_0 + 2(90° - \delta_{00} - \alpha_0) = 180_0 - 2\delta_{00} - \alpha_0.$$

Cet angle, doit, aussi lui, être plus grand que α_1 pour les mêmes raisons, que plus haut, (n° 165). Il faut donc poser :

$$\alpha_1 < 180° - 2\delta_{00} - \alpha_0 ;$$

d'où l'on tire :

$$\delta_{00} < 90_0 - \frac{\alpha_0 + \alpha_1}{2} ;$$

on prendra par exemple : [151]

$$\delta_{00} = 80° - \frac{\alpha_0 + \alpha_1}{2} .$$

D'une manière plus générale, [152] et [146] peuvent s'écrire :

$$\delta_{00} = 90 - \frac{\alpha_0 + \alpha_1}{2} - x ; \quad \text{et :} \quad \delta_0 = 180 - \frac{\alpha_0 + \alpha_1}{2} - x. \qquad 152]$$

Si l'on retranche la première de la seconde, il vient :

$$\delta_0 - \delta_{00} = 90^\circ; \quad \text{d'où} \quad \delta_{00} = \delta_0 - 90^\circ. \qquad [153]$$

Relation remarquable, entre les angles d'avance des deux excentriques, donnant la fermeture, au même instant, par le tiroir de détente. δ_{00} diffère, algébriquement, de 90° avec δ_0. Cela veut dire que *les deux excentriques sont toujours à angle droit.*

On doit d'ailleurs, comme plus haut, (n° 165), réaliser la condition :

$$o_0 = \frac{o}{m} = \frac{o_1 \sin \alpha_0}{m}.$$

Cette condition, l'excentrique de centre C_0 la réalise, quand $\alpha = 90° - \delta_0$; ce qui est très satisfaisant, par analogie, avec ce que donne un tiroir ordinaire.

L'excentrique de centre C_{00} la réalise, quand C_{00} passe sur $\overline{OX_1}$ c'est-à-dire pour $\alpha = -(90° + \delta_{00})$. — V. la figure; en ne perdant pas de vue, que si δ_{00} est réellement négatif; ce que dira [151], il faudrait changer son signe, dans cette expression de α —.

Mais il est clair que ce maximum d'ouverture se produit, dans des conditions peut satisfaisantes; puisqu'il a toujours lieu, avant le commencement de la course du piston; (δ_{00}, même négatif, étant nécessairement plus petit que 90°). Il est donc préférable de rester, eu égard à la largeur d'ouverture, dans les conditions fournies, par l'excentrique de centre C_0. Il suffit, pour cela, que l'excentrique de centre C_{00} donne l'ouverture o_0, au moment où C_0 la donnerait lui-même; c'est-à-dire quand $\alpha = 90° - \delta_0$. Alors, en vertu de [153], C_{00} tient le tiroir de détente précisément, au milieu de sa course; puisque quand C_0 est sur OX, C_{00} est, sur OY. Il faut donc que le tiroir présente un découvrement égal à o_0; ce qui s'écrit :

$$-e_{00} = o_0. \qquad [154]$$

Ceci posé; remarquons que la relation [148] peut se reproduire, ici; en respectant la convention, faite plus haut, sur le signe de δ_{00}, sous la forme :

$$-e_{00} = \rho_{00} \sin(\alpha_0 + \delta_{00}).$$

On tire de là, en vertu de [154] :

$$r_{oo} = \rho_{oo} = \frac{o_o}{\sin(\alpha_o + \delta_{oo})} \qquad [155]$$

167. — *Application.* — Les inconnues ρ_o e_o δ_o ou ρ_{oo} e_{oo} δ_{oo} sont ainsi déterminées, dans tous les cas possibles. En effet, les données étant : o_1, k_1 ou α_1, k_o, ou α_0, on a [1] : dans

[11] : $\cos\alpha_1 = 1 - 2k_1$; et aussi : $\cos\alpha_o = 1 - 2k_o$;

[146] : $\delta_o = 170^\circ - \frac{\alpha_o + \alpha_1}{2}$;

[147] : $o_o = \frac{o_1 \sin\alpha_o}{m}$, pour $\alpha_o < 90^\circ$; ou $o_o = \frac{o_1}{m}$, pour $\alpha_o \geqq 90^\circ$;

[150] : $r_o = \rho_o = \frac{o_o}{1 - \sin(\alpha_o + \delta_o)}$;

[149] ou [148] : $e_o = \rho_o - o_o = \rho_o \sin(\alpha_o + \delta_o)$;

[151] ou [153] : $\delta_{oo} = 80^\circ - \frac{\alpha_o + \alpha_1}{2} = \delta_o - 90^\circ$;

[154] : $e_{oo} = - o_o$:

[155] : $r_{oo} = \rho_{oo} = \frac{o_o}{\sin(\alpha_o + \delta_{oo})}$.

Ces mêmes inconnues se peuvent trouver, graphiquement, comme suit : Tracer, (planche XLII), deux axes rectangulaires : OX, OY. Mener, du pôle O, deux droites $\overline{OV_o}$, $\overline{OC_o}$, faisant, avec OX, les angles α_o et $90^\circ - \delta_o$; dont le premier est une donnée, et le second se tire de [146]. D'un point quelconque C_o, pris sur $\overline{OC_o}$, décrire une circonférence polaire puis de O, une autre circonférence, coupant $\overline{OV_o}$, au même point, que la circonférence de centre C_o.

La première circonférence représente ρ_0 ou r_0. La seconde représente e_0. La longueur $\rho_0 - e_0$ représente o_0, qui est connu par [147] ; cela fixe l'échelle.

On opérerait de même, pour la recherche de ρ_{00} et de e_{00}. Cette recherche, si elle vient en second lieu, est simplifiée, par suite de la condition [153].

Il convient évidemment de *choisir*, *entre* ρ_0 *et* ρ_{00}, *celui qui*

1. V., au besoin, planche III-IV, la signification des symboles.

a la plus petite valeur; on aura ainsi moins de frottement sur la table et dans les presse-étoupes.

Il est d'ailleurs évident, que tout se passant symétriquement, pour α, et pour $\alpha + 180°$, entre le tiroir de détente, et sa table fixe; il est loisible de caler l'excentrique de détente, avec l'angle δ_0, ou $180° + \delta_0$; et avec l'angle δ_{00}, ou $180° + \delta_{00}$; ce qui justifie les sous-titres, inscrits aux n°s 165 et 166.

168. — *Dimensions des orifices.* — 1° Le recouvrement e_0 est positif; l'angle d'avance est δ_0; le tiroir distribue, par ses arêtes extérieures, s'il y a m orifices, dans la table; chacun aura la largeur o_0, donnée par [147]. Le tiroir présentera $m - 1$ orifices; de largeur égale à o_0; de manière que le plein, entre deux orifices de la table, comme du tiroir, est (v. la fig. pl. XLII):

$$d_0 = o_0 + 2\,e_0\,; \qquad [156]$$

et que la longueur entière L_0 du tiroir est en vertu de [149]:

$$L_0 = m\,(o_0 + 2e_0) + (m - 1)\,o_0 = e_0 + (2\,m - 1)\,\rho_0 = 2\,m\,\rho_0 - o_0. \qquad [157]$$

2° Le recouvrement e_{00} est négatif; l'angle d'avance est δ_{00}; le tiroir distribue, par ses arêtes intérieures. Les m orifices de la table, comme du tiroir, ont la largeur o_0, donnée par [147]. Cela résulte de la condition [154]. Le plein entre deux orifices est:

$$d_{00} = \rho_{00} + x, \qquad [158]$$

x étant un certain nombre de millimètres, (de 4 à 10 suivant la longueur des orifices); car, en position moyenne, les arêtes de la table coïncident, avec celles du tiroir; et ce dernier doit courir de ρ_{00}, de part et d'autre de cette position, sans que ses arêtes découvrent l'orifice voisin de celui, avec lequel elles coïncident, en position moyenne. La longueur entière du tiroir est:

$$L_{00} = m\,o_0 + (m + 1)\,(\rho_{00} + x) = \rho_{00} + x + m\,(o_0 + \rho_{00} + x). \qquad [159]$$

169. — Les diverses formules, qui précèdent, sont groupées, planche XLII; en dessous de la liste des données et des inconnues; après celles qui s'appliquent au tiroir principal. Un exemple d'application, faite au moyen de ces formules, est donné planche XLIV. La valeur numérique calculée des inconnues est inscrite en dessous de celle des données. ρ_{00} se

trouvant plus petit que ρ_0, on a fait distribuer le tiroir, par ses arêtes intérieures. L'angle d'avance $-\delta_{00}$ tombe dans le second quadrant, (ou le quatrième).

Les valeurs de ρ_1 comme de δ_1 auraient pu être prises, dans le tableau supérieur de la planche IX-X; ou être cherchées, par la méthode graphique, du n° 87, planche XIII, fig. 18; ou enfin être demandées, à l'épure générale, décrite n° 93 et planche VII-VIII.

Les valeurs de δ_0 ρ_0 e_0 ou de δ_{00} ρ_{00} e_{00} eussent aussi pu se déterminer, graphiquement, comme il vient d'être expliqué, n° 167.

La planche XLII donne le *Diagramme théorique*, ou de Zeuner, construit avec les valeurs numériques de la planche XLIV. La partie hachurée indique la grandeur de l'ouverture, donnée par le tiroir de détente, pour un certain degré d'admission k_0. Il est aisé de vérifier, sur ce diagramme, l'exactitude des diverses formules établies : la relation qui existe, entre les angles δ_{00} et δ_0, etc...

Ce diagramme montre aussi, que pour varier la durée de l'admission, par le seul tiroir de détente, sans toucher au recouvrement, il suffit de varier : soit l'angle δ_0 ou δ_{00}; soit le diamètre ρ_0 ou ρ_{00}; soit l'angle et le diamètre, en même temps. Le moyen le plus simple est la variation du diamètre seul ; mais il est peu efficace. Les limites sont, alors, toujours fort restreintes. La variation de l'angle d'avance seul est difficile à réaliser. Le mieux est de varier, à la fois, l'angle et le diamètre, comme on le verra plus loin, n° 170. Saulnier et Gouzenbach ne variaient que le diamètre. Angély variait le diamètre et l'angle. On peut encore changer la durée de l'admission, en faisant varier le recouvrement seul. C'est ce que faisait Georges.

Le *Diagramme automatique* se prend, au *Dianomégraphe*, comme l'indique la planche XLIV; dont il suffit de suivre les indications, pour le *montage* du dispositif, aux dimensions calculées, inscrites en tête de cette planche. Ce montage, comme la prise du Diagramme, sont des plus simples. Chaque tiroir marche, en somme, comme le tiroir ordinaire du système a; auquel on peut se reporter, au besoin.

Il est loisible de superposer, sur la même feuille de papier, la courbe polaire de marche du tiroir principal, et celle du tiroir de détente. Pour le tracé des courbes; voir ce qui a été dit, n° 147, au sujet du système POLONCEAU.

On règle le tiroir principal, avec l'avance égale, comme d'ordinaire. Quand au tiroir de détente; en allongeant, ou en raccourcissant, un peu sa tige de commande, on parvient toujours à lui faire donner l'admission égale sur les deux faces, pour un régime donné de marche. Il en résulte une certaine différence, non négligeable, dans la grandeur des ouvertures réalisées, ce qui est de peu d'importance; si ce n'est qu'il est bon de vérifier la suffisance de l'excès de largeur, donné au plein, entre deux orifices, conformément à [158], quand la distribution se fait par les arêtes intérieures, (recouvrement négatif); et aussi, la suffisance de la place disponible, dans la chapelle.

On reproche, à ce dispositif : d'abord, d'exiger deux chapelles superposées; puis d'augmenter, ce que l'on appelle l'espace nuisible. Pour juger cette dernière objection, à sa valeur exacte, il convient de voir ce qui est observé n° 10, à propos de l'espace, « *dit nuisible.* »

Remarque. — Tout ce qui précède suppose que les orifices des deux faces du piston aboutissent à une seule et même chapelle. Mais s'il y a une chapelle isolée et des tiroirs distincts, pour chaque face du piston, les conditions ne changent pas; car on a toujours à craindre, comme aux nos 165 et 166, que le tiroir de détente, *pour une face*, admette avant que le tiroir principal, distribuant *sur cette même face*, ait cessé d'admettre. Il n'y a donc pas d'avantage théorique à employer des chapelles distinctes, à ce point de vue. Il peut cependant y en avoir à d'autres points de vue (V. n° 172).

SYSTÈME DE GOUZENBACH PROPREMENT DIT

à renversement de marche et détente variable.

170. — Dans ce qui précède; on a admis que la rotation s'effectuait, dans un seul sens. Mais on peut avoir besoin de

renverser la marche. C'est même spécialement, pour ce dernier cas, que GOUZENBACH a imaginé le dispositif, connu sous son nom, en Allemagne; lequel n'a eu, du reste, qu'un faible succès; par la raison : que tel, qu'il était, il ne permettait pas la variation symétrique de l'admission, dans les deux sens de marche.

GOUZENBACH n'avait pas songé à faire distribuer son tiroir de détente, par les arêtes *extérieures*. Or, quand ce tiroir distribue, par ses arêtes *intérieures*, l'angle de calage de l'excentrique de détente reste toujours voisin de 0°. C'est-à-dire, que le diamètre polaire $\overline{OC_{00}}$ reste voisin de $\overline{OY}$.

Si $\overline{OC_{00}}$ (planche XLII), est suivant OY, ou *à droite* de OY, il est clair que l'admission ne peut se faire, que durant la première moitié de la course du piston; sous peine de se produire, à nouveau, avant que le tiroir principal ait fermé.

En éloignant $\overline{OC_{00}}$, *à gauche* de $\overline{OY}$, on élargit un peu cette limite; mais alors, dans la marche renversée, il n'y a plus symétrie; que C_{00} reste fixe, ou qu'il voyage sur $\overline{OC_{00}}$; car bien que le centre C_{00} de l'excentrique puisse être indifféremment pris, en dessus, ou en dessous, du pôle, sur la ligne $\overline{OC_{00}}$, tant que la rotation a lieu dans le sens de la flèche; cela ne suffit pas, pour assurer la symétrie de marche, dans la rotation inverse. Pour que cette symétrie existe; il faut que C_{00} occupe, en dessous de $\overline{OX}$, une position exactement symétrique, par rapport à OX, avec celle qu'il occupe en dessus. Cela ne peut avoir lieu que si $\delta_{00} = 0°$; c'est-à-dire si C_{00} est sur OY. Mais, alors, comme il vient d'être dit, les *limites de variation de l'admission* sont fort restreintes.

GOUZENBACH faisait δ_{00} négatif, et non pas nul. Il activait le tiroir de détente, par une coulisse renversée; dont le point supérieur était fixe, et le point inférieur mû par l'excentrique de marche arrière, (Locomotives), c'est-à-dire, par un excentrique, ayant un angle d'avance de $180° - \delta$; agissant, (on l'a vu, plus haut, n° 167), comme s'il eût été calé, avec un angle d'avance de $-\delta$. La coulisse jouant le rôle d'un levier, de longueur variable, variait ρ_{00}, dans le diagramme de la pl. XLII; mais nullement δ_{00}. La plus petite valeur de ρ_{00} répondait à l'admission limite maxima; le recouvrement $-e_{00}$, (ou plutôt le découvrement), étant tel, qu'il n'y eût pas réadmission, avant la fermeture, par le tiroir principal.

A mesure que le coulisseau de détente s'éloignait du point fixe de sa coulisse; ρ_{00} augmentait; l'admission était réduite; sans pouvoir jamais descendre à zéro. Tout cela, pour la marche avant. Dans la marche arrière; on relevait le coulisseau de détente, tout près du point fixe de sa coulisse; de manière que le tiroir de détente n'agissait plus. On se servait uniquement du tiroir principal; qui était, lui aussi, activé par une coulisse droite, ou renversée.

On trouvera, dans les diverses éditions du *Traité* de G. Zeuner, l'analyse exacte de toutes les particularités de la marche, dans les conditions qui viennent d'être énoncées; et cette conclusion : que le dispositif de Gouzenbach est d'un emploi peu avantageux. M. Zeuner s'en tient là; et n'examine pas s'il serait possible de parer aux inconvénients qu'il signale.

171. — Ayant eu l'occasion d'étudier cette question; quand j'ai établi la théorie générale de la marche de deux tiroirs, glissant, soit sur tables fixes distinctes, soit l'un sur l'autre [1]; j'ai remarqué qu'il existait, pour combattre ces inconvénients, divers moyens.

Et d'abord : si la marche ne doit pas être renversée; il est bien plus avantageux, au point de vue des limites de la variation dans l'admission, d'employer un tiroir de détente, mû par une coulisse, dont l'un des excentriques peut être employé, à conduire *directement* le tiroir principal. La variation d'admission, par le seul tiroir de détente, peut, alors, passer de zéro à 80 $_0/^0$, et au delà; sans que rien soit changé, dans les conditions de l'émission.

En effet, si la coulisse est celle de Stephenson (d), ou d'Allan (f), à *barres croisées;* et que le tiroir de détente distribue, par ses arêtes *extérieures;* l'avance à l'admission peut s'annuler, si l'on veut, (n° 127), quand le coulisseau de détente est au milieu de sa coulisse. Et il suffit d'éloigner le même coulisseau, de ce milieu, pour augmenter la durée de l'admission, à volonté, jusqu'à la limite posée, pour le tiroir principal. Il en serait de même, si le tiroir distribuait, par ses arêtes inté-

1. *Annales industrielles,* 1er semestre 1874, Paris.

rieures; à la condition d'employer des excentriques, *à barres ouvertes*, d'angle d'avance *négatif*. Mais alors il faudrait activer le tiroir principal, par un excentrique distinct; ou une combinaison d'excentriques; car ceux de la coulisse ne pourraient le conduire. Cela constitue une complication.

Le résultat serait sensiblement le même, avec tout autre dispositif, permettant de faire courir le centre C_0 ou C_{00} de la circonférence polaire de marche, sur une ligne, à peu près parallèle à $\overline{OY}$, (planche XLII); ligne placée à droite de OY, si le tiroir de détente distribue, par ses arêtes extérieures; à gauche s'il distribue, par ses arêtes intérieures. Si cette ligne est courbe; il est convenable qu'elle tourne sa convexité, vers le pôle, dans le premier cas; sa concavité, dans le second; pour permettre de réduire, autant que possible, l'admission.

En second lieu : si la marche doit être réversible; il est également avantageux de faire distribuer le tiroir de détente, par ses arêtes *extérieures;* en l'activant par la *même coulisse* que le tiroir principal. C'est la solution de Polonceau; avec la différence que le tiroir de détente marche sur table fixe, au lieu de marcher, sur le dos du tiroir principal. Mais cette différence est très importante; puisqu'elle permet une variation dans l'admission de zéro à 80 0/0, et au delà, dans les deux sens de la marche, sans que rien soit changé aux conditions de l'émission; tandis que, par la solution de Polonceau, cette variation n'est guère que de 5 à 40 0/0, au plus.

A mesure que l'admission est réduite; c'est-à-dire, que les orifices restent fermés, plus longtemps; la course du tiroir de détente est, ici, réduite. Condition favorable pour le frottement. Le contraire aurait lieu, avec un tiroir de détente, distribuant par ses arêtes intérieures. C'est-à-dire, que la course augmenterait, pour une réduction de l'admission. A la vérité, l'amplitude maxima de la course est toujours moindre, avec la distribution par les arêtes intérieures, qu'avec celle par les arêtes extérieures; parce que le recouvrement est négatif, dans le premier cas; et positif, dans le second.

En troisième lieu : si δ_0 est pris égal à 90°; on peut encore activer le tiroir de détente, par la crosse du piston, et un levier, (non coulisse), réducteur de course. L'admission se varierait, alors, *également dans les deux sens de la marche*, par la variation du recouvrement.

Il y a, pour varier le recouvrement, deux moyens :

1° Faire le tiroir de détente, en deux parties, liées par une vis à filets contraires, genre MEYER, (V. planche XLI) ; ou, par deux tiges et un balancier, genre RACHER, (V. pl. LX);

2° Faire le tiroir de détente, en une seule pièce; et rendre mobile, par un procédé quelconque, les arêtes de la table, sur laquelle glisse le tiroir. C'est la solution de GEORGES, dont il va être question, plus loin.

Avec l'un, comme avec l'autre, de ces deux moyens, une augmentation de recouvrement répond à une réduction, dans la durée de l'admission. Les limites de variations sont : $\alpha_0 =$ zéro, et $\alpha_0'' = 180° - \alpha_1$; comme plus haut. (V. aussi n° 172.) Cette dernière solution est donc peu avantageuse.

Il a été indiqué n° 159 d'autres moyens de varier la durée de l'admission. Voir aussi n° 174.

SYSTÈME GEORGES

(Pl. LXV, fig. 6.)

172. — La limite supérieure $\alpha_0'' = 180° - \alpha_1$, dans l'admission, par le tiroir de détente, tout à l'heure indiquée, tient à ce qu'au delà de cette limite, en même temps qu'il y a fermeture, par l'une des arêtes du tiroir, il y a ouverture, par l'autre. En effet, C_0 étant sur OX, planche XLII, le recouvrement doit, en tout cas, être tel que l'ouverture anticipée commence seulement, par le tiroir de détente, quand le tiroir principal a fermé; c'est-à-dire, quand il reste une avance angulaire de $180° - \alpha_1$, au-dessous de OX, à parcourir, par le rayon origine, dans le diagramme théorique. La fin de l'admission, par le même tiroir de détente, correspond évidemment, à un angle symétrique, et égal, parcouru, au-dessus de OX :

$$\alpha_0'' = 180° - \alpha_1$$

Il n'en serait plus de même, si au lieu d'admettre la vapeur, dans une chapelle *unique;* le tiroir de détente l'admettait, dans *deux* chapelles, distinctes; une pour chaque face du piston, ne communiquant pas l'une avec l'autre. Les derniers moyens, tout à l'heure indiqués, seraient alors applicables, pour varier l'admission, en toutes limites, dans les deux sens de marche. C'est-à-dire, que l'on pourrait se contenter de varier le recouvrement du tiroir de détente, soit, par le déplacement des arêtes de ce tiroir, suivant le système de MEYER ; soit par le déplacement des arêtes de la table ; ce qui constitue, à proprement parler, le système GEORGES.

Si la marche ne doit pas être renversée; on calera l'excentrique, on déterminera les dimensions et la course du tiroir, absolument comme on le ferait pour l'excentrique *fictif*, ou *relatif*, dans le système MEYER; (v. n° 151 et suivants); puisqu'alors la table, sur laquelle glisse le tiroir de détente, est précisément supposée *immobile;* comme c'est ici le cas.

Si la marche doit être renversée; il convient de caler l'excentrique du tiroir de détente, avec un angle d'avance de $+90°$, si le tiroir distribue par ses arêtes extérieures; et de $-90°$, s'il distribue par ses arêtes intérieures. Dans les deux cas; à une augmentation du recouvrement, correspondra une réduction, dans la durée de l'admission; et inversement. Celle-ci pourra d'ailleurs passer, de zéro, à 80 0/0, et au delà, sans difficulté. Le recouvrement sera théoriquement nul, pour l'admission de 50 0/0 ; pour l'admission zéro on aura :

pour l'admission maxima :

$$\left.\begin{aligned} e_0' &= \rho_0 \\ e_0'' &= \rho_0 \cos \alpha_0'' \end{aligned}\right\} \qquad [160]$$

Tout cela apparaît, d'une manière claire, dans le diagramme théorique. Inutile d'insister.

Pour isoler les deux chapelles, dans chacune desquelles se meut la portion du tiroir principal, opérant sur chaque face du piston, on peut employer deux chapelles absolument distinctes.

On peut aussi : soit disposer une cloison, à travers laquelle passe, dans un presse-étoupes, la tige commune aux deux portions du tiroir principal; soit employer un cadre, contournant les chapelles extérieurement, et muni de deux tiges, séparées, pénétrant, dans les chapelles par leurs extrémités opposées, sans traverser la cloison isolatrice. Cette seconde solution est un peu plus compliquée; mais elle a l'avantage de laisser les presse-étoupes, à découvert.

Enfin on peut employer la solution de GEORGES[1], dans une chapelle commune; laquelle est représentée, par la fig. 6, (planche LXV-LXVI). Le tiroir principal a la forme de celui de MEYER, (V. planches XLI et XLIII); sauf que ses orifices vont en s'élargissant considérablement, vers le haut.

Sur ce tiroir repose une plaque *a*, en une pièce, percée de deux lumières; laquelle est boulonnée, sous une autre plaque plus grande *b*, également en une pièce, entrant à peu près juste dans la chapelle. GEORGES faisait le pourtour de cette plaque diaphragme étanche; ce qui est inutile. Il vaut même mieux que, sans ballotter dans le sens de la longueur, cette plaque puisse monter et descendre, avec facilité, de manière à ce qu'elle repose toujours exactement, sur le tiroir principal; même après usure sensible.

Étanche, ou non, à son pourtour, le diaphragme *b* porte, en son milieu, une grande ouverture, dans laquelle se meuvent deux parties *cc*, indépendantes, ajustées à queue d'hironde, pouvant s'écarter, ou se rapprocher, par un moyen quelconque, pendant la marche. GEORGES employait, dans ce but; tantôt des crémaillères et un pignon; tantôt une vis, à filets contraires; comme le suppose la figure. Le dessus de la partie horizontale des plaquettes *c* affleure rigoureusement, avec le dessus du diaphragme *b*.

Sur le tout, glisse le tiroir de détente; qui a la forme d'un cadre rigide.

Il est bien évident que le diaphragme pourrait être, en une pièce; si l'on faisait le tiroir de détente, en deux pièces; comme dans le système MEYER.

Le dispositif GEORGES réduit l'espace dit nuisible, à ce qu'il est, dans le système MEYER, ou à très peu près. Mais il est d'un ajustement plus délicat; et dépense davantage, en frottement.

1. *Publications industrielles* d'ARMENGAUD, t. IX, Paris, 1856.

Il n'ajoute, du reste, rien aux qualités de la distribution donnée, par le système Meyer bien étudié.

SYSTÈME BRÉVAL

(Pl. LXV-LXVI, fig. 7.)

173. — Dans la quatrième édition allemande de son traité [1], M. G. Zeuner donne la description et la théorie d'un système, qu'il désigne sous le nom de : système Bréval, à deux tiroirs.

Le tiroir de détente est muni d'une ouverture unique, au centre, dans le genre de ce que faisait Gouzenbach ; mais il glisse directement, sur le tiroir principal ; et non plus, sur une table distincte.

Ce tiroir de détente admet la vapeur, dans une capacité, creusée dans le tiroir principal ; débouchant, par le haut, dans l'axe de ce dernier, (fig. 7 planche LXV-LXVI) ; et, par le bas, de chaque côté de ses arêtes extérieures d'admission. Il n'y a là, on le voit, qu'une réduction de la chapelle, qui enveloppe le tiroir principal, dans le dispositif Gouzenbach. Tout ce qui a été dit de ce dernier, concernant les inconvénients d'une chapelle unique, pour le tiroir principal, s'applique donc au système Bréval.

Il est facile de parer à ces inconvénients, en perçant deux conduits distincts, et non plus un seul dans le tiroir principal. On tombe ainsi, exactement, sur le dispositif de Meyer ; sauf que le tiroir de détente est en une seule pièce, au lieu de deux. La variation de l'admission ne peut donc plus être obtenue, par la variation du recouvrement du tiroir de détente ; mais elle peut l'être, par les autres moyens connus.

1. 1874, Leipzig.

SYSTÈME A. STÉVART[1]

Variation de l'admission par intermittence dans la marche du tiroir de détente (pl. LXVIII, fig. 8).

174. — Il y a encore un moyen d'arriver au même résultat, que celui obtenu par la variation directe du recouvrement; et cela, sans toucher ni au tiroir, ni à sa table, ni à la course, ni à l'angle de calage de l'excentrique. C'est celui dû à M. Stévart, ingénieur, directeur des *Ateliers de construction de la Meuse*. (V. pl. LXVII-LXVIII, fig. 8.)

Ce moyen consiste à donner le mouvement au tiroir de détente, marchant sur table fixe, par l'intermédiaire d'une pièce, articulée sans jeu sur la barre de l'excentrique, mais présentant, entre lui et le point de la tige du tiroir, sur lequel il agit, un jeu x, dont l'amplitude puisse être variée, même durant la marche; soit par une vis, soit par un coin, soit de toute autre façon.

Le jeu total x correspond évidemment à un retard $\frac{x}{2}$, dans la marche du tiroir, à partir de chacune de ses positions extrêmes; et, par conséquent à une *réduction* $\frac{x}{2}$ de son recouvrement; (qu'il soit extérieur ou intérieur), *au moment où l'admission prend fin*; mais il correspond, en même temps, à une *majoration* $\frac{x}{2}$, du même recouvrement, *au moment où l'admission commence.*

Le *diagramme*, soit théorique, soit réel, étant tracé, il n'y a donc qu'à faire varier le recouvrement, comme il vient d'être dit, pour se rendre compte de ce qui se passe.

Inversement, si l'on se donne les points où l'admission cesse, on peut trouver le jeu x à produire dans le cadre, pour réaliser la fermeture du tiroir au point voulu.

1. Ce système a été breveté par la Société anonyme des Ateliers de la Meuse, près Liège (Belgique), le 16 mars 1876. Cette société avait une machine munie d'une détente variable par régulateur, de ce genre, à l'Exposition internationale d'Amsterdam, 1883.

Au *Dianomégraphe*, la courbe réelle de marche du tiroir se tracerait, avec ses points de brisure, et ses parties en arc de cercle, comme pour les dispositifs *j* et *m* (voy. n°s 179 et 184).

Dans le cas du tiroir à marche *intermittente* dont il s'agit ici, le calcul des dimensions doit être fait pour la plus *courte* admission; mais il faut avoir soin de vérifier, si, pour la plus *longue* admission il n'y a pas de *retard* à l'ouverture. Il faut aussi vérifier ce que devient l'amplitude des ouvertures, pour chaque degré d'admission; et si elle est suffisante; car cette *amplitude diminue* à mesure que l'admission *augmente*.

En traçant le *diagramme*, on reconnaîtra sans peine, que si l'on veut réduire l'admission à zéro (voy. planche XLII), on aura toujours $\delta_o > 90^o$ ou δ_{oo} positif; ce qui ne permet pas, en ce cas, d'atteindre 50 0/0, pour la plus grande admission, k_o''; puisque le cercle représentant le recouvrement ne peut couper la circonférence polaire, au delà de la position du rayon OC_{oo}. Si l'on veut réaliser une admission $k_o'' > 0,50$, il faut, de toute nécessité prendre $\delta_o < 90^o$, ou δ_{oo} négatif. Et alors k_o' devient $> o$. C'est le même inconvénient que dans le système *j* (Farcot), voy. n°s 175-179.

En cas de besoin on peut le faire disparaître, en faisant marcher le tiroir de détente, non plus sur table fixe, mais sur le dos du tiroir principal, disposé comme celui de Meyer. C'est la solution due à M. E. Hertay. (V. n° 258.)

Tous les moyens de varier la durée de l'admission, dont il vient d'être parlé, peuvent évidemment être mis sous la dépendance d'un régulateur de vitesse. Ils deviennent, alors, automatiques.

Le dernier dispositif, par tiroir à marche *intermittente* est, celui qui semble se prêter le mieux, à une action *directe* du régulateur. Car, si le jeu dans le cadre est réalisé par le déplacement du coin, relié au régulateur, il est clair que quand le coin ne bute pas le tiroir, ce qui arrive nécessairement deux fois par tour de manivelle, l'action du régulateur ne doit surmonter qu'une résistance assez faible, et, à peu près indépendante des dimensions du tiroir.

CHAPITRE XII

DISPOSITIF FARCOT, OU EDWARDS, — SYSTÈME *j*. DEUX TIROIRS SUPERPOSÉS, DONT LE SUPÉRIEUR, SPÉCIAL POUR LA DÉTENTE, EST ENTRAINÉ, PAR LE SIMPLE FROTTEMENT DE L'AUTRE (PL. XLV ET XLVII).

175. — Ce système a été employé, par M. Farcot, dès 1838. Il a été quelque peu modifié et perfectionné, dans la suite. Réduit à ses parties essentielles, il a été représenté : pl. LXV et XLVII.

La théorie complète et le diagramme de marche n'ont guère été publiés, qu'en 1869, par MM. Debize et Merijot[1]. Le principe en est d'ailleurs très simple.

Sur le dos d'un tiroir ordinaire, muni d'ouvertures, dans le genre de celui de Meyer, (lequel est venu après, il faut le remarquer), reposent deux plaques séparées. Appliquées par des ressorts, et aussi par la pression de la vapeur, ces plaques adhèrent, par frottement, au tiroir qui les porte; et suivent son mouvement, jusqu'à ce qu'elles viennent buter, contre des heurtoirs; qui les obligent à *glisser*, tant que le sens du mouvement ne change pas.

Il y a deux systèmes de heurtoirs. Les premiers, *extérieurs*, sont *fixes*; et réglés de telle façon, que quand le tiroir principal vient à fond de course, d'un côté et de l'autre, chaque plaque découvre entièrement son orifice. Les seconds, *intérieurs*, sont *variables* de position, à la main, ou autrement, pendant la marche; et variables de telle façon, qu'au moment

1. Appendice à la traduction française du *Traité de Distribution par Tiroirs*, 1869, Paris.

où l'admission doit être interrompue, l'arête de chaque plaque ferme justement l'orifice qui lui correspond.

Primitivement, les deux plaques étaient réunies, d'une manière rigide; si bien que le heurtoir intérieur, de l'une, servait de heurtoir extérieur, à l'autre. Plus tard, les deux plaques ont été rendues indépendantes; ce qui facilite leur réglementation.

A l'origine aussi, les butoirs intérieurs, ou variables, étaient constitués, par une *came en spirale*; montée sur un axe, sortant par le couvercle de la chapelle. Cet axe, mû, soit à la main, soit par un régulateur de vitesse, produisait un effet d'allongement, ou de raccourcissement, des heurtoirs; et, par suite, la variation, dans la durée de l'admission.

Mais, la came avait pour défaut d'offrir une surface de butée trop faible; et qui n'agissant pas toujours dans l'axe des plaques produisait leur coincement. MM. Thomas et Laurens, sous le nom desquels ce dispositif est quelquefois désigné, en France, ont remplacé la came, par un *coin*; rappelé, de l'extérieur, au moyen d'une vis, ou d'un levier. La surface de contact peut ainsi être très grande; et agir toujours dans l'axe des plaques. Ce point de détail a quelque importance; car la multiplicité des chocs est l'un des reproches fondés, adressés à ce système; qui, entre autres conditions restrictives de son emploi, (lesquelles seront indiquées plus loin), ne peut être, pour cette cause, appliqué aux machines à grande vitesse.

176. — *Partie théorique.* — Il n'y a rien de particulier à dire du tiroir principal; qui se détermine, comme dans le système a, ordinaire. Il doit seulement être percé, vers le bas, de deux orifices, allant en s'élargissant beaucoup vers le haut; et, vers le haut, de deux ou trois orifices de chaque côté, communiquant ensemble avec l'un des premiers.

Si m est le nombre des orifices supérieurs, pour un côté; la largeur o_0, de chacun d'eux, doit être :

$$o_0 = \frac{o_1}{m}; \qquad [161]$$

o_1 étant la largeur de l'orifice unique inférieur correspondant. Chaque plaque de détente porte $(m - 1)$ orifices, de même largeur o_0.

Quand le tiroir principal est à fond de course, vers la gauche, ses orifices supérieurs de gauche doivent être ouverts, au moins au large, par la plaque de détente; qui est, alors, en contact avec son butoir extérieur, (planche XLV).

Quand le tiroir principal marche, vers la droite; il entraîne cette plaque, jusqu'à ce qu'elle heurte, contre son butoir intérieur. Alors, la plaque en question joue le rôle de *table fixe supérieure*, par rapport au tiroir principal. Ce dernier fonctionne donc, comme un tiroir ordinaire, muni d'un recouvrement e_0, qui peut être variable; et en tout cas *reste toujours négatif*; puisque le tiroir principal, nécessairement calé avec un certain *angle d'avance*, a toujours *dépassé* le milieu de sa course, quand l'admission commence; et, qu'alors, la plaque de détente doit ouvrir, si l'on veut qu'il y ait admission. La formule générale [1], qui représente la marche d'un tiroir ordinaire, mû par excentrique de rayon [1] $\rho_1 = r$, calé avec un angle d'avance $\delta_1 = \delta$, est applicable. On a :

$$z_0 = \rho_1 \sin \delta_1 \cos \alpha + \rho_1 \cos \delta_1 \sin \alpha;$$

ou :

$$z_0 = A_1 \cos \alpha + B_1 \sin \alpha. \quad [162]$$

Pour un degré d'admission k_0, répondant à $\alpha = \alpha_0$, l'admission doit cesser. C'est-à-dire, que la course est alors égale à $-e_0$; donc :

$$-e_0 = \rho_1 \sin \delta_1 \cos \alpha_0 + \rho_1 \cos \delta_1 \sin \alpha_0. \quad [163]$$

La quantité e_0 doit s'entendre de la distance, qui séparerait les arêtes des orifices de la plaque, et les arêtes correspondantes du tiroir principal, *quand la première touche son butoir intérieur; et que le second est en position moyenne.* C'est donc une quantité purement fictive; répondant à une position relative des tiroirs qui ne se réalise jamais, durant la marche; mais dont l'emploi est commode, pour calculer la position des butoirs, indépendamment des dimensions de la chapelle.

Pour $\alpha_0 = \alpha'_0 = 0$, il resterait, dans [163] :

$$-e'_0 = \rho_1 \sin \delta_1 = A_1. \quad [164]$$

D'ailleurs le maximum (négatif) de e_0 correspond évidemment, à $\alpha = \alpha_0'' = 90° - \delta_1$. Cela se voit, sur la figure; et se

1. V. au besoin, planche III-IV, la signification des symboles.

tirerait, au besoin, de [163], par la règle ordinaire de recherche des maximums. Il a pour valeur :

$$-e_0'' = \rho_1. \qquad [165]$$

Le recouvrement fictif $(-e_0)$ passe donc de la valeur $\rho_1 \sin \delta_1$, à la valeur ρ_1 ; quand l'admission passe de zéro, à celle correspondant à l'angle $90° - \delta_1$, décrit par la manivelle motrice. *Il n'est donc pas possible, avec ce dispositif, d'admettre au delà de cette limite supérieure; et en réalité il ne faut jamais l'atteindre*; car, pour $-e_0'' = \rho_1$, les arêtes seraient bord à bord; la fermeture ne serait pas assurée; et se produirait dans des conditions de rapidité, très faible; puisqu'elle tend à ne pas se produire. Ce dernier défaut est encore sensible; même quand on se tient à une certaine distance, en dessous de la limite. C'est la raison, pour laquelle, il est *indispensable d'employer des orifices multiples.*

En tout cas, on reconnaît que plus le *découvrement* est petit, plus l'admission est réduite.

Si, d'ailleurs, on s'imposait $(-e_0'')$; en lui donnant une valeur un peu moindre que ρ_1 comme il convient de le faire, on pourrait tirer α_0'' de [163]. Il vient :

$$\left(-\frac{e_0''}{\rho_1}\right) - \sin \delta_1 \cos \alpha_0'' = \cos \delta_1 \sqrt{1 - \cos^2 \alpha_0''};$$

et, en élevant au carré, de part et d'autre :

$$\left(\frac{e_0''}{\rho_1}\right)^2 - 2 \sin \delta_1 \cos \alpha_0'' \left(-\frac{e_0''}{\rho_1}\right) + \sin^2 \delta_1 \cos^2 \alpha_0'' - \cos^2 \delta_1 + \cos^2 \delta_1 \cos^2 \alpha_0'' = 0$$

$$\cos^2 \alpha_0'' - 2 \cos \alpha_0'' \sin \delta_1 \left(-\frac{e_0''}{\rho_1}\right) + \left(\frac{e_0''}{\rho_1}\right)^2 - \cos^2 \delta_1 = 0;$$

d'où :

$$\cos \alpha_0'' = \sin \delta_1 \left(-\frac{e_0''}{\rho^0}\right) \pm \sqrt{\sin^2 \delta_1 \left(\frac{e_0''}{\rho_1}\right)^2 - \left(\frac{e_0''}{\rho_1}\right)^2 + \cos^2 \delta_1};$$

$$= \left(-\frac{e_0''}{\rho_1}\right) \sin \delta_1 \pm \cos \delta_1 \sqrt{1 - \left(\frac{e_0''}{\rho_1}\right)} \qquad [666]$$

Le signe + donnant seul une valeur positive, pour $\cos \alpha_0''$, doit être choisi; car on sait, d'après ce qui vient d'être dit, tout-à-l'heure, que α_0'' est nécessairement plus petit que 90°. Le signe — correspondrait, à la seconde intersection de la circonférence, représentant e''_0, planche XLV, avec la circonférence polaire, de centre C.

177. — Si x désigne la distance du butoir intérieur, à l'arête la plus proche de l'orifice de détente du tiroir principal, *quand ce dernier est en position moyenne*; on a évidemment, d'une manière générale, dans la figure :

$$x = (-e_0) - o_0 + d; \qquad [167]$$

formule, qui permet de calculer x, pour une valeur quelconque de e_0, (et par conséquent de α_0, dans [163]). Le symbole $(-e_0)$, est employé, pour rappeler que, e_0 qui est toujours négatif, doit être mis, avec sa valeur numérique absolue.

Si, dans cette formule, on remplace e_0, par ses valeurs : minima et maxima, plus haut établies; il vient :

$$\left.\begin{array}{l} x_{min.} = A_1 - o_0 + d; \\ x_{max.} < \rho_1 - o_0 + d. \end{array}\right\} \qquad [168]$$

Si bien que la variation maxima, dans la position du butoir intérieur, est :

$$\text{variation de } x < \rho_1 - A_1. \qquad [169]$$

La longueur d, distance entre deux orifices, voisins dans le tiroir principal, comme dans la plaque de détente, doit évidemment être telle, que quand $-e_0$ a sa valeur minima A_1 [164], c'est-à-dire, quand le butoir intérieur présente la plus forte saillie, la plaque, après avoir fermé les orifices de détente, par ses arêtes extérieures, ne les ouvre pas, à nouveau, par ses arêtes intérieures. Or, à compter de sa position moyenne, la plaque marche *relativement* de ρ_1; mais comme elle présente un découvrement minimum égal à A_1, l'arête extérieure, en question, ne franchit l'orifice qu'elle ferme, que d'une quantité égale, au plus, à $\rho_1 - A_1$. Il suffit donc qu'on ait :

$$d > \rho_1 - A_1 + o_0. \qquad [170]$$

On prendra par exemple : $d = \rho_1 - A_1 + o_0 +$ (3 à 5 millimètres) ; suivant la grandeur des orifices.

Enfin, il est clair, que pour *ouvrir en plein*, quand le tiroir principal est à fond de course, et du côté, où cette course se produit; ce qui exige que les orifices de la plaque et du tiroir principal coïncident; il suffit qu'il y ait une distance fixe $\rho_1 - o_0$, entre le butoir extérieur et l'arête extérieure de l'orifice de détente, le plus proche, porté par le tiroir principal; *quand ce dernier est en position moyenne*. Cela s'écrit :

$$y = \rho_1 - o_0. \qquad [171]$$

Tout est ainsi déterminé.

178. — *Application.* — Le tiroir principal et l'excentrique qui le commande se calculent, par les formules des n°s 70 ou 72. Les plaques de détente se calculent, par les formules qui viennent d'être établies. C'est-à-dire, que connaissant ρ_1 δ_1 A_1 B_1, pour le tiroir principal, on aura [1], dans :

[2] $$\sin \delta_1 = \frac{A_1}{\rho_1}, \quad \cos \delta_1 = \frac{B_1}{\rho_1};$$

[161] $$o_0 = \frac{o_1}{m};$$

[163] $$(-e_0) = \rho_1 \sin \delta_1 \cos \alpha_0 + \rho_1 \cos \delta_1 \sin \alpha_0;$$

[164] $$(-e_0') = A_1 \quad \text{pour} \quad \alpha_0' = \text{zéro} \quad k'_0 = \text{zéro};$$

[165] $$(-e_0'') \gtreqless \rho_1 \quad \text{pour} \quad \alpha_0'' \gtreqless 90^\circ - \delta_1;$$

[166] $$\cos \alpha_0'' = \left(-\frac{e_0''}{\rho_1}\right) \sin \delta_1 + \cos \delta_1 \sqrt{1 - \left(\frac{e_0''}{\rho_1}\right)^2};$$

[12] $$k_0'' = \frac{1 - \cos \alpha_0''}{2};$$

[170] $$d > \rho_1 - A_1 + o_0;$$

[167] $$x = (-e_0) - o_0 + d;$$

[168] $$x_{min.} = A_1 - o_0 + d;$$

[168] $$x_{max.} = \rho_1 - o_0 + d;$$

[171] $$y = \rho_1 - o_0.$$

Dans le cas, où le tiroir est conduit directement, par un excentrique; on a, comme on sait, (n° 119):

$$r = \rho_1 \quad \text{et} \quad \delta = \delta_1.$$

Ce tiroir pourrait, d'ailleurs, être conduit, par tout autre

1. Voir, au besoin, planche III-IV, pour la signification des symboles.

dispositif, même à renversement de marche, ayant une courbe polaire de marche identique. Il faut observer, toutefois, que ce système ne permettant guère de varier l'admission, que de zéro, à 30 0/0 ; et même moins, si l'on veut réaliser un peu de compression; ne convient nullement, quand le sens de la rotation doit être renversé ; à moins, alors, de pouvoir rendre x assez petit, pour que les plaques ne rencontrent plus leur butoir intérieur; c'est-à-dire, pour qu'elles laissent les orifices de détente *toujours ouverts en grand*. En ce cas, au delà de 30 0/0, l'admission serait donnée, par le tiroir principal seul.

Les formules qui précèdent, et une partie de celles du n° 70 sont reproduites, en tête de la planche XLV ; immédiatement au-dessous de la liste des données et des inconnues. Une application numérique de ces formules est donnée, par la planche XLVII. Au lieu de calculer les quantités relatives au tiroir principal, on eût pu prendre directement ρ_1 et δ_1, dans le tableau supérieur de la planche IX-X ; ou les déterminer, soit par le procédé graphique, indiqué n° 87, et planche XIII, fig. 18 ; soit par l'épure générale, décrite n° 93 et planche VII-VIII.

Les quantités, relatives aux plaques de détente, eussent pu se tirer, aussi, graphiquement du *diagramme théorique*, construit suivant la méthode ordinaire, pour le tiroir principal, planche XLV. Par exemple : pour une certaine admission k_0 ou α_0, on a, suivant $\overline{Om_0}$, la position du *rayon origine*. La valeur de $(-e_0)$ est $\overline{OV_0}$. Si l'on se donne $(-e_0'') = \overline{OV_0''}$, la position du *rayon origine*, répondant à k''_0, ou α_0'', se trouve immédiatement, suivant $\overline{Om_0''}$.

179. — Le *diagramme automatique*, se prend au *Dianomégraphe*, comme il est indiqué, planche XLVII. Les plaques de détente, avec leurs butoirs intérieur et extérieur, sont disposés, comme l'indique la figure, sur des planchettes spéciales P ; représentées plus en grand, planche XVII-XVIII ; lesquelles se fixent, sur la partie Z, du support général des tiroirs ; représenté, en détail également, planche XV-XVI.

La courbe de marche des plaques de détente se compose de deux portions d'arc de cercle, se raccordant, d'un côté, tangentiellement, avec la courbe de marche du tiroir principal ;

aux points où la plaque commence à s'écarter de son heurtoir extérieur; et de l'autre, angulairement, avec cette même courbe, aux points, où la plaque choque contre ce même heurtoir.

Les portions de courbe, rejoignant les arcs de cercle, sont parallèles à la courbe de marche du tiroir principal. Pour les tracer, il suffit d'immobiliser la pointe marquante, (en rompant la liaison, entre elle et le tiroir principal), quand la plaque de détente abandonne ses heurtoirs ; et de rétablir cette liaison, quand la plaque vient en contact, avec eux.

Le diagramme automatique sert à régler exactement, la position des butoirs, donnant l'admission égale, sur les deux faces du piston, pour un certain cran de marche. La différence, avec le diagramme théorique, est assez sensible, surtout, pour l'admission maxima. Il importe donc que cette réglementation soit faite avec soin.

L'usure des articulations produit des perturbations, non négligeables; surtout, encore, dans le voisinage de l'admission maxima.

Farcot rendait l'admission variable, par le régulateur de vitesse, en faisant agir celui-ci sur une double came à rotation, qui servait de butoir intérieur aux plaques de détente. MM. Thomas et Laurens qui ont perfectionné ce dispositif en remplaçant la double came par un coin comme il a été dit n° 175, rendent l'admission variable en faisant également agir le régulateur sur le coin. (Voir par analogie le tiroir traînant dont il sera question aux n°s 174 et 258.)

CHAPITRE XIII

DISPOSITIF S. PICHAULT, — SYSTÈME *m*. DEUX TIROIRS, EMBOITÉS L'UN DANS L'AUTRE; LE TIROIR INTÉRIEUR SERVANT A L'ÉMISSION; LE TIROIR EXTÉRIEUR SERVANT A L'ADMISSION; UN SEUL ORGANE MOTEUR (PL. XLVI ET XLVIII).

180. — Vers la fin de 1869, il y eut à construire à Seraing, (Belgique), une petite locomotive à air comprimé. On voulait pouvoir utiliser, à chaque instant, toute la détente, dont était susceptible, l'air pris à une pression *variable*, dans un réservoir de capacité limitée, porté par la machine. Mais on voulait parvenir, à ce résultat, sans complications d'organes. C'est-à-dire, si possible, par le seul appareil de changement de marche. Après divers tâtonnements, je suis arrivé au dispositif, représenté planches XLVI et XLVIII; lequel est à peu près l'inverse de celui de Farcot.

Sur ces planches, le tiroir est supposé mû directement, par un excentrique. En réalité, dans la locomotive en question, il l'était, par une coulisse ordinaire de Stephenson.

Le principe de cet agencement est très simple. Un premier tiroir, *destiné à régler l'émission seule*, et muni d'un recouvrement extérieur aussi faible que possible, repose, sur la table du cylindre, à la façon ordinaire. Par-dessus, se trouve un second tiroir enveloppant le premier; plus long et plus haut que lui; de manière que la vapeur puisse circuler, entre les deux. Ce second tiroir, *destiné à régler l'admission*, reçoit seul le mouvement de l'arbre moteur. Il pousse l'autre, en butant contre lui.

Divers résultats sont, par là, obtenus.

1° La compression est presqu'indépendante du degré d'admission; surtout, si cette compression est modérée; on peut donc la choisir, en de larges limites; ce qui ne se peut faire, avec un tiroir ordinaire.

2° On bénéficie de la double entrée, à l'admission; comme dans le système TRICK, (V. planches LIII à LVIII).

3° Le tiroir supérieur, ou d'admission, est sensiblement équilibré; ce qui permet de lui donner une grande course; sans craindre une dépense exagérée en frottement.

4° On peut varier l'admission, dans les plus larges limites; et changer le sens de la rotation; sans autre mécanisme, que l'appareil de changement de marche.

5° On peut, à peu près toujours, adapter ce dispositif, à une machine existante.

On pourrait craindre le choc des tiroirs, l'un contre l'autre; surtout à de fortes vitesses. Mais, grâce à la grande dimension des surfaces de contact; et aussi, à ce que la rencontre n'a lieu, qu'en des moments, où la vitesse du tiroir principal n'est pas bien éloignée de son minimum; ces chocs sont peu sensibles. L'expérience a prouvé, que même quand la locomotive *patinait*, le choc n'était perceptible, qu'en tenant l'oreille très près des cylindres.

On pourrait craindre encore, que, dans une position verticale, ou oblique, de la table du cylindre, le tiroir intérieur glissât de lui-même, s'il n'était pas maintenu. A l'origine, en effet, dans les machines verticales, il m'avait paru prudent de mettre un ressort de maintien. Essayé sans ressort; notamment, à la machine verticale, activant l'atelier n° 4 de la société COCKERILL, à Seraing; ce tiroir a fonctionné parfaitement. Depuis lors, on n'en met jamais.

La théorie qui va être donnée de ce système de distribution et les formules de calcul qui en découlent, ont été établies par moi, en 1869. Elles ont passé par beaucoup de mains, depuis cette époque; mais elles sont imprimées ici, pour la première fois. Il n'est pas probable qu'aucune autre théorie ait été publiée jusqu'ici.

Plus tard, cependant, j'ai trouvé, dans l'ouvrage de M. N. P. BURGH, paru en 1872[1], le croquis d'un dispositif, présentant, avec le précédent une grande analogie. Ce dernier a été

1. *Link-motion and Expansion gear*, London, 1872, page 126.

breveté, en Angleterre, par M. King, en 1864, d'après l'ouvrage cité. Il est donc juste de reconnaître, à M. King, la priorité de l'invention. En signalant, toutefois, les différences, assez importantes, qui existent, entre les deux dispositifs.

M. King ne laisse de jeu, entre les tiroirs, qu'en bout; et non au-dessus. Ce qui est une faute; parce qu'ainsi, on ne profite pas de la double entrée. De plus son tiroir intérieur a une longueur insuffisante, pour couvrir, à la fois, les deux lumières d'admission; fait grave qui expose à des repassages de vapeur; d'une face à l'autre du piston. Enfin, au lieu de disposer les faces de choc des tiroirs, parfaitement parallèles, il leur donne une certaine obliquité relative; on ne sait pour quel motif; car il en doit résulter plus de bruit. Tout le monde sait, que sauf dans le vide, il est très difficile de faire choquer violemment deux surfaces bien planes, de dimension un peu grande, marchant l'une vers l'autre, en restant parallèles; à cause du fluide, qui reste interposé, au moment du contact.

181. — *Partie théorique.* — En appelant e le recouvrement du tiroir d'admission; — e_1 la demi-différence de longueur, entre le plein et le vide, du tiroir d'admission; — e_2 le recouvrement extérieur du tiroir d'émission; — e_3 l'épaisseur de la paroi des bouts du tiroir d'admission, près de l'arête qui distribue; — y le demi-jeu longitudinal, entre les deux tiroirs; — y'' la différence, entre e_1 et e_3; — i le recouvrement intérieur du tiroir d'émission; — i_e et i_c les valeurs théoriques que devrait avoir ce recouvrement intérieur, au moment où l'émission et la compression commencent, dans un tiroir ordinaire; — o_t la largeur des lumières d'admission, dans la table.

Si l'on part des données ordinaires, o, k_1 ou α''_1; k_2 ou α_2; k_3 ou α_3; a_a ou n_a; on a, immédiatement[1], par les formules du n° 70 : ρ_1 δ_1 e A_1 B_1; et, par suite, tout ce qu'il faut, pour déterminer les dimensions des organes, donnant le mouvement, au tiroir d'admission, suivant le système employé, pour cela. Par exemple : si c'est un excentrique agissant directement; on aura $r = \rho_1$ $\delta = \delta_1$. Si c'est une coulisse du système Stephenson, Gooch, ou autre, il suffira de se reporter, aux méthodes de calcul, indiquées pour chacun de ces systèmes.

1. Voir, au besoin, planche III-IV, la signification des symboles.

La formule générale de marche du tiroir d'admission convient évidemment, aussi, au tiroir d'émission; dès que ce dernier est entraîné, par le premier, d'un commun mouvement; c'est-à-dire dès qu'ils butent l'un contre l'autre. On a donc, d'après [7], [8], et en vertu de [12], [13][1] :

$$i_e = A_1(2k_2 - 1) - 2B_1\sqrt{k_2 - k_2^2}; \qquad [172]$$

$$i_c = A_1(1 - 2k_3) + 2B_1\sqrt{k_3 - k_3^2}. \qquad [173]$$

Quand le tiroir d'émission est entraîné, par ce tiroir d'admission; il est clair que le premier est en retard de y. Donc au moment de l'ouverture, à l'émission, on doit avoir :

$$i = i_e - y; \qquad [174]$$

et au moment de la fermeture, à l'émission :

$$i = i_c + y; \qquad [175]$$

car évidemment, au moment de l'ouverture à l'émission, le chemin i parcouru, par le tiroir intérieur, à partir de sa position moyenne, doit être égal, au chemin i_e qui serait parcouru, par un tiroir ordinaire, moins le jeu y; et au moment de la fermeture à l'émission, le chemin i, parcouru par le tiroir intérieur, doit être égal à celui i_c qui serait parcouru par un tiroir ordinaire, plus le jeu y.

Ajoutons entre elles, puis retranchons l'une de l'autre, les deux formules ci-dessus. On aura :

$$i = \frac{1}{2}(i_e + i_c); \qquad [176]$$

$$y = \frac{1}{2}(i_e - i_c). \qquad [177]$$

182. — Connaissant i et y, on aura, dans la fig. planche XLVI :

$$e_1 + e_2 = e - y. \qquad [178]$$

L'une des épaisseurs e_1 e_2 est arbitraire; mais dès qu'elle est fixée, l'autre l'est par [178]. On prendra e_2 aussi petit que possible; et *toujours positif*; pour que les deux faces du pis-

1. Voir, au besoin, planche III-IV, la signification des symboles.

ton ne puissent jamais recevoir la vapeur d'admission, en même temps; soit par exemple :

$$e_2 = \frac{o_1}{10}. \quad [179]$$

D'ailleurs, comme on bénéficie de la double entrée à l'admission, o_1 recevra la moitié de la valeur, qu'il devrait avoir, avec un tiroir à simple entrée.

La quantité e_3 est arbitraire; cependant il est clair, qu'il la faut prendre également petite; parce que la vapeur affluant des deux côtés de la paroi, d'épaisseur e_3, on doit avoir, si l'on ne veut pas gêner le passage de la vapeur :

$$o_t = 2o_1 + e_3 ; \quad [180]$$

donc la réduction de e_3, entraîne celle de o_t; c'est-à-dire de la longueur du tiroir; de la poussée, qui l'applique sur la table; et, par conséquent, du frottement. On adoptera, par exemple :

$$e_3 = \frac{o_1}{10} + 5 \text{ millimètres}. \quad [181]$$

Pour assurer la réalisation vraie de la double entrée, même après la rencontre des deux tiroirs; il faut ménager, entre eux, un passage toujours ouvert, au moins égal à o_1; qui doit être pris, d'un côté entièrement dans l'épaisseur e_1; et de l'autre, dans la masse du tiroir intérieur. On doit donc satisfaire à la condition :

$$y_1 = e_1 - e_3 \gtreqless o_1. \quad [182]$$

Il est important de connaître la valeur maxima ρ_1'' de la course du tiroir extérieur, dans le cas où elle serait variable; parce qu'il est nécessaire de choisir d, de manière que l'arête de choc du tiroir intérieur, ne découvre, en aucun cas, l'arête intérieure du conduit d'émission, dans la table du cylindre. Autrement, la vapeur, affluant entre les deux tiroirs, filerait, par ce conduit, sans avoir agi sur le piston.

Dans tous les cas, quel que soit le dispositif employé; en désignant, comme d'ordinaire, par A''_1, B''_1, les valeurs de A et B, correspondant à ρ''_1; on aura, comme on sait, dans [3] :

$$\rho''_1 = A''^2_1 + B''^2_1 ;$$

puis dans [5], [11] :

$$e = A_1''(1-2k_1'') + B_1'' 2\sqrt{k_1'' - k''^2_1};$$

d'où :

$$B_1'' = \frac{e + A_1''(2k_1''-1)}{2\sqrt{k_1'' - k''^2_1)}};$$

et :

$$\rho''^2_1 = A''^2_1 + \frac{[e + A_1''(2k_1''-1)]^2}{4(k_1'' - k''^2_1)}. \quad [183]$$

Le plus souvent, A_1'' est existant et égal à A_1. On pourra encore déterminer ρ_1'', par le diagramme théorique qui convient au dispositif moteur employé.

ρ_1'' étant connu; il est clair que l'arête de choc du tiroir intérieur se déplace, au maximum, de $\rho_1'' - y$, à partir de sa position moyenne La condition, qui vient d'être énoncée, concernant la quantité d, s'écrit donc (V. la fig.) :

$$\rho_1'' - y < e_2 + o_t + d;$$

ou, en vertu de [178] :

$$\rho_1'' - e + e_1 < o_t + d. \quad [184]$$

Pour réaliser la double entrée, dès le début de l'admission, mais pas avant; il faut que l'arête intérieure de la paroi d'épaisseur e_3 déborde l'arête n, de la table du cylindre, juste au moment, où le tiroir principal donne l'admission, par son extrémité opposée. C'est-à-dire, quand il s'est déplacé de e. Il faut donc avoir :

$$x = e - e_3. \quad [185]$$

Enfin, en ce qui concerne la largeur X de l'orifice d'émission, dans la table du cylindre; elle doit être telle, que quand le tiroir intérieur est, à fond de course, il laisse encore l'émission ouverte de $2o_1$, au moins. Ce qui s'écrit :

$$X + d \geqq i + \rho_1'' - y + 2o_1;$$

ou, en vertu de [178] :

$$X \geqq 2o_1 + i + e_2 + e_1 + \rho_1'' - e - d. \quad [186]$$

183. — Ce qui précède détermine complètement, tout ce que l'on peut avoir à rechercher.

On remarquera que la quantité k_3, ou α_3, figure, ici, parmi les données; *ce qui ne peut se faire, pour aucun autre système de distribution, à un seul mouvement moteur.* On remarquera aussi, qu'une réduction dans la course ρ du tiroir extérieur, réduit la durée de l'admission; car, au moment de la fermeture, on a, dans [1] :

$$e = z = \rho \sin(\alpha_1 + \delta_1).$$

e demeure constant. Si ρ diminue, il faut bien que $\sin(\alpha_1 + \delta_1)$ augmente; ou que $\alpha_1 + \delta_1$ tende vers sa limite 90°. Mais δ_1, qui reste compris entre zéro et 90°, augmente, quand ρ diminue, donc α_1 doit diminuer.

Cette réduction de ρ a aussi une influence, sur α_2 et α_3, (commencement et fin de l'émission). On a, dans [7], [8], en vertu de [174], [175] :

$$i + y = -\rho \sin(\alpha_2 + \delta_1); \qquad [187]$$

$$i - y = \rho \sin(\alpha_3 + \delta_1); \qquad [188]$$

$i + y$ et $i - y$ étant constants, on verrait que α_2 et α_3 diminuent avec ρ par un raisonnement semblable à celui de tout à l'heure. Toutefois, il faut remarquer, ici, l'influence du jeu y; qui, non seulement rend α_3 très différent de ce qu'il serait, sans le jeu, pour les mêmes valeurs de α_1 et de α_2, — résultat important, tout à fait spécial à ce système; — mais encore qui rend α_2 et α_3, beaucoup moins étroitement dépendants de la variation dans α_1.

Le diagramme théorique, (v. planche XLVI), rend ces déductions clairement saisissables. Si l'on veut s'en rendre compte, d'une manière plus explicite encore, il faut construire, ce même diagramme, d'abord avec le tiroir ordinaire, puis avec les deux tiroirs emboîtés.

184. — *Application.* — Les formules, ci-dessus établies, permettent de déterminer toutes les dimensions de deux tiroirs emboîtés. Il convient de procéder, comme suit.

Le tiroir extérieur et l'excentrique fictif; ou réel, apte à lui donner le mouvement se calculent, par les formules du n° 70 ou 72, qui donnent ρ_1 δ_1 A_1 B_1 e. On a ensuite[1], dans :

[172] : $$i_e = A_1(2k_2 - 1) - 2B_1\sqrt{k_2 - k_2^2};$$

1. Voir, au besoin, planche III-IV, la signification des symboles.

dans :

[173] : $i_c = A_1(1-2k_3) + 2B_1\sqrt{k_3 - k_3^2}$;

[176] : $i = \frac{1}{2}(i_e + i_c)$;

[177] : $y = \frac{1}{2}(i_e - i_c)$;

[179] : $e_z = \frac{o_1}{10}$ environ (o_1 étant la moitié de ce qu'i serait, sans la double entrée) ;

[178] : $e_1 = e - y - e_2$;

[180] : $o_t = 2o_1 + e_3$;

[181] : $e_3 = \frac{o_1}{10} + 5$ millimètres;

[182] : $y_1 = e_1 - e_3 \gtreqless o_1$;

[183] : $\rho''^2_1 = A''^2_1 + \frac{[e + A''_1(2k''_1 - 1)]^2}{4(k''_1 - k''^2_1)}$;

[184] : $d + o_t > \rho''_1 - e + e_1$;

[185] : $x = e - e_3$;

[186] : $X \gtreqless 2o_1 + i + e_2 + e_1 + \rho''_1 - e - d$;

[187] : $\sin(\alpha_2 + \delta_1) = -\frac{i + y}{\rho}$ ρ variable $= \sqrt{A^2 + B^2}$;

[188] : $\sin(\alpha_3 + \delta_1) = \frac{i - y}{\rho}$;

Ces formules, de même qu'une partie de celles du n° 70, sont reproduites planche XLVI, en dessous de la liste des données et des inconnues. La planche XLVIII donne une application numérique, faite au moyen de ces mêmes formules. Au lieu de recourir au calcul, on eût pu aussi prendre directement ρ_1 et δ_1, dans le tableau supérieur de la planche IX-X; ou les rechercher graphiquement; soit, par le procédé indiqué n° 87, et planche XIII, fig. 18; soit, par l'épure générale, décrite n° 93, et planche VII-VIII.

Pour les quantités, relatives au tiroir intérieur, il faut bien avoir recours, aux formules ci-dessus; de même que pour vérifier, si toutes les équations de condition sont satisfaites.

185. — Le *diagramme théorique* est construit, planche XLVI,

au moyen des valeurs numériques, données par la planche XLVIII. La partie hachurée, de droite, se rapporte à la *double ouverture d'entrée*. La partie hachurée, de gauche, se rapporte à l'ouverture de sortie. Il y a ici trois cercles de recouvrement, concentrique au pôle. L'un : pour e ; le second : pour i_e; le troisième, pour i_c. On vérifie aisément, sur l'épure, $i_e = i + y$ [174]; et $i_c = i - y$ [175].

Le *diagramme automatique* se prend, au *Dianomégraphe*. Il n'y a pour cela, qu'à suivre les indications, données planche XLVIII. Le tiroir intérieur se monte, sur la planchette spéciale P ; qui sert aussi, dans le système *j*. Seulement, au lieu des deux coulisseaux, et des quatre butoirs, nécessaires dans le système *j*, il n'y a besoin, dans le système *m*, que d'un coulisseau et de deux butoirs.

La courbe polaire de marche du tiroir intérieur se trace exactement, de la même manière que dans le système *j*, (v. n° 179).

Le tiroir intérieur se *règle*, comme d'ordinaire, avec *l'avance égale* sur les deux faces du piston, pour la marche normale. En donnant une valeur différente, à l'épaisseur e_1, (v. planche XLVI), on peut aussi régler l'émission, ou la compression, sur les deux faces, de la manière qui convient le mieux.

Il ne faut pas perdre de vue que la courbe vraie, diffère assez notablement de la courbe théorique, surtout pour des admissions voisines de 50 0/0.

La planche XLVIII suppose les tiroirs, mus par un excentrique ordinaire unique. On ne serait pas embarrassé, pour *monter* le mouvement, s'il était emprunté à un autre dispositif... (coulisse... etc.); pas plus que pour calculer ses dimensions.

186. — Le système décrit, à un seul excentrique direct, a été appliqué avec avantage, dans les pompes de puits; pour lesquelles le degré de détente n'a besoin d'être modifié, que de loin en loin, à mesure de l'approfondissement. La variation de la course est alors réalisée, au moyen d'un excentrique, dont la poulie maintenue sur l'arbre, par deux vis de pression, porte une rainure, qui permet de faire voyager son

centre, suivant une parallèle à OY, (planche XLVI) ; de manière à conserver constante l'avance à l'admission. C'est l'excentrique d'ANGELY.

Un second moyen, un peu moins simple, mais plus commode, pour la mise en train; parce qu'il permet de varier l'admission, pendant la marche; et, en tout cas, moins compliqué, que la solution de MEYER; consiste à employer l'excentrique du système k, à un seul tiroir, (planche XLIX-L). La barre $\overline{C_0N_1}$ n'est pas indispensable. On peut déplacer N_1, à la main, et le fixer en des points différents d'un cercle décrit de C_0.

On réalise ainsi une distribution à détente variable, relativement simple, permettant de régler la compression, à son gré, pour une marche donnée. Il est facile, au besoin, de modifier y et i. La stabilité et la durée sont plus grandes, qu'avec un système à deux tiroirs et deux excentriques. Les frottements et l'entretien sont moindres.

CHAPITRE XIV

DISPOSITIF S. PICHAULT — ET DISPOSITIF HACKWORTH. — SYSTÈME *k*.
DEUX TIROIRS, DIRECTEMENT SUPERPOSÉS ;
OU UN SEUL TIROIR ; — MUS PAR UN EXCENTRIQUE UNIQUE,
OU SANS EXCENTRIQUE ; AVEC VARIATION DE LA DÉTENTE
ET RENVERSEMENT POSSIBLE DE LA MARCHE
(PL. XLIX-L ET LI-LII).

187. — Réduit à ses axes, ce dispositif est représenté, planche **XLIX-L**. Il a été imaginé, par l'auteur, en 1867, dans le bureau d'étude de la société Cockerill, à Seraing (Belgique)[1]. L'idée, servant de point de départ, a été de chercher à utiliser l'excentrique moteur d'un tiroir de détente, glissant sur un tiroir d'admission, comme origine du mouvement du tiroir d'admission lui-même. En 1869, M. Hackworth, de Darlington, qui vraisemblablement n'avait jamais eu connaissance de la solution trouvée à Seraing, employait, de son côté, un dispositif très analogue; mais à un seul tiroir. Cette dernière solution n'est qu'un cas particulier de la première.

La théorie complète de ce système a été publiée seulement, en 1875[2]. Établie directement, et dans des conditions absolu-

1. On lira peut-être, avec curiosité, le récit des conditions singulières, dans lesquelles cette solution a été trouvée. Un de mes collègues, M. Levassor, cherchait, pour une machine marine, un dispositif à détente variable. Il trouvait trop compliqué le système Meyer, à trois excentriques, avec coulisse, vis de rappel, etc... Nous avions, durant toute une après-midi, discuté ce sujet. Pendant la nuit suivante, mon esprit fortement tendu, vers cet ordre d'idées, continua le travail de la journée ; même pendant le sommeil ; et la solution s'offrit, à lui, tout d'une pièce, en songe. Le lendemain à mon réveil, la mémoire de la chose songée me revint, très nette ; et j'apportai, à mon collègue, le dispositif dont il est ici question ; dans lequel toute manœuvre se fait, par le seul appareil de renversement de marche. Il y a là un fait bien défini et certain, qui peut intéresser les physiologistes.

2. *Annales industrielles*, 1er semestre 1875, Paris.

ment générales, elle est assez complexe, et trop longue, pour être reproduite ici, *in extenso*. Le lecteur, que la chose intéresse, est donc prié de recourir, à l'ouvrage, qui vient d'être cité en note. Il n'en sera donné, ici, que l'abrégé indispensable.

O est l'arbre moteur, (planche L). Le piston marche, suivant OX. Le plus souvent la chapelle est sur le dos du cylindre; c'est-à-dire à une certaine distance du plan, passant par l'arbre moteur et l'axe du piston, (comme dans la figure); mais les tiges des tiroirs pourraient aussi se trouver, dans le plan dont il vient d'être parlé, (auquel cas D et D_0 tomberaient sur OX), ou dans tout autre plan.

188. — Sur l'arbre moteur, se trouve calé un excentrique, soit du côté opposé à la manivelle motrice, soit du côté de cette manivelle. La barre $\overline{AA_1}$ de cet excentrique à l'un de ses points C, assujetti à décrire un arc de cercle dont le centre N_1 peut être déplacé, durant la marche. Deux autres points A_1 et B, de cette barre, conduisent directement : l'un le tiroir de détente, l'autre le tiroir principal.

Le tiroir de détente peut être, en une pièce, ou en deux pièces à écartement variable. Il peut glisser directement, sur le tiroir principal, (genre Meyer); ou sur une table distincte, fixe, (genre Saulnier, ou Gouzenbach, ou Georges). Le point A_1 peut encore attaquer la fausse table du cylindre, (genre Napier et Rankine). Enfin si l'on n'emploie qu'une seule tige de tiroir, (Hackworth) ce tiroir peut être double, à emboîtement, (système *m*).

Au lieu d'obliger le point C, à décrire un arc de cercle, M. Hackworth l'oblige à décrire une droite ; soit en le faisant glisser, sur un guide rectiligne ; soit en remplaçant le guide, par la combinaison ciématique, connue sous le nom de parallélogramme de Watt. L'arc de cercle constitue une solution, plus simple, consommant moins de frottement ; et précieuse, pour régulariser l'admission, comme on le verra.

189. — En tout cas, que la trajectoire de C soit rectiligne, ou curviligne ; il faut, si l'on veut, pouvoir varier la durée de l'admission, et renverser la marche, qu'elle puisse pivoter, autour d'un certain axe fixe, projeté en C_0 ; et qui constitue

l'arbre de renversement de marche. Dans la figure N_1 se déplace concentriquement à C_0.

Il est clair que la position du point C_0 n'est pas arbitraire. Si l'on veut que tout se passe symétriquement, dans les deux sens de marche, la figure, (planche L), montre, à évidence, que, r étant le rayon d'excentrique, et p la distance $\overline{AC}$; non seulement, on doit avoir

$$\overline{OC_0} = \sqrt{p^2 - r^2}; \tag{189}$$

mais encore, que C doit se superposer, à C_0, quand $\alpha = 0°$ et 180°; autrement l'avance à l'admission serait variable, avec chaque inclinaison de la trajectoire; et variable, dans les deux sens de la marche.

La première condition indique que C_0 doit se trouver, sur une circonférence, décrite de O, avec un rayon $\overline{OC_0} = \sqrt{p^2 - r^2}$; mais ne détermine pas, pour cela, d'une manière complète, la position de C_0. La seconde détermine cette position, dès que l'angle de calage de l'excentrique, c'est-à-dire, l'angle que fait son grand rayon, avec une perpendiculaire à la manivelle, est connu. En effet, supposons que cet angle soit de $+90°$. Il est clair que $\overline{OC_0}$ devra être perpendiculaire sur OX. Alors C se superposera bien, à C_0, pour $\alpha = 0°$ comme pour $\alpha = 180°$; et l'on réalisera l'égalité de l'avance linéaire, pour toutes les inclinaisons de la trajectoire, ou toutes les valeurs de l'angle β, (V. la figure).

Il en serait identiquement de même, pour un angle de calage de $-90°$; seulement, alors, A *tombant du côté de la manivelle*, il faut que B passe, *en dessus* de C, si l'on veut avoir l'avance voulue, dans le sens voulu; de plus, β *doit être renversé*, si l'on veut conserver la rotation, dans le *même sens*.

Mais il n'est pas obligatoire de donner, à l'angle de calage de l'excentrique, désigné plus haut, la valeur $\pm 90°$. *On peut incliner* $\overline{OC_0}$, *sur* OX, *à volonté, sans que rien soit changé, dans la trajectoire du point* B, ou de tout autre point de la droite $\overline{AC}$, *pourvu que l'on ait toujours* : $\overline{OC_0} = \sqrt{p^2 - r^2}$; *et que l'angle* β, compté de cette droite $\overline{OC_0}$, *reste identique*. Il y a même, souvent, avantage à incliner $\overline{OC_0}$, au point de vue de la régularité, dans l'admission sur les deux faces du piston. Ceci deviendra plus clair, dans la suite.

190. — Observons, avant d'aller plus loin, que si β est invariable, C_0 devient un point fictif; puisqu'il n'y a plus *d'arbre de renversement de marche*. Mais si l'on trace, par O, une droite, faisant, avec OX, un angle de $90° + \varphi$; que, sur cette droite, on porte une longueur $\overline{OC_0} = \sqrt{p^2 - r^2}$; et que, par C_0, on fasse passer la trajectoire; de manière que sa tangente fasse l'angle β, avec $\overline{OC_0}$, il ne sera plus obligatoire de caler l'excentrique, à $\pm 90°$, sur $\overline{OC_0}$; c'est-à-dire $\pm \varphi$, avec OX. On pourra s'écarter, sensiblement, de cette valeur, sans modifier, en aucune façon, l'avance à l'admission et à l'émission, pas plus que la compression; et cela avec avantage, en bien des cas, pour régulariser la fin de l'admission, sur les deux faces; surtout si l'on emploie un deuxième tiroir, à recouvrement variable[1].

Quand la trajectoire du point C se confond avec $\overline{OC_0}$ ou du moins que la tangente, en C_0, à cette trajectoire, fait, avec $\overline{OC_0}$ un angle β nul, il est clair que la course des points D et D_0 est la plus petite possible. *A mesure que β augmente, cette course augmente; et si β devient négatif, le sens de cette course se renverse.*

Nous sommes donc en présence d'un système qui donne l'avance linéaire des tiroirs constante, pour $\alpha = 0°$ comme pour $\alpha = 180°$; qui permet de varier la course des tiroirs, c'est-à-dire, la durée de l'admission; et même d'en changer le sens. Il y a là une solution, du même ordre, que celle fournie par les coulisses de MEYER, de GOUZENBACH, de POLONCEAU, etc..., mais plus simple, comme agencement et nombre des organes.

191. — *Partie théorique.* — En vertu du théorème général, énoncé n° 23; et, mieux encore, en observant que tout point de la droite $\overline{AA_1}$, le point B par exemple, se déplace, parallèlement à OX d'une quantité proportionnelle: d'un côté, à $\cos \alpha$, qui détermine la rotation de la droite autour de C; et de

1. Dans les trois grandes machines d'alimentation d'eau, livrées par SERAING à la ville de Saint-Pétersbourg, en 1876, lesquelles sont munies d'une distribution de ce système, on a pu ainsi régulariser, d'une manière presque absolue, les divers degrés de l'admission.

l'autre, à sin α, qui détermine le glissement du point C, suivant sa trajectoire, plus ou moins inclinée; on admettra sans peine, que la *courbe polaire de marche* du tiroir, conduit par B, est une *circonférence*.

L'expérience confirme pleinement cette induction; à la condition nécessaire, ici, comme dans tous les autres dispositifs, que les obliquités, prises par les organes, ne produisent pas des perturbations exagérées. Nous pouvons donc écrire d'avance, pour équation de cette courbe polaire :

$$z = A \cos \alpha + B \sin \alpha.$$

Reste à déterminer A et B, pour les deux tiroirs.

Quel que soit l'angle de calage de l'excentrique, compté d'une perpendiculaire à la manivelle motrice, prenons, (planche L), pour axes coordonnés de la courbe décrite, par un point quelconque de la droite $\overline{AA_1}$: $\overline{OC}$ pour les y; et une perpendiculaire à C_0, en $\overline{OC_0}$, pour les x. (Dans la figure, ce dernier axe serait parallèle à OX.)

1° *Tiroir principal.* — Désignons, comme d'ordinaire, par A_1 et B_1, les valeurs de A et B spéciales au tiroir principal, pour la marche normale, c'est-à-dire correspondant aux données[1] : o_1 α_1 ou k_1 ; α_2 ou k_2 ; a ou n. On sait que A_1 est la valeur absolue de z, quand $\alpha = 0°$ ou 180°; et B_1 la valeur absolue de z, quand $\alpha = 90°$ ou 270°.

Pour $\alpha = 0°$, les organes occupent les positions, représentées en lignes brisées; et il est clair qu'on a alors rigoureusement :

$$A_1 = r\frac{m_1}{p}; \qquad [190]$$

car le tiroir étant réglé, de manière à donner l'avance égale, dans ces positions, il n'y a pas lieu de tenir *aucunement* compte de l'obliquité des organes.

Pour $\alpha = 90°$, la course verticale du point B serait r, en négligeant l'obliquité de la base d'excentrique; et comme C glisse, ou peut être considéré comme glissant, sur un plan,

1. V. au besoin, planche III-IV, pour la signification des symboles.

faisant l'angle β avec $\overline{OC_0}$, l'abscisse de ce point C devient : $r\,\text{tg}\,\beta$. Par conséquent l'*abscisse* du point B est :

$$\frac{p-m_1}{p}\,r\,\text{tg.}\,\beta \quad \text{ou} \quad \left(1-\frac{m_1}{p}\right) r\,\text{tg.}\,\beta.$$

Si D est au même niveau que b_0; c'est-à-dire, si b_0, position de B pour $\alpha = 0°$, se trouve sur le prolongement $\overline{Dd}$ de la tige du tiroir; ou, plus exactement, sur le prolongement de la trajectoire $\overline{Dd}$, du point D; en d'autres termes, si $\lambda_1 =$ zéro, dans la figure, il est clair que D marche comme B, à l'influence près de l'obliquité de la tringle $\overline{BD}$; absolument comme si cette tringle était la barre d'un excentrique ordinaire, activant directement le tiroir; l'abscisse de D est la même que celle de B, qui vient d'être écrite.

192. — Pour plus de généralité, admettons que λ_1 ait une valeur non négligeable ; (comme si, par exemple, le point D marchait sur OX, ce qui a lieu quelquefois). Alors la course de D, par rapport à celle de B, varie comme la projection de la longueur $\overline{BD}$, sur $\overline{Dd}$.

Quand $\alpha =$ zéro, cette projection est

$$\sqrt{l_1^2 - \lambda_1^2}.$$

Pour une valeur quelconque de α elle est :

$$\sqrt{l_1^2 - (\lambda_1 + r\sin\alpha)^2}.$$

Elle diminue donc, quand α passe de 0° à 180°, et augmente, quand α passe de 180° à 360°. La différence Δ doit être retranchée de la course de B, en partant de $\alpha = 0°$. On a donc :

$$B_1 = \left(1-\frac{m_1}{p}\right) r\,\text{tg}\,\beta - \Delta\,;$$

et

$$\Delta = \sqrt{l_1^2 - (\lambda_1 + r\sin\alpha)^2} - \sqrt{l_1^2 - \lambda_1^2}.$$

Si l'on développe, par la formule du binôme ; et qu'on ordonne, par rapport aux puissances croissantes de α; on trouve, par un calcul assez long, mais sans difficulté :

$$\Delta = r\sin\alpha\left[\frac{\lambda_1}{l_1} + \frac{1}{2}\left(\frac{\lambda_1}{l_1}\right)^3 + \frac{3}{8}\left(\frac{\lambda_1}{l_1}\right)^5 + \frac{5}{16}\left(\frac{\lambda_1}{l_1}\right)^7 + \frac{35}{128}\left(\frac{\lambda_1}{l_1}\right)^9 \ldots + \text{etc.}\right]$$
$$+ \frac{r^2\sin^2\alpha}{l_1}\left[\frac{1}{2} + \frac{3}{8}\left(\frac{\lambda_1}{l_1}\right)^2 + \frac{15}{16}\left(\frac{\lambda_1}{l_1}\right)^4 + \frac{35}{32}\left(\frac{\lambda_1}{l_1}\right)^6 + \ldots\ldots + \text{etc.}\right]$$

Le terme en $\sin^2\alpha$ est déjà négligeable; parce qu'il est multiplié par la quantité, toujours très petite, $\frac{r^2}{l_1}$; et que la sommation de la parenthèse tend elle aussi, vers une limite très petite, tant que λ_1 reste petit devant l_1. Il en est de même, à plus forte raison, des termes en $\sin^2\alpha$, et à des puissances supérieures.

Observons, d'ailleurs, que Δ s'annule, pour $\alpha = 0°$, comme pour $\alpha = 180°$. Cela confirme, ce qui a été dit plus haut, que l'obliquité de la tringle BD ne trouble en rien la valeur de **A**.

Si l'on fait $\alpha = 90°$, que l'on pose :

$$\Sigma_1 = \left[\frac{\lambda_1}{l_1} + \frac{1}{2}\left(\frac{\lambda_1}{l_1}\right)^3 + \frac{3}{8}\left(\frac{\lambda_1}{l_1}\right)^5 + \frac{5}{16}\left(\frac{\lambda_1}{l_1}\right)^7 + \frac{35}{128}\left(\frac{\lambda_1}{l_1}\right)^9 + \ldots \text{etc.}\right] \quad [191]$$

et qu'on néglige les termes contenant $\sin\alpha$ au carré et aux puissances supérieures; il reste pour valeur de $\mathbf{B}_1$:

$$B_1 = \left(1 - \frac{m_1}{p}\right) r \operatorname{tg}\beta - r\,\Sigma_1. \quad [192]$$

Si bien que l'équation polaire de marche du tiroir d'admission devient :

$$z = \frac{m_1}{p} r\cos\alpha + \left[\left(1 - \frac{m_1}{p}\right)\operatorname{tg}\beta - \Sigma_1\right] r\sin\alpha. \quad [193]$$

193. — Ces formules vérifient les conclusions, posées plus haut : que A_1 est indépendant de β; que B_1 varie avec β. Il suffit donc de varier β, pour varier la durée de l'admission; et *l'on peut, à juste titre, appeler* β : *angle de détente.*

Pour avoir $B_1 =$ zéro; c'est-à-dire, pour réaliser ce qu'on appelle la marche au point mort, quand on emploie une coulisse; il est clair qu'il faut poser, dans [192], en désignant par β_0 la valeur de β qui annule $\mathbf{B}_1$:

$$\Sigma_1 = \left(1 - \frac{m_1}{p}\right)\operatorname{tg}\beta_0; \quad \text{d'où : } \operatorname{tg}\beta_0 = \frac{\Sigma_1}{1 - \frac{m_1}{p}}; \quad [194]$$

de manière que [193] peut aussi s'écrire :

$$\left.\begin{aligned} z &= \frac{m_1}{p} r\cos\alpha + \left(1 - \frac{m_1}{p}\right)(\operatorname{tg}\beta - \operatorname{tg}\beta_0)\, r\sin\alpha \\ \text{ou : } \quad z &= A_1\cos\alpha + B_1\sin\alpha. \end{aligned}\right\} \quad [195]$$

Tant que Σ_1 a une valeur; c'est-à-dire, tant que λ_1 n'est pas nul; β_0 a aussi une valeur, et cette valeur est celle, à partir de laquelle, la rotation change de sens.

Il a été question, n° 189, de la possibilité de donner à l'excentrique, un angle d'avance autre que $\pm$ 90°, compté de $\overline{OC^0}$. Soit δ cet angle. Alors, pour $\alpha = 0°$, la course A_1 du tiroir est évidemment la même, que si la manivelle avait parcouru un angle $\alpha = (\delta - 90°) = \varphi$, c'est-à-dire qu'on tire de [195].

$$z_{(\alpha=0)} = A_1 = \frac{m_1}{p} r \cos\varphi + \left(1 - \frac{m_1}{p}\right)(\operatorname{tg}\beta - \operatorname{tg}\beta_0) r \sin\varphi.$$

et pour $\alpha = 90°$

$$z_{(\alpha=90°)} = B_1 = \frac{m_1}{p} r \sin\varphi + \left(1 - \frac{m_1}{p}\right)(\operatorname{tg}\beta - \operatorname{tg}\beta_0) r \cos\varphi.$$

On a donc, pour une valeur quelconque de α :

$$\left.\begin{aligned} z = &\left[\frac{m_1}{p} r \sin\varphi + \left(1 - \frac{m_1}{p}\right)(\operatorname{tg}\beta - \operatorname{tg}\beta_0) r \sin\varphi\right] \cos\alpha + \\ &+ \left[\frac{m_1}{p} r \sin\varphi + \left(1 - \frac{m_1}{p}\right)(\operatorname{tg}\beta - \operatorname{tg}\beta_0) r \cos\varphi\right] \sin\alpha. \end{aligned}\right\} \quad [196]$$

Cette formule contient implicitement celle [195]. Il suffit de poser $\varphi = 0$, pour retomber sur cette dernière.

On peut toujours choisir φ, de manière à avoir m_1 nul, dans [196]; c'est-à-dire, de manière à confondre les points B et C. Il suffit de poser, comme si m_1 était nul :

$$\left.\begin{aligned} &(\operatorname{tg}\beta - \operatorname{tg}\beta_0) r \sin\varphi = A_1 \\ \text{ou :}\quad &(\operatorname{tg}\beta - \operatorname{tg}\beta_0) r \cos\varphi = B_1 \\ \text{ou, en vertu de [2] :}\quad &\operatorname{tg}\varphi = \frac{A_1}{B_1} = \operatorname{tg}\delta_1. \end{aligned}\right\} \quad [196]^{bis}$$

Cela simplifie un peu la construction; mais n'est faisable, bien entendu, qu'au cas où le point N_1 est fixe.

Dès que A_1 et B_1 sont connus, et l'on sait que ces quantités se déterminent indépendamment du dispositif employé; il est facile de trouver r ou β, et m_1 ou p. L'une des deux quantités m_1 ou p peut être choisie arbitrairement. D'ordinaire on se donne p, pour avoir une position convenable du point C_0, (planche L). On se donne aussi la valeur limite de β; laquelle doit être modérément grande, si l'on ne veut pas avoir des perturbations trop fortes, dans le mouvement. Plus β est petit, plus r est grand, et vice-versâ. $tg\beta - tg\beta_0 = (1$ à $1{,}20)$ est une limite convenable.

Remplaçant $\frac{m_1}{p}$ dans [192], par sa valeur, tirée de [190]; on a, en vertu de [194] :

$$B_1 = \left(1 - \frac{A_1}{r}\right)(\mathrm{tg}\,\beta - \mathrm{tg}\,\beta_0)\,r;$$

d'où l'on tire :

$$r = A_1 + \frac{B_1}{\mathrm{tg}\,\beta - \mathrm{tg}\,\beta_0}. \qquad [197]$$

Substituant, alors, r dans [190] il reste :

$$\frac{m_1}{p} = \frac{A_1}{r} = \frac{A_1(\mathrm{tg}\,\beta - \mathrm{tg}\,\beta_0)}{B_1 + A_1(\mathrm{tg}\,\beta - \mathrm{tg}\,\beta_0)} \qquad [198]$$

194. — 2° *Tiroir de détente*. — Désignant par m_0, la distance $\overline{CA_1}$ (planche L); remplaçant m_1, par m_0, dans [193] en lui donnant le signe —; puisque le point A_1 est à l'opposé de B, par rapport à C; on a immédiatement l'expression de la course z_0 du tiroir de détente; comptée, à partir et positivement à droite, de sa position moyenne.

$$z_0 = -\frac{m_0}{p}\,r\cos\alpha + \left(1 + \frac{m_0}{p}\right)(\mathrm{tg}\,\beta + \Sigma_0)\,r\sin\alpha. \qquad [199]$$

Σ_0 est de signe contraire à Σ_1, parce que l'obliquité de $\overline{A_1\,d_0}$ est inverse de celle de $\overline{Bd}$; et l'on aurait évidemment, en faisant le même développement que plus haut :

$$\Sigma_0 = \frac{\lambda_0}{l_0} + \frac{1}{2}\left(\frac{\lambda_0}{l_0}\right)^3 + \frac{3}{8}\left(\frac{\lambda_0}{l_0}\right)^5 + \frac{5}{16}\left(\frac{\lambda_0}{l_0}\right)^7 + \frac{35}{128}\left(\frac{\lambda_0}{l_0}\right)^9 + \ldots \text{etc.} \qquad [200]$$

Si donc ce tiroir marchait, sur table fixe, on saurait déterminer les éléments de la distribution, absolument comme on l'a fait, dans le système i (SAULNIER, ou GOUZENBACH, ou GEORGES). S'il est directement superposé au tiroir principal, cette formule donnerait toujours sa course absolue, et l'on aurait aisément sa course relative z_r, en retranchant z de z_0, ou [193] de [199], comme suit :

$$\left.\begin{array}{l} z_z = -\dfrac{m_0+m_1}{p} r\cos\alpha + \left(\dfrac{m_0+m_1}{p}\operatorname{tg}\beta + \Sigma_0 + \Sigma_1\right) r\sin\alpha \\ \text{ou :} \\ z_z = -(A_0 - A_1)\cos\alpha + (B_0 - B_1)\sin\alpha \qquad \text{ou :} \\ z_z = -A_z\cos\alpha + B_z\sin\alpha. \end{array}\right\}[201]$$

Il y a, en tout, huit combinaisons possibles; suivant la position occupée par les points B et A_1 (planche L).

En premier lieu : si B est en *dessous* de C; A_1 peut être : — 1° en dessus de C; — 2° entre C et B; — 3° entre B et A; — 4° au-dessous de A.

En second lieu : si B est en *dessus* de C; A_1 peut être : — 1° en dessus de B; — 2° entre B et C; — 3° entre C et A; — 4° au-dessus de A.

Dans les quatre premières combinaisons, l'excentrique doit être calé à l'opposé de la manivelle. Dans les quatre dernières il doit être calé du côté de la manivelle. Autrement, il y aurait retard à l'admission. Dans les quatre derniers cas encore, β change de signe si l'on veut réaliser la rotation dans le même sens, qu'avec les quatre premières.

Les formules précédentes sont encore applicables; à la condition de tenir compte du signe des quantités. En voici le tableau, tiré de [190] [192] [199] [201]. Il est admis, dans toutes les formules, que Σ_1 ou λ_1 positifs répondent à b_0 au-dessous de $\overline{Dd}$, (planche L); et que Σ_0 ou λ_0 positifs répondent à a_0 au-dessus de $\overline{D_0d_0}$. S'il en était autrement, dans chaque cas particulier; comme cela peut très bien avoir lieu, suivant la position relative des points D et D_0; il faudrait changer le signe de Σ_1 ou de Σ_0. Il est admis encore : que le piston part du point mort côté de l'arbre; et que la manivelle tourne en montant. N_1 est dans le premier, ou le troisième quadrant, si B est au-dessous de C; et dans le deuxième, ou le quatrième, si B est au-dessus de C; le premier quadrant étant l'angle $\widehat{C_0OX}$.

195. — I. B *au-dessous* de C

[190] $A_1 = \dfrac{m_1}{p} r$ [192] $B_1 = \left[\left(1 - \dfrac{m_1}{p}\right)\operatorname{tg}\beta + \Sigma_1\right] r$

1° A_1 au-dessus de C, m_0 négat. $\lessgtr p$

$$\begin{cases} A_0 = -\dfrac{m_0}{p} r & B_0 = \left[\left(1 + \dfrac{m_0}{p}\right) \operatorname{tg} \beta + \Sigma_0\right] r \\ A_z = -\dfrac{m_0 + m_1}{p} r & B_z = \left[\dfrac{m_0 + m_1}{p} \operatorname{tg} \beta + \Sigma_0 + \Sigma_1\right] r \end{cases}$$

2° A_1 entre C et B, m_0 posit. $< m_1$

$$\begin{cases} A_0 = \dfrac{m_0}{p} r & B_0 = \left[\left(1 - \dfrac{m_0}{p}\right) \operatorname{tg} \beta + \Sigma_0\right] r \\ A_z = -\dfrac{m_1 - m_0}{p} r & B_z = \left[\dfrac{m_1 - m_0}{p} \operatorname{tg} \beta + \Sigma_0 + \Sigma_1\right] r \end{cases}$$

3° A_1 entre B et A, m_0 posit. $> m_1 < p$

$$\begin{cases} A_0 = \dfrac{m_0}{p} r & B_0 = \left[\left(1 - \dfrac{m_0}{p}\right) \operatorname{tg} \beta + \Sigma_0\right] r \\ A_z = \dfrac{m_0 - m_1}{p} r & B_z = -\left[\dfrac{m_0 - m_1}{p} \operatorname{tg} \beta - \Sigma_0 - \Sigma_1\right] r \end{cases}$$

4° A_1 en-dessous de A, m_0 posit. $> p$

$$\begin{cases} A_0 = \dfrac{m_0}{p} r & B_0 = -\left[\left(\dfrac{m_0}{p} - 1\right) \operatorname{tg} \beta - \Sigma_0\right] r \\ A_z = \dfrac{m_0 - m_1}{p} r & B_z = -\left[\dfrac{m_0 - m_1}{p} \operatorname{tg} \beta - (\Sigma_0 + \Sigma_1)\right] r \end{cases} \quad [202]$$

II. B *au-dessus* de C $\qquad m_1 > p$

m_1 et β étant négatifs on a changé tous les signes, pour la commodité de la comparaison :

[190] $$A_1 = \frac{m_1}{p} r$$

[192] $$B_1 = \left[\left(1 + \frac{m_1}{p}\right) \operatorname{tg} \beta + \Sigma_1\right] r$$

5° A_1 au-dessus de B, $m_0 > m_1$ même signe

$$\begin{cases} A_0 = \dfrac{m_0}{p} r & B_0 = \left[\left(1 + \dfrac{m^0}{p}\right) \operatorname{tg} \beta - \Sigma_0\right] r \\ A_z = \dfrac{m_0 - m_1}{p} r & B_z = \left[\dfrac{m_0 - m_1}{p} \operatorname{tg} \beta - \Sigma_0 - \Sigma_1\right] r \end{cases}$$

6° A_1 entre B et C, $m_0 < m_1$ même signe

$$\begin{cases} A_0 = \dfrac{m_0}{p} r & B_0 = \left[\left(1 + \dfrac{m_0}{p}\right) \operatorname{tg} \beta - \Sigma_0\right] r \\ A_z = -\dfrac{m_1 - m_0}{p} r & B_z = -\left[\dfrac{m_1 - m_0}{p} \operatorname{tg} \beta + \Sigma_0 + \Sigma_1\right] r \end{cases}$$

7° A_1 entre C et A_1, $m_0 < p$ signe opposé à m_1

$$\begin{cases} A_0 = -\dfrac{m_0}{p} r & B_0 = \left[\left(1 - \dfrac{m_0}{p}\right) \operatorname{tg} \beta - \Sigma_0\right] r \\ A_z = -\dfrac{m_0 + m_1}{p} r & B_z = -\left[\dfrac{m_0 + m_1}{p} \operatorname{tg} \beta + \Sigma_0 + \Sigma_1\right] r \end{cases}$$

8° A_1 au-dessous de A, $m_0 > p$ signe opposé à m_1

$$\begin{cases} A_0 = -\dfrac{m_0}{p} r & B_0 = -\left[\left(\dfrac{m_0}{p} - 1\right) \operatorname{tg} \beta + \Sigma^{0}\right] r \\ A_z = -\dfrac{m_0 + m_1}{p} r & B_z = -\left[\dfrac{m_0 + m_1}{p} \operatorname{tg} \beta + \Sigma_0 + \Sigma_1\right] r \end{cases} \quad [203]$$

En comparant les diverses valeurs des coordonnées : $\frac{1}{2}$ A_z $\frac{1}{2}$ B_z du centre de la circonférence polaire de marche *relative*, on reconnaît que ce centre tombe :

Dans le	1er	quadrant, pour les combinaisons		5
—	2e	—	—	1 et 2
—	3e	—	—	6, 7 et 8
—	4e	—	—	3 et 4

196. — On voit que la marge est grande, et que ce système offre, à lui seul, le cycle complet des solutions possibles. Il convient de rechercher la meilleure, s'il y en a une ; tant au point de vue théorique, qu'au point de vue pratique.

Si la variation de l'admission est obtenue, par une variation du recouvrement, la ligne de conduite est toute tracée. On opérera, comme il a été expliqué, pour le système MEYER. (n 157 et suivants).

Si la variation de l'admission est obtenue, par une variation de la course relative ; solution plus simple évidemment ; puisque le tiroir de détente n'est plus en deux pièces, avec mouvement spécial d'écartement, ou de rapprochement ; et que tout s'effectue, par la seule manœuvre du levier de changement de marche ; c'est-à-dire, par la variation de l'angle β ; la question est un peu plus complexe ; c'est celle qui reste à examiner.

Remarquons d'abord : que, dans quelque quadrant que tombe le centre de la circonférence polaire, son abscisse reste constante. $\frac{1}{2}$ A_z ; c'est-à-dire que *ce centre marche, sur une parallèle à l'axe des* y. Remarquons, en second lieu : qu'il est désirable de réaliser *la plus grande variation possible, dans la durée de l'admission ; par la plus petite variation de* β ; car en variant β, on modifie aussi les conditions de l'*émission.*

Ceci posé ; il suffit de jeter un coup d'œil, sur les diagrammes théoriques, groupés planches LXV-LXVI, fig. 8 à 11, pour reconnaître que :

1° — Quand le centre de la circonférence polaire de marche *relative* ; c'est-à-dire de la marche qu'aurait, sur table fixe, un tiroir donnant le commencement et la fin de l'admission, dans des conditions identiques, à celles fournies, par le tiroir de détente, glissant sur le dos du tiroir principal; quand ce centre, disons-nous, se déplace, sur une droite, parallèle à l'axe des y, dans le 1er et le 4e quadrant ce tiroir doit distribuer, par ses arêtes *extérieures*. Le recouvrement e_0 est nécessairement *positif*, et plus petit que A_z, pour le 1er quadrant; *positif ou de préférence négatif*, mais toujours plus petit que A_z. en grandeur absolue, pour le quatrième. La durée de l'admission *diminue avec* B_z; c'est-à-dire, avec β, pour le 1er quadrant. Elle *augmente*, au contraire, quand β *diminue*, pour le 4e; que e_0 soit positif ou négatif.

2° — Quand le centre de la circonférence polaire de marche *relative* se déplace sur une droite parallèle à l'axe des y, dans le 2e et le 3e quadrant; ce tiroir doit distribuer par ses arêtes *intérieures*. Le recouvrement e_0 est *positif ou de préférence négatif*, pour le 2e quadrant; *positif*, pour le 3e quadrant; et toujours plus petit que A_z en grandeur absolue. La durée de l'admission *augmente*, quand β *diminue*, pour le 2e quadrant; que e_0 soit positif, ou négatif. Elle *diminue avec* β, pour le 3e.

197. — En d'autres termes : *le tiroir de détente distribue, par ses arêtes extérieures, ou intérieures, suivant que le centre de la circonférence polaire tombe à droite, ou à gauche, de l'axe des* y. *Le recouvrement est positif; et une réduction de β diminue la durée de l'admission, dans le 1er et le 3e quadrant. Le recouvrement est positif ou de préférence négatif, (pour les grandes admissions); et une réduction de β augmente la durée de l'admission, dans le 2e et le 4e.*

Théoriquement parlant; il y a très peu de différence, en ces diverses solutions; et il semble qu'on puisse indistinctement les employer toutes les quatre. Au point de vue pratique; il est évident de soi, que la course relative maxima ρ_z, sera, pour une grandeur d'ouverture o_0 donnée, plus petite avec e_0 négatif, qu'avec e_0 positif, (voir [4] par analogie); c'est-à-dire, quand le centre de la circonférence polaire de marche relative tombe dans le 2e et le 4e quadrants. Dans l'un comme dans l'autre de ces quadrants, *la rapidité de fermeture augmente à mesure que la durée de l'admission diminue.* Ces solutions répondent, (n° 195), aux combinaisons 1-2, pour le 2e quadrant et 3-4, pour le 4e.

Les combinaisons 1-2 constituent des agencements très pratiques, quand les tiges des tiroirs sont éloignées de l'axe OX. Les combinaisons 3-4 conviennent mieux, au contraire, quand ces tiges sont rapprochées de OX, (planche L). C'est donc généralement, à l'une ou à autre de ces 4 combinaisons, qu'il convient d'avoir recours; ce qui cependant ne proscrit pas absolument l'emploi des autres. Dans la figure de la planche L, c'est la combinaison 1 qui est employée.

Nous allons maintenant examiner la marche à suivre, pour déterminer les éléments qui ne le sont pas encore, à savoir : A_z^s B_z ρ_z δ_z e_o A_o B_o ρ_o δ_o,... Si l'on se donnait A_z et B_z tout serait déterminé. Mais il convient de procéder plus rationnellement; et d'examiner, s'il n'y a pas une méthode de détermination moins arbitraire.

La grandeur de A_z et de B_z; ou si l'on veut celle de ρ_z et de δ_z, dépendent essentiellement de la qualité o_o, dont on veut découvrir l'orifice d'admission, et des limites dans lesquelles cette admission doit varier : k_o' k_o'', ou α_o' α_o''.

Quelle que soit la combinaison employée, il est évident, qu'au moment de la fermeture, pour la plus petite, puis pour la plus grande admission, on a : dans [201], en remarquant que $A_z' = A_z'' =$ constante[1] :

$$e_0 = A_z'' \cos \alpha' + B_z' \sin \alpha_o' = A_z'' \cos \alpha_o'' B_z'' \sin \alpha_o''; \qquad [204]$$

d'où l'on tire :

$$A_z'' (\cos \alpha_o' - \cos \alpha_o'') = B_z'' \sin \alpha_o'' - B_z' \sin \alpha_o'. \qquad [205]$$

Relation qui subsiste, dans tous les cas, quel que soit le signe de A_z de B_z et de e_o.

Il est encore évident que les formules [202] et [203] donnent, quel que soit le signe de A_z et de B_z :

combinaisons : 1-2-3-4.

$$\left.\begin{array}{ll} & B_z = -A_z \operatorname{tg} \beta + (\Sigma_o + \Sigma_1) r; \\ \text{5-6-7-8} & B_z = A_z \operatorname{tg} \beta - (\Sigma_o + \Sigma_1) r \end{array}\right\} \qquad [206]$$

ce qui montre que la valeur de B_z est la même, au signe près, dans les deux séries de combinaisons.

1. V. au besoin planche III-IV, la signification des symboles.

Mais il n'est pas possible d'aller plus avant, en restant dans les généralités. Il faut, maintenant, faire choix de l'une des combinaisons, indiquées au n° 195, ou du moins de l'une des séries de ces combinaisons.

198. — 1° *Première série. L'admission augmente, quand* B_z *diminue, en valeur absolue.* — Combinaisons 1-2, fig. 10; et 3-4, fig. 9; planche LXV-LXVI. — On peut admettre :

$$\alpha_0'' = \alpha_1 \quad \text{ou} \quad k_0'' = k_1 \text{ [1]}.$$

Puis, il faut poser des limites à B_z et à β. En effet, B_z ne peut être nul, et encore moins négatif; car le sens de la rotation se renverserait, par le tiroir principal; mais il peut être *petit*; parce que la grande admission n'ayant pour but que d'assurer le démarrage, dans le voisinage du point mort du levier de changement de marche, il est inutile de réaliser, alors, de grandes ouvertures, par le tiroir principal. D'un autre côté, β ne peut pas croître indéfiniment, sous peine de développer, sur les pivots, des efforts excessifs, dus à la grande obliquité de la trajectoire du point C.

On peut adopter : comme limite inférieure de o_1; comme limite inférieure, et comme limite très supérieure de β :

$$\left.\begin{aligned} o''_1 &= \frac{1}{10} \times o_1 \\ \text{tg}\,\beta'' - \text{tg}\,\beta_0 &= 0{,}10 \\ \text{tg}\,\beta' - \text{tg}\,\beta_0 &= 1{,}50. \end{aligned}\right\} \qquad [207]$$

Cela ne suffit pas encore, pour déterminer A_z et B_z. Il faut, de plus, recourir à la condition de la grandeur d'ouverture à réaliser par le tiroir de détente. Cette grandeur d'ouverture décroît déjà, à partir de $\alpha = 0°$; et cela, pour tous les degrés d'admission. (V. fig. 9-10, planche LXV-LXVI.) Il faut donc prendre l'ouverture répondant à $\alpha = 0°$, comme base. Or il est bien permis d'admettre, qu'alors, il suffit de réaliser une ouverture o_0, égale à la grande valeur o_1, de celle attribuée au tiroir principal, ou à sa *moitié*, si le tiroir de détente est à *double entrée*. (V. planche LIV et aussi LXV-LXVI n° 199, des exemples de cette double entrée.)

1. Voir au besoin pl. III-IV la signification des symboles.

Pour $\alpha = 0°$, on a : $z = A_z$; quelle que soit la combinaison. D'un autre côté, quel que soit le signe de A_z, celui de o_0 sera le même ; car o_0 doit être une ouverture réelle, et non une ouverture négative, dès l'origine de la course du piston. Cette ouverture sera donc toujours la *différence algébrique*, entre A_z et e_0 ; c'est-à-dire, sera plus petite que A_z, si e_0 est positif; et plus grande que A_z, si e_0 est négatif. Posons donc, d'une manière générale :

$$o_0 = A_z - e_0. \qquad [208]$$

[204] donne, alors, en vertu de [206], pour les valeurs spéciales β'' de β, B_z'' de B_z, $A_z'' = A_z$, répondant à α_0'' :

$$\left.\begin{aligned} & e_0 = A_z \cos\alpha_0'' - A_z \operatorname{tg}\beta'' \sin\alpha_0'' + (\Sigma_0 + \Sigma_1)\, r \sin\alpha_0'' ; \\ \text{ou :}\quad & e_0 = A_z (\cos\alpha_0'' - \operatorname{tg}\beta'' \sin\alpha_0'') + (\Sigma_0 + \Sigma_1)\, r \sin\alpha_0''. \end{aligned}\right\} [209]$$

Substituant, dans [208], il vient :

$$o_0 = A_z (1 - \cos\alpha_0'' + \operatorname{tg}\beta'' \sin\alpha_0'') - (\Sigma_0 + \Sigma_1)\, r \sin\alpha_0'' ;$$

d'où l'on tire :

$$A_z = \frac{o_0 + (\Sigma_0 + \Sigma_1)\, r \sin\alpha_0''}{1 - \cos\alpha_0'' + \operatorname{tg}\beta'' \sin\alpha_0''}. \qquad [210]$$

Cette valeur générale de A_z permet d'écrire, en vertu de [202] ; en remarquant que A_z et, par suite, o_0 sont négatifs, dans les combinaisons 1-2; tandis qu'ils sont positifs, dans les combinaisons 3-4 :

$$\left.\begin{aligned} &\text{combinaison 1-2 :}\quad m_0 = \frac{p}{r}\,\frac{o_0 - (\Sigma_0 + \Sigma_1)\, r \sin\alpha''}{1 - \cos\alpha_0'' + \operatorname{tg}\beta'' \sin\alpha_0''} - m_1 \\ &\text{combinaison 3-4 :}\quad m_0 = \frac{p}{r}\,\frac{o_0 + (\Sigma_0 + \Sigma_1)\, r \sin\alpha_0''}{1 - \cos\alpha_0'' + \operatorname{tg}\beta'' \sin\alpha_0''} + m_1 \end{aligned}\right\} [211]$$

On voit qu'il n'y a, en réalité, que *deux solutions possibles*, l'une qui donne le point A_1 au-dessus du point B, (planche L), combinaison 1 ; — l'autre qui le donne au-dessous, combinaisons 2, ou 3, ou 4. — Les deux valeurs de m_0 sont *opposées*. Elles sont, de plus, *égales* si $\Sigma_0 + \Sigma_1 =$ zéro.

Connaissant m_0 on aura aisément e_0 dans [209] ou dans [208] ; pourvu que l'on attribue à A_z et à o_0 le signe qui leur convient, $A_0 B_0' \; B_0'' \; B_z' \; B_z'' \; \rho_0' \rho_0'' \; \rho_z' \rho_z''$, dans [202], pour chaque combinaison. On peut aussi remarquer que, pour ces 4 combinaisons, on a :

$$B_0 = (r - A_0) \operatorname{tg} \beta + \Sigma_0 r. \qquad [212]$$

199. — 2° *Deuxième série. L'admission diminue quand* B_z *diminue*, (en grandeur absolue). — Combinaisons 5-6-7-8 (fig. 8 et 11, planche LXV-LXVI). Le recouvrement e_0 est toujours positif (n° 195). B_z diminue avec β. La valeur limite supérieure de β devient l'inverse, de celle [207] applicable aux combinaisons 1-2-3-4 ; c'est-à dire :

$$\operatorname{tg} \beta'' - \operatorname{tg} \beta_0 = 1{,}50, \text{ au maximum.}$$

Ici on peut fixer la grandeur de l'ouverture o_0, donnée par le tiroir de détente, absolument comme on le ferait, pour un tiroir ordinaire d'admission. Et comme il y a tout avantage à réduire les courses ; non seulement pour réduire les frottements ; mais pour rendre le lieu des centres de la circonférence polaire de marche *relative*, aussi rapprochée que possible de l'axe OY ; (V. les diagrammes théoriques, fig. 8 et 11, planche LXV-LXVI), et l'avance linéaire à l'admission, la plus faible possible ; toutes conditions favorables à la grande variation de l'admission, pour la plus petite variation de *l'angle de détente* β, on fera toujours le tiroir de détente *à double entrée;* c'est-à-dire de l'une des formes représentées fig. 12-13-14, planche LXV-LXVI ; suivant que le recouvrement est extérieur ou intérieur. On prendra donc alors [1] :

$$a_0 = n_0 o_0 = \frac{1}{2} a_a; \qquad [213]$$

$$o_0'' = 0{,}6 \text{ à } 0{,}7 \times o_1; \qquad [214]$$

et enfin la limite de B'' dont il a été parlé tout à l'heure :

$$\operatorname{tg} \beta'' - \operatorname{tg} \beta_0 = 1{,}5, \text{ au grand maximum} \qquad [215]$$

A la rigueur on pourrait se contenter de prendre : $o_0'' = 0{,}5 \times o_1$ au lieu de $0{,}6$ à $0{,}7 \times o_1$. Mais o_0 se réduit vite, avec β ; de sorte que malgré la double entrée, on pourrait avoir étranglement de la vapeur, pour des admissions voisines de 0,50.

1. V. au besoin, planche III-IV, la signification des symboles.

D'un autre côté; plus on prend o_o'' grand, plus la variation de β doit être grande, pour que l'admission passe de α_o' à α_o''; ou de k_o' à k_o''; et, par suite, plus on a de perturbations, dans la marche du tiroir principal.

Ceci admis; on déterminera ρ_z'' : soit par la formule générale [207]; soit, par le tableau supérieur de la planche IX-X; soit, par les méthodes graphiques, plusieurs fois indiquées, (nos 87 et 93); puis, on aura e_o A_z'' B_z'' δ_z'', par les formules [4], [3], [2], [3], ; A_o'' B_o'' ρ_o'' δ_o'', par les formules [201], [3], [2]; et enfin m_o dans [203]; suivant la combinaison adoptée.

200. — On peut remarquer que, dans les formules [202] [203], on a :

combinaisons 1-2-3-4 :

$$B_1 = (r - A_1)\,\mathrm{tg}\,\beta - \Sigma_1 r; \quad B_z = - A_z\,\mathrm{tg}\,\beta + (\Sigma_o + \Sigma_1) r$$

combinaisons 5-6-7-8 :

$$B_1 = (r + A_1)\,\mathrm{tg}\,\beta + \Sigma_1 r; \quad B_z = A_z\,\mathrm{tg}\,\beta - (\Sigma_o + \Sigma_1) r$$

Il résulte de là : 1° que si Σ_o et Σ_1 *sont nuls*, B_1 et B_z varient *proportionnellement* à β. Les limites de α_o' et α_o'' correspondant à β' et β'' sont donc *théoriquement les mêmes* dans les huit combinaisons; 2° que si $\Sigma_o = -\Sigma_1$, c'est-à-dire $\lambda_o = -\lambda_1$, (le point a_o en-dessous de la droite d_o D_o, planche L); B_z croît, proportionnellement à β (en grandeur absolue), dans les huit combinaisons; tandis que B_1 croît proportionnellement moins vite que β, dans les combinaisons 1-2-3-4, et plus vite, dans les combinaisons 5-6-7-8; 3° que si Σ_o et Σ_1 sont tous les deux positifs; (c'est-à-dire, λ_0 et λ_1, comme dans la figure, planche L); B_z croît proportionnellement, moins vite que β, dans les 8 combinaisons; tandis que B_1 croît, comme il vient d'être dit.

Au lieu d'annuler Σ_o et Σ_1 *il y a donc avantage à leur donner une valeur et un signe convenable, suivant la combinaison adoptée*; de manière à faire varier B_z, plus vite que B_1; en vue toujours de modifier plus rapidement les conditions de marche du tiroir de détente, que celle du tiroir principal; ce à quoi l'on doit évidemment viser.

En remplaçant, dans [205] B_z, par sa valeur tirée de [202] [203], ou [206], suivant la combinaison adoptée; on aura une relation qui permettra de déterminer une des quantités α_0' α_0'' β' β''. D'ordinaire, c'est α'_0 qui sera l'inconnue. Le diagramme théorique de la planche L conduit, d'ailleurs, au même résultat, comme il est expliqué, sur cette planche.

201. — *Application.* — Les formules, précédemment établies, suffisent à la détermination complète de tous les éléments de la distribution du système k quelle que soit la combinaison qu'on emploie, pour donner le mouvement au tiroir; et quel que soit le genre de tiroir, simple, ou double, qui distribue.

1° — *Tiroir simple ordinaire avec renversement possible de la marche.* — C'est le même cas que pour tous les dispositifs à coulisse.

Données ordinaires[1] : o_1'' k_1'' ou α_1'' k_2'' ou α_2'' a ou n $\operatorname{tg}\beta''$ p λ_1 λ_0. Direction de $\overline{OC^0}$ (planche L), choisie de façon que l'obliquité due à λ_1 soit favorable, à la régularité de l'admisson, sur les deux faces du piston; (on verra comment plus loin). — Excentrique calé, à angle droit, sur $\overline{OC_0}$, quand $\alpha = 0°$ et $180°$. On a alors, dans :

[189] : $\overline{OC_0} = \sqrt{p^2 - r^2}$

[191] : $\Sigma_1 = \frac{\lambda_1}{l_1} + \frac{1}{2}\left(\frac{\lambda_1}{l_1}\right)^3 + \frac{3}{8}\left(\frac{\lambda_1}{l_1}\right)^5 + \frac{5}{16}\left(\frac{\lambda_1}{l_1}\right)^7 + \frac{35}{128}\left(\frac{\lambda_1}{l_1}\right) \cdots +$ etc.

[194] : $\operatorname{tg}\beta_0 = \frac{p}{p - m_1}\Sigma_1$

[215] : $\operatorname{tg}\beta'' - \operatorname{tg}\beta_0 = 1$ ou à peu près.

[15] : $a = no''_1 =$ constante (n° 196)

[20] : $\rho''_1 = \frac{o''_1}{k''_1}\left[1 - \frac{n}{2} + \sqrt{(1 - k''_1)(1 - n)}\right]$

[4] : $e = \rho''_1 - o''_1$

[9] : $A''_1 = e + a =$ constante

[2] : $\sin\delta''_1 = \frac{A''_1}{\rho''_1}$

[2] ou [3] : $B''_1 = \sqrt{\rho''^2_1 - A''^2_1} = \rho''_1 \cos\delta''_1$

[7] avec [12] : $i = A''_1(2k''_1 - 1) - 2B''_1\sqrt{k''_1 - k''^2_1}$

1. V., au besoin, planche III-IV, la signification des symboles.

$a_e\, \alpha_3''\, k_3''\, \alpha_4''$ ou k_4'' seraient données, par les formules du n° 70; dans :

$$[197] \qquad r = A''_1 + \frac{B''_1}{\mathrm{tg}\,\beta'' - \mathrm{tg}\,\beta_0}$$

$$[198] \text{ et } [190] : \quad m_1 \frac{A''_1 (\mathrm{tg}\,\beta'' - \mathrm{tg}\,\beta_0)\, p}{B''_1 + A''_1 (\mathrm{tg}\,\beta'' - \mathrm{tg}\,\beta_0)} = \frac{p}{r} A''_1.$$

La position de l'arbre de relevage est C_0 (planche L). Si le point C est guidé rectilignement, par une coulisse, montée sur l'arbre de relevage, l'égalité de la durée de l'admission, sur les deux faces du piston, ne peut être cherchée, que dans l'orientation de la droite $\overline{OC_0}$; et un peu dans la valeur de p. Si le point C est guidé circulairement, par une tringle $\overline{N_1C}$, pivotant autour de N_1, qui lui-même pivote autour de C_0, on dispose d'un deuxième élément, pour régulariser l'admission sur les deux faces : c'est la longueur $\overline{N_1C}$, qui est arbitraire, dans une large mesure. On procède comme suit.

Mettre le tiroir et l'excentrique, dans la position qu'ils devraient occuper, pour donner l'admission égale, sur les 2 faces, en marche normale d'avant. Deux arcs de cercle, décrits : l'un de A, avec un rayon p; l'autre de D, avec un rayon l_1, déterminent la position de C, au moment de la fermeture sur chaque face. Par ces deux positions, et C_0, faire passer une circonférence. Noter son rayon. Répéter la même construction, pour les divers crans de marche, tant d'avant que d'arrière; et adopter pour $\overline{N_1C}$, la valeur moyenne des rayons notés. Si ces rayons diffèrent beaucoup; adopter, de préférence, celui répondant à la marche normale.

Cette construction montrera dans quel sens il faut faire varier $\lambda_1\, p\, l_1$ et l'orientation de $\overline{OC_0}$, pour arriver au meilleur résultat.

202. — 2° *Tiroir simple ordinaire, sans renversement de marche; mais à détente variable en de certaines limites.* — Il n'y a plus obligation stricte de caler l'excentrique, à angle droit, sur $\overline{OC_0}$, quand $\alpha = 0°$, ou 180°, (V. n° 193), et formules [196]. Le point B peut se confondre, avec le point C, (pl. L). $A_1\, B_1\, \delta_1\, i$ etc... se calculent, par les formules connues des $\rho_1\, e$ n°s 70, ou 72. On s'impose encore :

$\mathrm{tg}\,\beta'' - \mathrm{tg}\,\beta_0 = 1$, ou à peu près, (plutôt moins); $\mathrm{tg}\,\beta_0$ est donné par [194].

Alors, si B est distinct de C, on a r et m_1 dans [197] et [198] : Si B se confond, avec C; on a :

$$m_1 = \text{zéro}; \quad \delta = 90^\circ + \varphi,$$

et, dans [196] *bis :*

$$\operatorname{tg}\varphi = \frac{A_1}{B_1} = \operatorname{tg}\delta_1 ; \quad \text{et} \quad r = \frac{A_1}{\sin\varphi(\operatorname{tg}\beta_1 - \operatorname{tg}\beta_0)}.$$

Cette solution peut être précieuse, dans le cas d'une machine, pour laquelle l'admission ne doit varier, que de loin en loin; comme dans une machine d'épuisement, à mesure que le puits s'approfondit. On ménage alors, sur le bâti, une série de trous disposés sur un cercle décrit de C_0, (planche L), et destinés à recevoir le pivot N_1. La longueur $\overline{N_1C}$ se détermine comme plus haut, (n° 201) :

Il faut, alors, penser au démarrage; mais il est toujours possible de disposer, pour cela, un robinet spécial, (ou un petit tiroir), donnant directement la vapeur, sur l'une ou l'autre face du piston, dans le cas où l'appareil distributeur serait réglé, pour une très faible admission.

L'emploi du *tiroir double à emboitement*, du système m, est ici recommandable. Il procure l'indépendance, avec constance sensible, dans les conditions de l'émission; et la variabilité, dans l'admission, avec égalité presque rigoureuses, sur les deux faces.

203. — 3° *Deux tiroirs mus séparément, chacun par une barre d'excentrique différente* $\overline{AB}$ (planche L). — *Premier cas :* la marche ne doit pas être renversée. Le point N_1 peut être absolument fixe, pour le tiroir principal. Il est mobile, (au besoin par le régulateur de vitesse, pour le tiroir de détente. On réaliserait une variation, dans l'avance à l'admission, en faisant donner le commencement de l'admission, par le tiroir de détente, et non par le tiroir principal; et en calant l'excentrique de détente, avec un angle $\delta = 90^\circ + \varphi$. Cette avance augmenterait, ou diminuerait, avec β; c'est-à-dire, en sens inverse de la durée de l'admission ; suivant que l'on prendrait φ négatif, ou positif. En ce cas :

a) Si les deux tiroirs marchent chacun sur table fixe séparée ; on opérera, comme il vient d'être dit, au n° 202 pour le tiroir principal; et comme il a été dit, n° 201, pour le tiroir de détente, qui peut être identifié, à un tiroir principal, donnant l'admission variable, soit par ses arêtes extérieures, soit par ses arêtes intérieures. (V. système i.)

b) Si le tiroir de détente glisse, sur le dos du tiroir principal; deux solutions sont possibles. Dans la première : le tiroir de détente est *en deux pièces*, *à écartement variable*. On opérera, alors, comme dans le système h; en remarquant qu'il est plus simple d'activer le tiroir de détente, *par la même barre* d'excentrique que le tiroir principal; car N_1 est absolument fixe pour les deux tiroirs. Ce dernier cas sera traité plus loin, (n° 204). — Dans la seconde solution, le tiroir de détente est *de longueur invariable*. N_1 doit alors pouvoir être déplacé, sur un cercle décrit de C_0, (planche L). On peut varier l'avance à l'admission, par l'emploi d'un angle de calage $\delta_{o_1} = 90° + \varphi_o$, comme plus haut. Le plus souvent, on la laissera constante. La course relative sera toujours la différence algébrique des deux courses absolues. C'est-à-dire, qu'on aura $z_z = z_0 - z$; $A_z = A_0 - A_1$ $B_z = B_0 - B_1$. Ce qui concerne le tiroir principal, se détermine, comme au n° 201. Ce qui concerne le tiroir de détente se détermine, comme il va être dit, n° 204, pour le cas où la marche doit être renversée, par une seule barre d'excentrique; avec cette différence que A_1 et B_1 restent constants, ainsi que A_0; B_0 varie seul.

Deuxième cas. — La marche doit être renversée. On peut assurément employer deux excentriques distincts, et deux arbres de relevage. La solution est, alors, absolument complète ; soit que le tiroir de détente marche, sur table fixe ; soit qu'il glisse, sur le dos d'un tiroir principal. Le tiroir de détente étant de longueur invariable.

Mais il est clair que si le tiroir de détente est en deux pièces, à écartement variable, il n'est absolument pas justifié d'employer, pour le mouvoir un excentrique spécial. Et, s'il est en une pièce, on peut encore se contenter d'un excentrique unique. (V. n° 204). Quoi qu'il en soit, on saurait calculer tout ce qui concerne les deux tiroirs, par les formules des numéros précédents, et celles du numéro qui va suivre.

204. — 4° *Deux tiroirs distincts mus par la même barre d'excentrique :* AA$_1$ (planche L). *Détente variable.*

Premier cas. — Détente variable *sans renversement* de la marche.

a) Si le tiroir de détente est en deux pièces, à écartement *variable*, genre MEYER, ou RACHER, à la main, ou par le régulateur de vitesse, on procédera, comme dans le système h. Formules du n° 157.

b) Si le tiroir de détente est de longueur invariable, on procédera de la même façon que dans le cas où la marche doit être renversée, dont il va être question maintenant.

Deuxième cas. — Détente variable *avec renversement* de la marche.

On commencera par choisir celle des combinaisons, qui convient le mieux aux conditions locales, suivant ce qui a été dit n° 194 et suivants. Si c'est une des combinaisons 5-6-7-8, dans lesquelles le recouvrement est toujours positif, (que l'admission se fasse par les arêtes extérieures ou intérieures du tiroir de détente), on prendra : $k''_0 = k_1''$ assez grand ; soit 0,75 et même 0,80 ; on prendra, (n° 198) : $\operatorname{tg} \beta'' \operatorname{tg} \beta_0 = 1{,}50$, comme limite très supérieure, qu'il vaudra mieux abaisser, jusqu'à la valeur 1,20 si possible. Σ_1 et Σ_0 seront donnés, par [191] et [200], en prenant le signe de λ_1 et de λ^0 tel qu'il convient. β_0 sera donné par [194]. On fera le tiroir de détente à *double entrée* (n° 199). On prendra o_1'' grand, a_a ou n_a le plus petit possible. On aura alors, dans[1] :

[213] : $$a_0 = n_0 o''_0 = \frac{1}{2} a_a ;$$

[214] : $$o''_0 = 0{,}60 \text{ à } 0{,}70 \times o_1 ;$$

[20] : $$\rho''_z = \frac{o''_0}{k''_0} \left[1 - \frac{n_0}{2} + \sqrt{(1 - k^2_0)(1 - n_0)}\right] ;$$

[4] : $$e_0 = \rho''_0 - o''_0 ;$$

[9] : $$A''_z = a_0 + e_0 = \text{constante} ;$$

[2] : $$\sin \delta''_z = \frac{A''_z}{\rho''_z} ;$$

1. V. au besoin planche III-IV, la signification des symboles

[2] ou [3] : $B''_z = \rho''_z \cos \delta''_z$ ou $B''_z = \sqrt{\rho''^2_z - A''^2_z}$

[201] : $\begin{cases} A''_0 = A''_z + A''_1 = \text{constante}; \\ B''_0 = B''_z + B''_1; \end{cases}$

[3] : $\rho''_0 = \sqrt{A''^2_0 + B''^2_0}$;

[2] : $\sin \delta''_0 = \dfrac{A''_0}{\rho''_0}$.

Enfin on aura m_0 en substituant la valeur de A_0'', ou de B_0'', dans celle des formules [203], qui s'applique à la combinaison adoptée. α_0' sera, au besoin, tiré de [205], ou du diagramme théorique ; lequel fournira, en même temps : A_0' B_0' ρ_0' δ_0' o_0'. L'excentrique se cale toujours, avec son grand rayon perpendiculaire à la droite $\overline{OC_0}$; dont la longueur et l'orientation se déterminent, comme il a été dit n° 189.

Si c'est une des combinaisons 1-2-3-4 qui est adoptée ; que l'admission se fasse par les arêtes extérieures, ou intérieures ; le recouvrement sera toujours *négatif*, *en fait*, (bien qu'il puisse être théoriquement positif), pour permettre une admission suffisante, au démarrage, assurant le renversement de la marche, sans hésitation. La durée de l'admission *augmente*, quand β *diminue*. Point à signaler ; parce qu'il y a là un effet inverse de celui auquel on est accoutumé, avec les coulisses.

On prendra encore : $k_0'' = 0{,}75$ à $0{,}80$. Σ_1 Σ_0 $\operatorname{tg} \beta_0$ seront donnés, par [191], [200], [194] ; en ayant soin d'attribuer à λ_1 et à λ_0, le signe qui leur convient ; c'est-à-dire le signe +, si b_0, (planche L), tombe au-dessous de $\overline{Dd}$, et a_0 au-dessus de $\overline{D_0 d_0}$; et le signe —, si c'est l'inverse. Il sera très convenable de faire le tiroir de détente, à *double entrée ;* comme il a été dit (n° 199). Cela n'a pas été fait, par simplification, dans l'exemple donné planches L et LI-LII. L'excentrique se cale toujours, avec son grand rayon perpendiculaire, sur la droite $\overline{OC_0}$; dont la longueur et l'orientation se déterminent, suivant les indications du n° 189. Alors on prendra[1], dans :

[207] : $o''_1 = 0{,}10 \times o_1$;

— $\operatorname{tg} \beta'' - \operatorname{tg} \beta'' = 0{,}10$, comme limite inférieure de β ;

1. V. au besoin, planche III-IV, la signification des symboles.

[207] $\mathrm{tg}\,\beta' - \mathrm{tg}\,\beta_0 = 1{,}50$, comme limite très supérieure de β ;

[15] : $a = no''_1$;

[20] : $\rho''_1 = \frac{o''_1}{k''_1}\left[1 - \frac{n}{2} + \sqrt{(1-k''_1)(1-n)};\right]$

[4] : $e = \rho''_1 - o_1$;

[9] : $A''_1 = e + a = A'_1 = \text{constante}$;

[2] : $\sin\delta''_1 = \frac{A''_1}{\rho''_1}$;

[2] ou [3] : $B''_1 = \rho''_1 \cos\delta''_1$ ou $B''_1 = \sqrt{\rho''^2_1 - A''^2_1}$;

[195] : $B'_1 = B''_1 \frac{\mathrm{tg}\,\beta' - \mathrm{tg}\,\beta_0}{\mathrm{tg}\,\beta'' - \mathrm{tg}\,\beta_0}$;

en remarquant que B ne varie que par β. Dans :

[3] : $\rho'_1 = \sqrt{A'^2_1 + B'^2_1}$;

[4] : $o'_1 = \rho'_1 - e$;

[7] avec [12] donnera ordinairement pour i une valeur négative, suivant la grandeur de k_2 ; mais on ne peut faire i négatif plus grand, (en valeur absolue) que e ; sous peine de laisser communiquer l'admission, avec l'émission, à de certains moments e sera toujours très petit. On prendra donc $-i < e$. Dans :

[197] : $r = A''_1 + \frac{B''_1}{\mathrm{tg}\,\beta'' - \mathrm{tg}\,\beta_0}$;

[198] : $m_1 = p\,\frac{A''_1}{r} = p\,\frac{A''_1(\mathrm{tg}\,\beta'' - \mathrm{tg}\,\beta_0)}{B''_1 + A''_1(\mathrm{tg}\,\beta'' - \mathrm{tg}\,\beta_0)}$.

m_0 et e_0 seront donnés, par celles des formules [211] et [209], qui s'appliquent à la combinaison 1-2-3-4 choisie ; en se rappelant que, par analogie,

[11] donne : $\cos\alpha''_0 = 1 - 2\,k_0''$ $\sin\alpha''_0 = 2\sqrt{k''_0 - k''^2_0}$;

et qu'on doit prendre $o_0 = 1/2\ o_1$, ou $o_0 = o_1$, suivant que le tiroir de détente est à *double entrée*, ou non.

$A_0' = A_0'' = \text{constante}$, comme B_0' B_0'' seront donnés, par celle des formules [202], qui s'applique à la combinaison choisie. On aura alors, dans :

[3] : $\rho''_0 = \sqrt{A''^2_0 + B''^2_0}$; $\rho'_0 = \sqrt{A'^2_0 + B'^2_0}$;

[2] : $\sin\delta''_0 = \frac{A''_0}{\rho''_0}$; $\sin\delta'_0 = \frac{A_0'}{\rho_0'}$;

Enfin si d représente la longueur de la plaque de détente, qui doit être assez grande, pour qu'après avoir fermé l'admission, par une de ses arêtes, elle ne l'ouvre pas, par l'autre ; il est clair qu'on doit avoir, (planche L), aussi bien quand les deux plaques sont rigidement liées entre elles, que quand elles peuvent être écartées, ou rapprochées :

$$d > \rho_{z\,\max} + o_{ot} + e_0 ;$$

en désignant par $\rho_{z\,\max}$ la plus grande course relative ; et par e_0 la plus grande valeur du recouvrement négatif.

205. — Au lieu de calculer ρ_1'' ρ_z'' etc., on peut les prendre directement, dans le tableau supérieur de la planche **IX-X**. On peut aussi déterminer les diverses quantités inconnues ; soit par le procédé graphique, indiqué n° 87 et planche **XIII**, fig. 18 ; soit par l'épure générale, décrite n° 93 et planche VII-VIII.

Les formules, ci-dessus, sont reproduites, (pl. XLIX-L) —, dans l'hypothèse d'emploi de la première combinaison, — au-dessous de la liste des données et des inconnues. La pl. LI-LII donne un exemple d'application numérique, faite au moyen de ces formules. La distribution serait meilleure, et les limites de variation seraient plus larges, ou β' plus petit, si le tiroir de détente était muni de la *double entrée*.

Le *diagramme théorique* est construit, (planche XLIX-L), au moyen des valeurs numériques, données par la pl. LI-LII. On peut y vérifier l'exactitude des quantités calculées ; y vérifier aussi la règle de la composition des excentriques, par le parallélogramme (n° 104).

Le *diagramme automatique* se prend, au *Dianomégraphe*. Il n'y a, pour cela, qu'à suivre les indications, données par la planche LI-LII, en se conformant à ce qui a été dit, à propos des systèmes à deux tiroirs g, ou h, ou i, pour le tracé des courbes. Il ne faut pas perdre de vue que les courbes *vraies* diffèrent, d'autant plus sensiblement, des courbes théoriques, que la grandeur relative des obliquités est plus forte. Il faut songer encore que ces obliquités perturbatrices sont plus favorables que contraires, à la bonne régulation d'une distribution, quand on sait les disposer, dans le sens convenable. Ce système est même, sous ce rapport, avantageux ; parce que plusieurs de ses dimensions et orientations sont arbitraires; et peuvent être choisies, de manière à donner un bon résultat.

Sur ce dernier point, malheureusement, le calcul est impuissant à guider; et c'est par l'emploi du *Dianomégraphe*, en variant les éléments d'une manière méthodique, qu'on peut seulement arriver au but.

Indiquons comment on choisirait, par exemple, la longueur $\overline{N_1C}$, (planche L), pour donner à peu près l'égalité d'admission, sur les deux faces du piston, dans les deux sens de la marche, en supposant l'emploi de deux tiroirs, mûs par la même barre d'excentrique.

On *monte* le dispositif, (planche LI-LII), en prenant pour $C_0N = CN_1$ une longueur provisoire, voisine de $\overline{AC} = p$. On commence par *régler* la longueur de la tige du tiroir principal, de manière qu'il donne la même avance à l'admission, quand $\alpha = 0°$ et $\alpha = 180°$. On vérifie si cette égalité subsiste bien, comme elle le doit, pour diverses valeurs de β. On amène le point N_1, et on le fixe, dans une position telle, que le tiroir de détente donne, à peu près, l'admission normale. On *règle*, alors, la longueur de la tige du tiroir de détente, de manière qu'il donne l'admission égale, sur les deux faces, dans un sens de rotation. On fait la même opération, pour la rotation inverse. Si les deux longueurs, trouvées pour la tige, ne sont pas égales, on prend leur moyenne.

Cela fait; on enlève la tringle $\overline{N_1C}$. On amène ensuite la manivelle motrice, dans la position qu'elle doit occuper réellement, au moment de la fermeture, pour un certain nombre de degrés d'admission égale sur les deux faces. Puis, en inclinant, *à la main*, la barre d'excentrique $\overline{AA_1}$, on réalise, exactement, cette fermeture, par le tiroir de détente, sur chaque face. Pour chaque degré d'admission, on a ainsi deux positions du point C. Par ces deux positions, et par C_0, on fait passer une circonférence. On note son rayon. On prend la moyenne des rayons ainsi trouvés, tant dans la marche avant que dans la marche arrière. C'est la valeur cherchée de $\overline{C_0N_1} = \overline{CN_1}$.

En terminant cette étude assez longue, et assez complexe au premier abord, mais qui finit par devenir simple et claire, quand on s'est un peu familiarisé, avec la marche des tiroirs; soit par le diagramme théorique; soit, plus sûrement, au *Dianomégraphe*; il est juste de reconnaître que ce dispositif, qui, en lui-même, comme organes essentiels, se réduit cependant à bien peu de chose, est un des plus fertiles, comme variété considérable des combinaisons, dont il permet l'emploi, avec un seul ou avec deux tiroirs.

Il est encore bon d'observer, que quand le centre de l'excentrique conducteur tombe, du même côté que le bouton de la manivelle motrice, combinaisons 5-6-7-8 (nos 188-194), on *peut le remplacer, par ce bouton lui-même; ou par un point, théoriquement quelconque, lié invariablement à la bielle motrice.*

On a vu, en effet, n° 193, que l'une des deux quantités r et β est arbitraire. Les formules d'application supposent que l'on se donne β, pour calculer r; mais il est évident qu'on est libre de se donner r, pour calculer β. Cela justifie le titre, mis en tête de cette étude, n° 187 :... « par un excentrique unique, ou *sans excentrique* ».

Le lecteur, que la chose intéresse, trouvera, dans les *Annales Industrielles*, de Paris, 1er semestre 1875, la théorie complète, et les formules applicables à un dispositif de ce genre; dans lequel l'origine du mouvement est un point quelconque, rigidement lié à la bielle motrice. Une démonstration analogue sera donnée plus loin, système q.

VARIANTES DU DISPOSITIF k DE S. PICHAULT

206. — Parmi les nombreuses variantes, autres que celle qui vient d'être signalée, auxquelles se prête le dispositif k, quand on prend l'origine du mouvement, sur la bielle motrice, tout en conservant la faculté de renverser la marche, en voici une, que nous avons trouvée, (v. pl. LXXII, fig. 3) : Elle n'a pas été publiée jusqu'ici, et nous paraît mériter de l'être, comme exemple, tout au moins.

O est l'arbre moteur. $\overline{MP}$ la bielle motrice. a un point, qui marche comme la crosse du piston. A_1 un point rigidement lié à la bielle motrice. $\overline{EF}$ un levier droit ou un peu coudé, articulé, en E, sur un point fixe, en F, sur une tringle partant de A_1, en A, sur une seconde tringle, qui renvoie le mouvement au point C.

Ce point C, comme dans le dispositif *k* (pl. XLIX-L), est assujetti à décrire une circonférence de centre N; N étant pris sur le levier ordinaire $\overline{C_0N}$, porté par l'arbre de renversement de marche C_0. La tringle, $\overline{CD}$ donne le mouvement, au pivot médian D d'un balancier, du genre Walschaerts, (voir pl. XXIII), dont l'une des extrémités T est articulée sur la tige du tiroir, et l'autre *t* sur la tringle $\overline{at}$.

Le levier $\overline{C_0N}$, calé sur l'arbre de changement de marche, est activé directement, en un quelconque N_1 de ses points, par la barre de renversement de marche; qui, dans les puissantes machines, est d'ordinaire, soit une vis, soit la tige d'un piston à pression d'eau, ou d'un *servo-moteur* S.

Ce dispositif s'agence particulièrement bien, dans les machines marines, du genre *pilon*. (V. aussi, n°s 245 et 279, d'autres dispositifs analogues). Le point fixe E se trouve, tout naturellement, sur le bâti des paliers de l'arbre coudé. Le point C_0 sur la colonne, supportant le cylindre. Le guide du coulisseau T, sur cette même colonne, ou sur le fonds du cylindre. L'arbre de changement de marche est commun, pour les deux ou les trois cylindres accolés.

En transportant le point D, en C; le point *t*, en A; le point A, en A_1; et en faisant descendre A_1 en dessous de la bielle, on tomberait sur le dispositif, dont il est question au dernier alinéa du n° 205. Ce dernier est évidemment plus simple; mais quand la course est un peu forte, l'influence des obliquités devient très sensible; et il est difficile de réaliser la régularité de la distribution, sur les deux faces du piston, dans les deux sens de la marche.

Dans le dispositif figuré planche LXXII, la course peut être grande, sans inconvénient sérieux. Il suffit de choisir convenablement le rayon $\overline{C_0N}$, et de couder plus ou moins, en A, le levier $\overline{EF}$, pour réaliser une grande régularité dans la distribution, sur les deux faces du piston, dans la marche avant, comme dans la marche arrière. Il est pour cela indispensable de *monter* le dispositif, et de prendre des diagrammes d'une façon méthodique, au *Dianomégraphe*.

Une condition, toujours fondamentale : C'est que le point C se superpose exactement, au point C_0, pour $\alpha = 0^\circ$, comme pour $\alpha = 180^\circ$. Si cela n'était pas, l'avance linéaire à l'admission varierait, suivant le cran de marche.

La courbe polaire, représentant la course du tiroir, est encore ici de la première classe, c'est-à-dire *voisine d'une circonférence*. On peut donc écrire, en vertu du *second principe général*, énoncé au n° 108, dont il a été, déjà fait emploi au n° 191, en conservant la notation du n° 192, et en tenan compte de l'action du levier $\overline{EF}$[1] :

$$\left.\begin{aligned} &\text{pour } \alpha = 0^\circ\ A_1 = \frac{m}{p} R\ ; \ \text{pour } \alpha = 90^\circ\ B_1 = (\operatorname{tg}\beta - \Sigma_1)\frac{L_\alpha l_1}{L\,l} R \\ &z = \frac{m}{p} R \cos\alpha + \left(\operatorname{tg}\beta - \Sigma_1\right)\frac{L_\alpha l_1}{L\,l} R \sin\alpha \end{aligned}\right\} \quad [193]$$

Des quatre longueurs $L_\alpha\, L\, l_1\, l$, trois sont évidemment arbitraires, ainsi que β. Le reste se calcule, comme au n° 193.

DISPOSITIF DE WINTHERTHUR

207. — Vers 1878, la Société de construction de Wintherthur, (Suisse), a commencé à employer un dispositif de distribution, pour locomotive, qui découle directement du précédent.

Ce dispositif est représenté, planche LXIX-LXX, fig. 6.

$\overline{MP}$ est la bielle motrice. Un point A de cette bielle active un levier $\overline{AC}$, dont un point B commande le tiroir, par l'intermédiaire du balancier $\overline{IJ}$, articulé sur le pivot fixe M_1; et un second point C est, par l'intermédiaire des tringles $\overline{DE}$ $\overline{CF}$, constituant une espèce de parallélogramme, obligé de décrire, à peu près une droite, perpendiculaire à la barre $\overline{EF}$.

Cette barre $\overline{EF}$ est calée, sur l'arbre de renversement de

1. Voir, au besoin, planche III-IV, la signification des symboles.

marche C_0, qui peut être manœuvré, au moyen du levier $\overline{C_0H}$ et d'une tringle, renvoyée sous la main du machiniste.

La barre $\overline{CF}$ coulisse dans le pivot F.

Le point C doit se superposer exactement au point C_0, pour $\alpha = o_0$ et $\alpha = 180°$.

En supprimant la demi-barre $\overline{C_0F}$ et la tige $\overline{CF}$; puis, en confondant les points C et D, on retomberait sur le dispositif k, à un seul tiroir, (pl. XLIX).

On peut donc écrire, de suite, la formule de la course z du tiroir, en vertu du *second principe général*, énoncé au n° 108 :

$$z = \frac{t}{T}\frac{m}{p} R \cos\alpha + \frac{t}{T}\frac{L_a}{L}\left(1 - \frac{m}{p}\right) R (\operatorname{tg}\beta - \operatorname{tg}\beta_0) \sin\alpha,$$

en remarquant que cette course pour $\alpha =$ zéro est :

$$A_1 = \frac{t}{T}\frac{m}{p} R, \quad \text{et pour } \alpha = 90° \quad B_1 = \frac{t}{T}\frac{L_a}{L}\left(1 - \frac{m}{p}\right) R (\operatorname{tg}\beta - \operatorname{tg}\beta_0).$$

On ne serait donc pas embarrassé, pour déterminer toutes les dimensions d'un tel dispositif. Il suffit de se reporter aux formules du n° 201.

En choisissant convenablement les longueurs $\overline{C_0E}$, $\overline{CD}$, $\overline{DF}$, on peut arriver à régulariser l'admission, sur les deux faces du piston, d'une manière très satisfaisante ; pourvu que R ne soit pas trop grand, par rapport à p.

Dans ce but, on se servira, avec avantage, du *Dianomégraphe*. Pour *monter* le dispositif, il suffit de s'inspirer de ce qui a été fait, pour le système k. (V. pl. LI-LII).

Pour parer aux perturbations que produiraient, durant la marche d'une locomotive, les oscillations verticales de l'essieu moteur O, par rapport au châssis porteur des cylindres, il est nécessaire, et tout au moins fort convenable, de faire participer le point C_0, à ces oscillations ; c'est-à-dire, de faire reposer l'arbre de changement de marche, non sur le châssis de la machine, mais sur des points d'appui, liés aux coussinets de l'arbre moteur.

Cette même observation est évidemment applicable au dispositif k, (pl. XLIX-L), et à toutes les combinaisons que l'on peut faire avec ce dispositif, (v. n°s 208 et 293).

CHAPITRE XV

DISPOSITIF M. DEPREZ, — SYSTÈME *l*. UN SEUL TIROIR. COULISSE TAILLÉE DANS LA BARRE DE L'EXCENTRIQUE UNIQUE. RENVERSEMENT DE MARCHE (PL. LIII ET LV-LVI).

208. — Réduit à ses axes, ce dispositif est représenté, planche LIII. Il a été imaginé par M. Marcel Deprez, en 1869. On en trouvera la description et une théorie, dans divers ouvrages [1]. L'inventeur a lui-même traité cette question, par une méthode générale, devant la Société des ingénieurs civils de Paris.

On trouvera aussi une théorie directe de ce système, établie par nous, dans les *Annales Industrielles* [2]. Bien que cette théorie directe soit très simple il n'est pas nécessaire d'y avoir recours; parce que la solution de M. Deprez n'est qu'un cas particulier des distributions, par coulisse droite; dont la formule générale [70] a été démontrée, au n° 97 et suivants.

Bien que ce système permette le renversement de la marche; il n'exige l'emploi que d'un seul excentrique. O est l'arbre moteur, portant la manivelle motrice, (planche LIII); et un excentrique, calé, en prolongement de cette dernière. La barre d'excentrique $\overline{AM_1}$ s'articule, sur le coulisseau N. La coulisse est taillée, *directement*, dans la tige du tiroir prolongée; et a pour rayon, la longueur de la barre d'excentrique.

Cette coulisse se place d'ordinaire, non pas entre le cylindre et l'arbre moteur, mais au delà de ce dernier; cela pour de

1. *Études de la machine à vapeur*, par M. Combes, 1869, Paris. — *Comptes rendus de la Société des Ingénieurs civils*, Paris, 19 nov. 1869. — *Revue universelle des Mines*, Liège, 1872 ... etc.
2. Paris, juin 1874.

simples raisons d'égalisation, dans l'admission, sur les deux faces; comme on le verra plus loin. Un arbre de *renversement de marche*, projeté en G_1, permet, au moyen d'un levier $\overline{G_1 N_1}$, et d'une tringle de suspension, de déplacer le coulisseau, dans la coulisse ; c'est-à-dire, de varier la durée de l'admission, et de renverser la marche.

M. Deprez a deux systèmes distincts. Le premier, qu'il désigne sous le nom de distribution à *mouvement circulaire* ; le second qu'il désigne sous le nom de distribution à *mouvement elliptique*. Nous examinons, d'abord, le premier système qui est le plus simple. C'est celui représenté, par la planche LIII.

209. — 1° *Distribution à mouvement circulaire. — Partie théorique.* — Si dans la formule [70] on fait $c_1 = c_2 = c$; $r_1 = r_2 = r$; $l_1 = l_2 = l$; $\psi_1 = \psi_2 = 90°$, on tombe, évidemment, sur le système Deprez, (comparer la figure de la planche VI, avec celle de la planche LIII) ; et il vient, en remarquant que la rotation se fait dans le même sens que si les barres étaient *croisées* [1] :

$$\left.\begin{aligned} z &= r\cos\alpha + \frac{u}{l} r \sin\alpha \\ &= A\cos\alpha + B\sin\alpha \,. \end{aligned}\right\} \quad [216]$$

formule qui n'est pas autre chose que l'équation polaire d'un cercle, rapporté à l'un de ses points ; et à l'inspection de laquelle on reconnaît d'abord : que *l'avance linéaire* reste *constante*, quelle que soit la hauteur u du coulisseau, dans la coulisse ; c'est-à-dire que l'abscisse du centre du cercle polaire est invariable. En second lieu ; que l'ordonnée de ce même centre varie proportionnellement à u ; c'est-à-dire, qu'une réduction de u entraîne une réduction de la durée, dans l'admission ; et, par suite, que si u devient négatif le sens de la rotation se renverse.

Ce dispositif constitue, on en conviendra, une solution très simple, pour la variation de l'admission, et le renversement de la marche. Malheureusement les limites de la variation, dans l'admission, sont peu étendues ; comme il est facile de l'établir.

1. Si la coulisse se trouvait entre l'arbre moteur et le cylindre, il n'y aurait rien de changé.

On tire de [216]:

$$A = r; \qquad B = \frac{u}{l} r;$$

par suite, en vertu de [2]: [217]

$$\frac{A}{B} = \text{tg}\,\delta_1 = \frac{l}{u}$$

Or il est évident que u ne peut être plus grand que l; et doit même rester sensiblement plus petit : car pour que la rotation soit possible, sans abaissement forcé du coulisseau, ou du point N, il faut que l'ordonnée maxima u_1'' de ce point reste inférieure à $l-r$. (V. la figure planche LIII). Donc :

$$\frac{A}{B_1''} = \text{tg}\,\delta_1'' \text{ doit être plus grand que } 1.$$

Donc l'angle δ_1'' reste toujours plus grand que 45°. Mais cet angle est celui de la bissectrice de l'arc, intercepté par la circonférence polaire de marche, sur la circonférence représentant le recouvrement; c'est-à-dire, de l'arc d'admission. Et comme cet arc commence nécessairement, en dessous de l'axe $\overline{OX}$; il doit, nécessairement aussi, se terminer à droite de l'axe OY.

Donc, dans ce système: *la durée de l'admission maxima reste toujours inférieure à 50 °/₀ de la course du piston.* Pratiquement il faut compter 40 à 45 °/₀. Encore, à cette limite, des efforts considérables se produisent sur le coulisseau, la coulisse, et ses guides. Cela répond à $\frac{u}{l} =$ de 0,70 à 0,75.

Pour d'aussi faibles admissions, la course et le recouvrement d'un tiroir unique, comme l'est celui employé ici, deviennent considérables. On a dans [4]:

$$\frac{e}{o_1} = \frac{\rho_1}{o_1} - 1.$$

Or le tableau supérieur de la planche IX-X montre que, pour une admission de $k = 0{,}40$, on a $\frac{\rho_1}{o_1} > 4$; par suite $\frac{e}{o_1} > 3$, dans la formule ci-dessus.

Il convient donc toujours d'employer un tiroir donnant la double entrée. Par exemple: la solution très simple de Trick ou d'Allen, laquelle est justement celle représentée sur la planche

LIII ; ou encore : celle de HAUREZ [1] représentée par la figure 15, planche LXV-LXVI ; et qui consiste à faire déboucher les conduits supplémentaires, sur le dos du tiroir au lieu de les rejoindre entre eux par un canal commun ; et à mettre, sur le dos de ce tiroir, une plaquette *librement posée*, quoique ne pouvant pas se déplacer longitudinalement, et tellement posée que quand le tiroir commence à découvrir la table, par son arête extérieure, la plaquette commence à découvrir, du même côté, l'entrée supplémentaire du tiroir. La première solution est la plus simple.

On trouvera, dans le *Dingler's Polytechnisches Journal* (Band 225, Heft 6, 2e semestre de 1877), une extension du principe de HAUREZ due à M. ANCONA, laquelle permet de donner la double entrée à l'émission, en même temps qu'à l'admission. V. planche LXV-LXVI, fig. 16.

210. — *Application.* — Rien de plus facile que de calculer les dimensions d'une distribution du système DEPREZ, à mouvement circulaire. On se donnera, (la *double entrée* étant admise) :

$$o_1'' = \frac{1}{2}(o_1 \sin \alpha_1'');$$

o_1 étant l'ouverture qu'on aurait prise, pour un tiroir à *simple entrée*, fournissant l'admission au delà de 50 %, o_1 est ici multiplié par $\sin \alpha_1''$, parce qu'il est clair que la grandeur de l'orifice, découvert par le tiroir, doit être proportionnelle à la vitesse du piston ; et que cette dernière est elle-même proportionnelle à $\sin \alpha_1$.

On se donnera encore [2] : k_1'' ou α_1'' ($k_1'' = 0{,}40$ à $0{,}45$ au plus V. n° 209) k_2'' ou α_2'' a ou n.

Les formules du n° 70 fourniront, alors, la valeur de ρ_1'' e A_1'' B_1'' δ_1'' i ; puis on aura, dans [217] :

$$r = A_1''; \quad \frac{u_1''}{l} = \frac{B_1''}{A_1''}.$$

Comme dans le système m, on adoptera

$$e_3 = \frac{1}{10}(o_1 \text{ à simple entrée}) \text{ environ};$$

1. *Publications industrielles* d'ARMENGAUD, t. IX, 1857, page 463, Paris.
2. V. au besoin, planche III-IV, la signification des symboles.

$o_l = e_3 + (o_1$ à simple entrée);

$x = 2e - e_3$.

La compression est d'ordinaire considérable, dans ce système. On s'en rendra compte, par les relations connues.

[6]$_1$ (n° 68) $\alpha_4 = 360° - 2\delta_1 - \alpha_1$

[8]$_1$ (n° 68) $\alpha_3 = \alpha_1 - \alpha_2 + \alpha_4$

[13] $k_3 = \frac{1 - \cos \alpha_3}{2}$.

Les formules précédentes, ainsi que celles nécessaires du n° 70, sont reproduites, en tête de la planche LIII, au-dessous de la liste des données et des inconnues.

Une application numérique, faite au moyen de ces formules est donnée, planche LV-LVI. ρ_1'' δ_1'' eussent pu se prendre directement, dans le tableau supérieur de la planche IX-X; ou se déterminer, graphiquement, soit, par la méthode indiquée n° 87 et planche XIII fig. 18; soit, par l'épure générale, décrite n° 93 et planche VII-VIII.

Le *diagramme théorique*, construit sur ces bases, est donné, planche LIII. Il vérifie tout ce qui a été dit plus haut; et permet de déterminer graphiquement. α_3 ou k_3, α_4 ou k_4 de même que o_1 et δ_1, pour chaque valeur de α_1; le tout, dans les deux sens de la marche.

Le *diagramme automatique*, se prend, au *Dianomégraphe*, comme il a été indiqué sur la pl. LV-LVI; laquelle donne le dispositif, tout monté, avec les dimensions calculées, comme il vient d'être dit. La planchette D, portant la *coulisse*, n'est plus montée sur ses pieds métalliques, comme dans les autres dispositifs, mais solidement vissée, sur le guide à coulisse M, représenté en détail planche XV-XVI; guide fixé lui-même, sur la table. Les courbes représentant la marche du tiroir, pour les différents crans d'admission, se tracent absolument, comme dans les systèmes b, c, d, e, f, etc.

211. — Le calage de l'excentrique, exactement suivant la ligne des guides de la coulisse, du côté opposé à la manivelle motrice, quand $\alpha = 0°$ et 180° n'est obligatoire, que si l'on veut une symétrie complète, dans les *deux sens* de la rotation. Lorsque la marche ne doit pas être renversée, on peut modi-

fier l'angle de calage, en de certaines limites. Si l'on fait $\delta < 90^\circ$, on augmente la durée de l'admission, pour la même valeur de $\frac{u}{l}$; mais, alors, l'avance à l'admission varie un peu. Elle diminue quand u augmente. On se rend aisément compte de ces effets, à l'inspection de la figure. On pourrait encore les exprimer par une formule, en remplaçant α, par $\alpha - (90^\circ - \delta)$, dans [216]. Il n'y a jamais intérêt à faire $\delta > 90^\circ$.

Par un choix convenable du point G_1, (arbre de relevage), et des longueurs $\overline{G_1N_1}$ $\overline{N_1M_1}$, on peut arriver à régulariser l'admission, sur les deux faces du piston, par le procédé purement géométrique, indiqué planche LV-LVI. *Une remarque d'une certaine importance*, déduite de ce procédé : c'est qu'il y a avantage, au point de vue de la régularisation, à placer la coulisse, non pas entre le cylindre et l'arbre, mais *de l'autre côté de l'arbre;* comme il en a été question n° 208. Quand la marche ne doit pas être renversée, l'égalité de l'admission peut être obtenue, presqu'exactement, pour les divers *crans* de marche. Il n'en est plus tout à fait de même, quand la rotation a lieu, dans les deux sens; mais on obtient encore une régularité, généralement plus grande, qu'avec les coulisses ordinaires.

C'est ici le cas, certainement, de signaler la faible importance de ce que les auteurs; et entre autres M. ZEUNER; désignent, sous le nom, de *terme de correction*. Dans la formule [216], ce terme, fonction de $\sin \alpha$ et de $\cos \alpha$, à des puissances indéfiniment croissantes, pourrait s'établir rigoureusement, en supposant connue la trajectoire du point N, c'est-à-dire du coulisseau. La chose serait assez simple, si cette trajectoire était une droite parallèle à OX, (comme on l'admet toujours pour toutes les coulisses); moins simple si cette trajectoire était un arc de cercle, de centre variable avec u; et de moins en moins simple, si cette trajectoire était une autre courbe; comme c'est le cas dans l'exemple donné, (pl. LIII). Or, en supposant même ce terme rigoureusement établi ; dans le cas le plus simple, sa complication serait encore telle, qu'il ne serait d'aucune utilité, pour le choix de la position du point G_1, et des longueurs $\overline{G_1N_1}$ N_1M_1 ; parce que, pour cela, *il ne suffit pas de connaître la perturbation, produite par les obliquités des diverses tringles dans la marche du tiroir*, par rapport à ce qu'exprime la formule [216]; mais qu'il faut encore, si possible, *amener ces perturbations à compenser l'effet de celles produites, par l'obliquité de la bielle motrice, dans la marche du piston.*

C'est aussi le cas de dire : que la courbe de marche *vraie* diffère sensiblement de la courbe *théorique;* ce que l'on constate au *Dianomégraphe*.

Terminons, par cette considération pratique : que, dans ce système, le rayon de l'excentrique est toujours, sensiblement plus petit, que la demi-course du tiroir; d'où il résulte que les efforts, provenant du frottement de ce dernier, vont se multipliant, en passant du coulisseau aux guides de la coulisse, et à la poulie de l'excentrique. Il faut donc donner, à ces organes, d'assez fortes dimensions; et assurer leur bon graissage.

212. — 2°. *Distribution à mouvement elliptique. — Partie théorique.* — Au lieu de monter l'excentrique, du précédent dispositif, sur l'arbre moteur lui-même, M. Deprez le monte sur un faux arbre, muni d'une manivelle, dont le pivot marche sensiblement, comme le point C du dispositif Lissignol, (planche XX). Ce faux arbre est donc animé d'une vitesse angulaire, non plus constante, ou à peu près constante, comme celle de l'arbre moteur, mais périodiquement variable.

La solution de M. Deprez est antérieure à celle de M. Lissignol. Elles diffèrent, en ce point, que l'arbre moteur de l'une devient le faux-arbre de l'autre; et inversement. Mais il est bien clair, que la relation entre les vitesses angulaires de ces deux arbres, demeure identiquement la même; que, par suite, l'excentrique du mouvement dit *elliptique* de M. Deprez pourrait se monter, sur le faux-arbre de M. Lissignol. (V. ce qui a été dit n° 79).

Sur la planche XX, le point C de la barre AB est le pivot d'un coulisseau, qui glisse dans une rainure radiale, portée par la manivelle de l'arbre O. On pourrait évidemment adapter, sur la manivelle de l'arbre O; un pivot et le relier, par une tringle, au pivot appartenant à la barre $\overline{AB}$. C'est le dispositif employé d'ordinaire par M. DEPREZ. Il en résulte, par rapport à la solution avec rainure radiale, une légère perturbation dans la marche ; perturbation d'autant moindre, d'ailleurs, que la tringle joignant les pivots est plus longue.

L'excentrique, monté sur le faux-arbre, dans le dispositif DEPREZ est toujours *calé à l'opposé de la manivelle motrice; et à angle droit sur la ligne des guides de la coulisse* quand $\alpha = 0°$ ou $180°$. L'excentrique qui donne le mouvement, au faux-arbre, est au contraire calé, parallèlement à cette même ligne des guides de la coulisse, quand $\alpha = 0°$ ou $180°$.

En 1830, M. MELLING, superintendant du chemin de fer de Liverpool à Manchester, avait déjà transmis, au tiroir, le mouvement du point milieu de la bielle motrice. En 1864 M. HOWE, reprenant l'idée de MELLING, activait un faux-arbre, par le point milieu de la bielle motrice; et, sur ce faux-arbre, montait deux excentriques, mouvant une coulisse droite, genre ALLAN[1].

Dans ces dispositifs, la vitesse angulaire du faux-arbre est la plus petite, quand $\alpha = 0°$ ou $180°$; c'est-à-dire, quand la vitesse du tiroir doit être grande, ce qui n'est pas logique.

Dans le dispositif DEPREZ, l'inverse a lieu. On est d'ailleurs maître de régler cette vitesse, à volonté ; car l'angle de calage de l'excentrique, qui donne la rotation au faux-arbre, est facultatif, en de certaines limites.

213. — Dès que l'on veut pouvoir renverser la marche ; et qu'on désire l'égalité de la distribution, dans les deux sens du mouvement, il devient obligatoire de caler l'excentrique moteur du faux-arbre, à angle droit sur le plan, passant par les deux arbres.

En ce cas, si γ est l'angle décrit par le faux-arbre, pendant que l'arbre moteur décrit α, à partir du moment où la manivelle motrice est au point mort, du côté opposé au cylindre; on a, en vertu de [216] :

$$z = r\cos\gamma + \frac{u}{l} r \sin\gamma; \qquad [218]$$

mais α et γ sont, ici, les angles décrits, par les rayons $\overline{O'B}$ et

1. V. *Link motion and Expansion-Gear*, N. P. BURGH, 1872, Londres, p. XIV-XV.

$\overline{OC}$, inversement à ce qui est inscrit, dans la figure de la planche XX ; puisque O′ devient l'arbre moteur et O le faux-arbre ; ces angles étant comptés à partir de la position occupée par $\overline{O'B}$ et $\overline{OC}$, quand la manivelle est au point mort ; c'est-à-dire à partir d'une perpendiculaire à $\overline{OO'}$. Or il est clair qu'on a, comme dans [50] *bis* :

$$\operatorname{tg}\gamma = \frac{1}{\varepsilon}\operatorname{tg}\alpha. \qquad [219]$$

γ croit plus vite que α, (comme c'est évident dans la figure). Cela veut dire que la vitesse angulaire du faux-arbre est plus grande que celle de l'arbre moteur, dans le voisinage du point-mort de la manivelle motrice.

Substituant, dans [218], les valeurs de $\sin\gamma$ et $\cos\gamma$, tirées de [219], par les formules connues, il vient

$$\left.\begin{aligned} z &= \frac{r}{\sqrt{1+\frac{1}{\varepsilon^2}\operatorname{tg}^2\alpha}} + r\frac{u}{l}\frac{\frac{1}{\varepsilon}\operatorname{tg}\alpha}{\sqrt{1+\frac{1}{\varepsilon^2}\operatorname{tg}^2\alpha}} \\ &= \frac{r}{\sqrt{\varepsilon^2+\operatorname{tg}^2\alpha}}\left(\varepsilon + \frac{u}{l}\operatorname{tg}\alpha\right)^{1} \end{aligned}\right\} \qquad [220]$$

Traduite en courbe, pour $u =$ zéro, cette formule *reproduit exactement l'ovoïde polaire du système n* Lissignol ; c'est-à-dire une courbe du genre de celles figurées, planche VII-VIII : avec des valeurs différentes de ε. On la pourrait tracer, par le procédé indiqué alors, n° 92. Ici le grand axe de la courbe se confond avec OX, pour $\frac{u}{l} =$ zéro. *Pour toute autre valeur de u, on a encore une ovoïde ; mais son grand axe ne passe plus par le pôle. Il reste sensiblement parallèle à* OX ; *et passe très près du centre de la circonférence polaire*, qui représenterait la marche du tiroir, dans le système Deprez, à mouvement *circulaire*, pour la *même valeur* de $\frac{u}{l}$.

1. Observer que $\frac{1}{\sqrt{\varepsilon^2 \operatorname{tg}^2\alpha}}$ représentant un cosinus, il faut prendre le signe + ou le signe —, devant le radical, suivant que $\alpha <$ ou $> 90°$.

214. — Pour $\alpha =$ zéro; c'est-à-dire, pour $z = e + a$, il reste, dans [220], comme cela doit être[1]

$$e + a = r. \qquad [221]$$

Pour $\alpha = \alpha_1$; c'est-à-dire, pour $z = e$, on a :

$$e = \frac{r}{\sqrt{\varepsilon^2 + \text{tg}^2 \alpha_1}} (\varepsilon + \frac{u}{l} \text{tg}\, \alpha_1). \qquad [222]$$

Si l'on pouvait se donner α_1, à volonté, ces deux équations permettraient de calculer r et e, qui seraient ainsi indépendants de o_1. Mais cela ne se peut pas. En effet, si, par exemple, on prenait $\varepsilon = 1$, on retomberait évidemment sur le dispositif à mouvement circulaire; et on a vu, qu'alors, α_1 ne pouvait jamais atteindre 90°, (n° 209).

Il est d'ailleurs évident de soi, d'après [219], qu'il y deux valeurs de α, pour lesquelles on a $\gamma = \alpha$. Ce sont les valeurs $\alpha = 0°$ et $\alpha = 90°$. Cela est également évident, dans la figure planche **XX**. Donc, pour ces mêmes valeurs, [218], donnerait, comme grandeur de z, une identité avec [216].

D'autre part, si l'on recherche le maximum de z, par rapport à α, dans [220]; on trouve, en égalant à zéro la dérivée première, tout calcul fait :

$$\text{tg}\, \alpha = \frac{u}{l} \varepsilon; \qquad [223]$$

et, par substitution dans [220] :

$$z_{max.} = \frac{r}{\sqrt{\varepsilon^2 + \frac{u^2}{l^2} \varepsilon^2}} (\varepsilon + \frac{u^2}{l^2} \varepsilon) = r \sqrt{1 + \frac{u^2}{l^2}}. \qquad [224]$$

Or, cette valeur de z_{max}, *indépendante* de ε, est exactement la même que celle fournie, par [216]; et, en y réfléchissant, cela devient évident, *a priori*; car l'emploi d'un faux-arbre ne change rien à la course *maxima* du tiroir; ni même à sa course, quelle qu'elle soit; il change seulement la valeur de l'angle, pour lequel cette course se produit. [216], par exemple, donnerait, pour valeur de α, répondant au maximum de z :

$$\text{tg}\, \alpha = \frac{u}{l};$$

1. V. au besoin, planche III-IV, la signification des symboles.

tandis que [223] donne :

$$\operatorname{tg} \alpha = \varepsilon \frac{u}{l}.$$

Si ε est plus petit que 1 ; il faut en conclure que le *maximum d'ouverture est plus vite réalisé, dans le système à mouvement elliptique, que dans le système à mouvement circulaire ; et d'autant plus vite, que ε est plus petit.*

215. — De tout ceci il résulte : qu'il y a une corrélation, assez étroite, entre le système à mouvement circulaire, et le système à mouvement elliptique; puisqu'ils donnent la même valeur *maxima* de z; et la même valeur aussi, pour $\alpha = 0°$, comme pour $\alpha = 90°$. Cela confirme l'opinion que α_1 ne peut pas être choisi facultativement. Reste à déterminer la limite de α_1.

On a toujours la relation fondamentale [4] :

$$z_{\max} = o_1 + e;$$

donc, en vertu de [224], et [221] :

$$r\sqrt{1 + \frac{u^2}{l^2}} = o_1 + r - a.$$

On tire de là :

$$r = \frac{o_1 - a}{-1 + \sqrt{1 + \frac{u^2}{l^2}}} = \frac{o_1 (1 - n)}{\sqrt{1 + \frac{u^2}{l^2}} - 1} \qquad [225]$$

Connaissant r, on aurait e, dans [221]. r et e sont donc bien décidément indépendants de ε, et dépendent seulement de o_1 de a et de $\frac{u}{l}$; absolument comme dans le système à mouvement circulaire.

Mais r et e étant déterminés, on a, dans

[222] : $$\frac{e^2}{r^2}(\varepsilon^2 + \operatorname{tg}^2\alpha_1) = \varepsilon^2 + 2\frac{u}{l}\varepsilon \operatorname{tg}\alpha_1 + \frac{u^2}{l^2}\operatorname{tg}^2\alpha_1;$$

d'où l'on tire, tout calcul fait :

$$\operatorname{tg}\alpha_1 = \varepsilon\left[\frac{u}{l}\,\frac{1}{\frac{e^2}{r^2} - \frac{u^2}{l^2}} \pm \sqrt{\left(\frac{u}{l}\,\frac{1}{\frac{e^2}{r^2} - \frac{u^2}{l^2}}\right)^2 + \frac{1 - \frac{e^2}{r^2}}{\frac{e^2}{r^2} - \frac{u^2}{l^2}}}\,\right] \qquad [226]$$

Telle est la valeur de $\operatorname{tg}\alpha_1$, répondant à des valeurs données de $\varepsilon \frac{u}{l}$ et $\frac{e}{r}$. Cette tangente croît avec ε et $\frac{e^2}{r^2}$. Elle décroît avec $\frac{u}{l}$. Si $u =$ zéro, $\operatorname{tg}\alpha_1$ est nécessairement positive, c'est donc le signe $+$ qu'il faut prendre, devant le radical. A mesure que $\frac{u^2}{l^2}$ croît, par rapport à $\frac{e^2}{r^2}$: α_1 augmente. Pour $\frac{u^2}{l^2} \gtreqless \frac{e^2}{r^2}$, on a : $\alpha_1 \gtreqless 90°$, car $\operatorname{tg}\alpha_1$ devient infinie, puis négative. Si $\frac{u^2}{l^2} > \frac{e^2}{r^2}$, il faut prendre le signe $-$, devant le radical.

On tire de [221] et [15] :

$$\frac{e}{r} = 1 - \frac{a}{r} = 1 - \frac{n o_1}{r};$$

et, en vertu de [225] :

$$\frac{e}{r} = 1 - \frac{n\left(\sqrt{1 + \frac{u^2}{l^2}} - 1\right)}{1 - n} = \frac{1 - n - n\sqrt{1 + \frac{u^2}{l^2}} + n}{1 - n};$$

ou :

$$\frac{e}{r} = \frac{1 - n\sqrt{1 + \frac{u^2}{l^2}}}{1 - n} \qquad [228]$$

La valeur de n, rapport de l'avance linéaire à l'admission, à l'ouverture entière, est assez élastique, surtout, dans ce système, où l'ouverture se fait d'autant plus vite que ε est plus petit. Pour $n =$ zéro, c'est-à-dire $a =$ zéro, on aurait $\frac{e}{r} = 1$; comme cela se tirerait, du reste, de [221]. A mesure que n croît, $\frac{e}{r}$ décroît jusqu'à zéro, puis devient négatif. La valeur de n, qui annule $\frac{e}{r}$ serait :

$$n = \frac{1}{\sqrt{1 - \frac{u^2}{l^2}}} \qquad [228]$$

Non seulement e ne doit pas être négatif, mais il ne doit pas être nul ; car il ne resterait plus de marge, pour faire, au besoin, le recouvrement intérieur négatif. D'ailleurs, plus e est petit, plus n est grand [227]; et plus l'avance à l'admission est grande, plus est élevée la limite de durée de la plus petite admission; puisque, pour $u=0$, tg α_1 croît, quand e décroît, dans [226]:

On a vu n° 209, que, pour des raisons de fonctionnement $\frac{u_1}{l}$ ne devait pas être supérieur à 0,75. Avec cette valeur il viendrait dans [228] $n=0{,}80$. C'est là une valeur très forte et l'on voit qu'il reste une grande marge.

Si α_1 doit dépasser 90°, il est clair que e doit être plus petit, que la valeur de z répondant à, $\alpha_1=90°$; autrement, l'orifice d'admission serait fermé, pour cette valeur de α. Mais [220], comme [216], donnent alors :

$$z_{(\alpha=90°)}=r\frac{u}{l}.$$

Il faut donc qu'on ait : $e<\frac{ru}{l}$; ou $\frac{e}{r}<\frac{u}{l}$; c'est-à-dire, dans:

[227] : $$\frac{1-n\sqrt{1+\frac{u^2}{l^2}}}{1-n}<\frac{u}{l};$$

d'où l'on tire :

$$n>\frac{1-\frac{u}{l}}{\sqrt{1+\frac{u^2}{l^2}}-\frac{u}{l}}.$$

Avec la valeur $\frac{u}{l}=0{,}75$, il viendrait $n>0{,}50$. C'est une valeur déjà considérable, qu'il ne serait pas convenable d'atteindre, et à plus forte raison, de dépasser, dans tout autre système que celui dont il s'agit. Mais, ici, cette valeur de n conduit à une avance angulaire très modérée, même pour la plus petite admission; dès que $\varepsilon=0{,}50$. A mesure que ε diminue on peut augmenter n. On se convaincrait de ce fait : soit en traçant l'épure théorique, soit en tirant tg α_1, pour $u=0$ dans [226]; car pour $u=0$ la durée de *l'avance* angulaire est égale à la durée de *l'admission* angulaire.

216. — De tout ceci il résulte, que, *si l'on ne veut pas dépasser la valeur pratique* $\frac{u_1}{l}=0{,}75$, *il faut de toute nécessité*

faire $n > 0{,}50$, *pour déterminer* r *dans* [225], *dès qu'on veut pouvoir prolonger l'admission au delà de* 50 0/0. [226] montre d'ailleurs, que tant qu'on a $\frac{e}{r} > \frac{u_1}{l}$, on *augmente* la durée de la plus grande admission, (laquelle est alors toujours < 50 0/0), en *augmentant* ε. La limite est $\varepsilon = 1$, auquel cas on retombe sur le dispositif à mouvement *circulaire*. Mais dès que $\frac{e}{r} < \frac{u_1}{l}$, on *augmente* la durée de l'admission, en *réduisant* ε; car α_1 augmente, à mesure que $\operatorname{tg} \alpha_1$ diminue, en grandeur absolue, pour $\alpha_1 > 90°$.

Si, comme d'ordinaire, i désigne le recouvrement intérieur, α_2 et α_3 les angles décrits par la manivelle, quand l'émission commence, et cesse; on a évidemment, dans [220], en ayant égard, à la règle, indiquée en note, n° 213, pour le signe du radical :

$$\left.\begin{aligned} i &= -\frac{r}{\sqrt{\varepsilon^2 + \operatorname{tg}^2 \alpha_2}}\left(\varepsilon + \frac{u_1}{l}\operatorname{tg}\alpha_2\right) \\ i &= \frac{r}{\sqrt{\varepsilon^2 + \operatorname{tg}^2 \alpha_3}}\left(\varepsilon + \frac{u_1}{l}\operatorname{tg}\alpha_3\right) \end{aligned}\right\} \qquad [229]$$

En égalant ces deux valeurs de i, on a une relation forcée entre α_2 et α_3. On ne peut donc choisir ces deux angles, d'une façon arbitraire. L'un dépend de l'autre.

A mesure que α_2 augmente; c'est-à-dire, à mesure qu'on veut moins d'avance à l'émission, $tg\ \alpha_2$ tend vers — zéro, i tend vers $+r$.

Quant à α_3, il varie avec $\frac{u}{l}$. Si $\frac{u}{l} =$ zéro et $\alpha_3 = 0°$; il n'y a plus d'ouverture à l'émission; la durée de la compression atteint son maximum. A mesure que $\frac{u}{l}$ augmente, α_3 augmente, la durée de la compression diminue. Une réduction de ε a pour effet de réduire aussi α_3; qui, dans tous les cas, et pour les raisons déjà exposées n° 215, reste $< 90°$ tant que $i > e$ et $\varepsilon < 1$. *La durée de la compression est donc toujours très grande, dans ce système* même avec une avance considérable, à l'émission.

217. — *Application.* — Il ne paraît pas nécessaire de donner

un exemple d'application de ce système; dont la valeur est plus grande, au point de vue de la théorie, qu'à celui de la pratique. Voici, d'ailleurs, le cas échéant, comment il conviendrait de procéder, en partant des données ordinaires[1] : $o_1\ k_1$ ou $\alpha_1\ k_2$ ou $\alpha_2\ a$ ou n, et en supposant que la *marche* doit pouvoir être *renversée*. On aura alors, dans :

[15] : $$a = no_1,$$

[225] : $$r = o_1 \frac{1 - n}{\sqrt{1 + \frac{u_2}{l^2}} - 1};$$

posant : $\dfrac{1}{\frac{e^2}{r^2} - \frac{u_2^1}{l^2}} = m$; on a, dans :

[226] : $$\operatorname{tg} \alpha_1 = \varepsilon \left[m \frac{u_1}{l} \pm \sqrt{m^2 \frac{u^2}{l^2} + m \left(1 - \frac{e^2}{r^2} \right)} \right];$$

formule dans laquelle il faut prendre le signe +, ou le signe —, devant le radical, suivant que m est positif, ou négatif ; dans

[229] : $$i = -\frac{r}{\sqrt{\varepsilon^2 + \operatorname{tg}^2 \alpha_2}} \left(\varepsilon + \frac{u_1}{l} \operatorname{tg}^2 \alpha_2 \right).$$

au besoin on tirerait α_3 de la seconde formule [229].

Dès que $\frac{e}{r} < \frac{u_1}{l}$, condition nécessaire pour que α_1 soit $> 90°$, on augmente α_1 en réduisant ε; mais, pratiquement, il ne convient pas de descendre au-dessous de la valeur $\varepsilon = \frac{1}{3}$; la variation de la vitesse angulaire devient alors trop brusque. Il n'y a même guère avantage à prendre $\varepsilon < \frac{1}{2}$.

Le *Diagramme théorique* peut se tracer en construisant, par points, la courbe réprésentant la marche du tiroir, donnée par la formule [220]. On peut aussi la tracer, en partant de la formule [218], qui est l'équation polaire d'une circonférence, identique à celle donnée par [216], s'appliquant au système à mouvement *circulaire*. Il est évident, en effet, que par rapport à l'angle γ, décrit par la manivelle du *faux-arbre*, la marche du

1. V. au besoin. planche III-IV, la signification des symboles.

tiroir est, dans le système *elliptique*, la même que par rapport à l'angle α, décrit par la manivelle de *l'arbre moteur*, dans le système *circulaire*. Il suffit donc de tracer la circonférence polaire, ayant pour abscisse de son centre $\frac{r}{2}$, et $\frac{r}{2}\frac{u}{l}$ pour ordonnée; puis de mener un rayon polaire ρ, faisant, avec OX, l'angle quelconque γ; et de reporter la valeur de ρ, sur un *autre rayon vecteur, faisant lui* avec $\overline{OX}$, l'angle α.

Entre α et γ, il a la relation [219]; qui se traduit graphiquement, en traçant, *du pôle* comme centre (planche LXV-LXVI, figure 3), une circonférence d'un diamètre quelconque 2 ρ; puis, concentriquement, une ellipse, ayant pour grand axe suivant OX, le diamètre 2 ρ, et pour petit axe, suivant OY, la longueur 2 ρ ε. Toute parallèle à $\overline{OY}$ détermine, par sa rencontre avec l'ellipse et le cercle, deux points, dont les rayons vecteurs, partant du pôle, font, avec OX justement les angles γ et α.

On voit que la relation, entre γ et α, dépend seulement du rapport ε. On peut donc tracer, d'avance, et *une fois pour toutes*, ces angles pour un certain nombre de valeurs de ε; par exemple : $\varepsilon = 1/2 \;\; 1/3 \;\; 1/4...$ Il suffira, alors, de porter, sur chaque rayon vecteur, de la série α, la grandeur de z correspondant à la série γ, dans la circonférence polaire d'équation [218].

218. — Le *Diagramme automatique* s'obtiendrait, en montant le dispositif, au *Dianomégraphe*. Ce *montage* se fera sans trop de peine; en employant, pour une partie au moins, les pièces servant au dispositif n, (LISSIGNOL), — V. planche XXII. — Il est bon d'observer que la courbe *vraie* de marche du tiroir diffère assez sensiblement de la courbe *théorique;* et d'autant plus que ε est plus petit.

La recherche de la meilleure position à donner à l'arbre de relevage, se ferait, par une méthode analogue, à celle indiquée planche LV-LVI.

Si la marche pouvait ne pas être symétrique, dans les deux sens de la rotation; ou si la rotation ne devait pas changer de sens; — cas il est vrai, où ce système n'a plus guère de raison d'être employé; puisqu'il ne permet pas la variation de l'admission, par le régulateur de vitesse, — il n'est plus obligatoire de caler l'excentrique, monté sur le faux-arbre, dans le plan même des deux arbres, du côté opposé à la manivelle; et l'excentrique, moteur du faux-arbre, à angle droit, sur ce plan. Les formules deviennent encore plus compliquées; la courbe théorique encore moins sûre. Le mieux est de recourir au *Dianomégraphe*, pour voir, dans quel sens, il y a à modifier le calage des excentriques.

CHAPITRE XVI

DISPOSITIF GUINOTTE-PICHAULT, — SYSTÈME *O*. DEUX TIROIRS SUPERPOSÉS; LE SUPÉRIEUR EN UNE SEULE PIÈCE. DEUX COULISSES. RENVERSEMENT DE LA MARCHE (PL. LIV ET LVII-LVIII).

219. — En 1871, M. L. Guinotte, directeur des charbonnages de Mariemont et Bascoup, (Belgique), ayant étudié de près la question de la détente variable, dans les machines à renversement de marche, est arrivé à des résultats extrêmement intéressants, au point de vue de la théorie et de l'application des distributions par coulisse. On en trouvera l'exposé détaillé, avec démonstration rudimentaire, dans sa brochure[1].

On en trouvera un exposé plus succinct, bien que basé sur des méthodes plus générales, avec démonstration plus mathématique dans un article déjà cité[2]; dont le résumé a été donné n°s 97 et suivants. Dans la quatrième édition allemande[3] de son traité, (non encore traduite), M. Zeuner reproduit la dernière méthode dont il s'agit :

Si l'on veut bien se reporter, aux n° 97 et suivants; on verra que le système Guinotte se prête à un nombre indéfini de combinaisons. Dans l'impossibilité de les étudier toutes; il a fallu se borner ici, à l'une d'entre elles. Celle choisie, bien que déjà assez compliquée, est la plus simple de celles connues jusqu'ici, semble-t-il. C'est celle indiquée, pour la première fois, expli-

1. *Étude générale sur la détente variable*; et spécialement sur son application aux machines d'extraction. Système nouveau, applicable à toute espèce de machine à vapeur. 1871, Mons.

2. *Annales industrielles*, 1er semestre 1874, Paris. Étude sur les appareils de distribution exposés à Vienne en 1873.

3. Leipzig, 1874.

citement, dans l'article qui vient d'être rappelé. De là la dénomination de système GUINOTTE-PICHAULT, qui lui est appliquée.

220. — Réduit à ses axes, ce dispositif est représenté planche LIV. Il est composé, on peut dire, des systèmes WALSCHAERTS *h*, (planche XXIII), et POLONCEAU *g*, (planche XXXVI), greffés l'un sur l'autre. C'est-à-dire que la coulisse est double, comme dans le deuxième; et attaquée par un excentrique unique, comme dans le premier. Mais le *levier d'avance* du système *h* n'est plus mû par la crosse. Il l'est par un excentrique distinct, calé du *côté opposé* à la manivelle, suivant un certain angle ψ, à déterminer, comme on verra.

Il résulte de là que la bielle du tiroir principal n'attaque plus le levier d'avance, *au-dessous* du point d'articulation de celui-ci sur la tige du tiroir; mais *au-dessus*. Si l'on a soin, comme le suppose la figure, de faire tomber ce point d'attaque, *à la même hauteur* que le point d'attaque de la bielle du tiroir de détente, sur la tige de ce tiroir, et de donner aux deux bielles la même longueur; elles peuvent être activées par la *même coulisse*; ou tout au moins; par deux coulisses identiques, rigidement juxtaposées.

La longueur du petit levier *h* doit donc être considérée *comme une donnée*. Elle est égale à la distance, d'axe en axe, des tiges des tiroirs, ou un très peu plus, pour compenser l'effet des obliquités.

Les mouvements de relevage des coulisseaux, activant le tiroir principal et le tiroir de détente, sont distincts. Il en résulte que l'admission peut être variée sans changement aucun, dans les conditions de l'émission, et cela, dans les deux sens de la marche.

Le tiroir pourrait être de la forme ordinaire. Celui, donné planche LIV, présente une disposition particulière qui assure la *double entrée*, par le tiroir de *détente*, comme par le tiroir *principal*. C'est une extension du système d'ALLAN ou de TRICK. Cet arrangement a été trouvé par M. G. JONCKHEERE, ingénieur de la société Cockerill, à Seraing, pendant qu'il était occupé à dessiner le dispositif même, dont il s'agit, au commencement de l'année 1878. Plus tard, il est venu à ma connaissance, qu'un arrangement, reposant sur le même principe, et dû à M. F. W. CROHN, était publié, dans l'*Engineering* du 22 février 1878. Ce principe consiste à laisser admettre la vapeur, par deux arêtes du tiroir de détente, à la fois. L'une l'envoie directement, en avant du tiroir principal; pendant que l'autre l'envoie, en arrière de ce même tiroir, dans une cavité, creusée dans la table du cylindre, et recouverte, à ce moment, par le tiroir principal. De cette cavité, la vapeur se rend, à l'admission, par le conduit de TRICK.

221. — *Partie théorique.* — A l'inverse de MEYER, qui variait l'admission, par la variation du *recouvrement* du tiroir de détente, en laissant constante la *course* de celui-ci; M. GUINOTTE a cherché à varier l'admission par la variation de la *course* de ce même tiroir, en laissant constant son *recouvrement*. C'est la solution de POLONCEAU; mais une solution beaucoup plus générale, et beaucoup plus large.

Dans le dispositif de la planche LIV, *l'angle d'avance* de l'excentrique, commandant la coulisse double, doit être *nul*; et celui de l'excentrique, commandant le levier d'avance H, doit être de 90°. Il en résulte : que si la trajectoire moyenne du point B_0, extrémité inférieure du levier d'avance, fait un angle $\pm\varphi$, avec OY, l'angle de calage ψ, de l'excentrique d'avance, avec la manivelle prolongée, doit être de $90^\circ \mp \varphi$; suivant que B_0 tombe au dessus ou au-dessous, de OX. Ecrivons donc :

$$\delta = \text{zéro} \qquad \psi = 90^\circ - \varphi \tag{230}$$

Dans ces conditions, la formule générale [70], applicable aux coulisses renversées, conduirait à un résultat identique, à ce qui a été trouvé, dans le système b, (WALSCHAERTS), pour le tiroir principal. C'est-à-dire qu'on aurait, [82], en tenant compte de ce que R est remplacé par r_1, et que h a changé de signe[1].

$$z = \frac{h}{H} r_1 \cos\alpha + \frac{u_1}{c} \frac{H - h}{H} r \sin\alpha$$

ou :

$$z = A_1 \cos\alpha + B_1 \sin\alpha. \tag{231}$$

Quant au tiroir de détente, il est conduit directement, par la même coulisse que le tiroir principal; laquelle ne constitue, ici, qu'un levier de variation d'amplitude et, au besoin, de

1. V. au besoin, planche III-IV, la signification des symboles.

renversement de la course, donnée par l'excentrique de rayon r, dont l'angle d'avance est nul. L'expression de la course *absolue* z_0 du tiroir de détente est :

$$z_0 = \frac{u_0}{c} r \sin\alpha ; \qquad = B_0 \sin\alpha. \qquad [232]$$

Et, par conséquent, l'expression de sa course *relative* z_z est, en remarquant qu'il distribue, ici, par ses arêtes *intérieures*, (V. n° 155) :

$$z_z = z - z_0 = \frac{h}{H} r_1 \cos\alpha + \left[\frac{u_1}{c}\frac{H-h}{H} + \frac{u_0}{c}\right] r \sin\alpha ;$$

ou :

$$= (A_1 - A_0)\cos\alpha + (B_1 - B_0)\sin\alpha ; \qquad [233]$$

ou :

$$= A_z \cos\alpha + B_z \sin\alpha.$$

On a encore affaire, comme on voit, à trois équations polaires de circonférences.

La première montre que B_1 decroît avec u_1, pour devenir négatif, quand u change de signe, ce qui permet le renversement de la marche. Elle montre aussi que, pour $\alpha_1 = 0°$, $z =$ constante ; c'est-à-dire que l'avance linéaire à l'admission reste constante. Le tout, comme dans le système b.

La troisième montre que, pour $\alpha =$ zéro, z_z reste aussi constant, quel que soit u_0. C'est-à-dire que l'avance linéaire relative, par le petit tiroir, est toujours la même. Cette avance devient évidemment égale, à celle donnée, par le grand tiroir, dès que l'on pose :

$$e_0 = e ; \qquad [234]$$

c'est-à-dire dès que l'on fait les recouvrements égaux. Condition très convenable ; car le petit tiroir n'a pas besoin d'être ouvert, avant le grand ; et ne doit jamais l'être, après.

Dès que e_0 est positif, comme d'ailleurs il est constant, puisque le tiroir de détente est d'une seule pièce, ainsi que le tiroir principal ; [233] montre que z_z augmente, quand u_0 diminue. De là cette conséquence : pour augmenter la durée de l'admission, par le tiroir de détente, il suffit de réduire u_0. La figure montre, elle aussi, avec évidence, ce résultat. Car, si $u_0 =$ zéro, le tiroir de détente reste immobile. Il ne produit plus la fermeture. Le tiroir principal seul opère, comme s'il glissait, entre deux tables fixes. Si, au contraire, $u_0 = u_1$, le déplacement relatif des deux tiroirs n'est plus dû qu'au levier d'avance. Il est très faible. La fermeture se produit vite, par le tiroir de détente.

On a donc un moyen de varier l'admission, en de larges limites; sans toucher aux conditions de l'émission; dans les deux sens de la marche; et un moyen assez *heureux*, au point de vue de la *commodité des manœuvres;* car, *pour supprimer l'action du tiroir de détente, il suffit de mettre son levier de relevage, au point mort.*

222. — Puisque les courbes polaires de marche, données par ce dispositif, sont des circonférences, il n'y a qu'à se reporter aux formules générales des n°s 70 et 72; qui permettent, en ce cas, de déterminer tous les éléments de la distribution, suivant les données.

Connaissant les valeurs de ρ_1 A_1 B_1 e i; on peut se donner : soit le rayon r_1, soit le rapport $\frac{H}{h} = N$, (h est une donnée V. n° 220); de même que u_1 et c; et, alors, on tire, en égalant terme à terme, de [231] :

$$\left.\begin{aligned} r_1 &= NA_1 ; \\ \text{ou} \qquad r_1 &= B_1 \frac{c}{u_1} \frac{N}{N-1} \end{aligned}\right\} \qquad [235]$$

D'ordinaire, on adoptera, pour valeurs limites de u_0 :

$$u_0' = u_1 ; \quad \text{et} \quad u_0'' = \text{zéro} ; \qquad [236]$$

d'où il résulte, dans [232] :

$$B_0' = B_1 \frac{N}{N-1} ; \quad \text{et} \quad B_0'' = \text{zéro} ; \qquad [237]$$

et, par analogie avec [3], en remarquant que $A_0' = A_0'' = A_0 = \text{zéro}$:

$$\rho_0' = B'_0 ; \qquad \rho_0'' = \text{zéro}.$$

Il est clair, en effet, que pour $\alpha = \text{zéro}$, la course *absolue* A_0 du tiroir de détente est nulle; car la coulisse doit être calée de manière, que sa tangente, en P, (planche LIV), soit alors perpendiculaire à OX.

En vertu de [233], [237], et par analogie dans [3], on a :

$$\left.\begin{aligned} A_z' &= A_z'' = A_1 ; \\ B_z' &= B_1 - B_0' = -B_1 \frac{1}{N-1} ; \\ B_z'' &= B_1 - B_0'' = B_1 ; \\ \rho_z' &= \sqrt{A_1^2 + B_z'^2} ; \\ \rho_z'' &= \sqrt{A_1^2 + B_1^2} = \rho_1 \end{aligned}\right\} \quad [238]$$

La dernière de ces formules, rapprochée de [234] et de [4], par analogie, montre qu'on a :

$$o_0'' = o_1$$

et par suite :

$$k_0'' = k_1 \quad [239]$$

C'est-à-dire : que dans ce système, quand on s'impose $e_0 = e$, l'ouverture *maxima*, donnée par le tiroir de détente, est égale à celle donnée par le tiroir principal lui-même. Il est évident que cela suffit ; puisque l'ouverture anticipée se produit, au même instant, par les deux tiroirs.

Par analogie avec [11], on peut poser :

$$k_0' = \frac{1 - \cos \alpha'_0}{2}$$

puis, en remarquant que quand $\alpha = \alpha'_0$, on a $z_z' = e_0$ on peut écrire, dans [233] :

$$e_0 = A_z' \cos \alpha_0' + B'_z \sin \alpha_0'.$$

On tire de là, en vertu de [238], en remplaçant $\sin \alpha'_0$ par $\sqrt{1 - \cos^2 \alpha'_0}$ tous calculs faits :

$$\cos \alpha_0' = \frac{e_0 A_1}{\rho_z^{2\prime}} \pm \sqrt{\left(\frac{e_0 A_1}{\rho^{2\prime}}\right)^2 - \frac{e_0 - B_z'^2}{\rho_z^{2\prime}}}$$

Formule qui donne le moyen de calculer la valeur de α_0', puis de k_0' par [240], correspondant à la plus petite admission. L'épure théorique conduirait au même résultat ; et servira de contrôle.

223. — La valeur de N est indéterminée. On peut la choisir de manière à rendre r_1 égal à r ; ce qui est d'une commodité

évidente, en application. Posant donc $r = r_1$ il vient, dans [235] :

$$\frac{c}{u_1} = \frac{A_1}{B_1}(N - 1); \qquad [242]$$

d'où l'on tirera N, si l'on se donne $\frac{c}{u_1}$; ou inversement.

On a vu [238] que B_z' est négatif, dès que N est plus grand que 1 ; ce qui doit nécessairement avoir lieu ; sous peine de changer le signe de r et de B_o' [235] [237]. Bien que l'avance linéaire relative à l'admission soit indépendante du signe et de la grandeur de B_z', il n'en est plus même de l'avance *angulaire* relative ; laquelle croît à mesure que B_z' devient plus petit, c'est-à-dire, à mesure que B_z' négatif croît. Cela se voit aisément, dans l'épure théorique, planche LIV, Or, cette avance angulaire ne peut pas augmenter indéfiniment ; sous peine de donner une *réadmission* de la vapeur ; avant que le tiroir principal ait fermé l'orifice. Il résulte de là, que le tiroir de détente ne doit commencer à admettre, que pour un angle plus grand que α_1. La course z_z, répondant à α_1 doit donc être $< e_0$; ce qui s'écrit dans [233], en remplaçant A_z' par A_1 [238].

$$e_0 > A_1 \cos \alpha_1 + B_z' \sin \alpha_1$$

d'où l'on tire :

$$B_z' < -\frac{A_1 \cos \alpha_1 - e_0}{\sin \alpha_1} \qquad [243]$$

Mais, d'après [238] et [232] :

$$B' = B_1 = B_o' = B_1 - \frac{u_o'}{c} r ;$$

donc la valeur limite de u_o' est :

$$-u_o' = \frac{c}{u}(B_z' - B_1). \qquad [244]$$

Ceci admis, on aurait dans [233] :

$$B_o' = B_1 - B_z' \qquad [245]$$

Ces valeurs de u_o' *et* B_o' *doivent toujours être prises, aux lieu et place de celles données par* [236] [237], *si ces dernières sont plus petites algébriquement parlant;* et c'est, avec ces mêmes valeurs, qu'il faut alors calculer ρ_o' et ρ_z', dans [237] [238].

Dans l'épure théorique, planche LIV, la circonférence polaire relative, pour la plus petite admission, est marquée, en traits brisés.

Puisque l'angle décrit, par la manivelle motrice doit être $> \alpha_1$, quand l'admission mimima commence, par le petit tiroir il est clair qu'on doit avoir δ_z', compté de OY_1, plus grand que la moyenne arithmétique entre les angles $\widehat{Y_1OV_4}$ et $\widehat{Y_1OV_1}$; c'est-à-dire, entre $\alpha_1 - 90°$ et $90° + \alpha_0'$; d'où l'on conclut :

$$\delta_z' > \frac{\alpha_1 + \alpha_0'}{2} \quad \text{et} \quad \alpha_0' > \alpha_1 - 2\,\delta_0' \qquad [246]$$

formule qui évite la peine de recourir à celle [241].

On a d'ailleurs, par analogie, dans [2], et en vertu de [238] :

$$\operatorname{tg} \delta_z' = \frac{A_z'}{B_z'} = \frac{A_1}{B_z'} \qquad [247]$$

224. — Si l'on emploie le tiroir à *double entrée*, représenté planche LIV; ce qui n'est pas obligatoire, mais avantageux, au point de vue de la réduction dans les courses; et aussi de la rapidité dans la fermeture comme dans l'ouverture; il faut observer que dans les formules, servant à calculer $\rho_1 A_1 B_1$ etc..., (n° 70), on pourra prendre pour o_1 la moitié seulement de ce que l'on eut pris, avec un tiroir à simple entrée. A la condition, toutefois, que l'on réalise une ouverture à l'émission suffiante ; c'est-à-dire qu'on ait :

$$\rho_1 - i \gtreqless (o_1 \text{ à simple entrée}) \qquad [248]$$

ce qui dépendra beaucoup de α_1 ou k_1.

On pourra adopter :

$$\left.\begin{array}{l} e_2 = 1/10^e\,(o_1 \text{ à simple entrée}) ; \\ e_3 = 1/5^e\ \ (o_1 \text{ à simple entrée}) ; \\ y = y_1 + \dfrac{o_1}{4} ; \\ x_1 = o_1 - y_1 + \dfrac{o_1}{4} ; \\ \text{Il faudra aussi qu'on ait :} \\ x = 2e - e_3 ; \\ y_1 + o_1 \gtreqless \ (o_1 \text{ à simple entrée}) ; \\ o_t = o_1 + y_1 + e_3 \end{array}\right\} \qquad [249]$$

Enfin, si les orifices, recouverts par le tiroir de détente, ont pour largeur o_1, ce qui suffit (dans l'hypothèse où leur longueur est égale à celle des orifices de la table du cylindre), on doit avoir, pour largeur de la plaque pleine constituant le tiroir de détente.

$$o_1 + 2e_0.$$

c'est-à-dire, que dans la position moyenne relative des deux tiroirs, celui de détente recouvre les orifices de l'autre de la même quantité e_0 *de chaque côté*. Cela est nécessaire, pour la réalisation de la double entrée. Cette longueur est d'ailleurs suffisante dès que [243] et [244] sont satisfaits.

225. — *Application.* — Les formules qui viennent d'être établies sont reproduites, planche LIV, en dessus de la liste des données et des inconnues. Une application numérique, faite au moyen de ces formules, est donnée planche LVII-LVIII.

Le *diagramme théorique*, ou de Zeuner, est tracé planche LIV avec les résultats des calculs, inscrits sur la planche LVII-LVIII. Il donne tout ce qu'il est intéressant de connaître, comme on sait, et comme il est expliqué au n° 88. Le lieu des centres de la circonférence relative est une droite, parallèle à OY, passant à une distance du pôle égale à $\frac{A_1}{2}$. Les positions limites, supérieure et inférieure, de ce centre se voient immédiatement. La première répond à $B_2'' = B_1$ [238]. La seconde a la valeur de B_2', donnée par [243], qu'elle vérifie.

Toute circonférence polaire, tracée entre ces limites, donne immédiatement les conditions correspondantes de la distribution; et il est aisé d'en conclure, graphiquement, la valeur correspondante de u_0; car u_0 varie comme B_0; et, d'après [233], $B_0 = B_1 - B_2$.

On peut aller plus loin; c'est-à-dire, faire varier u_1; et voir, de suite, l'influence de cette variation, sur la marche relative du tiroir de détente, dans les deux sens de la rotation; y compris par conséquent le cas où cette rotation se ferait à *contre-vapeur*.

Au lieu de calculer ρ_1 δ_1, par les formules du n° 70; on eut pu les prendre, directement, dans le tableau superieur de la planche IX-X. On eut pu encore déterminer, graphiquement, ces quantités et celles qui en découlent; soit par le procédé indiqué n° 87 et planche XIII, fig. 18; soit par l'épure générale, décrite n° 93 et planche VII-VIII.

Le *diagramme automatique* se prend au *Dianomégraphe*. Il n'y a qu'à se conformer, exactement, aux indications, données par la planche LVII-LVIII; en opérant comme il a été dit à propos des systèmes à deux tiroirs *g* ou *h* ou *i*, pour le tracé des courbes. On pourra, avec cet appareil, déterminer non plus à peu près, mais exactement, la valeur limite de u'_0, qui ne doit pas être dépassée, dans les deux sens de la marche. La courbe automatique servira à tracer la position des crans de marche, pour le levier de relevage activant le coulisseau de détente. Pour le levier du tiroir principal, il suffit de lui permettre *trois positions* : l'une au point mort, les deux autres à fond de course, pour la pleine marche avant et arrière.

La position de l'arbre de relevage G_1, et la longueur des leviers et tringles de suspension des coulisseaux, se tâtonneront, comme il a été expliqué, pour les divers systèmes à coulisse; notamment le système *b*. On reconnaîtra, ainsi, que ce dispositif fournit une solution aussi complète que celle de Meyer, pour la variation de l'admission, *sans altération des conditions de l'émission;* et même une solution plus complète; parce qu'elle permet, plus simplement, l'emploi de la double entrée.

Au point de vue pratique; cette solution est peut être plus satisfaisante que celle de Meyer; parce que le tiroir de détente est en une seule pièce rigide; et que le mouvement de variation de l'admission est plus simple à renvoyer, sous la main du machiniste, plus expéditif dans la manœuvre.

CHAPITRE XVII

DISPOSITIF CORLISS-INGLISS-SPENCER, ETC., — SYSTÈME *p*. QUATRE TIROIRS CIRCULAIRES DISTINCTS; UN SEUL EXCENTRIQUE (PL. LIX ET LXI-LXII).

226. — Réduit à ses axes, ce système est représenté par la planche **LIX**. O est l'arbre moteur, C l'axe fixe, autour duquel tourne un plateau, à quatre manivelles; dont les deux supérieures activent des tiroirs distincts d'admission; et les deux inférieures des tiroirs distincts d'émission. Ces tiroirs sont de forme *cylindrique*.

La liaison, entre chacun des tiroirs d'admission et le plateau manivelle, n'est pas absolue. Elle se fait par *enclanchement*; et peut être rompue, à divers moments de la course; ce qui constitue un moyen de varier la durée de l'admission, en de certaines limites. Un ressort ramène, alors, le tiroir, à une position fixe. Le choc, résultant de cette brusque rupture de liaison, est amorti d'ordinaire, par un coussin d'air comprimé, ou raréfié, au moyen d'un piston, dans un petit cylindre, appelé *dashpot*. Les organes d'enclanchement et de déclanchement, variables de forme, et dont l'action à peu près instantanée n'a pas besoin d'être exprimée par des formules, ne sont pas représentés, dans la figure.

Les premières machines, munies de ce système de distribution, ont été construites, aux États-Unis, en 1860, par l'inventeur M. Corliss. Bientôt introduites en Europe, et perfectionnées, dans le détail, surtout par MM. Ingliss et Spencer elles se sont répandues très vite; et sont, aujourd'hui, l'objet d'un engouement tel, que les dérivés de ce système ne peuvent plus se compter.

M. Corliss est parti de ce principe : qu'il fallait annuler, si possible, les espaces dits nuisibles; — qu'il fallait ouvrir et fermer, très vite, les orifices de distribution; de manière à n'avoir qu'une très petite avance à l'admission, une fermeture brusque produisant la détente, une faible avance à l'émission, et pour ainsi dire pas de compression; — qu'il fallait, enfin, séparer l'admission de l'émission, les rendre indépendantes l'une de l'autre, et faire agir le régulateur de vitesse, directement, sur les tiroirs d'admission, pour en varier la durée, dans les plus larges limites possible.

Au point de vue théorique, cette manière de voir était correcte; sauf en ce qui concerne la compression et aussi les espaces nuisibles. (Voir ce qui a été dit à ce sujet, n° 3 et suivants.)

Pour réduire l'espace nuisible, le moyen tout indiqué était de rapprocher l'obturateur, le plus possible, de l'extrémité du cylindre. Cela se faisait déjà, avec le tiroir à coquille allongé.

Pour obtenir la fermeture brusque, à l'admission, M. Corliss n'a rien trouvé de mieux que de faire déclancher, à la commande du régulateur de vitesse, la liaison, entre le tiroir d'admission et l'excentrique qui le conduit. C'est la partie la plus caractéristique de son système. Rendu libre, ce tiroir est ramené, dans sa position initiale, par un ressort, comme il a été dit plus haut.

Pour isoler l'admission de l'émission M. Corliss a eu recours à l'emploi de *quatre* tiroirs distincts. L'admission et l'émission ne sont, à la vérité devenues par là indépendantes, qu'en apparence, comme il sera expliqué n° 228.

On va voir à quels résultats conduit l'emploi de ces divers moyens. Il faut bien dire, tout d'abord, qu'ils ont enlevé, à la machine à vapeur, le cachet de simplicité, avec lequel elle se présente, quand elle est munie du tiroir unique à la coquille ordinaire. Il faut dire aussi, que malgré tous les perfectionnements de détail, apportés tous les jours, dans l'agencement et l'exécution des organes de ce dispositif, il n'en reste, pas moins, un système qui se prête peu, à la réalisation des grandes vitesses; ainsi qu'au renversement de la marche.

Sa qualité dominante, celle d'obéir parfaitement, à l'action *directe* d'un régulateur de vitesse, agissant sur la détente, a été aussi fortement battue en brèche, durant ces dernières années. Les machines à *soupapes*, (SULTZER), pour vitesses modérées; et les machines à *tiroir*, (COCKERILL), pour vitesses quelconques résolvent le problème, mieux encore; car elles comportent des limites plus étendues, dans la variation de l'admission.

De nombreuses descriptions, de nombreuses variantes du système CORLISS, se trouvent répandues dans un grand nombre d'ouvrages. Mais, à ma connaissance, rien n'a été publié, qui permette de se rendre théoriquement compte de la marche des quatre tiroirs; et de calculer leurs dimensions, comme celles de leurs organes moteurs.

Ce qui suit a pour but de combler cette lacune :

227. — *Partie théorique.* — l δ t_a t s_a s_e S_a S_e α φ ψ ont la signification, indiquée par la pl. LIX[1]. Les traits pointillés représentent la position des pièces, quand $\alpha = 0°$. Les traits fermes, répondent à $\alpha = 90°$. Ne pas oublier que δ est l'angle du rayon r, avec une perpendiculaire à la droite qui joint l'axe moteur O, à la position g_0 ou g_0' du levier $\overline{gC}$, quand $\alpha = 0°$, ou quand $\alpha = 180°$. De sorte que, si φ est l'angle de $\overline{Og_0}$, avec $\overline{OX}$, l'angle de calage de l'excentrique, c'est-à-dire de son grand rayon avec $\overline{OX}$, est $90° - \varphi + \delta$.

Pour que le point g marche symétriquement, à droite et à gauche, de sa position moyenne, ce qui est évidemment désirable; il faut, qu'en cette position moyenne, le levier $\overline{gC}$ soit perpendiculaire, sur $\overline{Og}$. Cela détermine la longueur l, en fonction de r T et de la distance $\overline{OC}$, ou réciproquement. En effet, soit $\overline{CG}$ cette position moyenne. Quand les trois points $\overline{Omg}$ sont en prolongement l'un de l'autre, la distance $\overline{g_0 g_1}$ de g à $\overline{CG}$ est égale à r. Donc la distance de O à $\overline{CG}$ est égale à l; et l'on a :

$$l = \sqrt{\overline{OC}^2 - \overline{Cg}_1^2} = \sqrt{\overline{OC}^2 - T^2 + r^2}. \qquad [250]$$

Comptée à partir de sa position moyenne, la course *circu-*

1. V. au besoin, planche III-IV, la signification des symboles.

laire rectifiée du point g peut, sans grande erreur, être confondue avec la course du centre m de l'excentrique, projetée sur $\overline{Og_o}$, à partir de l'origine O.

La course z_m de cette projection est donnée, par la formule fondamentale [1] :

$$z_m = r \sin \delta \cos \alpha + r \cos \delta \sin \alpha. \qquad [1]$$

Chacun des points e et d du plateau manivelle, dont les distances au centre sont t_a et t_e a une course rectifiée, égale à celle du point g, multipliée par le rapport des leviers; c'est-à-dire, par un rapport constant. La loi de marche de ces points est donc connue.

Ceci dit, deux cas peuvent se présenter :

228. — 1° *La course rectifiée des points a et b peut être considérée, comme égale, à chaque instant, à celle des points c et d.* — Ce cas se réalise exactement, quand les quatre points A a e C, et les quatre points C d b B, sont les sommets de *parallélogrammes*.

Si z_a désigne la course rectifiée de l'arête du tiroir d'admission; et z_e celle du tiroir d'émission; on a, par la formule [1]; tout à l'heure transcrite :

$$z_a = z_m \times \frac{t_a}{T} \times \frac{S_a}{s_a} = \frac{t_a}{T}\frac{S_a}{s_a}[r \sin \delta \cos \alpha + r \cos \delta \sin \alpha] \quad [251]$$

$$z_a = z_m \times \frac{t_e}{T} \times \frac{S_e}{s_e} = \frac{t}{T}\frac{S_e}{s_e}[r \sin \delta \cos \alpha + r \cos \delta \sin \alpha] \quad [252]$$

suivant la notation usuelle on peut donc poser

$$A_a = \frac{t_a S_a}{T s_a} r \sin \delta \qquad B_a = \frac{t_a S_a}{T s_a} r \cos \delta; \qquad [253]$$

$$A_e = \frac{t_e S_e}{T s_e} r \sin \delta \qquad B_e = \frac{t_e S_e}{T s_e} r \cos \delta; \qquad [254]$$

de [255] on tire :

$$\frac{A_a}{B_a} = \operatorname{tg} \delta;$$

de [254] :

$$\frac{A_e}{B_e} = \operatorname{tg} \delta; \qquad [255]$$

d'où l'on conclut :

$$\frac{A_a}{B_a} = \frac{A_e}{B_e}$$

$A_a B_a A_e B_e$ sont le double de l'abscisse et le double de l'ordonnée du centre des circonférences polaires, représentant la marche du tiroir d'admission, et la marche du tiroir d'émission. Si l'on trace ces deux circonférences, il est clair que leurs diamètres polaires font le même angle δ avec OY, c'est-à-dire : qu'ils se superposent ; et ne diffèrent que par leur grandeur.

Cela suffit à démontrer que *malgré l'emploi de quatre tiroirs distincts, ce dispositif ne permet pas de rendre les limites de l'émission, indépendantes de celles de l'admission.* C'est-à-dire que si l'on fixe le commencement et la fin de l'admission, ainsi que le commencement de l'émission ; la fin de l'émission est, par là même, déterminée. En d'autres termes, au point de vue des phases de la distribution, on arrive à un résultat identique à celui donné, par un tiroir à coquille ordinaire. Par fin de l'admission il faut ici comprendre celle que donne le tiroir, quand l'appareil *déclancheur* n'agit pas.

229. — 2° *La course rectifiée des points a et b est sensiblement différente de celle des points c et d.* Ce cas se réalise, dès que les points A *a e* C, ou C *d b* B ne sont plus les sommets d'un parallélogramme.

Quelles que soient la grandeur et l'orientation des leviers et des tringles, transmettant le mouvement du point g, aux quatre tiroirs ; il est clair que si l'on supprime, par la pensée, le mouvement de déclanchement, toutes les tringles et manivelles se retrouvent exactement, dans la même position, au moment de la fermeture et de l'ouverture des orifices. En ces moments, le centre m de l'excentrique a seul changé de place ; mais pour venir dans une position *symétrique*, par rapport à la ligne Og_0. Donc, dans les quatre courbes polaires, représentant la marche des quatre arêtes, il y aura *un axe commun de symétrie*, à partir duquel le rayon-manivelle doit parcourir des arcs égaux, pour que l'admission commence et finisse ; de même, pour que commence et finisse l'émission.

Or, la *direction* de cet axe commun de symétrie est déterminée ; dès qu'on s'impose, par exemple, le commencement et la fin de l'admission ; donc si l'on s'impose, de plus, le commencement de l'émission, la fin de cette émission est fixée, par là, même ; et inversement.

Concluons donc : quelles que soient la *dimension et l'orientation* des organes, commandant les quatre tiroirs; dès que l'origine de leur mouvement est un excentrique, et plus, généralement parlant, un point décrivant un cercle; il y a, entre les quatre phases remarquables de la distribution, c'est-à-dire : le commencement et la fin de l'admission et de l'émission, *un lien, qui détemine forcément, l'une d'entre elles, quand les trois autres sont imposées; absolument comme avec le tiroir unique ordinaire à coquille.*

A la vérité, dès que les quatre points A*ae*C ou C*db*B ne sont plus les sommets d'un parallélogramme, la loi de marche des arêtes des quatre tiroirs n'est plus la même; et n'est plus aussi simple que celle des arêtes d'un tiroir unique à coquille. Avec ce dernier, par exemple, l'arête parcourt un chemin, toujours plus *grand*, pendant que l'orifice est *fermé*, que pendant qu'il est *ouvert*; dès que ce tiroir est muni d'un *recouvrement*. Avec le système Corliss, au contraire, on peut, par un arrangement judicieux de la longueur des tringles, et du calage des manivelles, rendre le chemin parcouru, pendant que l'orifice est *fermé*, plus *petit*, que pendant qu'il est *ouvert*. C'est ce qui est habituellement réalisé. Il y a là un petit gain, au point de vue du travail de frottement; et aussi au point de vue de la rapidité, dans l'ouverture, comme dans la fermeture.

Mais, tout cela n'a d'influence, (et encore médiocrement, dans les cas ordinaires de l'application), que sur la grandeur de la course. C'est un résultat tout à fait analogue, à celui donné par le dispositif *n*, (Lissignol); comparé au tiroir à coquille ordinaire; (V. planche XX et n° 115). Cet avantage est faible; et ne justifie pas, par lui-même, la complication et autres inconvénients, inhérents aux systèmes à quatre tiroirs cylindriques.

230. — En ce qui concerne les *limites de la variation*, dans la durée de l'admission, le moyen employé consiste à tirer, ou à pousser, le tiroir, par une tringle, animée d'un mouvement de va-et-vient, butant contre un organe, rigidement lié au tiroir ou à sa tige. Après avoir parcouru une fraction, plus ou moins grande, de sa course, la tringle est soulevée, par un

heurtoir, momentanément fixe ; mais qui peut être déplacé, soit à la main, soit par un régulateur de vitesse. La liaison étant rompue, le tiroir est rappelé, par un ressort; de manière à fermer l'orifice.

Plus la tringle est soulevée tard, plus la durée du découvrement de la lumière est grande. Mais si le soulèvement n'a pas lieu, pendant que la tringle marche dans un même sens, il est clair qu'il ne peut plus se produire, dès qu'elle a commencé à marcher en sens inverse. Or ce changement de sens a lieu, quand α passe par les valeurs $90° - \delta$, ou $180° - \delta$; ce qui correspond à une fraction de course du piston, toujours plus petite que 50 °/₀, dès que δ n'est pas nul. Par conséquent, *dans le système* Corliss *et ses dérivés, la durée de l'admission ne peut être variée que, de zéro à moins de* 50 °/₀ de la course du piston; *ou de un peu moins de* 50 °/₀ *à* 100 °/₀. Les secondes limites ne sont jamais employées; et, en application, les premières sont comprises entre zéro et 45 °/₀.

A la vérité, si le déclanchement ne s'est pas produit avant 45 °/₀; le tiroir, rétrogradant avec la tringle qui le conduit, vient fermer l'orifice, à une fraction fixe de la course du piston, imposable d'avance. Mais, entre 45 °/₀ et cette fraction, il n'y a pas de fermeture intermédiaire possible. D'ailleurs, plus cette fraction fixe est petite, plus la limite de variabilité descend, au-dessous de 50 °/₀; ce qui est un inconvénient. Aussi, d'ordinaire prend-on cette fraction k_1 très voisine de celle k_2, pour laquelle l'émission commence.

Ceci dit; il semble permis de s'étonner de l'engouement dont a joui et jouit encore le système Corliss et ses dérivés. Cela tient, sans doute, à ce que les constructeurs et les consommateurs de machines ignorent qu'il est d'autres systèmes, donnant une distribution variable meilleure, par des moyens plus simples.

231. — *Application.* — Quoi qu'il en soit; si l'on avait à déterminer les éléments d'une distribution du système Corliss, ou de ses dérivés; on y parviendrait, très facilement, au moyen des formules fondamentales; et de celles établies tout à l'heure. Par exemple : partant des données ordinaires, auxquelles il faut ajouter la grandeur o_e de l'ouverture à l'émis-

sion; on déterminera ρ_a e A_a B_a i δ_1, par les formules du n° 70. On aura alors, dans :

[4], par analogie : $\rho_e = o_e + i$; [256]

[2] — $A_e = \rho_e \sin\delta \quad B_e = \rho_e \cos\delta$; [257]

et par substitution de [7], avec [12] et [25], dans [256] :

$$\rho_e = o_e + \rho_e \sin\delta\,(2k_2 - 1) - 2\rho_e \cos\delta\sqrt{k_2 - k_2^2};$$

d'où l'on tire :

$$\rho_e = \frac{o_e}{1 + 2\cos\delta\sqrt{k_2 - k_2^2} - \sin\delta\,(2k_2 - 1)}; \qquad [258]$$

par suite A_e B_e i sont déterminés dans [257] et [256].

Alors, si l'on s'impose quatre des quantités t_a T S_a s_a r, [253] donne la cinquième. De même, si l'on s'impose trois des quantités t_e T S_e s_e, [254] donne la quatrième.

Il faut, d'ailleurs, remarquer, qu'en vertu de [2], on a : $\frac{A_a}{B_a} = tg\,\delta_1$; valeur qui, comparée à [255], montre que :

$$\delta_1 = \delta.$$

Enfin, on reconnaît aisément, dans la figure, planche LXXIII-LXXIV, que :

$$\operatorname{tg}\psi = \frac{\overline{CC_0}}{\overline{OC_0}};$$

par suite : [259]

$$\sin(\varphi - \psi) = \frac{1}{\overline{OC}}\sqrt{T^2 - r^2\sin^2\delta_1}$$

formules qui permettent de déterminer φ, dès que le point C est fixé de position; et, par suite, de déterminer l'angle $90° - \varphi + \delta$ de la manivelle motrice, avec le rayon $\overline{Om}$ de l'excentrique.

La connaissance de a_e, avance linéaire à l'émission, est commode, pour le calage des leviers $\overline{bB}$, par rapport à l'arête distributrice. Elle est facile à calculer. On a, par analogie, dans [10], en changeant les indices, et en vertu de [2] :

$$a_e = A_e - i = \rho_e \sin\delta_1 - i;$$

par suite, avec [256] :

$$a_e = o_e - \rho_e(1 - \sin\delta_1). \qquad [260]$$

l est donné par [250]. Quant aux longueurs des bielles $\overline{ea}$ et

db, on a, si l'on veut, comme cela convient, que les leviers $\overline{Aa}$ et $\overline{Ce}$ soient sensiblement perpendiculaires tous les deux, sur $\overline{ca}$; et les leviers $\overline{bB}$ $\overline{dC}$, tous les deux perpendiculaires, sur $\overline{dB}$; quand $\alpha =$ zéro; ce qui permet de réaliser une ouverture aussi rapide que possible; on pourra adopter les valeurs alors évidentes d'elles-mêmes.

$$\left.\begin{aligned} \overline{ca} &= \sqrt{\overline{A_0A}^2 + \overline{AC}^2 - (s_a + t_a)^2} \\ \overline{db} &= \sqrt{\overline{B_0B}^2 + \overline{B_0C}^2 - (s_c + t_e)^2} \end{aligned}\right\} \quad [261]$$

Dans ces formules, $s_a\ t_a\ s_e\ t_e$ devraient changer de signe, s'ils étaient disposés, en sens inverse de ce que représente la figure (planche LXXIII-LXXIV). Il est clair qu'on peut renverser l'un quelconque de ces leviers en faisant distribuer, par son arête opposée, le tiroir que ce levier conduit.

Il semble, par là, que pour *renverser la marche*, il suffirait de renverser le seul levier T. Cela s'est fait dans quelques machines. Mais il faut prendre garde, que si l'on veut conserver la complète symétrie de marche, on doit, en même temps changer δ, en $180° - \delta$. Il est donc *nécessaire, pour pouvoir employer ce dispositif, dans le cas où la marche doit être renversée, d'activer le point* g, *non plus par un excentrique unique, mais par l'un quelconque des agencements connus de changement de marche :* coulisse ou autre.

232. — Les formules fondamentales, de même que celles qui viennent d'être établies, sont reproduites, planche LXXIII-LXXIV, au-dessous de la liste des données et des inconnues. Une application numérique, faite au moyen de ces formules, est donnée planche LXI-LXII. Au lieu de calculer ρ_1 et δ_1, on eût pu les prendre, directement, dans le tableau supérieur de la planche IX-X; ou les trouver, ainsi que les quantités qui en déroulent, soit par le procédé graphique, indiqué n° 87 et planche XIII, fig. 18; soit par l'épure générale, décrite n° 93 et planche VII-VIII.

Le *diagramme théorique* est tracé planche LXXIII-LXXIV, avec les résultats des calculs, inscrits sur la planche LXI-LXII. Il donne tout ce qu'il est intéressant de connaître, comme on sait, et comme il est expliqué au n° 88. On y vérifie ce fait que les diamètres polaires des circonférences d'admission et d'émission se superposent et ne diffèrent que par leur longueur.

A la vérité, les formules, comme l'épure, ne s'appliquent, à peu près rigoureusement, que si l'arc décrit par g est petit, par rapport à la longueur du levier $\overline{Cg}$ (planche LXXIII-LXXIV); et si les points A a e C, B b d C sont les sommets de parallélogrammes. Mais on peut en faire encore très bien l'application, même quand on s'éloigne sensiblement de ces conditions. La seule différence, entre la réalité et le calcul, porte, alors, sur l'amplitude des ouvertures données par les diverses arêtes; erreur du même genre que celle commise dans les distributions par coulisse, et même par simple excentrique et tiroir à coquille ordinaire.

Il reste, d'ailleurs, toujours la ressource de *monter*, avec le *Dianomégraphe*, le dispositif ainsi calculé. La chose est, au fond, fort simple; — beaucoup plus, du moins, qu'il ne le semble, au premier abord. Il n'y a, pour cela, qu'à se conformer aux indications inscrites sur la planche LXI-LXII. On peut, alors, non seulement vérifier la marche de chacun des quatre tiroirs, mais encore faire décrire, à chacun d'eux son *Diagramme automatique;* toujours suivant les indications de la planche LXI-LXII. Quand on aura ainsi estimé l'influence perturbatrice des organes, transmettant le mouvement à chaque tiroir, par rapport aux résultats du calcul; comme d'après ce qu'on a vu, cette influence ne peut porter que sur l'amplitude de la course de chaque tiroir; il sera toujours possible de modifier l'excès ou le défaut de cette amplitude, en réglant convenablement la longueur du levier porté par chaque tiroir. Il en résultera seulement une modification correspondante dans la grandeur du recouvrement, c'est-à-dire dans le calage des mêmes leviers.

PERFECTIONNEMENT APPLICABLE AU SYSTÈME CORLISS

233. — D'après ce qui précède, pour rendre les conditions

de l'émission, indépendantes de celles de l'admission, on sait qu'il n'y a nul avantage à employer quatre tiroirs, dès qu'ils sont mûs par le *même plateau manivelle*, ayant pour origine de son mouvement un excentrique unique.

Le problème serait résolu, au contraire, si l'on disposait d'un tiroir simple ou double, mû par un excentrique spécial, pour l'admission, et un tiroir simple ou double, mû par un excentrique spécial, pour l'émission. On pourrait, alors, s'imposer, en toute liberté, le commencement et la fin de l'émission, comme de l'admission. C'est dans cet ordre d'idées qu'ont agi, consciemment ou inconsciemment, ceux qui sont venus modifier, après coup, le système Corliss, soit en séparant l'excentrique d'admission de celui d'émission, soit en employant une ou plusieurs cames, associées ou non, à un excentrique, comme l'ont fait, par exemple, M. Sultzer, qui de plus a remplacé les tiroirs circulaires par des soupapes; MM. J. et E. Wood, dans leur modification, avec emploi de trois excentriques; MM. Bède et Farcot, dans l'arrangement qui porte leur nom... etc.

Mais il existe encore une autre solution qui ne paraît pas avoir été signalée jusqu'à ce jour, bien qu'elle soit des plus simples.

Ce qui différencie deux excentriques, c'est moins la grandeur inégale de leur *rayon* que la valeur différente de leur *angle de calage*. Le premier n'a d'action que sur l'*amplitude* de la course; mais avec un même excentrique d'un certain rayon et un levier, on peut communiquer à deux ou plusieurs tiroirs des courses aussi différentes qu'on le veut. L'angle de calage, lui, agit sur la loi même de la marche du tiroir puisqu'il détermine l'*orientation* du diamètre polaire de la courbe de marche. En changeant l'angle, on change l'orientation; ce que ne saurait faire aucun levier.

Or, *deux* excentriques ayant des *angles de calage différents*, peuvent être remplacés par un *seul* excentrique; pourvu qu'on lui fasse activer deux points, dont les trajectoires, passant par l'axe moteur, fassent entre elles précisément le même angle que les deux excentriques primitifs. C'est une solution fort employée dans les machines à deux cylindres placés à angle droit. Le *même excentrique* suffit à leur distribuer la vapeur, par deux barres distinctes, placées aussi à angle droit.

234. — Supposons donc que, dans le dispositif Corliss, ou réunisse, par une tringle commune, les deux boutons *a a* des manivelles calées sur les tiroirs d'admission (fig. 17 planche LXV-LXVI) ; puis, que sur l'un des axes A, on monte un levier, dont le pivot soit relié, par une barre, à l'exentrique unique ; la direction moyenne du levier et de la barre, formant entre elles un angle sensiblement droit. Qu'on opère de même en ce qui concerne les tiroirs d'émission ; en ayant soin d'articuler la barre, sur le collier de l'excentrique unique.

Dès que les droites, passant par l'arbre moteur O, et par l'extrémité de chacun des deux leviers, (en position moyenne), ne se superposent pas ; on peut dire qu'il y aura un *angle d'avance* différent, pour l'admission et pour l'émission, (V. n° 227). Plus elles s'écartent, plus la différence est grande, dans le sens positif, ou négatif, suivant que la première sera au-dessus, ou au-dessous de la seconde. L'angle compris, entre ces deux droites, mesure exactement la différence, entre les deux angles d'avance. Or, il est évident que cet angle peut être choisi, à volonté, en de larges limites. Le problème est donc résolu.

Dans la figure, la droite $\overline{OO_1}$, direction moyenne de la trajectoire du point C_1, dont dépend l'admission, est au *dessus* de la droite $\overline{OC_2}$, direction moyenne de la trajectoire du point C_2 dont dépend l'émission. Cela veut dire que *l'angle d'avance* de l'excentrique d'admission est *plus grand*, que l'angle d'avance de l'excentrique d'émission. La différence est mesurée par l'angle $\widehat{O_1OO_2}$. On réaliserait aisément l'inverse, en faisant passer $\overline{OO_1}$ *au-dessous* de $\overline{OO_2}$. C'est une question de leviers.

Dans les cas ordinaire $\overline{OO_1}$ sera, à l'inverse de ce que, représente la figure, au dessous de OO_2 ; parce que, dans le système Corliss, qui dispose d'un moyen spécial de varier l'admission (par déclanchement, sous les ordres du régulateur de vitesse), la fin de l'admission, (que donnerait le tiroir, rendu indépendant du régulateur), doit être reculée le plus loin possible. Cela conduit à un faible recouvrement, c'est-à-dire, à un faible angle d'avance d'admission. Tandis que, si la fin de l'émission doit être réalisé tôt; comme on a tendance à le faire, de plus en plus, aujourd'hui ; cela conduit à un grand recouvrement; c'est-à-dire, à un grand angle l'avance d'émission. Autrefois, on considérait, comme nuisible, une fermeture anticipée à l'émission. On donnait donc peu de recouvrement c'est-à-dire un petit angle d'avance à l'émission ce sont les conditions de la figure, lesquelles sont réalisées, bien qu'à tort, dans la plupart des machines Corliss existantes.

CHAPITRE XVIII

DISPOSITIF S. PICHAULT, — SYSTÈME *q*.
DEUX, OU TROIS, DOUBLES-TIROIRS (QUATRE OU SIX TIROIRS SIMPLES), SANS EXCENTRIQUE (PLANCHES LIX-LX, LXIII-LXIV).

235. — Réduit à ses axes, ce système est représenté planche LIX-LX. Il comprend : un double-tiroir d'admission, un double-tiroir de détente, et, un double-tiroir d'émission. Ces trois double tiroirs prennent l'origine de leur mouvement, sur la bielle motrice elle-même ; au moyen de leviers, articulé sur les points fixes. E_a E_o E_e.

Il n'y a donc pas d'excentrique.

Cependant les *quatre phases* de la distribution sont complétement *indépendantes*. Le commencement de l'admission, le commencement de l'émission peuvent être choisis, *à volonté* ; et on peut faire varier la durée de l'admission, en toutes limites, par un régulateur de vitesse, ou autrement ; sans changer rien, au reste des conditions de marche.

Les espaces, dits *nuisibles*, peuvent être réduits, ou augmentés, absolument comme dans le système Corliss. Les tiges des trois doubles tiroirs peuvent être mises, *dans le plan du mouvement* de la bielle motrice, ce qui est quelquefois un précieux avantage, offert par bien peu d'autres dispositifs. On peut encore les activer, par un *excentrique unique*, calé comme la manivelle motrice, ou autrement, et, alors, les mettre dans un plan, autre que celui de la bielle motrice.

Les tiroirs ne sont pas nécessairement *doubles*, ni nécessairement au nombre de *trois*. Le tiroir d'admission peut servir à l'émission ; s'il est disposé, dans le genre du système *m*, ce qui laisse l'émission indépendante de l'admission, en de larges limites. Il n'y a plus, alors, que deux tiroirs.

Le tiroir de détente est en deux parties, à écartement variable, au moyen de tringles, montées sur un levier à trois branches. L'une de ces branches, perpendiculaire commune, par le milieu des deux autres, est en relation directe, avec le manchon d'un régulateur de vitesse. Le pivot central du triple levier reçoit le mouvement du moteur ; et le transmet, aux deux parties du tiroir, dont les poussées, (frottements), s'équilibrent. Et ces deux parties s'écartent ainsi, ou se rapprochent, sous l'action du régulateur pendant la marche. (V. pl. LXIX, fig. 2.)

On pourrait évidemment, soit écarter les plaques de détente, à la main, par une vis à filets contraires comme dans le système Meyer ; soit faire agir le régulateur, sur un servo-moteur, ou un piston à cataracte, variant l'écartement des plaques, comme dans les systèmes Robert et consorts, qui tendent à se produire ; soit par l'un des systèmes nombreux dont il sera parlé au chapitre xix ; soit enfin par tout autre procédé, automatique ou non.

La description et la théorie de ce dispositif à trois tiroirs simples, ou doubles, sans excentrique, étudié par l'auteur, dès 1869, mais réalisé, sous la forme complète, ici donnée, seulement, en 1877, ont été publiées, pour la première fois, en 1885[1]. Mais des exemplaires photocalqués de ces lignes, ainsi que des planches LIX-LX-LXIII-LXIV, ont été distribués à bon nombre de personnes, à partir de 1877, en Belgique et à l'étranger.

236. — *Partie théorique.* — Le système *q* présente une application nouvelle du principe, énoncé au n° 233, en vue d'un perfectionnement du système Corliss.

Au lieu de mouvoir, suivant des lois différentes, plusieurs points, décrivant des trajectoires parallèles, par *autant d'excentriques distincts, diversement calés ;* on peut, sans changer la loi du mouvement de ces points, les activer par *un excentrique unique,* (ou par la manivelle motrice elle-même) ; à la condition que leurs trajectoires fassent, entre elles, certains

1. V. *Génie civil*, VIII, 8e livraison, Paris, 1885.

angles, en relation étroite, avec les angles de calage des excentriques distincts supprimés.

Ce principe, passé jusqu'ici inaperçu, est cependant gros de conséquences. Il est donc intéressant d'en faire une théorie un peu complète, présentant un certain caractère de généralité; quitte, en application, à se mettre en des conditions spéciales, qui simplifient l'agencement et les formules.

$\alpha \delta_a \delta_o \delta_e L L_a L_o L_e h_a h_o h_e l_a l_o l_e P_a P_o P_e T_a T_o T_e t_a t_o t_e V_a V_o V_e$ représentent les quantités, désignées sur la planche LIX-LX.

A la grandeur de la course près, laquelle est réduite, dans le rapport des leviers, l'un des tiroirs, celui d'admission, par exemple, marche, comme le point n_a; lequel subit la loi de marche du point A_a. La première chose à faire consiste donc à chercher la loi de marche de A_a; c'est-à-dire d'un point rigidement lié à la bielle motrice.

237. — Par O_a centre de la courbe que décrit A_a supposée tracée, menons la droite $O_a n_a$; n_a étant la position de l'extrémité du levier coudé $n_a E_a g_a$, quand $\alpha = 0°$. La position de n_a doit être choisie de telle sorte, que quand $\alpha = 180°$, l'extrémité du levier T_a tombe encore sur la droite $O_a n_a$; c'est-à-dire que *les positions moyennes des droites* $O_a n_a$ et $n_a E_a$, *ou* l_a et T_a *forment, entre elles un angle droit.*

Par O_a traçons encore deux systèmes d'axes rectangulaires $O_a X_a$ $O_a Y_a$ et $O_a x_a$ $O_a y_a$. Les premiers, parallèlement à OX OY. Les seconds, en prolongement de, et perpendiculairement sur $O_a n_a$.

Désignons par XY, xy, les coordonnées du point A_a, par rapport à ces deux systèmes d'axes. Étant entendu que les XY positifs sont dans le quadrant, dans lequel le bouton de manivelle décrit l'angle $\alpha \gtreqless 90°$, à compter de son origine; et les xy positifs, dans le quadrant correspondant.

Désignons encore, par φ, l'angle que fait, à chaque instant, la bielle motrice, avec l'axe OX. On a :

$$\left.\begin{aligned} \sin\varphi &= \frac{R}{L}\sin\alpha ; \\ \cos\varphi &= \sqrt{1 - \frac{R^2}{L^2}\sin^2\alpha} = 1 - \frac{R^2}{2L^2}\sin^2\alpha . \end{aligned}\right\} \qquad [262]$$

Le radical est, ici, développé par la formule du binôme; en négligeant les termes, contenant $\frac{L}{R}$ à la quatrième puissance, et aux puissances supérieures; ce qui est bien permis; car $\frac{R}{L}$ est toujours petit, devant l'unité.

Pour déterminer les coordonnées XY du point A_a, on a les relations évidentes, dans la figure, en projetant le polygone $Oma_aA_aO_aO$, sur O_aX_a, puis sur O_aY_a. en remarquant que les coordonnées de O_a, par rapport à OX et OY, sont :

$$L - L_a; \quad \text{et} \quad h_a;$$

$$-R\cos\alpha + (L - L_a)\cos\varphi - h_a\sin\varphi + X = L - L_a$$

$$R\sin\alpha + h_a = (L - L_a)\sin\varphi + h_a\cos\varphi + Y$$

Tirant de là X et Y, après avoir substitué sin φ et cos φ; on a :

$$\left.\begin{aligned} X &= R\cos\alpha + \frac{h_a}{L} R\sin\alpha + (L - L_a)\frac{R^2}{2L^2}\sin^2\alpha; \\ Y &= \frac{L_a}{L} R\sin\alpha + h_a\frac{R^2}{2L_2}\sin^2\alpha. \end{aligned}\right\} \quad [263]$$

Par rapport aux axes $x_a\ y_a$, l'abscisse x, du point A_a; c'est-à-dire la course projetée de A_a sur O_an_a, s'obtient, par la formule connue; θ étant l'angle des nouveaux axes, avec les anciens :

$$x = X\cos\theta + Y\sin\theta;$$

En remarquant que si δ_a désigne l'angle de O_aY_a, avec O_an_a, on a $\theta = 90° - \delta_a$; et que, par suite :

$$\cos\theta = \sin\delta_a \qquad \sin\theta = \cos\delta_a;$$

on peut écrire :

$$\left.\begin{aligned} x = R\cos\alpha\sin\delta_a &+ \left[\frac{L_a}{L}\cos\delta_a + \frac{h_a}{L}\sin\delta_a\right] R\sin\alpha + \\ &+ \left[(L - L_a)\sin\delta_a + h_a\cos\delta_a\right]\frac{R^2}{2L^2}\sin^2\alpha. \end{aligned}\right\} \quad [264]$$

Pour $\alpha = 0°$ et $\alpha = 180°$, cette formule donne *rigoureusement* :

$$x_{(\alpha = 0°)} = R\sin\delta_a;$$

$$x_{(\alpha = 180°)} = -R\sin\delta_a;$$

car tous les termes négligés, provenant du développement

du radical, dans [262] sont en sin α et disparaissent. Donc quand la manivelle motrice m passe, du point mort opposé au cylindre, au point mort côté du cylindre, l'abscisse de A_a a *rigoureusement la même valeur,* à partir d'une origine qui partagerait, en deux *parties égales*, la course entière fournie; laquelle est exactement $2R \sin \delta_a$.

Si l'on change α en $180° + \alpha$; x ne conserve sa valeur *exactement,* que si le *coefficient* de $\frac{R^2}{2L^2} \sin^2 \alpha$, (lequel serait d'ailleurs le même pour tous les autres termes du développement du radical, dans [262]), *est nul.* C'est une condition *qu'on pourrait s'imposer*, pour déterminer h_a et L_a; lesquels sont à peu près arbitraires. Mais cela n'a aucune utilité, au point de vue de la régularité de la distribution. Il est seulement *remarquable, qu'alors, la courbe polaire exacte de la marche du point* A_a *serait une circonférence.* C'est-à-dire que la projection de A_a sur $O_a n_a$ marcherait, comme si ce point décrivait une circonférence *exacte.*

C'est une solution cinématique assurément curieuse; laquelle n'avait jamais été signalée, je pense.

238. — Si la barre $\overline{A_a n_a}$ était de longueur infinie; le point n_a marcherait, comme la projection de A_a, sur $O_a x_a$; c'est-à-dire: que sa course, comptée de la position moyenne, aurait pour expression x, [264]. En réalité, cette barre étant de longueur finie, la course de n_a, *en dessous* de sa position moyenne, est augmentée, par rapport à x, pour une valeur de α autre que 0° ou 180° et diminuée, *en dessus* de cette même position moyenne.

Mais il convient d'observer que la course du piston subit une perturbation, exactement de même sens, par suite de la longueur finie de la bielle motrice $\overline{mp}$.

Par un choix convenable de la longueur $A_a n_a = l_a$, on peut donc produire, dans la marche du point n_a, et par suite dans la marche du tiroir, une perturbation, qui compense à peu près exactement, celle existant dans la marche du piston; de manière à égaliser les conditions de la distribution, sur les deux faces de ce dernier. Loin d'être *nuisibles,* les perturbations, dues à l'obliquité de la barre $\overline{A_a n_a}$ peuvent donc être *utilisées.*

Comme dans la marche *théorique* du piston, on ne tient pas compte, pour calculer les éléments d'une distribution, de l'influence des obliquités de la bielle motrice; il convient de ne pas tenir compte, non plus, des obliquités de la barre $\overline{A_a n_a}$, dans l'expression de la marche théorique du tiroir.

Cela revient à dire : que la valeur x, trouvée plus haut, convient pour représenter la course du point n_a, en en retranchant le terme perturbateur, en $\frac{R^2}{2L}\sin^2\alpha$; même si son coefficient n'est pas nul; et que, par suite, la course théorique du tiroir, ou du point q_a qui le conduit, doit s'écrire, en admettant que le petit levier $\overline{E_a q_a}$ soit calé, à peu près perpendiculairement, à la tige du tiroir, en position moyenne :

$$z_a = \frac{t_a}{T_a} R \sin \delta_a \cos \alpha + \frac{t_a}{T_a}\left[L_a \cos \delta_a + h_a \sin \delta_a\right]\frac{R}{L}\sin \alpha. \quad [265]$$

ou :

$$z_a = A_a \cos \alpha + B_a \sin \alpha.$$

On aurait évidemment, de même, pour la course des tiroirs de *détente* et d'*émission*, en changeant simplement les indices :

$$z_o = \frac{t_o}{T_o} R \sin \delta_o \cos \alpha + \frac{t_o}{T_o}[L_o \cos \delta_o + h_o \sin \delta_o]\frac{R}{L}\sin \alpha; \quad [266]$$

ou :

$$z_o = A_o \cos \alpha + B_o \sin \alpha.$$

$$z_e = \frac{t_e}{T_e} R \sin \delta_e \cos \alpha + \frac{T_e}{t_e}[L_e \cos \delta_e + h_e \sin \delta_e]\frac{R}{L}\sin \alpha; \quad [267]$$

ou :

$$z_e = A_e \cos \alpha + B_e \sin \alpha.$$

et enfin, pour la course *relative* des tiroirs de détente et d'admission :

$$z_z = z_o - z_a$$

ou :

$$\left.\begin{aligned} z_z = &\left[\frac{t_o}{T_o}\sin \delta_o - \frac{t_a}{T_a}\sin \delta_a\right] R \cos \alpha + \\ &+ \left[\frac{t_o}{T_o}(L_o \cos \delta_o + h_o \sin \delta_o) - \frac{t_a}{T_a}(L_a \cos \delta_a + h_a \sin \delta_a)\right]\frac{R}{L}\sin \alpha. \end{aligned}\right\} [268]$$

ou : $z_z = (A_o - A_a)\cos \alpha + (B_o - B_a)\sin \alpha = A_z \cos \alpha \mp B_z \sin \alpha.$

Dans les trois dernières formules, comme dans la première, le terme en $\frac{R^2}{2L^2}\sin^2\alpha$ est négligé, pour les raisons plus haut exposées. Il convient de remarquer, d'ailleurs, que s'il n'est pas nul, ce terme demeure, en tout cas, fort petit; puisque, pour $\frac{R}{L}=\frac{1}{5}$, quantité très ordinairement employée, on a $\frac{R^2}{2L^2}=\frac{1}{50}$. Ce même terme s'annulerait de soi, si l'on avait, à la fois, dans [264] $L_a = L$, et $h_a =$ zéro. En ce dernier cas, il reste, dans [265] :

$$z_a = \frac{t_a}{T_a}[R \sin \delta_a \cos \alpha + R \cos \delta_a \sin \alpha].$$

Ce qui est bien la formule, convenant à un excentrique ordinaire, sur lequel on retombe évidemment, par l'hypothèse faite du transport du point A_a en m.

239. — Ceci posé, voici comment on procédera, pour déterminer les éléments de la distribution.

1° *Tiroir principal d'admission.* — Par les formules des nos 70 ou 72, suivant les données, on calculera ρ_a *e* $A_a\,B_a$ et δ_{a_1}. δ_{a_1} désignant l'angle du diamètre polaire de la circonférence de marche avec l'axe OY, on a, par analogie, dans [2] :

$$\frac{B_a}{A_a} = \frac{1}{\operatorname{tg} \delta_{a_1}};$$

mais [265] donne :

$$A_a = \frac{T_a}{t_a} R \sin \delta_a$$

et :

$$\left.B_a = \frac{T_a}{t_a}[L_a \cos \delta_a + h_a \sin \delta_a]\frac{R}{L}\right\} \quad [269]$$

On conclut de ces relations :

$$\frac{1}{\operatorname{tg} \delta_{a_1}} = \frac{B_a}{A_a} = \frac{L_a}{L \operatorname{tg} \delta_a} + \frac{h_a}{L};$$

d'où l'on tire sans peine :

$$\operatorname{tg} \delta_a = \frac{L_a \operatorname{tg} \delta_{a_1}}{L - h_a \operatorname{tg} \delta_{a_1}} \quad [270]$$

D'ordinaire, L_a et h_a sont plus petits que L. Il en résulte que δ_a est, alors, plus petit que δ_{a_1}. C'est-à-dire : que l'angle d'avance δ_a de la manivelle $\overline{Om}$, par rapport à une perpendiculaire, à la trajectoire moyenne $\overline{On_a}$ du point n_a (planche LIX-LX), est plus petit que l'angle d'avance δ_{a_1} d'un excentrique, qui conduirait directement le tiroir d'admission. Ce tiroir étant supposé placé, sur le prolongement de la trajectoire moyenne du point n_a; ou, si l'on veut, suivant la droite $O_a n_a$.

Pour réaliser $\delta_a = \delta_{a_1}$, dans [270], il faudrait, ou que L_a fût égal à L, et que h_a fût nul, ce qui revient à confondre les points A_a et m; ou que $\frac{L_a}{L - h_a \operatorname{tg} \delta_{a_1}}$ fût égal à 1; c'est-à-dire :

$$h_a = \frac{L_a - L}{\operatorname{tg} \delta_{a1}}. \qquad [271]$$

Par le choix de h_a et de L_a on est donc, dans une certaine mesure, libre de fixer l'angle δ_a, c'est-à-dire l'inclinaison de la trajectoire moyenne du point n_a, par rapport à l'axe OX. En d'autres termes, on peut se donner, à peu près à volonté, les longueurs $\overline{A_a n_a}$ et $\overline{n_a E_a}$.

h_a comme L_a semblent pouvoir, *théoriquement*, prendre toutes les valeurs positives et négatives. Toutefois il est bon de remarquer que, pour les valeurs simultanées $h_a =$ zéro et $L_a =$ zéro, la formule [269] conduit à la valeur $B_a =$ zéro, $\delta_a = 90°$. La course du tiroir devient alors fatalement proportionnelle à celle du piston lui-même; ce qui ne peut convenir, tout au plus, que pour le tiroir de détente; mais ne convient, ni pour le tiroir d'admission, ni pour celui d'émission. C'est donc là une solution qui doit être proscrite, pour ces derniers tiroirs. Notons donc que : *si le point* A_o *peut être pris en* p (planche LIX-LX), *les points* A_a *et* A_e *ne doivent jamais y être.*

240. — Connaissant $\operatorname{tg} \delta_a$, par [270], on a $\sin \delta_a$ et $\cos \delta$, par les formules habituelles [11] :

$$\sin \delta_a = \frac{\operatorname{tg} \delta_a}{\sqrt{1 + \operatorname{tg}^2 \delta_a}}; \qquad \cos \delta_a = \frac{1}{\sqrt{1 + \operatorname{tg}^2 \delta_a}}; \qquad [272]$$

par suite, dans [269] :

$$\frac{T_a}{l_a} = \frac{R}{A_a} \sin \delta_a; \quad \text{ou} \quad \frac{T_a}{l_a} = \frac{R(L_a \cos \delta_a + h_a \sin \delta_a)}{L\, B_a} \qquad [273]$$

Les deux formules [273] peuvent servir indistinctement, à calculer le rapport $\frac{T_a}{t_a}$; mais elles ne sauraient donner, en même temps, la grandeur de T_a et de t_a. Pour trouver ces grandeurs, il faut se donner la position moyenne d_a du point q^a, qui sera pris, par exemple, sur le prolongement de la tige du tiroir que ce point commande. On connaîtra ainsi, par rapport aux axes OX OY, l'abscisse P_a du point fixe E_a, qui est évidemment celle du point d_a. L'ordonnée de ce même point E_a sera : $V_a + t_a$.

Prolongeons alors, par la pensée, l'oblique $\overline{O_a D_a}$ et la verticale $\overline{d_a E_a}$, jusqu'à leur rencontre, en un certain point, S_a (trop haut placé, pour être inscrit dans la figure, pl. LX). Remarquons que le triangle, ainsi formé, $E_aD_aS_a$ est rectangle en D_a; puisque, suivant ce qui a été dit n° 237, les positions moyennes de la tringle l_a et du levier T_a, forment, entre elles, un angle droit. Remarquons, encore, que l'angle en S_a est égal à δ_a. Si, par O_a on mène une parallèle à OX, de longueur P_a, jusqu'à sa rencontre, en s_a, avec la verticale S_aE_a, le triangle $O_aS_as_a$ sera semblable au triangle $E_aS_aD^a$. On pourra donc écrire :

$$\overline{S_a s_a} = \frac{\overline{O_a s_a}}{\operatorname{tg} \delta_a}.$$

Mais, d'après la figure, il est clair que :

$$\overline{O_a s_a} = P_a - L + L_a ;$$
$$\overline{S_a s_a} + h_a = \overline{S_a E_a} + t_a + V_a ;$$
$$T_a = \overline{E_a S_a} \sin \delta_a ;$$

On tire de là :

$$T_a = \sin \delta_a \left[\frac{P_a - L + L_a}{\operatorname{tg} \delta} + h_a - \frac{T_a A_a}{R \sin \delta_a} - V_a\right]$$

et enfin :

$$T_a = \frac{R}{R + A_a} [\cos \delta_a (P_a + L_a - L) + \sin \delta_a (h_a - V_a)]. \quad [274]$$

L'expression de T_a revient, comme on voit, à l'équation polaire d'une circonférence. Ce qui montre que, toutes choses égales, T_a varie avec δ_a, comme le rayon vecteur de cette circonférence.

Substituant T_a, dans [273], on aurait t_a.

Reste à chercher l_a. Si de D_a on abaisse une perpendiculaire, sur $O_a s_a$; jusqu'à la rencontre en k_a; on a :

$$\overline{k_a s_a} = T_a \cos \delta_a ;$$

$$\overline{O_a k_a} = \overline{O_a s_a} - T_a \cos \delta_a = P_a + L_a - L - T_a \cos \delta_a .$$

et enfin :

$$l_a = \overline{O_a D_a} = \frac{\overline{O_a k_a}}{\sin \delta_a} = \frac{P_a + L_a - L}{\sin \delta_a} - \frac{T_a}{\operatorname{tg} \delta_a} \qquad [275]$$

Tout est donc déterminé.

Au lieu de calculer T_a t_a et l_a on peut les trouver graphiquement, comme il est indiqué planche LXIII-LXIV.

241. — 2° *Tiroir d'émission.* — Ce qui vient d'être dit, pour le tiroir principal, ou d'*admission*, peut se répéter, mot à mot, pour le tiroir d'*émission*. On peut transcrire immédiatement les mêmes formules, en changeant les indices. Seulement [47] doit s'écrire, par analogie, $i_e = \rho_e - o_e$. Des observations identiques seraient à faire.

242. — 3° *Tiroir de détente.* — La marche à suivre, pour déterminer les éléments inconnus de la distribution, en fonction des données, est la même que dans le système h, (Meyer), (V. nos 149 et suivants, ainsi que planche XLI). C'est-à-dire qu'on aura dans :

[131] : $$\rho_z = \frac{o_0}{\sin \alpha_0 \sin \delta_1 + \cos \alpha_0 (1 - \cos \delta_1)} ;$$

[129] : $$\sin \delta_z = \sin \alpha_0 ; \quad \cos \delta_z = - \cos \alpha_0 ; \qquad [276]$$

[132] : $$A_z = \rho_z \sin \alpha_0 ; \quad B_z = - \rho_z \cos \alpha_0 .$$

Ceci déterminé on aura, comme d'ordinaire, le choix entre la distribution, par les arêtes *extérieures* et par les arêtes *intérieures* du tiroir de détente. Dans le premier cas, on aurait, comme on sait, (no 154).

$$A_0 = A_a + A_z ; \quad B_0 = B_a + B_z ; \qquad [277]$$

puis, dans :

[3], par analogie : $$\rho_0 = \sqrt{A_0^2 + B_0^2} ;$$

[2] : $$\operatorname{tg} \delta_{0_1} = \frac{A_0}{B_0} ;$$

[270] : $$\operatorname{tg}\delta_0 = \frac{L_0 - \operatorname{tg}\delta_{0_1}}{L - h_0 \operatorname{tg}\delta_{0_1}};$$

[273] : $$\frac{T_0}{t_0} = \frac{R}{A_0} \sin\delta_0; \qquad [278]$$

[274], en observant que le levier de centre E_0 renverse le mouvement :

$$T_0 = \frac{R}{R + A_0}[\cos\delta_0 (P_0 + L_0 - L) + \sin\delta_0 (h_0 - V_0)]; \qquad [279]$$

dans :

[275] : $$t_0 = \frac{P_0 + L_0 - L}{\sin\delta_0} + \frac{T_0}{\operatorname{tg}\delta_0} \qquad [280]$$

[5], en remarquant que e_0 est négatif, ou positif, suivant que α_0 a une valeur plus grande, ou plus petite, que sa moyenne, (V. n° 153).

$$e_0 = -A_z \cos\alpha_0 + B_z \sin\alpha_0.$$

Il se pourrait que l'on voulût conduire le tiroir de détente, par un point de la crosse, c'est-à-dire confondre le point A_0, planche LIX-LX, avec le point p. C'est ce qui a été fait, dans l'exemple d'application, planche LXIII-LXIV; et cela devient obligatoire, chaque fois que l'on veut pouvoir distribuer également, dans les deux sens de rotation.

Il est clair, qu'alors, la loi de marche absolue du tiroir de détente est la même que celle du piston; c'est-à-dire que l'ordonnée du centre de la circonférence polaire, qui représente cette marche est nulle. On a donc : $B_0 =$ zéro. C'est d'ailleurs ce que donne [269], en y faisant $L_0 =$ zéro, $h_0 =$ zéro. On a aussi, par analogie, dans [2] : $\operatorname{tg}\delta_{0_1} = \infty$; ou $\delta_{0_1} = 90°$.

En ce cas, si l'on veut conserver à δ_z sa valeur, et de plus avoir e_0 moyen = zéro, il faut bien modifier ρ_z. Or la valeur de ρ_z, donnée par [131], doit être considérée comme un minimum. Il n'est pas permis de la réduire, sous peine de ne plus réaliser l'ouverture o_0; mais on peut l'augmenter; car un excès, dans o_0 ou ρ_z, n'a d'autre inconvénient que d'augmenter un peu le travail de frottement.

Puisque B_0 doit être nul; il faut, dans la figure de la pl. LIX-LX, faire ρ_z, ou $\overline{OD_z}$, assez grand; tout en conservant δ_z, c'est-à-dire l'angle D_zOY; pour que, dans le parallélogramme

$OD_zD_oD_a$[1], on ait, D_o sur l'axe OX, et D_aD_z sur une parallèle à OX. En d'autres termes, il faut réaliser la valeur $B_z = -B_a$, tirée de [277], quand on y fait $B_o =$ zéro. On conclut de là :

$$\rho_z = \frac{B_a}{\cos(180^\circ - \delta_z)};$$

ou en vertu de [276] :

$$\rho_z = \frac{B_a}{\cos \alpha_o}. \qquad [281]$$

Le point A_o n'est pas d'ailleurs obligatoirement confondu, avec le point p. *Il peut être quelconque; pourvu qu'il soit rigidement relié, non plus à la bielle motrice, mais à la crosse, ou à la tige du piston.* Il est évident, en effet, qu'alors, la loi du mouvement reste la même. Seules les dimensions des leviers T_o t_o et de la tringle l_o dépendent de la position du point A_o.

Soient L_o' et h_o' l'abscisse et l'ordonnée du point A_o par rapport à deux axes parallèles à OX et OY, passant en p. [278] subsiste toujours; mais [279] devient, en remarquant que $\delta_{o_1} = 90^\circ$, et $\delta_o = 90^\circ$ [270] :

$$T_o = -\frac{R}{R + A_o}(h_o' - V_o); \qquad [282]$$

et [280] :

$$l_o = P_o + L_o' - L. \qquad [283]$$

243. — Si l'on choisissait le mode de distribution, par les arêtes *intérieures* on aurait, dans :

[137] par analogie : $A_{oo} = A_a - A_z$; $B_{oo} = B_a - B_z$:

[3] : $$\rho_{oo} = \sqrt{A_{oo}^2 + B_{oo}^2};$$

[2] : $$\operatorname{tg} \delta_{oo_1} = \frac{A_{oo}}{B_{oo}};$$

[270] : $$\operatorname{tg} \delta_{oo} = \frac{L_o \operatorname{tg} \delta_{oo_1}}{L - h_o \operatorname{tg} \delta_{oo_1}};$$

[273] : $$\frac{T_{oo}}{t_{oo}} = \frac{R}{A_{oo}} \sin \delta_{oo};$$

[274] : $$T_{oo} = \frac{R}{R + A_{oo}}[\cos \delta_{oo}(P_o + L_o - L) - \sin \delta_{oo}(h_o - V_o)];$$

[275] : $$l_o = -\frac{P_o + L_o - L}{\sin \delta_{oo}} - \frac{T_{oo}}{\operatorname{tg} \delta_{oo}}.$$

1. Dans la figure, le vrai point D_z, devrait être inscrit de l'autre côté du pôle, symétriquement à D_z'. La place a manqué.

Dans [274] et [275], le signe de sin δ_{oo} est changé, parce que δ_{oo} est supposé être négatif, comme il arrive d'ordinaire. Le centre de l'excentrique passe, comme on sait, de D_o en D_{oo}, pl. LIX-LX, suivant que la distribution se fait, par les arêtes extérieures ou par les arêtes intérieures, (V. n°s 154 et suivants).

Ces questions de signe, un peu obscures, avec les seules formules, s'éclaircissent, quand on construit le diagramme théorique.

La longueur x de chaque tiroir d'admission, planche LIX-LX, doit être, comme cela apparaît, à la seule inspection de la figure :

$$x > e + o_a + \rho_a. \qquad [284]$$

De même, la longueur y de chaque tiroir d'émission doit être :

$$y > i + o_e + \rho_e. \qquad [285]$$

Enfin, celle d des plaques de détente doit être :

$$d > e_o' + o_a + \rho_z. \qquad [286]$$

e_o' est le recouvrement *maximum*, répondant à la plus petite admission.

244. — *Application.* — Les formules, qui viennent d'être établies, sont reproduites, pl. LIX-LX, au-dessous de la liste des données et des inconnues. Ces mêmes formules ont été employées, dans une application, donnée à titre d'exemple, planche LXIII-LXIV. Cette application suppose que les points A_a et A_e, de la pl. LIX-LX, sont confondues, en un seul, pris au-dessus de la bielle motrice, et faisant corps avec elle. On eût pu confondre aussi, avec les deux premiers, le point A_o, conduisant le tiroir de détente; mais la superposition de trois charnières, sur un même axe, constituant une difficulté d'exécution, on a admis que le point A_o était relié rigidement, à la crosse du piston. On s'est donc servi des formules [282] à [286], applicables quand $\delta_o = 90°$, $B_o =$ zéro.

Le tiroir de détente distribue par ses arêtes *extérieures*. Les tiroirs d'admission et de détente sont à simple entrée. Celui d'émission est à double entrée, de la forme ordinaire. On eût pu réaliser cette double entrée, par l'une, ou l'autre, des formes indiquées, pl. LXV-LXVI, (figures 12, 13, 14, 15). L'emploi de la double entrée a permis de donner, à o_e, la moitié de la valeur qu'il aurait eue, avec un tiroir à simple entrée. La fermeture anticipée a reçu une valeur considérable; on a pris $k_3 = 0{,}40$. La grande compression qui en résulte (60 %) serait très difficile à réaliser, avec tout autre système, à un seul excentrique.

Le *Diagramme théorique*, ou de Zeuner, est tracé, pl. LIX-LX, avec les résultats numériques, inscrits sur la pl. LXIII-LXIV. Il donne tout ce qu'il est intéressant de connaître, comme on sait, et comme il a été expliqué, au n° 88. L'admission peut varier de zéro à 80 % de la course du piston, soit à la main, soit par le régulateur. Le moyen de donner la variation, indiqué sur la pl. LIX-LX, (partie théorique), n'est pas reproduit, sur la planche LXIII-LXIV, (Application). Cela serait d'une faible utilité. Si l'on veut se rendre compte de la façon dont l'admission varie, quand les deux plaques constituant le tiroir de détente s'éloignent, ou se rapprochent; il suffit évidemment d'écarter, ou de rapprocher, les bandes de papier qui les représentent, suivant la loi qui règle leur distance relative.

Au lieu de calculer $\rho_a\ \delta_{a_1}\ \rho_e\ \delta_{e_1}$, par les formules transcrites planche LXIII-LXIV, on eût pu les prendre directement, dans le tableau supérieur de la planche IX-X, ou les déterminer, ainsi que les quantités qui en découlent, soit par la méthode graphique, indiquée n° 87, et planche XIII, fig. 18; soit par l'épure générale, décrite n° 93, et planche VII-VIII.

La planche LXIII-LXIV indique, encore, le procédé graphique, servant à déterminer les leviers coudés et leurs tringles de commande.

Les *Diagrammes automatiques* se prennent, au *Dianomégraphe;* comme il est indiqué sur la même pl. LXIII-LXIV. La courbe de marche du tiroir d'émission se trace exactement, comme celle du tiroir d'admission. Il faut seulement avoir soin de relier la pointe traçante, tantôt à l'un, tantôt à l'autre des tiroirs, au moyen de la règle K. Il suffit de se conformer exactement aux indications données, à propos des systèmes à deux tiroirs : (g h ou i).

On peut toujours obtenir l'égalité de l'avance à l'admission, et de la fin comme du commencement de l'émission, sur les deux faces, en réglant convenablement la longueur de tiges des tiroirs. On peut, de la même manière, réaliser l'égalité, dans la durée de l'admission ; soit, pour la marche normale ; soit pour deux degrés d'admission l'un en dessus, l'autre en dessous, de la marche normale.

On trouvera plus loin, (n° 245), l'indication d'un procédé graphique, qui permet d'arriver à ce résultat.

245. — *Tiroir unique, servant à la fois à l'émission et à l'admission.* — Il n'est pas obligatoire d'employer six distributeurs, comme le suppose la planche LX. C'est là une solution générale, dont l'agencement ne peut pas être simple ; et qui, par conséquent, ne convient que pour des conditions spéciales.

Dans la plupart des cas, le tiroir d'*admission* peut servir aussi à l'*émission*. Il n'y a plus que deux distributeurs.

Le tiroir d'*admission* peut encore servir, à la fois, pour régler l'*émission* et la *détente*. On retombe, alors, sur le tiroir unique ordinaire ; et la solution se présente, avec un grand caractère de simplicité.

Elle peut être recommandée dans les machines à deux ou à trois cylindres *juxtaposés, compound* ou autres, (V. n°s 206 et 279, d'autres dispositifs analogues), attaquant un même arbre coudé ; car, en ce cas, les *chapelles* se mettent sur le dos des cylindres, et non plus entre deux ; ce qui permet d'économiser une place, toujours précieuse. La distance entre les paliers de l'arbre diminue ; ce qui est favorable à la résistance de cet arbre. Enfin, il n'y a pas à se préoccuper de loger des excentriques, souvent gênants.

Dans le cas d'un *tiroir unique*, le calcul des dimensions diverses du dispositif, s'effectue absolument comme il l'a été, pour le tiroir spécial d'admission. Seulement, alors, on n'est plus libre de choisir, à volonté, la fraction k_3 de la course du piston, ou l'angle α_3 décrit par la manivelle motrice, correspondant à la fin de l'émission. La valeur du *recouvrement intérieur* i doit se calculer, par la formule ordinaire :

$$i = A_1 (2k_2 - 1) - 2B_1 \sqrt{k_2 - k_2^2} ;$$

et non plus par celle donnée au n° 241, pour un tiroir spécial d'émission. De plus, il devient impossible de modifier la durée de l'admission, pendant la marche.

Ce dispositif présente la précieuse qualité de permettre d'égaliser, *rigoureusement* la durée de l'admission, sur les deux faces du piston; et même d'obtenir, si l'on veut, une admission plus grande, du côté de la tige du piston; de manière à égaliser le *travail*; en compensant la différence, due à la présence de la tige d'un seul côté du piston.

Ce résultat ne peut être atteint, avec un excentrique ordinaire.

Voici comment il faut s'y prendre (pl. LXIX-LXX, fig. 7).

Tracer la courbe *exacte,* décrite par le point A. Marquer les points V_0 V_1, qu'occupe le pivot A, quand l'admission doit cesser, sur l'une et l'autre face du piston. Calculer la position du point E, les longueurs *t* T *l*, par les formules des n°s 239-40, en changeant les indices.

Des points m_0 m_1, répondant à $\alpha = 0°$ et $\alpha = 180°$, décrire deux axes de cercle, avec la longueur *l* comme rayon. Puis, de E, un arc de cercle, avec la longueur T. Ce dernier coupe les précédents, en n_0 n_1. Joindre n_0 n_1. Si l'on a :

$$\overline{n_0 n_1} = 2A_1 \frac{T}{t},$$

on est certain que pour $\alpha = 0°$, comme pour $\alpha = 180°$, le point, *d*, ou le tiroir, auront marché de la quantité A_1, à gauche et à droite de leur position moyenne. Cela suppose, que quand le point *n* est par le milieu de $\overline{n_0 n_1}$, *d* est en d_0; ce qui détermine l'angle des leviers *t* et T exactement.

La quantité A_1 est donnée par [265], en changeant les indices. On a aussi, comme on sait, [9][1] :

$$A_1 = e + a$$

Si l'on ne trouvait pas exactement :

$$\overline{n_0 n_1} = 2A_1 \frac{T}{t}$$

il faudrait modifier, quelque peu T, pour satisfaire à cette condition : supposons qu'elle soit remplie.

1. Voir, au besoin, planche III-IV, la signification des symboles.

Porter $\overline{n_0 s_0} = \overline{n_1 s_1} = a$,

Des points s_0 s_1, avec l comme rayon, décrire deux arcs de cercle, qui coupent en S_0 S_0' S_1 S_1', la courbe décrite par le pivot A.

Si S_0' se confond avec V_0 et S_1' avec V_0, tout est bien; et la réglementation est parfaite.

D'ordinaire on n'obtient pas ce résultat, du premier coup; mais il suffit de recommencer l'opération, en donnant à l une valeur un peu *plus grande*.

Le problème étant résolu, il faudra vérifier toujours, si les orifices de la table sont découverts, d'une manière convenable, surtout à l'émission.

Le *Dianomégraphe* ou une épure indiqueront cela.

On peut encore recourir à l'emploi de *recouvrements différents*, pour les deux bouts du tiroir. C'est-à-dire, à des longueurs $\overline{n_0 S_0}$ $\overline{n_1 S_1}$ différentes. Cela rend, d'ordinaire, la solution meilleure; mais il importe, alors, de prendre des dispositions efficaces, pour que le tiroir, devenu par là dissymétrique, ne *puisse être retourné*, bout par bout, dans la chapelle, en cas de démontage et de remontage.

Dispositif q avec renversement de marche.

246. — *Première solution.* — Si dans la formule [265], on fait $\delta_a = 90°$, il reste, en supprimant les indices :

$$\left.\begin{array}{l} z = \frac{t}{T} R \cos\alpha + \frac{t}{T}\frac{R}{L} h \sin\alpha, \\ \text{ou :} \quad z = A_1 \cos\alpha + B_1 \sin\alpha \end{array}\right\} \quad [287]$$

En rendant h négatif; et en changeant α en $-\alpha$, dans cette formule, on trouve une valeur identique, pour z.

Il y a donc là un moyen de renverser la marche. Il suffit de pouvoir rendre h négatif ou positif, à volonté.

La planche LXIX-LXX, fig. 8 indique un agencement, qui réalise cette solution.

Une coulisse $\overline{PN}$, de rayon l, est fixée *rigidement*, sur la petite tête de la bielle motrice; de manière à en suivre *tous* les mouvements. Le centre de la coulisse coïncide, avec le pivot de crosse P.

Le coulisseau N, manœuvrable par la tringle $\overline{M_1N_1}$ et le levier $\overline{G_1N_1}$ monté sur l'arbre de renversement de marche G_1, active, par la barre $\overline{ND}$, de longueur l, un levier $\overline{Dq}$ droit, (ou coudé, si $\overline{qF}$ n'est pas parallèle à $\overline{OX}$), tournant autour du point fixe E. Le point q donne le mouvement au tiroir.

Comme vérification de la formule [287], si, l'on applique le *second principe général*, énoncé au n° 108 et dont il a été déjà fait usage, (V. n° 191), on trouve :

Course pour $\alpha = 0°$ ou $180° =$ constante :

$$\left.\begin{array}{l} A_1 = \dfrac{t}{T} R. \\ \text{Course pour } \alpha = 90° \text{ ou } 270° : \\ B_1 = \dfrac{t}{T}\dfrac{R}{L} h \end{array}\right\} \qquad [288]$$

car, quand $\alpha = 90°$, ou $270°$ l'angle φ, commun à la bielle motrice et à la coulisse, a pour sinus :

$$\sin \varphi = \frac{R}{L};$$

à ce moment, P est au milieu de sa course; et le déplacement du point N ou du point D est :

$$h \sin \varphi = h \frac{R}{L}.$$

Si h_1 désigne la hauteur maxima du coulisseau dans la coulisse, répondant à l'admission maxima k_1, on a[1] :

$$A_1 = \frac{t}{T} R; \quad \text{d'où :} \quad \frac{t}{T} = \frac{A_1}{R}, \qquad [289]$$

$$B_1 = \frac{t}{T}\frac{R}{L} h_1 = \frac{A_1}{L} h_1; \quad \text{d'où :} \quad h_1 = L\frac{B_1}{A_1}. \qquad [290]$$

Pour les distributions ordinaires, c'est-à-dire pour des admissions dépassant 60 °/₀ de la course du piston, B_1 est plus

1. V. au besoin, planche III-IV, la signification des symboles.

grand que A_1. Il en résulte que h_1 devrait être plus grand que L; ce qui n'est pas bien pratique de construction.

Pour des admissions inférieures à 50 °/₀, on a au contraire B_1 plus petit que A_1; et, par suite, h_1 plus petit que L. (Voy. pl. IX-X la valeur de δ.

Ce dispositif, comme celui de M. M. Deprez (l), ne convient donc que pour des admissions réduites et des bielles courtes.

Dispositif q *avec renversement de marche.*

247. — *Deuxième solution.* — Au lieu d'installer la coulisse, sur la petite tête de la bielle motrice, on peut l'articuler, par son centre, sur le pivot q de la pl. LIX-LX. C'est ce qui est indiqué, planche LXIX-LXX, fig. 9.

Un point a, rigidement lié a la crosse du piston, active l'extrémité D du levier $\overline{Dq}$ droit (ou courbe, si $\overline{qF}$ n'est pas parallèle à $\overline{OX}$) tournant autour du point fixe E.

La coulisse, articulée en q, porte un levier $\overline{qn}$, qui reçoit le mouvement d'un point A, rigidement lié à la bielle motrice.

Le tout est réglé, de façon que quand $\alpha = 0°$ ou 180°, le coulisseau puisse parcourir toute la coulisse, sans que le tiroir se déplace.

En vertu du *second principe général*, cité au n° 246, on a :

$$\left.\begin{array}{ll} \text{Course pour } \alpha = 0° \text{ ou } 180° & A_1 = \frac{t}{T} R = \text{constante} \\ \text{Course pour } \alpha = 90° \text{ ou } 270° & B_1 = \frac{u}{p} \frac{L_a}{L} R. \end{array}\right\} \quad [291]$$

Donc, pour α quelconque :

$$z = \frac{t}{T} R \cos \alpha + \frac{u}{p} \frac{L_a}{L} R \sin \alpha. \quad [292]$$

Pour renverser la marche, il suffit encore de rendre u négatif et de changer α en $-\alpha$.

Cette dernière solution, qui constitue l'un des plus simples dispositifs connus, pour activer le tiroir, *dans le plan de la bielle motrice,* avec renversement de marche, résout le problème *dans toute sa généralité.*

On tire de [291], en attribuant à u la valeur limite u_1, qui répond à la plus grande admission :

$$\frac{t}{T}=\frac{A_1}{R}; \quad \frac{p}{u_1}=\frac{L_a}{L}\frac{R}{B_1}. \qquad [293]$$

Pour qu'on se puisse faire une idée des résultats fournis par les formules précédentes, voici, comme exemple, une application, avec des dimensions très communément rencontrées dans les locomotives et les machines marines.

Données, en millimètres : $A_1=30$, $B_1=50$, $R=300$, $L=1500$, $L_a=400$, $T=900$, $u_1=200$.

Inconnues tirées de [293] $t=90$, $p=320$.

On voit que toutes ces dimensions sont pratiques.

Par un choix convenable des longueurs des tringles, dont plusieurs sont facultatives, et aussi de la position des points fixes E ou G_1, on peut toujours arriver à régulariser parfaitement la durée de l'admission, sur les deux faces du piston.

Il suffit de *monter* le dispositif, avec le *Dianomégraphe ;* et de prendre des *diagrammes automatiques,* en faisant varier, d'une façon méthodique, les éléments arbitraires.

Quant au *Diagramme théorique*, il se trace avec la même facilité, que dans tous les autres dispositifs, étudiés antérieurement.

Observons, en terminant, que dans l'une, comme dans l'autre, des solutions à renversement de marche, qui viennent d'être décrites, et qui ne l'avaient été nulle part jusqu'ici, à notre connaissance, il est toujours loisible de conserver le tiroir spécial de détente, indiqué pl. LXIII-LXIV (n° 226); *en l'activant par un point du levier* $\overline{Dq}$.

La durée de l'admission peut alors être variée, durant la marche, soit en changeant le *recouvrement* des tiroirs de détente, comme il est indiqué pl. LIX-LX, ou comme dans le système MEYER... etc. ; soit en changeant sa *course*, comme il est indiqué pour les systèmes *o k*... etc.

CHAPITRE XIX

DISPOSITIFS DIVERS PROCURANT LA VARIATION AUTOMATIQUE DE LA DÉTENTE, PARTICULIÈREMENT PAR LE RÉGULATEUR DE VITESSE (PL. LXVII-LXVIII, LXIX-LXX).

248. — Il a été donné, au n° 159, une espèce de classification des moyens, à mettre en œuvre, pour réaliser la variation automatique de la détente. On va voir, plus en détail, dans le présent chapitre, comment divers inventeurs sont parvenus à cette réalisation.

Nous ne pouvons évidemment pas avoir la prétention, de décrire tous les dispositifs imaginés, dans ce but. La liste en est trop longue. Mais nous tenons à donner, au moins, quelques exemples d'application des principes, qui ont servi à établir la classification, dont il vient d'être parlé.

1° *Dispositif* Claudius Jouffray.

Les tiroirs sont du système Meyer (*h*). (V. pl. XLI). Ce qui constitue la particularité du dispositif de la maison Jouffray et Cie, constructeurs à Vienne, (Isère, France), c'est le mode d'action du régulateur, sur la vis commune aux deux plaques de détente.

Un tube, pendu au manchon du régulateur de vitesse, et enveloppant, comme un fourreau, l'arbre même de ce régulateur, porte extérieurement des cannelures circulaires, ayant le profil d'une dent d'engrenage.

Ce tube constitue une véritable crémaillère, montant et descendant avec le régulateur, suivant que la vitesse est en dessus ou en dessous de sa valeur normale.

Un pignon, *calé* sur le prolongement de la vis à filets inverses, ou *glissant sans pouvoir tourner* sur cette vis, reste constamment en prise avec la crémaillère circulaire.

Quand celle-ci monte ou descend, elle fait donc tourner la vis, dans un sens ou dans l'autre. Ce qui écarte ou rapproche les plaques de détente.

En proportionnant la course du manchon le diamètre du pignon et le pas de la vis on arrive à faire varier le *recouvrement*, du minimum au maximum voulu, pendant une ascension du régulateur.

Ce dispositif, aisé à comprendre sans dessin, donne prise à deux critiques. La première c'est qu'il exige un régulateur très puissant, parce que la vis est un organe de transmission de mouvement, de rendement mauvais. La seconde c'est que la crémaillère et le pignon qui n'ont de contact qu'en un point et qui glissent continuellement l'un sur l'autre sont exposés à une usure rapide.

Au lieu de donner à la crémaillère tournante une forme circulaire et de la monter directement sur l'arbre du régulateur, on peut lui laisser la forme rectangulaire et l'activer par un levier relié au manchon.

2° *Dispositif de la* Société Cockerill, *Système* Racher *ou* Ommany *et* Tatham. *Système* Webers. *Tiroirs à fourreau polygonal, ou cylindrique.* (Pl. LXVI, LXVII, LXVIII, LXIX).

249. — *Système* Racher ou Ommany *et* Tatham. — En 1873, *la société Cockerill*, à Seraing (Belgique), a pris un brevet, pour un dispositif, imaginé par un de ses ingénieurs, M. J. Racher.

Ce même dispositif est aussi connu, en Allemagne, sous le nom de OMMANY ET TATHAM [1].

La planche LXIX-LXX, fig. 2, représente le dispositif, breveté par la Société Cockerill.

Les tiroirs sont du type MEYER, (V. pl. XLI) et n'offrent rien de particulier; sinon que les plaques de détente X et Y sont activées, non plus par une vis à filets contraires, mais par deux tiges distinctes *s* et *t*, sortant côte à côte de la chapelle; ce qui oblige à désaxer, quelque peu, les orifices d'admission, portés par le tiroir principal; en les rejetant, à droite et à gauche de son plan longitudinal moyen, comme le montre la fig. 7 de la planche LXVII-LXVIII, qui représente une modification de ce tiroir.

Les tiges *s* et *t* s'articulent, en S et T, sur un petit balancier, à trois branches, dont le pivot central F est monté sur une crossette, conduite par la barre V de l'excentrique de détente; et dont la troisième branche est articulée, en E, sur une tringle, reliée au manchon du régulateur de vitesse, par un second balancier.

Suivant que la vitesse croît ou décroît, par rapport à sa valeur normale, la charnière E descend ou monte. Le *recouvrement* des plaques de détente augmente ou diminue; et, avec lui, la durée de l'admission.

Dans ce dispositif, le régulateur n'a pas à vaincre le frottement des tiges aux presse-étoupes, ni des tiroirs sur leur table. Ces résistances s'équilibrent par l'intermédiaire du petit balancier $\overline{\text{ST}}$; sinon parfaitement, *à chaque instant,* au moins à peu près exactement, *au total.* Car, si même l'un des presse-étoupes est sensiblement plus serré que l'autre, cela tend à écarter les plaques, pour un demi-tour, et à les rapprocher, pour le demi-tour suivant.

La barre de l'excentrique de détente reste chargée de surmonter la *somme* de ces résistances. Le régulateur n'a besoin de lutter que contre leur différence. Il joue le rôle d'un contrepoids additionnel, faisant pencher la balance.

250. — *Système* WEBERS [2]. — Au lieu de varier l'écarte-

1. *Dingler's Polytechnisches Journal*, vol. CCXIII, pl. I, 1874, Augsbourg.
2. *Id.*, vol. CCXIII, juillet 1874, pl. I. (*Expansion-Steuerung der Berliner-Union.*)

ment des tiroirs de détente Meyer, par un balancier à trois branches, M. Webers place, sur le dos de chaque tiroir, guidé suivant l'axe longitudinal de la chapelle, une saillie coulissant, dans une rainure présentée par une plaque unique. Les deux rainures de cette plaque sont d'inclinaison contraire, par rapport au plan transversal de la chapelle.

La plaque à rainures obliques, est reliée, d'un côté, au régulateur, par un cadre qui lui laisse la liberté de voyager, suivant l'axe longitudinal de la chapelle, mais l'entraîne, suivant l'axe transversal ; et de l'autre côté, à l'excentrique de détente, par un second cadre, qui laisse à la plaque la liberté de glisser, suivant l'axe transversal, mais l'entraîne, suivant l'axe longitudinal de la chapelle. Le tout, dans des plans parallèles à la table du cylindre.

On pourrait disposer, *hors de là chapelle*, des organes qui rempliraient le même but.

La solution, indiquée au n° 249, est évidemment plus simple.

251. — *Tiroir de détente à fourreau polygonal.* — Il vient d'être dit, n° 249, que, dans les systèmes précédents, le régulateur n'avait à lutter, que contre une petite partie de la résistance des tiroirs de détente.

Cette partie est encore très loin d'être négligeable. On peut voir, dans le *Génie civil*, ou dans les *Annales industrielles*, de 1880, Paris, les formules employées, par la société Cockerill, pour déterminer la puissance du régulateur en fonction des dimensions des plaques de détente ; et l'on reconnaîtra, que pour une machine de cent chevaux, par exemple, il faut déjà un régulateur assez fort.

Dans le but de réduire la résistance à vaincre, le brevet, cité au n° 249, indique un dispositif de tiroir équilibré, reproduit planche LXVII-LXVIII, fig. 7.

La différence, avec le tiroir de détente Meyer ordinaire, consiste, en ce qu'ici il est enveloppé dans un fourreau ; de manière qu'il joue le même rôle, qu'un piston de section rectangulaire, sans garniture élastique.

L'une des faces du fourreau est constituée, par un couvercle démontable. Ce qui permet au besoin de remédier à l'usure.

L'étanchéité des tiroirs, devenus ainsi des pistons, n'est pas aussi sûre que celle des tiroirs plans ; même si on munit ces espèces de pistons, de garnitures plus ou moins élastiques. Mais, si le tiroir principal est lui-même *plan*, l'imperfection, dans l'étanchéité des tiroirs de détente, n'est pas un grave défaut ; puisqu'en somme, la vapeur n'arrive dans le cylindre, par les fuites, que durant le temps, où elle peut encore y travailler utilement ; et jamais, durant l'émission ; le tiroir principal, étanche lui, étant alors toujours fermé.

Quand les arêtes *a* et *b* du tiroir de détente coïncident, avec les arêtes A et B du fourreau, la vapeur est prête à entrer, par un périmètre considérable, égal à deux fois le contour du tiroir. L'ouverture et la fermeture sont donc très accélérées ; et la course peut être assez faible. Ce sont des conditions favorables.

Avec ce genre de tiroirs, la puissance des machines à détente variable par le régulateur, n'a pour ainsi dire plus de limites.

252. — *Tiroir de détente à fourreau cylindrique*. — Une autre solution assez répandue, surtout en Allemagne, consiste à donner, au tiroir principal, aussi bien qu'au tiroir de détente, une section annulaire, comme le représente la planche LXVII-LXVIII, fig. 6.

La chapelle, comme le tiroir principal, et comme le tiroir de détente, sont de simples tuyaux alésés.

S'il n'y a pas de garniture élastique, la résistance est très faible ; puisque la pression de la vapeur ne développe pas de frottement, mais l'étanchéité n'est plus assurée.

S'il y a des garnitures élastiques, elles doivent être en métal ; et les ouvertures, sur lesquelles elles glissent, doivent être disposées, pour qu'il ne puisse pas y avoir accrochement des arêtes. Dans ce but, on fait ces ouvertures, en forme de grille, *à barreaux obliques*, comme l'indique la figure, qui se comprend d'ailleurs, à simple vue.

Les tiges des tiroirs de détente sont concentriques. Il pourrait y avoir une tige centrale, pour l'un ; et deux, symétriquement disposées, pour l'autre ; comme cela est indiqué, pour le tiroir principal. Ces tiges peuvent être activées, par le balancier Racher, ou de toute autre façon.

Le tiroir principal pourrait devenir *plan*.

La marche à suivre, pour le calcul des dimensions, est la même que celle exposée, pour les tiroirs ordinaires.

3° *Dispositif* HAYWARD, *etc.*

253. — Le tiroir principal est *plan*. Il porte, sur son dos, en creux, un demi-cylindre, à la surface concave duquel, sur un développement à peu près égal au rayon, aboutissent les orifices d'admisssion de MEYER ; non pas, par des arêtes, placées perpendiculairement à l'axe, mais disposées *en hélice*. L'inclinaison des deux orifices héliçoïdaux est *inverse*.

Dans cette forme concave, repose un tiroir cylindro-convexe, dont les arêtes sont aussi disposées *en hélices inverses*, de même *pas* que celles du tiroir principal.

Le tiroir de détente est attaché, en son axe, sur une tige, qui sort de la chapelle, et est activée par l'excentrique de détente. Cette tige présente une partie carrée, qui glisse, dans le moyeu, à œil également carré, d'un levier, embrassé par une fourche, et relié par une tringle, au manchon du régulateur de vitesse.

En montant ou en descendant, le régulateur fait tourner le tiroir de détente, dans un sens ou dans l'autre, sans modifier sa course. A cause de la forme en hélice des arêtes, la rotation détermine, dans le *recouvrement*, une variation, qui réduit ou augmente la durée de l'admission.

Le régulateur doit être assez puissant. Et la conservation de la surface cylindrique des tiroirs n'est pas assurée.

Beaucoup de variantes de ce principe ont été essayées. Toutes se sont heurtées, à cette difficulté sérieuse, de la non-conservation des surfaces cylindriques.

4° *Dispositif* Denis. — *Dispositif* Brenier et Cie ; *dispositif* Quast, *etc.*

254. — *Dispositif* Denis. — Dans le dispositif Denis, l'arbre du régulateur traverse un manchon, pouvant glisser le long de l'arbre, mais non tourner sans lui. Ce manchon porte un double embrayage, à friction ou autre. Chacun de ces embrayages a pour mission, de rendre le manchon solidaire, tantôt avec un premier, tantôt avec un second pignon conique, fous tous les deux, sur l'arbre du régulateur. Ces pignons engrènent, d'une manière continue, avec un troisième pignon d'angle, monte sur la tige de la vis Meyer, de manière à ce que cette tige puisse glisser, mais non tourner, sans lui. La vis fait un angle droit, avec l'arbre du régulateur.

Quand le manchon du régulateur monte, l'un des embrayages fait tourner la vis, dans un sens. Quand ce manchon descend, l'autre embrayage fait tourner la vis, en sens contraire. Il y a une position intermédiaire, pour laquelle les embrayages n'agissent ni l'un ni l'autre.

Dans le premier cas, l'admission est réduite, dans le second, elle est augmentée.

Si les embrayages sont à griffes, il faut prévoir un arrêt automatique qui limite l'amplitude maxima de rotation de la vis.

255. — *Dispositif* Brenier et Cie. — La vis de Meyer prolongée se termine, par une partie de forme carrée ; et porte deux roues à rochets *inverses*, pouvant être actionnées par des cliquets, qui reçoivent le mouvement de la tige du tiroir, elle-même. A chaque va et vient du tiroir ces cliquets agissent, tantôt l'un, tantôt l'autre, ou n'agissent ni l'un ni l'autre, suivant la position du manchon du régulateur. Le premier est chargé de faire tourner la vis de façon à augmenter le *recouvrement* des plaques de détente, et le second de manière à le réduire.

Quand la pleine admission est réalisée par les plaques, le cliquet chargé de réduire le recouvrement, c'est-à-dire d'augmenter la durée de l'admission, cesse automatiquement d'agir ; parce qu'il rencontre un butoir, qui se déplace automatiquement, à mesure que la vis tourne.

256. — *Dispositif* Quast. — Ce dispositif breveté a été appliqué à Verviers (Belgique), vers 1882. Il repose sur le même principe que le précédent, mais l'agencement est tout autre.

La vis Meyer, prolongée hors de la chapelle, porte un filet, à *pas* allongé ; et joue le rôle de vis tangente, par rapport à une roue, tournant autour d'un point fixe. Cette roue est solidaire, avec un pignon à dents droites ordinaires, qui engrène dans une crémaillère, portée par un coulisseau, guidé parallèlement à l'axe de la vis.

A chaque va-et-vient des tiroirs de détente, la roue tourne ; et le coulisseau fournit sa course entière, si on le laisse libre de la parcourir. Mais si, avant qu'il ait effectué son parcours entier, on lui présente une butée, alors, la crémaillère s'immobilise, et avec elle la roue tangente. C'est donc la vis qui est obligée de tourner. Par conséquent le *recouvrement* est modifié. Il augmente, si la butée a lieu dans un sens. Il diminue, si elle a lieu dans l'autre.

Les deux butées inverses sont données, par des secteurs, en forme de spirale, munis de crans à leur pourtour, et tournant autour d'axes invariables de position. Ces axes sont placés justement, au niveau des arêtes de butée du coulisseau ; qui se trouve pousser ainsi, contre de véritables points fixes ; et n'a, par suite, aucune tendance à faire tourner les secteurs.

Ces secteurs sont manœuvrés par le régulateur de telle sorte, que quand le cran de butée de l'un avance, vers le coulisseau, l'autre recule. L'action du régulateur est donc presqu'absolument libre ; et ses dimensions sont indépendantes de celles des tiroirs.

Le nombre des solutions, reposant comme les trois précédentes, sur le principe d'emprunter au moteur même, la force nécessaire, pour faire varier le *recouvrement* des plaques de détente Meyer, est très considérable.

Elles ont toutes un côté faible. C'est que l'action du régulateur, devenue ainsi indirecte, est trop tardive. C'est-à-dire, qu'il peut lui arriver, de tendre à réduire l'admission, au moment où il devrait l'augmenter ; et inversement.

5° *Dispositif* A. Stévart. — *Dispositif* E. Hertay.

257. — *Dispositif* A. Stévart. — Ce dispositif, breveté en 1876, par les Ateliers de construction de la Meuse, près Liége, (Belgique), comme il a été dit déjà au n° 174, a été décrit, en principe, à ce même numéro. Il ne reste plus à parler ici, que de l'organe employé, pour réaliser la *marche intermittente* du tiroir de détente ; c'est-à-dire, le *cadre à jeu*.

Ce *cadre à jeu* est représenté, pl. LXVII-LXVIII fig. 8, tel qu'il a été disposé, par l'inventeur. On pourrait évidemment le construire de beaucoup d'autres manières.

Quand le *manchon* du régulateur est au sommet de sa course, le coin remplit son cadre. Le tiroir marche, comme s'il était articulé directement sur la barre d'excentrique. Le *recouvrement* est à son maximum. L'admission est à son minimum. Le découvrement des orifices peut être grand.

Quand le manchon du régulateur est au bas de sa course, le coin laisse le plus grand jeu, dans son cadre. Le tiroir retarde, sur la marche de l'excentrique. C'est-à-dire, que la fermeture a lieu plus tard ; et aussi l'ouverture. L'admission est à son maximum, qui ne saurait dépasser 50 0/0 de la course du piston. Le découvrement des orifices diminue. Il est nécessaire d'employer des *orifices multiples*.

358. — *Dispositif* E. Hertay. — Ce dispositif a été breveté par la société les Ateliers du Brabant, à Bruxelles. Une machine, munie de ce système de distribution, la première construite, fournissait de la force motrice, à l'Exposition d'Amsterdam, 1883. Une autre fournissait également de la force motrice, à l'Exposition d'Anvers, 1885.

Le principe du *cadre à jeu* est identiquement le même, que celui du dispositif A. Stévart, (n° 257). Mais son mode de construction est différent. (V. pl. LXIX-LXX, fig. 1 et pl. LXVII-LXVIII. fig. 8).

L'effet produit, par ce cadre à jeu, est aussi tout différent ; parce que le tiroir de détente ne glisse plus, *sur table fixe*, comme dans le système A. STÉVART ; mais bien sur le tiroir principal.

Quand le coin, activé par le régulateur, remplit le cadre, tout se passe, comme dans le système MEYER, pour le cas du *recouvrement* maximum, à la condition que la distribution se fasse par les arêtes *extérieures*. (V. pl. XLI et n° 155). L'admission est la plus petite possible.

Quand le coin laisse le plus grand jeu, dans son cadre, le tiroir de détente reste fixe, sur le dos du tiroir principal; qui l'entraîne, comme dans le système FARCOT; jusqu'à ce que le coin bute de nouveau. C'est comme si le *recouvrement* du tiroir MEYER était réduit. La fermeture se produit plus tard. L'admission atteint son maximum.

Si le jeu est suffisant on peut donc faire passer l'admission de zéro à 80 °/₀, et plus.

Il faut remarquer, qu'ici, le moment de l'ouverture de l'admission, par le tiroir de détente, est indépendant du moment de la fermeture. Il ne dépend plus que du calage de l'excentrique spécial de détente, et du recouvrement maximum. Recouvrement qui, comme il vient d'être dit, se produit, quand le coin remplit son cadre.

Il est donc facile de s'imposer le moment, où cette ouverture doit commencer. La solution est ainsi absolument complète.

Si le tiroir de détente distribuait, par ses arêtes *intérieures*, ce qui est souvent un avantage, (V. n° 155), il faudrait renverser l'action du *cadre à jeu* et du *coin*. C'est-à-dire : faire buter les faces *aa* des *taquets*, reliés aux tiges, (pl. LXIX-LXX, fig. 1), contre des points invariables du cadre; et les faces *bb*, contre un coin.

Il conviendrait, alors, le plus souvent, d'employer *deux cadres à jeu*. La chapelle, le tiroir principal, la barre d'excentrique, pourraient rester de la forme ordinaire. Tandis qu'avec l'agencement, dessiné planche LXIX-LXX, il faut loger le cadre à jeu, dans le plan de l'*axe* transversal de la chapelle; et l'attaquer, par levier de renvoi.

259. — Une observation pratique, d'une certaine importance, est à faire sur ce dispositif. Elle est d'ailleurs appli-

cable, à tous les *tiroirs traînants*, manœuvrés de l'extérieur de la chapelle.

L'idée de *mettre les organes, donnant la variation du recouvrement, à l'extérieur de la chapelle,* est fort louable; car ainsi on peut les surveiller, en tout temps; mais il en résulte, que pour mouvoir le tiroir, il faut employer des tiges, passant nécessairement dans des presse-étoupes.

Si l'effort de frottement, déterminé par ces presse-étoupes, et ajouté à la poussée de la vapeur, sur les tiges (qui constituent de vrais pistons, si elles sont simples), l'emporte sur l'effort, qui fait adhérer les plaques de détente, au dos du grand tiroir, il peut arriver que ces plaques ne soient plus *traînées* par ce grand tiroir, quand le *cadre à jeu* cesse de les mouvoir.

Cela troublerait notablement les conditions de la distribution, et détruirait l'action du régulateur.

Pour parer à cet aléa, M. Hertay employait, à l'origine, des ressorts, pressant les plaques, sur le tiroir principal, comme le fait Farcot. Ce moyen ne s'est pas toujours montré suffisant. M. Hertay a imaginé, alors, de disposer, sous les plaques de détente, des cavités latérales, ne venant jamais en contact avec les lumières d'admission, et qui sont mises en communication constante avec l'orifice d'émission du tiroir principal, par un tout petit conduit. Ce conduit reste toujours couvert par les plaques. La force d'adhérence des plaques, sur le tiroir principal chargé de les *traîner,* par intermittences, dépend de la différence de pression, sur la surface offerte par ces cavités. Elle peut donc être déterminée, suivant le besoin.

Un brevet, sur ce sujet, a été pris le 26 janvier 1885.

La machine, figurant à l'Exposition d'Anvers (1885), dont il a été parlé au n° 258, était munie de ce perfectionnement.

6° *Dispositif* Duvergier. — *Dispositif* Breval.

260. — *Dispositif* Duvergier. — Ce dispositif, de création récente, est dessiné, planche LXIX-LXX, fig. 3. Il présente, diverses particularités.

Il y a deux tiroirs, glissant l'un sur l'autre, comme dans le système MEYER; mais il n'y a qu'un seul excentrique.

Cet excentrique, de centre F, calé comme d'ordinaire, commande directement le tiroir principal. Un point E du collier de cet excentrique porte un pivot, qui, par l'intermédiaire de de la petite bielle $\overline{EA}$, active un levier coudé AFB, tournant autour de l'axe moteur, ou d'un pivot fixe, placé en prolongement de cet axe.

Le point B du levier coudé renvoie le mouvement, par une tringle, à un levier $\overline{BC}$, pivotant autour du point fixe C, et prolongé par une coulisse, dans laquelle peut monter ou descendre, un coulisseau N, porté par la barre $\overline{MS}$, qui actionne le tiroir de détente.

Une tringle filetée relie la bielle $\overline{MS}$, à un levier $\overline{GH}$, mobile autour d'un point fixe G, et embrassant, en H, le manchon d'un régulateur de vitesse.

Quand la vitesse augmente, le coulisseau N monte, la course du tiroir de détente diminue, ainsi que la durée de l'admission.

La tringle $\overline{PM}$ est filetée, pour procurer le moyen de mettre l'admission normale, en rapport convenable, avec la position moyenne du régulateur.

261. — *Partie théorique.* — Vu la grande longueur relative de la barre d'excentrique $\overline{FP}$, par rapport au rayon $\overline{OF} = r$ de l'excentrique, on peut admettre que le point E décrit, très sensiblement, une circonférence de rayon r. Par conséquent, le pivot E, conduit le point A comme le ferait un excentrique, calé en O', avec le même angle d'avance δ, que l'excentrique de centre F.

Mais la trajectoire moyenne de A fait, avec $\overline{OP}$, un angle φ. Si on ramenait cette trajectoire à être parallèle à $\overline{OP}$, il faudrait augmenter l'angle d'avance, de l'excentrique conduisant A, justement de φ. Il deviendrait donc :

$$\delta_0 = \delta_1 + \varphi \quad \text{car ici} \quad \delta = \delta_1 \text{ [1]} \qquad [291]$$

On serait alors, exactement dans le même cas, qu'avec un dispositif MEYER, à deux excentriques; l'un, pour le tiroir

1. V. au besoin. planche III-IV, la signification des symboles.

principal, ayant δ pour angle d'avance; l'autre, pour le tiroir de détente, ayant δ_o pour angle d'avance.

Le dispositif Duvergier n'est donc, à tout prendre, pas plus simple, que si l'on activait directement la coulisse, par un excentrique spécial, monté sur l'arbre moteur; comme le fait M. Bréval, (V. n° 266).

Le levier $\overline{OB}$ renvoie la course du point A, en le renversant; mais le levier $\overline{CD}$ fait la même chose, en sens inverse. Il n'y a donc pas à se préoccuper de ce renversement.

Donc, la *course absolue* du tiroir de détente peut s'écrire, comme dans le dispositif Meyer, (V. n° 149); et suivant que la distribution a lieu, par les *arêtes extérieures*, ou par les *arêtes intérieures*[1] :

$$\left.\begin{array}{l} z_0 = A_o \cos\alpha + B_o \sin\alpha = \dfrac{u_o}{t} r \sin\delta_o \cos\alpha + \dfrac{u_o}{t} r \cos\delta_o \sin\alpha \\ z_{oo} = A_{oo} \cos\alpha + B_{oo} \sin\alpha = \dfrac{u_{oo}}{t} r \sin\delta_{oo} \cos\alpha + \dfrac{u_{oo}}{t} r \cos\delta_{oo} \sin\alpha \end{array}\right\} \quad [292]$$

D'ailleurs, la *course absolue* du tiroir principal est toujours :

$$z = A_1 \cos\alpha + B_1 \sin\alpha = r \sin\delta_1 \cos\alpha + r \cos\delta_1 \sin\alpha \quad [293]$$

Par conséquent, la *course relative* devient, dans la double hypothèse :

$$\left.\begin{array}{l} z_z = \begin{cases} A_z \cos\alpha + B_z \sin\alpha = (A_o - A_1)\cos\alpha + (B_0 - B_1)\sin\alpha \\ A_z \cos\alpha + B_z \sin\alpha = (A_1 - A_{oo})\cos\alpha + (B_1 - B_{oo})\sin\alpha \end{cases} \\ z_z = \begin{cases} \left(\dfrac{u_o}{t} r \sin\delta_o - A_1\right)\cos\alpha + \left(\dfrac{u_o}{t} r \cos\delta_o - B_1\right)\sin\alpha \\ (A_1 - \dfrac{u_{oo}}{t} r \sin\delta_{oo})\cos\alpha + (B_1 - \dfrac{u_{oo}}{t} r \cos\delta_{oo})\sin\alpha \end{cases} \end{array}\right\} \quad [294]$$

Le tout, absolument comme dans le système Meyer. Seulement la variation de l'admission ne s'obtient plus, ici, par la varition du *recouvrement*, mais par celle de l'amplitude de la course absolue du tiroir de détente. Son angle d'avance δ_o ou δ_{oo} restant invariable.

[294] montre que z_z peut varier avec A_o et B_o, ou avec A_{oo} et B_{oo}.

1. V. au besoin, planche III-IV, la signification des symboles.

Si x et y sont l'abscisse et l'ordonnée de l'extrémité du diamètre polaire de la circonférence, qui représente z_z. On a dans [294] :

$$x = \left\{ \begin{array}{l} A_0 - A_1 = \frac{u_0}{t} r \sin \delta_0 - A_1 \\ A_1 - A_{00} = A_1 - \frac{u_{00}}{t} r \sin \delta_{00} \end{array} \right\} \quad [295]$$

$$y = \left\{ \begin{array}{l} B_0 - B_1 = \frac{u_0}{t} r \cos \delta_0 - B_1 \\ B_1 - B_{00} = B_1 - \frac{u_{00}}{t} r \cos \delta_{00} \end{array} \right\} \quad [296]$$

Tirant $\frac{u_0}{t}$ et $\frac{u_{00}}{t}$, de [295] ; substituant dans [296], il vient :

$$y = \left\{ \begin{array}{l} \frac{x + A_1}{\operatorname{tg} \delta_0} + B_1 \\ B_1 - \frac{A_1 - x}{\operatorname{tg} \delta_{00}} \end{array} \right\} \quad [297]$$

On voit que le *lieu* des extrémités des diamètres et, par conséquent, que le *lieu* des centres des circonférences polaires, représentant z_z, est une *droite* ; aussi bien quand la distribution a lieu, par les arêtes *extérieures*, que quand elle a lieu, par les arêtes *intérieures*.

Le point, où cette droite coupe l'axe des y, se trouve, en faisant $x =$ zéro, dans [297]. Ce qui donne :

$$y_0 = \left\{ \begin{array}{l} \frac{A_1}{\operatorname{tg} \delta_0} + B_1 \\ B_1 - \frac{A_1}{\operatorname{tg} \delta_{00}} \end{array} \right\} \quad [298$$

Ces deux valeurs s'identifieraient, si l'on avait :

$$\operatorname{tg} \delta_{00} = -\operatorname{tg} \delta_0.$$

L'épure ou *diagramme théorique* est donc très facile à tracer, dès qu'on connaît ces angles δ_0 et δ_{00}. Elle vérifie, du reste, la règle de la composition des excentriques, énoncée au n° 105. Le *lieu* des centres des circonférences, représentant z_0, est aussi une droite ; comme le montre [292].

262. — Reste à déterminer les angles δ_0 et δ_{00}. Il convient toujours, comme il a été fait, pour le système Meyer, (Voy. n° 151), de poser :

$$\left.\begin{array}{l} e_0 = \text{zéro}^{1} \\ \delta_z = 180^\circ - \alpha^\circ \end{array}\right\} \qquad [299]$$

Puis, de s'imposer, pour une admission $\alpha = 90^\circ$, que le tiroir de détente découvre, de la même quantité o_1, (ou o_0 répondant à o_1), que le tiroir principal le fait, et au moment où il le fait, c'est-à-dire, pour $\alpha = 90^\circ - \delta_1$.

Or, pour $\alpha_0 = 90^\circ - \delta_1$, on a, dans [299] : $\delta_z = 90^\circ$. Et comme, par analogie avec la formule fondamentale [2], on peut écrire :

$$A_z = \rho_z \sin\delta_z \quad B_z = \rho_z \cos\delta_z ;$$

on voit qu'il reste :

$$A_z = \rho_z \quad B_z = \text{zéro}. \qquad [300]$$

Par suite, on peut écrire, dans [294] :

$$o_0 = A_z \cos(90^\circ - \delta_1) = A_z \sin\delta_1 ;$$

d'où l'on tire :

$$A_z = \frac{o_0}{\sin\delta_1}. \qquad [301]$$

Il vient donc, dans [295], avec [296], en vertu de [300] et [301] :

$$\left.\begin{array}{l} \operatorname{tg}\delta_0 = \dfrac{o_0}{B_1 \sin\delta_1} + \dfrac{A_1}{B_1}, \\[2ex] \operatorname{tg}\delta_{00} = \dfrac{A_1}{B_1} - \dfrac{o_0}{B_1 \sin\delta_1} \end{array}\right\} \qquad [302]$$

Prenant le rapport de ces deux quantités, on aurait :

$$\frac{\operatorname{tg}\delta_0}{\operatorname{tg}\delta_{00}} = \frac{o_0 + A_1 \sin\delta_1}{A_1 \sin\delta_1 - o_0} \qquad [303]$$

263. — On voit donc que les deux valeurs de y_0, données par [298], ne sont jamais identiques, sauf peut-être pour *une* valeur de x ; non plus que celles de y, données par [297]. Et qu'il y a toujours lieu de choisir, celle qui convient le mieux, en application. Absolument comme cela a lieu, dans le système Meyer.

1. V. au besoin, planche III-IV, la signification des symboles

On prendra celle qui conduit à des valeurs moindres, pour ρ_0 ou ρ_{00}.

Il sera, dans tous les cas, bon de tracer le diagramme théorique, et les deux droites, *lieu* des centres, des circonférences polaires z_z; car les solutions algébriques, données par les formules, peuvent constituer des impossibilités pratiques.

[302] montre que l'on peut faire varier δ_0, comme δ_{00}, presqu'à volonté, par le choix de la *largeur* o_0, qui est, pour ainsi dire, arbitraire, puisqu'elle peut être plus grande que, égale à, ou plus petite que o_1, suivant la *longueur* de l'orifice, et suivant que l'entrée est simple ou double, (V. pl. LXV-LXVI). On peut donc, par conséquent, donner aux droites, *lieux* des centres des circonférences polaires z_z, à peu près l'inclinaison que l'on veut.

En règle générale, il sera bon d'avoir $A_z' =$ zéro, $B_z' \gtreqless B_1$, A_z'' un peu plus grand que A_1, B_z'' plus petit que B_1, bien que positif.

δ_0 et δ_{00} étant calculés, on peut s'imposer comme limites de la variation dans l'admission, $\alpha =$ zéro et $\alpha = \alpha_1$, correspondant à u_0' et u_0'' ou à u_{00}' et u_{00}''.

Il vient, alors, avec [294], puisque z_z est égal à zéro dans les deux cas, le recouvrement e_0 étant nul) :

$$\frac{u_0'}{t} r \sin \delta_0 = A_1 = \frac{u_{00}'}{t} r \sin \delta_{00}. \qquad [304]$$

Et, en vertu de [5] :

$$\left.\begin{aligned} \frac{u_0''}{t} r &= \frac{A_1 \cos \alpha_1 + B_1 \sin \alpha_1}{\sin \delta_0 \cos \alpha_1 + \cos \delta_0 \sin \alpha_1} = \frac{e}{\sin(\delta_0 + \alpha_1)} \\ \frac{u_{00}''}{t} r &= \frac{A_1 \cos \alpha_1 + B_1 \sin \alpha_1}{\sin \delta_{00} \cos \alpha_1 + \cos \delta_{00} \sin \alpha_1} = \frac{e}{\sin(\delta_{00} + \alpha_1)} \end{aligned}\right\} \qquad [305]$$

264. — Tout est ainsi déterminé. Car on a : $\rho_1 = r$, e, A_1, B_1, i, α_1, $\delta_1 = \delta$, par les formules du n° 70 ; $\operatorname{tg} \delta_0$, $\operatorname{tg} \delta_{00}$, par [302] ; $\sin \delta_0$ $\sin \delta_{00}$ $\cos \delta_0$ $\cos \delta_{00}$ découlent de là. On a alors : $\frac{u_0'}{t} r$, $\frac{u_0''}{t} r$, $\frac{u_{00}'}{t} r$, $\frac{u_{00}''}{t} r$, par [304] [305] ; puis : A_z', B_z' A_z'', B_z'', dans [294] ; de même : A_0', B_0', A_0'', B_0'', A_{00}', B_{00}', A_{00}'', B_{00}'', dans [292], en donnant à u_0 u_{00} les valeurs u_0', u_0'', u_{00}' u_{00}'' ; enfin : e_0, δ_z dans [299], et φ dans [291].

Le *diagramme théorique*, complet, est facile à construire, avec les quantités calculées, comme il vient d'être dit. Il servirait à contrôler l'exactitude des calculs.

Le *diagramme automatique* se prendrait au *Dianomégraphe*. Le dispositif, dont il s'agit, n'a pas été dessiné *monté* ; mais les nombreux exemples d'application, donnés pour d'autres dispositifs, indique suffisamment la marche à suivre. Et celui qui se sera familiarisé, un tant soit peu, avec l'instrument, trouvera vite une solution à ce petit problème.

265. — Il y aurait certainement d'autres moyens, de déterminer les dimensions du dispositif Duvergier, et des dispositifs reposant sur le même principe. Mais le moyen indiqué plus haut, paraît être le plus avantageux ; parce qu'il donne toujours le maximum de rapidité, au moment de la fermeture à l'admission, (v. n° 151) ; et, en même temps, une course relative réduite, puisque le recouvrement est nul.

Il n'y a d'ailleurs jamais à craindre, que le tiroir de détente ne *réadmette*, avant que le tiroir principal ait fermé ; puisqu'avec un recouvrement nul, au tiroir de détente, il faut que la manivelle motrice décrive un angle de 180°, à partir de la fin de l'admission, avant que la réouverture se produise, pour la même face du piston.

Comme observation pratique, il convient de dire : que, dans le dispositif Duvergier, le régulateur doit être choisi assez puissant. Il doit, tout au moins, pouvoir résister à la composante, suivant la tige MP, de la poussée du coulisseau sur la coulisse. Du reste, si le coulisseau joue librement, et si tous les poids sont équilibrés, il se présente, deux fois par tour, un moment, où le coulisseau n'a presque pas d'effort à transmettre ; et où, par conséquent, le régulateur peut agir, avec toute liberté. Ce moment est celui du commencement et de la fin de la course relative du tiroir de détente.

266. — *Dispositif* Bréval. — Le résultat obtenu est identiquement le même qu'avec le dispositif Duvergier. Le principe général de l'agencement est aussi le même, c'est-à-dire, que sur un tiroir principal de Meyer, marche un tiroir de détente, *en une pièce*, conduit par une coulisse, dont l'un des points

est fixe, et dont un autre point est activé, par un excentrique spécial, calé sur l'arbre moteur.

La hauteur du coulisseau, dans la coulisse, peut être variée, soit à la main, soit automatiquement, par un régulateur de vitesse.

Tout se calcule, comme il vient d'être indiqué n°s 261 à 264, pour le dispositif Duvergier.

7° *Dispositif* Bonjour.

267. — Dans ce dispositif, dont le brevet a été pris récemment (1884), il y a toujours un tiroir principal et un tiroir de détente, du genre Meyer. Seulement, le tiroir de détente est en une seule pièce ; et, au lieu d'être activé par un excentrique spécial, il l'est par un piston à vapeur.

Dans ce but, la tige commune des plaques de détente traverse la chapelle, dans toute sa longueur ; et se termine, à chaque bout, par un petit piston, voyageant dans un cylindre clos.

L'un de ces cylindres reçoit la vapeur, qui lui est distribuée, par un tout petit tiroir tournant, ou robinet, manœuvré par une coulisse ordinaire de Stephenson. La coulisse équilibrée est reliée au manchon du régulateur.

Quand la vitesse augmente, la coulisse monte, le petit piston reçoit plus tôt la vapeur, et ferme plus tôt l'orifice d'admission, du côté voulu. L'inverse se produit, quand la vitesse diminue. Il suffit de disposer les deux excentriques de la coulisse, de façon que quand le coulisseau est en face de l'un, le petit tiroir tournant donne vapeur, pour une course nulle du piston de la machine, ($k_0' =$ zéro) ; et quand il est en face de l'autre, le petit tiroir tournant donne vapeur à 80 0/0 de la course du piston de la machine, ($k_0'' = 0{,}80$).

268. — Le second cylindre, pour le petit piston qui se trouve, à l'autre bout de la tige commune des plaques de détente, sert d'amortisseur de choc, ou de *dash-pot*.

Dans les machines à *déclics*, (CORLISS, ou autres) les *dash-pots* sont des cylindres, dans lesquels un piston comprime de l'air. Dans le dispositif BONJOUR, l'air est remplacé par de l'huile, ou de l'eau, ou plutôt par un mélange de ces deux liquides, qui se produit spontanément, après quelque temps de marche. Le cylindre est clos, comme il a été dit. Et, suivant un principe, employé pour les distributeurs des machines *à colonne d'eau*, il présente, dans ses parois, une ou plusieurs rainures, de section décroissante, à partir du milieu. De sorte que quand le piston est dans la partie médiane de son cylindre, le liquide peut passer, assez librement, d'une face à l'autre ; tandis que quand il approche des extrémités de sa course, le liquide ne passe plus qu'avec difficulté, ce qui ralentit la vitesse, et fait disparaître le choc.

Ce moyen réussit bien, paraît-il ; et permet d'atteindre des vitesses de plusieurs centaines de tours, par minute.

Tout ce dispositif est rationnellement conçu. La fermeture est rapide, sans *déclics*, se détériorant et faisant du bruit. Les tiroirs restent étanches, car ils sont plans. Leur course et, par suite, leur frottement, est réduit ; puisque ni l'un ni l'autre n'ont presque pas besoin d'avoir du *recouvrement*. La résistance, présentée au régulateur, est petite, quelles que soient les dimensions de la machine. La durée de l'admission peut être variée, dans des limites très étendues.

On peut faire l'objection, que si la pression à la chaudière n'est pas bien constante, il faut donner, au piston conducteur des plaques de détente, une section, correspondant à la plus petite valeur de cette pression ; et, partant exagérée. Mais il faut remarquer, que si la pression motrice diminue, la résistance des plaques, au glissement, diminue aussi.

8° *Dispositifs à déclic.*

269. — Dans cette catégorie rentrent les systèmes : CORLISS, INGLISS, SPENCER, SULZER, BÈDE-FARCOT, BAUDET-ET-BOIRE,

FAIVRE, FLUHR, etc., etc... Il serait impossible de les énumérer tous. Et il s'en crée tous les jours.

Ici, la théorie n'a plus rien à voir. Les détails de construction présentent seuls de l'intérêt. Le principe est toujours le le même.

On en trouvera une collection, déjà nombreuse, mais purement descriptive, dans l'ouvrage, déjà cité, de N. P. BURGH [1]. Et l'on pourra constater, qu'il a été dépensé, par les divers constructeurs, une somme vraiment énorme d'ingéniosité, pour trouver des agencements nouveaux.

Il s'agit, en définitive, de disposer des organes d'*enclanchement*, entraînant le tiroir, jusqu'à ce qu'une butée, dont la position dépend du régulateur. c'est-à-dire de la vitesse, vienne agir sur un *déclic*, et fasse cesser l'enclanchement. Le tiroir est alors ramené brusquement, à une position initiale, fixe, au moyen d'un ressort, ou d'un piston à vapeur, etc.

Voir n° 159, les observations, faites au sujet des dispositifs à déclic.

1. *Link motion and Expansion gear*, 1872, London.

CHAPITRE XX

APPAREILS DE RENVERSEMENT DE MARCHE.

270. — Il a été souvent question du *renversement de la marche*, dans les chapitres précédents. Il est utile de grouper, en un chapitre spécial, la description des principaux agencements, employés pour obtenir ce résultat.

1° *Excentrique à toc.*

L'excentrique *à toc* est le moyen le plus ancien, et l'un des plus simples, de renverser la marche.

On sait que l'excentrique, activant un tiroir *à coquille* ordinaire, doit avoir son centre, orienté à $90° + \delta$ de la manivelle[1]. Et, que la rotation se produit toujours, de telle façon, que *le centre de l'excentrique précède la manivelle*. La rotation se produit donc *en avant*, par exemple, si l'angle de calage est $+ (90° + \delta)$; et *en arrière*, si cet angle est $- (90° + \delta)$.

Durant la rotation, la résistance, opposée par le tiroir, tend à faire reculer le centre de l'excentrique, du côté de la manivelle. Il suffit, par conséquent, d'opposer une butée, à cette poussée, pour empêcher l'excentrique de tourner, relativement à la manivelle ; et cela, quel que soit le sens de la marche.

Quand le mouvement de l'arbre moteur est interrompu, il suffit encore, pour provoquer le renversement de la marche, de pousser l'excentrique, à la main ou mécaniquement, dans

1. Voir au besoin pl. III-IV la signification des symboles.

le sens, dans lequel se produisait la rotation, avant l'arrêt ; de manière à lui faire parcourir l'espace, resté libre, entre sa butée d'avant et sa butée d'arrière.

271. — La planche LXIX-LXX, fig. 6, indique le dispositif, employé par la Société de Selessin, dans ses grues à vapeur, à deux cylindres disposés à angle droit. En ce cas, la solution est vraiment d'une grande simplicité.

Il n'y a qu'une seule poulie excentrique, pour les deux cylindres. A cette poulie est adaptée un petit volant à main, tourné concentriquement à l'arbre moteur. Un ressort maintient la poulie, dans une encoche, quand elle est en contact, avec l'un ou avec l'autre de ses *tocs*. Cette précaution est nécessaire, pour empêcher la poulie de tourner spontanément, par effet d'inertie.

2° *Double levier ou balancier intermédiaire.*

272. — Ce moyen est aussi souvent employé. Il consiste à donner le mouvement au tiroir, non plus directement, mais par l'intermédiaire d'un double levier ou balancier, articulé en son centre, sur un pivot fixe ; et, par l'une de ses branches, sur la tige du tiroir.

Ce balancier présente, à l'extrémité de chacun de ses bras, un pivot, sur lequel on peut, à volonté, faire agir alternativement la barre de l'excentrique, qui se termine par une fourche.

Si la barre de l'excentrique attaque le balancier, du côté ou celui-ci commande le tiroir, la rotation a lieu comme d'ordinaire. Si elle attaque le balancier, par son bras opposé, la rotation se produit en sens inverse.

La solution est ainsi des plus simples ; mais elle est critiquable, comme il a été déjà signalé au n° 231 ; en ce sens, qu'en faisant passer la fourche de la barre d'excentrique, d'un pivot à l'autre du balancier intermédiaire, on change l'angle de *calage* utile de l'excentrique.

Aussi ce moyen s'emploie seulement, quand l'un des sens de la marche est exceptionnel, et peut être sacrifié, sans grand inconvénient ; comme par exemple, dans les machines de laminoirs, où la marche inverse n'a besoin d'être réalisée, qu'en cas d'accident, (enroulement de la barre de fer en travail, coincage de cette barre, etc.).

3° *Coulisse ou agencement tenant lieu de coulisse.*

273. — C'est le moyen le plus employé ; parce qu'il permet de renverser la marche, et même de marcher à *contrevapeur*, (dans les locomotives par exemple), sans qu'il soit besoin d'arrêter le moteur. Et, aussi, parce qu'il réalise, dans une certaine mesure, la variation de l'admission ; ce que ne permettent pas les moyens précédents.

Il a été donné de nombreux exemples de distributions par coulisse, dans les chapitres antérieurs. Celles de STEPHENSON, de GOOCH, d'ALLAN, de FINK, de DEPREZ, de GUINOTTE, de WALSCHANTS ou HENSINGER DE WALDEGG, de PICHAULT, (système q).

On peut aussi renverser la marche, sans arrêter le moteur, par d'autres moyens que la coulisse ; comme dans le système k de PICHAULT ou HACKWORTH, celui de WINTHERTHUR, celui de TRIPIER, celui de JOY, dont il sera parlé plus loin, etc.

Ces divers appareils sont ordinairement manœuvrés à la main. Toutefois, dans les grandes machines, comme celles des navires, celles des puissants laminoirs réversibles, etc., où l'action de l'homme serait insuffisante, ou bien trop lente, on est obligé de recourir à l'emploi de cylindres auxiliaires à vapeur, ou de servo-moteurs.

4° *Excentrique sphérique, système* TRIPIER.

274. — Il y a un grand nombre d'années, ANGELY montait l'excentrique, sur un arbre carré au méplat. Il taillait, dans la poulie, une rainure dans laquelle passait l'arbre. Cette rainure était orientée exactement, comme l'indique la fig. 5 de la planche **LXIX-LXX**. Et des vis de pression, ou une vis unique traversant l'arbre, servaient à faire voyager le centre

de la poulie, sur une droite, représentée par l'axe de la rainure. L'excentrique était cylindrique ; et le déplacement exigeait l'arrêt du moteur.

En 1884, M. Tripier a imaginé l'agencement, représenté pl. LXIX-LXX, fig 5. La poulie excentrique, à rainure, d'Angely est devenue un segment de sphère. Le déplacement du centre de cette sphère s'obtient, par un levier coudé, manœuvré au moyen d'un volant et d'une vis.

Le volant peut participer, ou ne pas participer, à la rotation de l'arbre, porteur de la poulie excentrique.

Dans le premier cas, la manœuvre du volant exige l'arrêt du moteur. Le moyeu de ce volant, maintenu extérieurement par un support, qui l'empêche de se déplacer dans le sens de l'arbre, est fileté, à l'intérieur sur une douille, actionnant la branche du levier coudé, qui est normale à l'arbre.

275. — Dans le second cas, (celui de la figure), la manœuvre peut se faire, pendant la marche. Le moyeu du volant est fileté extérieurement, dans un support fixe, et emprisonne une douille, qui peut glisser sur l'arbre, et actionne encore la branche du levier coudé, normale à ce dernier.

Comme, dans le mouvement du levier coudé, le centre de la sphère se déplace un peu, parallèlement à l'arbre, il est nécessaire, de guider la barre d'excentrique, près de l'arbre, dans le plan où elle se meut ; et d'interposer, entre son collier et le segment de sphère, un coussinet, de forme sphérique à l'intérieur, et de forme cylindrique à l'extérieur, de manière à ce que ce coussinet puisse glisser, dans le collier parallèlement à l'arbre, d'une quantité égale au decréement maximum du centre de la poulie sphérique.

Il y aurait évidemment, bien d'autres moyens à employer, que la vis, pour manœuvrer le levier coudé. Ce pourrait être un levier simple, avec secteur à crans, comme pour les coulisses ou les embrayages, un piston à vapeur, à eau, etc.

276. — Cette solution, assez élégante, au point de vue théorique, n'est pas à l'abri de la critique, au point de vue de l'application. D'abord, les surfaces sphériques, convexes ou concaves, sont difficiles à réaliser, avec précision, et à réparer. En second lieu, l'excentrique sphérique présente néces-

sairement une zone de marche ordinaire, où le frottement et par conséquent l'usure se concentrent. En troisième lieu, la composante de la poussée, parallèle à l'axe moteur, est toujours grande ; de sorte qu'il y a frottement développé, non seulement sur la poulie unique, mais encore sur les organes de la manœuvre. De là jeu et chocs.

Quoi qu'il en soit, on ne serait pas embarrassé, pour déterminer les dimensions d'un excentrique sphérique de ce genre ; c'est-à-dire les valeurs maxima de l'excentricité, et minima de l'angle d'avance. On opérerait exactement, comme s'il s'agissait d'un excentrique unique.

A la seule inspection de la figure, on reconnaît que, dans ce système, *l'avance linéaire* à l'admission demeure *constante*. On la pourrait rendre variable, en donnant à la rainure, une forme curviligne, au lieu de rectiligne. Seulement, cela compliquerait l'exécution.

5° *Renversement de la marche par robinet, etc.*

277. — Dans les machines à trois, ou plus de trois cylindres, disposés dans des plans parallèles ou obliques, où la distribution se fait, soit par les pistons mêmes, soit par un distributeur spécial, il arrive souvent que le cycle, parcouru par la vapeur, est réversible, c'est-à-dire, que chaque conduit d'admission peut servir à l'émission, et inversement.

Le moyen de renverser la marche est alors des plus simples. Il suffit de manœuvrer un robinet, ou un tiroir, ou un papillon ; de manière à ce que la vapeur, venant de la chaudière, entre par le passage, qui la laissait échapper ; et, réciproquement, que la vapeur, qui a travaillé, sorte par le passage, qui lui livrait entrée au cylindre.

Ce sont là des moteurs spéciaux, ordinairement de faible puissance et de rendement médiocre.

6° *Dispositif* Bouron.

278. — Réduit à ses axes, ce dispositif est représenté,

planche LXVII-LXVIII, fig. 9. Le pivot C d'une contre-manivelle $\overline{OC}$, *calée à l'opposé de la manivelle motrice* $\overline{Om}$, porte un coulisseau, qui glisse dans une *boutonnière* rectiligne. Cette boutonnière est guidée rectilignement aussi, suivant une droite $\overline{MN}$, passant constamment par l'axe O de l'arbre moteur; mais pouvant tourner, autour de cet axe, et faire un angle quelconque, (δ par exemple), avec $\overline{OY}$. Elle est manœuvrée, par le levier de changement de marche. Au centre O' de la boutonnière, est rattaché un pivot, sur lequel s'articule la bielle du tiroir.

Soit α l'angle actuel décrit par la manivelle motrice, dans le sens de la flèche. La course correspondante du tiroir peut s'écrire [1] :

$$\left.\begin{aligned} \overline{O'D} = z = \overline{OO'} \sin\delta &= r\cos(90^\circ - \alpha - \delta)\sin\delta \\ z &= r\sin^2\delta\cos\alpha + r\sin\delta\cos\delta\sin\alpha \\ &= A\cos\alpha + B\sin\alpha. \end{aligned}\right\} \quad [306]$$

C'est toujours l'équation polaire d'une circonférence (V. n° 26).

Si l'on change δ en $-\delta$ et α en $-\alpha$, il vient :

$$z = r\sin^2\delta\cos\alpha + r\sin\delta\cos\delta\sin\alpha$$

c'est-à-dire que la marche se produit exactement comme avant, mais *en sens inverse*.

Si $\delta =$ zéro, on a dans [306] : $A =$ zéro, $B =$ zéro, $Z =$ zéro.

L'admission correspondant à la position *moyenne* du levier de changement de marche s'annule donc ; et *l'arrêt est forcé, sans qu'il soit besoin de fermer la prise de vapeur*.

$A = e + a$, (V. [9]), varie avec δ ; par conséquent l'avance linéaire à l'admission a change avec δ. Ce dispositif ne convient donc pas, pour varier l'admission. Il convient seulement, pour trois positions du levier de changement de marche : la pleine marche *d'avant*, la pleine marche *d'arrière*, *l'arrêt*.

Mais, comme la contre-manivelle est calée juste à l'opposé de la manivelle motrice, son pivot est apte à conduire *directement*, un tiroir de détente, du genre Meyer ; qui fournit, lui, le moyen de varier l'admission, en toutes limites. C'est du reste ainsi, que M. Bouron dispose ordinairement les choses.

La solution est donc complète.

1. V. au besoin planche III-IV, la signification des symboles.

7° *Dispositif* MAZELINE..., *etc.*
Un excentrique, un tiroir ordinaires, et une fausse table.

279. Ce dispositif remonte, au moins, à 1859[1]. Le tiroir est de la forme ordinaire; mais *sans recouvrement extérieur ni intérieur*. L'orifice d'échappement, dans la table de la chapelle, est un peu élargi; et l'une de ses cloisons épaissie. L'excentrique est *calé, sans angle d'avance*.

Entre le tiroir et la table de la chapelle, est disposée une fausse table, manœuvrable de l'extérieur, à la main, par un levier. Cette fausse table est traversée, de part en part, par trois orifices *droits*, disposés absolument comme ceux de la table. Quand il y a superposition exacte, la distribution se fait de la façon ordinaire.

En déplaçant longitudinalement la fausse table, il arrive un moment où les orifices d'avant et d'arrière ne communiquent plus, avec ceux de la table; tandis que l'orifice central continue à communiquer, avec l'émission. Alors, deux autres orifices *sinueux*, creusés dans l'épaisseur de la fausse table, et contournant, l'un d'un côté, l'autre de l'autre, son orifice central d'émission, débouchent : le premier, *sous la barette d'avant* du tiroir, et *sur l'orifice d'arrière* de la table; le second, *sous la barette d'arrière* du tiroir, et *sur l'orifice d'avant* de la table. Il y a donc renversemement dans l'admission, comme dans l'émission; et, par suite, dans le sens de la rotation.

De nombreuses variantes de ce dispositif ont été créées. Ces variantes portent sur la forme et la position des deux conduits sinueux; de même que sur le mode de déplacement de la fausse table.

Ce système ne permet aucune détente, ni aucune avance. Il exige une augmentation de la surface du tiroir et offre, à la manœuvre de la fausse table, qui frotte sur deux faces, une résistance double de celle qui serait nécessaire, pour le tiroir seul. Mais, comme, il est assez simple, il est souvent employé, pour les petits moteurs : treuils, cabestans, etc.

1. V. *Génie industriel* d'ARMENGAUD, Paris, et *Bulletin du Musée de l'Industrie* belge, Bruxelles, 1859.

CHAPITRE XXI

DISPOSITIF D. JOY, — SYSTÈME 7'.
A UN SEUL TIROIR SANS EXCENTRIQUE, AVEC RENVERSEMENT DE LA MARCHE.

280. — Réduit à ses axes, ce dispositif est représenté planche LXXI-LXXII.

Il a été breveté en mars 1879 [1] par M. David Joy ; et mis en évidence particulièrement, dans l'application faite par M. Webb, ingénieur en chef du London and North Western Railway, à sa locomotive compound : « experiment », vers la fin de 1881.

Depuis cette époque, beaucoup d'autres applications ont eu lieu. D'après des documents, communiqués à la *Mechanical section of the British association*, à Montréal, (Canada), en août 1884, plus de 400 locomotives étaient munies de ce système de distribution, ainsi que des machines marines, représentant plus de 10,000 chevaux de puissance.

A la fin de 1885, les machines marines, munies de ce même système, représentaient seules plus de 70,000 chevaux.

Il y a là comme on voit, un exemple remarquable du développement donné, à une invention dont l'importance paraît, au premier abord, assez minime.

La théorie de ce système n'a pas encore été publiée, à notre connaissance ; mais elle résulte tout entière de celles, déjà exposées par nous. Il a été seulement publié une note, intitulée : *Rules for laying down the centre lines of the Joy Valve gear for locomotives*. Il en sera parlé, plus loin, (V. n° 292).

O est l'arbre moteur, (pl. LXXI-LXXII) $\overline{MP}$ la bielle

1. Le brevet français date de 1880. Divers brevets de perfectionnements ont été pris en 1884.

motrice. Un point A_1 de cette bielle est relié à une tringle $\overline{FA_1}$, dont le point F est obligé de décrire un arc de cercle, autour du centre fixe E.

Les choses doivent être disposées, de manière que cet arc de cercle *se confonde très sensiblement, avec une perpendiculaire à* $\overline{OX}$, *passant par le centre* O_1 de la courbe fermée, décrite par le point A_1.

Un troisième point A de la tringle $\overline{FA_1}$ est articulé, sur une seconde tringle $\overline{AB}$, dont le point B conduit le tiroir, par l'intermédiaire de la tige $\overline{BD}$; et dont un point C est obligé de décrire une ligne droite, ou à peu près droite $\overline{CC_0}$, soit en glissant dans une coulisse, soit en décrivant, un arc de cercle, autour d'un centre actuellement fixe N.

La coulisse ou le point N peuvent, à leur tour, pivoter autour du point fixe C_0.

C_0 est à proprement parler l'axe de l'arbre du changement de marche. On verra plus loin, en effet, (n° 288), qu'en faisant tourner cet arbre, supposé lié rigidement à la coulisse, (ou au centre N), de manière que la trajectoire du point C se produise, suivant $\overline{C'C_0}$, au lieu de $\overline{CC_0}$, le sens de rotation de la manivelle motrice se trouve *renversé*.

M. Joy emploie ordinairement une *coulisse*; et il lui donne une forme circulaire, avec un rayon égal à la longueur de la bielle $\overline{BD}$ du tiroir. On a vu, au n° 206, les motifs justifiant l'emploi préférable d'un centre N, relié à C par une tringle.

M. Joy prend aussi quelquefois, (quand la place manque), le point A_1, non plus sur l'axe de la bielle $\overline{MP}$, mais à une certaine distance en dessus ou en dessous. Absolument comme dans le système q, (v. planche LX).

Pour le même motif, (manque de place), il supprime la partie $\overline{AF}$ de la barre $\overline{A_1F}$, il supprime, en même temps, la barre $\overline{FE}$ et attaque le point A, par une bielle reliée à un excentrique ou à une manivelle, *calés dans le même sens* que la manivelle motrice, et de rayon égal à $\overline{O_0A_0}$, ou à peu près. Dans ces nouvelles conditions, le point A décrit, très sensiblement la même courbe fermée, que quand les tringles $\overline{AF}$ et FE existent.

281. — Le dispositif, q, de la planche LX, ramené à activer

un seul tiroir, comme l'indique la planche LIX-LXX, fig. 7, constitue, si la variable h est annulée, un agencement absolument identique, à celui présenté par les barres $\overline{MP}$ $\overline{A_1F}$ $\overline{FE}$ du système Joy.

Le dispositif k de la planche XLIX-L, en supprimant le tiroir de détente, c'est-à-dire les barres $\overline{CA_1}$, $\overline{A_1D_0}$; en rendant r et m_1 négatifs, ce qui donne l'une des huit combinaisons prévues[1] ; constitue un agencement absolument identique à celui présenté par les barres $\overline{AB}$, $\overline{BD}$ et la coulisse $\overline{CC_0}$ du système Joy.

En transportant l'arbre moteur, la bielle et les points A (ramené sur la bielle), n et E de la figure 7, pl. LXIX-LXX, au lieu et place de l'arbre moteur, de la bielle et des points A_1, F et E, dans la planche LXXI-LXXII ; en transportant, de même, les points A, B, C (m_1 négatif), D, C_0, N_1, de la planche L, au lieu et place des points A, B, C, D, C_0, N de la planche LXXI, on reproduit identiquement le système Joy.

Enfin, en remplaçant l'arbre moteur, sa bielle et le point A de la planche L, par l'arbre moteur, sa bielle, et le point A (ramené sur la bielle), de la planche LXX, fig. 7, on tombe sur un dispositif, créé par l'auteur, en 1868, et dont la théorie complète a été donné en 1875[2]. Il n'y a de différence, avec le système Joy, figuré pl. LXXI, qu'en ce que les tringles $\overline{AF}$ et $\overline{FE}$ sont supprimées ; comme le fait quelquefois M. Joy, lui aussi, (V. n° 280). L'influence de cette suppression sera examiné plus loin, (V. n° 283 et suivants).

282. — *Partie théorique*. — On voit donc, qu'en définitive, le système Joy est formé de la juxtaposition des deux systèmes q et k, à un seul tiroir.

Par suite, la théorie en est, pour ainsi dire, faite d'avance, et n'a pas besoin d'être établie, ici, *in extenso*. Il suffira de transcrire les formules déjà connues.

On a, dans [263], pour coordonnées du point A_1 de la planche LXXI, par rapport aux axes O_1X O_1Y, en adoptant les mêmes notations qu'au n° 237; mais en observant qu'il faut poser ici

1. V. *Annales industrielles*, 1er semestre 1875, pages 520 à 616, Paris.
2. *Id*., pl. XXIX-XXX, fig. 3 et pages 555 et 783.

$h =$ zéro; et, que, vu l'origine des angles α, X est compté positivement à droite, et non plus à gauche de l'axe O_1Y :

$$\left.\begin{aligned} X &= R\cos\alpha - (L - L_a)\frac{R^2}{2L^2}\sin^2\alpha \\ Y &= \frac{L_a}{L} R \sin\alpha \end{aligned}\right\} \quad [307]$$

Si maintenant, nous désignons, par :
$x\,y$, les coordonnées du point A, par rapport à des axes O_2x O_2y, parallèles aux premiers, passant au centre O_2 de la courbe fermée décrite par A;
$l\,l_1$ les longueurs $\overline{FA_1}\ \overline{FA}$;
φ_1 l'angle variable de la droite $\overline{FA_1}$ avec O_2Y;
On a, en suivant la même marche qu'au n° 237 :

$$\sin\varphi_1 = \frac{X}{l};$$

$$\cos\varphi_1 = \sqrt{1 - \frac{X^2}{l^2}} = 1 - \frac{X^2}{2l^2}.$$

et, en substituant la valeur de X, donnée par [307] :

$$\sin\varphi_1 = \frac{R}{l}\cos\alpha - (L - L_a)\frac{R^2}{2lL^2}\sin^2\alpha;$$

$$\cos\varphi_1 = 1 - \frac{R^2}{2l^2}\cos^2\alpha + \frac{R^3}{l^2L^2}(L - L_a)\cos\alpha\sin^2\alpha - \frac{(L - L_a)^2}{2l^2}\frac{R^4}{4L^4}\sin^4\alpha.$$

Le radical a été développé, par la formule du binôme de Newton, en s'en tenant aux deux premiers termes. Cela suppose que X *est petit devant* l. La valeur maxima de X est R. Cela se voit dans la figure, et se trouverait analytiquement, dans [307]. La condition, dont il vient d'être parlé, sera suffisamment réalisée, si l'on pose : $\frac{R}{l} \overline{\leqq} \frac{R}{L}$; d'où l'on conclut :

$$l \overline{\geqq} L \quad [308]$$

Ceci admis, le second terme de l'expression, de $\sin\varphi_1$, établie plus haut, peut bien être négligé; car $\frac{R^2}{L^2}$ est déjà une fraction assez petite; et, à plus forte raison, $\frac{R^2}{2lL^2}$. Ce terme s'annule d'ailleurs, avec α. En le négligeant, on ne commet donc aucune erreur, dans l'expression de la course du tiroir, qui pourra être déduite de celle de sin φ_1, pour $\alpha =$ zéro, comme pour $\alpha = 180°$. Ce qui est le point important.

On peut dire la même chose, en ce qui concerne le troisième et le quatrième terme de l'expression de cos φ_1. Il est donc permis d'écrire, comme valeurs très approchées :

$$\left.\begin{aligned} \sin\varphi_1 &= \frac{R}{l}\cos\alpha, \\ \cos\varphi_1 &= 1 - \frac{R^2}{2l^2}\cos^2\alpha. \end{aligned}\right\} \quad [309]$$

Projetons, maintenant, le polygone $O_1A_1AO_2O_1$, successivement sur les axes $\overline{O_2x}$, $\overline{O_2y}$. Le point F, voyageant, par hypothèse, sur la droite $\overline{O_1O_2}$, nous avons, en remarquant que, par rapport aux axes O_1X O_1Y, l'abcisse du point O_2 est nulle, et que son ordonnée est :

$$y_0 = (l - l_1)\cos\varphi_1 \quad \text{ou} \quad (l - l_1)\left(1 - \frac{R^2}{2l^2}\right),$$

cos φ_1 étant tiré de [309], après y avoir fait $\alpha = 0°$ ou $\alpha = 180°$:

$$Y + (l - l_1)\cos\varphi_1 - y - (l - l_1)\left(1 - \frac{R^2}{2l^2}\right) = 0\,;$$

$$X - X\frac{l - l_1}{l} - x = 0.$$

Remplaçons X et Y par leur valeur, prise dans [307], et cos φ_1 sur sa valeur, prise dans [309], il viendra :

$$\left.\begin{aligned} x &= \frac{l_1}{l}X = \frac{l_1}{l}R\cos\alpha - \frac{l_1}{l}(L - L_a)\frac{R^2}{2L^2}\sin^2\alpha\,; \\ y &= \frac{L_a}{L}R\sin\alpha + \frac{l - l_1}{l}\frac{R^2}{2l^2}\sin^2\alpha. \end{aligned}\right\} \quad [310]$$

283. — Remarquons, en passant, que $\frac{R^2}{2L^2}$, comme $\frac{R^2}{2l^2}$, sont toujours des fractions très petites; que leurs coefficients $\frac{l_1}{l}$, comme $\frac{l - l_1}{l}$, sont aussi des fractions; que, par conséquent, le second terme de la valeur de x, comme le second terme de la valeur de y, peuvent être négligés sans grande erreur.

Si, de plus, on adopte $l = L$, $l_1 = L_a$ il reste :

$$x = \frac{L_a}{L} R \cos \alpha; \quad y = \frac{L_a}{L} R \sin \alpha.$$

Soit ρ la distance $\overline{O_2 A}$, on a :

$$\rho^2 = x^2 + y^2 = \frac{L_a^2}{L^2} R^2; \quad \text{ou} \quad \rho = \frac{L_a}{L} R. \qquad [311]$$

Donc, alors, la courbe fermée décrite par le point A, *serait une circonférence de centre* O_2 ; *et son rayon serait une fraction du rayon de la manivelle motrice* R.

On retombe, en ce cas, identiquement sur le dispositif, représenté par la planche L, (avec r et m, changés de signe); sauf que le point O, dans la figure, n'est plus le centre de l'arbre moteur, mais devient le centre d'une manivelle fictive $\overline{O_2 A}$, orientée comme la manivelle motrice, et dont le bouton conduit l'extrémité A de la barre $\overline{AB}$, comme le fait le point A, dans le dispositif de la planche LXXI.

Donc, dans le dispositif Joy, *les tringles* $\overline{A_1 F}$ $\overline{FE}$ *ont pour rôle principal de remplacer un excentrique, dont le centre est transporté en un point, que l'on peut choisir presqu'à volonté; et dont le rayon peut aussi être choisi presqu'à volonté.*

284. — Ceci établi, on pourrait, à la rigueur, se contenter de reproduire ici la formule [193] ou [195], ou encore celle donnée dans les *Annales industrielles* du 2 mai 1875, col. 556.

Il suffirait d'y remplacer r, par ρ, qui vient d'être donné par [311]. On aurait dans [195], en supprimant l'indice de m_1 [1] et en changeant son signe, puisque le point B est au-dessus du point C et non plus au-dessous :

$$z = \frac{m}{p} \frac{L_a}{L} R \cos \alpha + \left(1 + \frac{m}{p}\right) (\operatorname{tg} \beta - \operatorname{tg} \beta_0) \frac{L_a}{L} R \sin \alpha. \qquad [312]$$

Mais, comme on peut être conduit, à choisir pour l l_1 L L_a des valeurs telles, que la courbe, décrite par le point A, ne soit plus une circonférence de rayon ρ, il convient de rester dans le cas général, et de chercher la course du tiroir, en partant des coordonnées du point A, quelles qu'elles soient.

285. — Si l'on se reporte au n° 189, on verra que la posi-

1. V., au besoin, planche III-IV, la signification des symboles.

tion du point C_0 (dans la figure de la planche LXXI), centre de l'arbre de changement de marche, n'est pas arbitraire, mais doit se trouver sur la perpendiculaire à $\overline{OX}$, passant par les points O_2 et O_1, à une distance de $\overline{O_2 x}$, égale à :

$$\overline{O_2C_0} = \sqrt{p^2 - x_0^2} = h. \qquad [313]$$

x_0 étant la valeur de x pour $\alpha =$ zéro. Soit dans [310] :

$$x_0 = \frac{l_1}{l} R. \qquad [314]$$

Il résulte de là que pour $\alpha = 0°$, comme pour $\alpha = 180°$, le point C de la barre $\overline{AB}$ se trouve en C_0, quel que soit l'angle β; et aussi que l'abscisse du point B, pour ces deux valeurs de α, est la même, à droite et à gauche de l'axe $\overline{O_2C_0}$.

Soient x_1 y_1 les coordonnées du point C, $X_1 Y_1$ les coordonnées du point B, par rapport à des axes parallèles à $\overline{OX}$ $\overline{OY}$, passant, les premiers par C_0, les seconds par b_0; b_0 étant la projection de B sur $\overline{O_1C_0}$, quand $\alpha = 0°$ ou $\alpha = 180°$. Nous pouvons écrire :

$$n = p + m; \quad \text{d'où :} \quad \frac{n}{p} = 1 + \frac{m}{p}. \qquad [315]$$

Les triangles semblables $C_0 b_0 B_0$, $O_2 A_0 C_0$ donnent :

$$\frac{\overline{b_0C_0}}{\overline{B_0A_0}} = \frac{\overline{C_0O_2}}{\overline{C_0A_0}}; \quad \text{ou} \quad H = \frac{n}{p} h;$$

et, en vertu de [313] et [314] :

$$H = \frac{n}{p} h = \frac{n}{p} \sqrt{p^2 - \frac{l_1^2}{l^2} R^2}. \qquad [316]$$

Les triangles semblables ABb, ACd donnent :

$$\frac{\overline{AB}}{\overline{AC}} = \frac{n}{p} = \frac{x + X_1}{x + x_1};$$

d'où l'on tire :

$$X_1 = x\left(\frac{n}{p} - 1\right) + \frac{n}{p} x_1;$$

et, en vertu de [315] :

$$X_1 = \frac{m}{p} x + \frac{n}{p} x_1. \qquad [317]$$

Le triangle CeC_0 donne :

$$x_1 = y_1 \operatorname{tg} \beta ; \qquad [318]$$

et il est clair, dans la figure, qu'on peut écrire :

$$\overline{C_0O_2} + \overline{O_2a} = \overline{C_0e} + \overline{dA} ;$$

ou :

$$h + y = y_1 + \overline{dA} ; \quad \text{d'où} \quad y_1 = h + y - \overline{dA}. \qquad [319]$$

Dans le triangle rectangle AdC on a :

$$\overline{dA} = \sqrt{\overline{AC}^2 - \overline{Cd}^2} = \sqrt{p^2 - (x + x_1)^2} ;$$

et, en vertu de [318] :

$$\overline{dA} = \sqrt{p^2 - (x + y_1 \operatorname{tg} \beta)^2}.$$

La quantité $\overline{Cd}$ est toujours petite, devant $\overline{AC}$. Le radical peut donc se développer, par la formule du binôme de Newton, en prenant seulement les deux premiers termes. D'autre part, dans l'estimation de la longueur $\overline{Cd}$, ou de $x + y_1 \operatorname{tg} \beta$, on commettra une erreur sans importance, en supposant, *par approximation anticipée*, $y_1 = y$; ce qui revient à négliger, *provisoirement*, la variation d'obliquité de la droite $\overline{AC}$. On a donc :

$$\overline{dA} = p - \frac{x^2 + 2xy \operatorname{tg} \beta + y^2 \operatorname{tg}^2 \beta}{2p} ;$$

ou en vertu de [310], en négligeant les seconds termes de la valeur de x et de y, qui n'affectent d'ailleurs, en rien, la marche du tiroir, pour $\alpha = 0°$, comme pour $\alpha = 180°$, ce qui est toujours le point important.

$$\overline{dA} = p - \frac{l_1^2}{2pl^2} R^2 \cos^2 \alpha - \frac{2 \operatorname{tg} \beta}{2p} \frac{l_1 L_a}{lL} R^2 \sin \alpha \cos \alpha - \frac{\operatorname{tg}^2 \beta}{2p} \frac{L^2_a}{L^2} R^2 \sin^2 \alpha ;$$

$$\overline{dA} = p - \frac{l_1^2 R^2}{2pl^2} + \frac{l_1^2 R^2}{2pl^2} \sin^2 \alpha - \frac{\operatorname{tg} \beta l_1 L_a}{2plL} R^2 \sin 2\alpha - \frac{\operatorname{tg}^2 \beta L_a^2}{2pL^2} R^2 \sin^2 \alpha.$$

Substituant, dans [319], il vient, avec [310] :

$$y_1 = h + \frac{L_a}{L} R \sin \alpha + \frac{l - l_1}{l} \frac{R^2}{2L^2} \sin^2 \alpha - p + \frac{l_1^2 R^2}{2pl^2} - \frac{l_1^2 R^2}{2pl^2} \sin^2 \alpha +$$
$$+ \frac{\operatorname{tg} \beta l_1 L_a}{2plL} R^2 \sin 2\alpha + \frac{\operatorname{tg}^2 \beta L_a^2}{2pL^2} R^2 \sin^2 \alpha.$$

Dans [316], en observant que $\frac{l_1^2}{l^2}$ R^2 est toujours petit devant p^2, on a aussi, en développant par la formule du binôme, et en prenant les deux premiers termes seulement :

$$h = p - \frac{l_1^2 R^2}{2pl^2}.$$

Si l'on substitue, on a enfin, comme valeur très approchée cette fois de y_1 :

$$y_1 = \frac{L_a}{L} R \sin\alpha + R^2 \sin^2\alpha \left(\frac{l - l_1}{2l^3} - \frac{l_1^2}{2pl^2} + \frac{\operatorname{tg}^2\beta L_a^2}{2pL^2}\right) + R^2 \sin 2\alpha \frac{\operatorname{tg}\beta l_1 L_a}{2plL} \quad [320]$$

Substituant dans [318], on a, par suite :

$$x_1 = \frac{L_a}{L} \operatorname{tg}\beta R \sin\alpha + R^2 \sin^2\alpha \operatorname{tg}\beta \left(\frac{l - l_1}{2l^3} - \frac{l_1^2}{2pl^2} + \frac{\operatorname{tg}^2\beta L_a^2}{2pL^2}\right) + R^2 \sin 2\alpha \frac{\operatorname{tg}^2\beta l_1 L_a}{2plL}. \quad [321]$$

Enfin, substituant cette valeur de x_1 dans [317], et remplaçant x par la sienne tirée de [310], on a pour l'abscisse du point B, comptée positivement, à partir et à gauche de l'axe O_2C_0, c'est-à-dire d'une perpendiculaire abaissée, du point fixe C_0, sur la direction de la trajectoire du point D, qui conduit directement le tiroir :

$$\left.\begin{aligned} X_1 = {} & \frac{m}{p}\frac{l_1}{l} R\cos\alpha + \frac{n}{p}\frac{L_a}{L} \operatorname{tg}\beta R \sin\alpha - \\ & - \frac{m}{p}\frac{l_1}{l}(L - L_a)\frac{R^2}{2L^2}\sin^2\alpha + \\ & + \frac{n}{p} R^2 \sin^2\alpha \operatorname{tg}\beta \left(\frac{l - l_1}{2l^3} - \frac{l_1^2}{2pl^2} + \frac{\operatorname{tg}^2\beta L_a^2}{2pL^2}\right) + \\ & + \frac{n}{p} R^2 \sin 2\alpha \operatorname{tg}^2\beta \frac{l_1 L_a}{2plL}. \end{aligned}\right\} \quad [322]$$

286. — Quand la direction de la trajectoire du point D, conduisant directement le tiroir, passe par le point B_0, comme le suppose la figure (pl. LXXI), on peut négliger l'influence de l'obliquité de la barre $\overline{BD}$; comme cela se fait, pour une barre d'excentrique ordinaire ; et admettre que le tiroir marche, comme la projection du point B, sur l'axe $\overline{b_0D}$.

On le peut d'autant mieux, qu'alors, pour $\alpha = 0°$ aussi bien que pour $\alpha = 180°$, l'obliquité de la barre $\overline{BD}$ n'altère, en rien, la valeur de la course z du tiroir.

Dans ce cas donc, on a $= z = X_1$; et si l'on pose :

$$\left.\begin{aligned}\Delta = R^2 \sin^2\alpha \left[-\frac{ml_1}{pl}\frac{L - L_a}{2L^2} + \frac{n}{p}\,tg\,\beta\left(\frac{l - l_1}{2l^3} - \frac{l_1^2}{2pl^2} + \frac{tg^2\beta L_a^2}{2pL^2}\right)\right] \\ + R^2 \sin 2\alpha \frac{n}{p}\,tg^2\beta \frac{l_1 L_a}{2pL^2}\end{aligned}\right\} \quad [323]$$

on peut écrire, en vertu de [322] et de [315]:

$$z = \frac{ml_1}{pl} R \cos\alpha + \left(1 + \frac{m}{p}\right)\frac{L_a}{L}\,tg\,\beta\, R \sin\alpha + \Delta. \quad [324]$$

287. — Si, dans la formule [324], on fait successivement $\alpha = 0°$ et $\alpha = 180°$, il reste :

$$\text{pour } \alpha = 0° : z = \frac{ml_1}{pl} R; \quad \text{pour } \alpha = 180° : z = -\frac{ml_1}{pl} R,$$

c'est-à-dire que le tiroir a marché *juste de la même quantité*, à gauche, dans le premier cas, à droite dans le second, de sa position moyenne, *quelle que soit la valeur de* B. Et ceci, *rigoureusement* ; car le résidu Δ s'annule, comme on le voit, dans [323]. Et tous les autres résidus, négligés au cours de la démonstration, s'annulent aussi, comme nous avons chaque fois pris soin de le faire remarquer.

Le dispositif **r** *de la planche* LXXI *est donc*, (absolument comme ceux **q** et **k**), *caractérisé par l'égalité de l'avance linéaire du tiroir ; quels que soient le sens de la marche, et la valeur des quantités, fixes, ou variables : m, p, l, l_1*, L, L_a, R, β.

Si, dans la même formule [324], on change α en 180° + α, on sait que :

$$\sin(180° + \alpha) = -\sin\alpha ;$$
$$\cos(180° + \alpha) = -\cos\alpha ;$$
$$\sin 2(180° + \alpha) = +\sin\alpha.$$

Par suite, les termes en cos α et sin α changent de signe, tout en conservant la même valeur absolue. Les autres termes en $\sin^2\alpha$ ou en $\sin 2\alpha$, gardent au contraire leur signe et leur valeur. Or, ces autres termes constituant le résidu Δ [323], sont toujours petits, devant les premiers ; puisqu'ils sont des produits de facteurs factionnaires ; et qu'ils sont les uns positifs, les autres négatifs.

Quelle que soit la grandeur du résidu Δ, on voit qu'elle a

pour effet d'augmenter la course du tiroir, durant la première demi-circonférence, décrite par la manivelle motrice, et de la réduire, durant la seconde demi-circonférence. C'est ce qui arrive, plus ou moins, dans tous les systèmes de distribution, par excentrique ou manivelle. Et c'est là une condition heureuse ; puisqu'elle se reproduit, dans la marche du piston lui-même, par suite des obliquités de la bielle motrice ; et qu'on peut toujours disposer les choses, pour que ces deux ordres de perturbation se neutralisent. Il en sera question plus loin. (V. n° 293.)

288. — Si, dans la formule [324], on change β en $-\beta$. C'est-à-dire, si l'on fait tourner la droite C_0C, représentant la trajectoire du point C, de manière que ce point C tombe à droite, et non plus à gauche, de l'axe O_2C_0, (par exemple en C' pl. LXXI), il est clair que le sens de la progression du tiroir est *renversé*. Il doit donc en être de même de celui de la manivelle motrice. C'est-à-dire que la rotation devra se faire, *en sens contraire*. C'est ce que la formule [324] exprime, en y changeant simplement α en $-\alpha$. On sait en effet que :

$$\cos(-\alpha) = \cos\alpha,$$
$$\sin(-\alpha) = -\sin\alpha,$$
$$\operatorname{tg}(-\beta) = -\operatorname{tg}\beta.$$

Il vient donc :

$$(\beta = -\beta) \quad z = \frac{ml_1}{pl} R \cos\alpha + \left(1 + \frac{m}{p}\right) \operatorname{tg}\beta \frac{L_a}{L} R \sin\alpha + \Delta' \quad [325]$$

Rien n'est changé, comme on le voit, si ce n'est le résidu Δ, dont deux termes ont leur signe modifié ; ce qui n'a pas d'importance.

289. — Tout ce qui vient d'être dit suppose (V. n° 286), *que la direction de la trajectoire du point* D (pl. LXXI), *conduisant le tiroir, passe par le point* B_0. C'est le cas ordinaire. S'il arrivait, pour une raison ou pour une autre, que cette direction ne passât plus par le point B_0 ; comme si, par exemple, le point D venait en D' ; auquel cas, la distance de la trajectoire, au point B_0, serait λ, le dispositif pourrait encore parfaitement convenir ; mais l'expression de

la course z du tiroir serait un peu modifiée. Elle deviendrait :

$$(\lambda > o)\ z' = \frac{ml_1}{pl} \mathrm{R} \cos\alpha + \left[\left(1 + \frac{m}{p}\right) \mathrm{tg}\,\beta - \Sigma_1\right] \frac{\mathrm{L}_a}{\mathrm{L}} \mathrm{R} \sin\alpha + \Delta \quad [326]$$

comme il a été établi au n° 192, en représentant par l_t la longueur $\overline{\mathrm{BD}}$ de la bielle du tiroir, et en posant (V. [191]) :

$$\Sigma_1 = \frac{\lambda}{l_t} + \frac{1}{2}\frac{\lambda^3}{l_t^3} + \frac{3}{8}\frac{\lambda^5}{l_t^5} + \frac{5}{16}\frac{\lambda^7}{l_t^7} + \frac{35}{128}\frac{\lambda^9}{l_t^9} + \cdots \text{ etc.} \quad [327]$$

On établirait encore aisément la valeur β_0 de β, répondant *à la marche au point mort.* Il suffit de reproduire [194]. En changeant le signe et l'indice de m_1 et avec [315], on a :

$$\mathrm{tg}\,\beta_0 = \frac{\Sigma_1}{1 + \frac{m}{p}} = \frac{n}{p} \Sigma_1 ; \quad [328]$$

d'où l'on tire, par une formule connue :

$$\beta_0 = \frac{p}{n} \Sigma_1 - \frac{1}{3}\left(\frac{p}{n} \Sigma_1\right)^3 + \frac{1}{5}\left(\frac{p}{n} \Sigma_1\right)^5 - \cdots \text{ etc.} \quad [329]$$

Remplaçant Σ_1 par sa valeur, tirée de [328] on a, dans [326], pour le cas tout à fait général, en négligeant le résidu du Δ :

$$z = \frac{ml_1}{pl} \mathrm{R} \cos\alpha + \left(1 + \frac{m}{p}\right) (\mathrm{tg}\,\beta - \mathrm{tg}\,\beta_0) \frac{\mathrm{L}_a}{\mathrm{L}} \mathrm{R} \sin\alpha \quad [330]$$

Cette dernière formule s'identifie bien, avec celle écrite directement [312], dès que l'on réalise les hypothèses, sur lesquelles la formule [312] est établie, à savoir : $l = \mathrm{L}$, $l_1 = \mathrm{L}_a$ (V. n° 284).

290. — Les formules [312] et [330] ne sont pas autre chose chacune, que *l'équation polaire d'une circonférence*, de la forme :

$$z = \mathrm{A} \cos\alpha + \mathrm{B} \sin\alpha$$

Dans le cas le plus général, qui est celui de la formule [330], on a[1] :

$$\mathrm{A}_1 = \frac{ml_1}{pl} \mathrm{R} \qquad \mathrm{B}_1 = \frac{\mathrm{L}_a}{\mathrm{L}} \left(1 + \frac{m}{p}\right) (\mathrm{tg}\,\beta - \mathrm{tg}\,\beta_0)\,\mathrm{R}. \quad [331]$$

Avec les données ordinaires : o_1, k_1 ou α_1 k_2 ou α_2, a_a ou n_a, il est toujours aisé de calculer, au moyen des relations du

1. Voir au besoin, planche III-IV, la signification des symboles.

n° 70, les quantités fondamentales et indépendantes du dispositif : ρ_1 e A_1 B_1 δ_1 i.

On a alors, dans [331] :

$$\frac{A_1}{R} = \frac{m}{p}\frac{l_1}{l} \quad \frac{B_1}{R} = \frac{L_a}{L}\left(1 + \frac{m}{p}\right)(\mathrm{tg}\,\beta - \mathrm{tg}\,\beta_0) \qquad [332]$$

Les rapports $\frac{m}{p}$, $\frac{l_1}{l}$, $\frac{L_a}{L}$, sont des inconnues. Deux quelconques, d'entre eux, peuvent être déterminés, au moyen des équations précédentes ; le troisième peut être choisi *arbitrairement*, au point de vue théorique. Il en est de même de l'angle β. Il faut observer, toutefois, que, *pratiquement*, il ne convient pas de donner à β, une valeur sensiblement plus grande que 45° ; pour ne pas faire prendre à la barre $\overline{AC}$ (pl. LXXI), des obliquités excessives ; de même, $\frac{L_a}{L}$ doit rester voisin de 1/2, si l'on veut pouvoir loger commodément les diverses pièces du mécanisme entre l'arbre moteur et le cylindre. $\frac{m}{p}$ *doit toujours rester plus grand que zéro, tant que* l_1 *est aussi plus grand que zéro*. La figure montre, en effet, que tant que le point A est pris, entre F et A_1, il faut que le point C tombe, entre A et B. Autrement, l'avance à l'admission deviendrait négative.

Pour que m puisse changer de signe, c'est-à-dire, pour que le point B puisse tomber entre C et A, il faut, ou que l_1 devienne négatif, en d'autres termes que le point A soit pris au delà de F, sur la barre $\overline{A_1F}$ prolongée, ou que les lumières du cylindre soient *croisées*, en d'autres termes, que l'orifice d'arrière distribue, sur la face avant du piston, et que l'orifice d'avant distribue, sur la face arrière ; ou enfin que le tiroir distribue, par ses arêtes *intérieures*, au lieu de par ses arêtes *extérieures ;* ce qui exige l'emploi d'un tiroir double ; et le renvoi des orifices d'émission, à l'extérieur des orifices d'admission, par rapport à l'axe transversal de la chapelle.

De toutes ces solutions, la première est la plus employée et la plus pratique.

En général, il convient de se donner le rapport $\frac{m}{p}$; et de le choisir petit, de manière à trouver simplement assez de place, pour loger, côte à côte, les charnières des points, B et C (pl. LXXI). La première des relations [332] donne alors $\frac{l_1}{l}$, qui est nécessairement positif. La seconde donne, à son tour, soit $\frac{L_a}{L}$, soit tg β. Il est d'ailleurs toujours loisible, de refaire le calcul, avec d'autres valeurs de $\frac{m}{p}$, qui conduiront à des valeurs différentes, pour L_a et pour tg β. On peut ensuite, choisir la série qui convient le mieux, dans l'application que l'on a en vue.

291. — Les rapports $\frac{m}{p}$, $\frac{l_1}{l}$, $\frac{L_a}{L}$ tg β, une fois déterminés, il ne reste plus qu'à fixer, l'une des longueurs entrant dans ces rapports.

On a, en toute évidence (pl. LXXI) :

$$h_0^2 = (l - l_1)^2 - (l - l_1)^2 \frac{R^2}{l^2} = (l - l_1)^2 \left(1 - \frac{R^2}{l^2}\right); \qquad [333]$$

et :

$$n^2 = (H_1 + h_0)^2 + (A_1 + \frac{l_1}{l} R)^2; \qquad [334]$$

car on sait que la longueur $\overline{h_0 B_0}$, course du point B pour $\alpha =$ zéro, est égale à A_1 [1].

H_1 sera toujours une donnée, et il en sera de même de la longueur l. On pourra donc calculer l_1 par [332], h_0 par [333], n par [334], et enfin on tirera de [315] :

$$p = n - m; \quad \text{ou} \quad p = \frac{n}{1 + \frac{m}{p}}. \qquad [345]$$

Il ne reste plus à déterminer, que les coordonnées des points C_0 et E. Ces coordonnées ont, pour expression évidente, par rapport aux axes $\overline{OX}$ $\overline{OZ}$ (pl. LXXI) :

$$\overline{OO_1} = L - L_a \qquad [336]$$

$$\overline{O_1C_0} = \sqrt{p^2 - \left(\frac{l_1}{l} R\right)^2} - h_0; \qquad [337]$$

1. V. au besoin, pl. III-IV, la signification des symboles.

$$\overline{OE_0} = \overline{OO_1} + l_2 \text{ ; } (l_2 \text{ est une donnée}) \quad [338]$$

$$\overline{E_0E} = \sqrt{l^2 - R^2}. \quad [339]$$

Tout est ainsi connu ; et l'on peut tracer l'épure, sans aucune indécision.

292. — *Règles données par M.* Joy. — Il a été parlé, au n° 279, de règles publiées, pour la détermination des dimensions, dans le cas des locomotives. Voici en quoi consistent ces *règles*, qui sont purement empiriques.

Prendre le centre O_1 de la courbe elliptique, décrite par le point A_1 de la bielle motrice, de manière que le petit diamètre $\overline{SS'}$ de cette courbe, soit égal à environ quatre fois la course totale maxima du tiroir.

Choisir la longueur l de la barre $\overline{A_1 F}$, de manière qu'elle fasse, dans son mouvement, un angle toujours plus petit que 45°, avec l'axe $\overline{O_1 O_2}$ Et le point, E, de manière que le point F s'éloigne très peu du même axe $\overline{O_1 O_2}$.

Prendre sur $\overline{h_0 D}$, direction de la tige du tiroir, une longueur $\overline{h_0 B_0}$, égale à la somme du recouvrement et de l'avance linéaire attribués au tiroir. (C'est notre quantité $A_1 = e + a$.)

Joindre B_0, à un point quelconque A de $\overline{A_1 F}$. Le point C_0, de rencontre avec l'axe $\overline{O_1 O_2}$, sera le centre de l'arbre de changement de marche, et le centre de la coulisse, (que M. Joy emploie toujours). Le rayon de la coulisse doit être égal à $\overline{h_0 D}$.

L'inclinaison de la coulisse, c'est-à-dire de sa tangente en C_0, avec l'axe $\overline{O_1 C_0}$, règle la durée de l'admission. Cette inclinaison doit être limitée à environ 4/5°.

293. — *Application.* — Les formules, plus haut établies, sont, pour la commodité de leur emploi, groupées en dessous de la liste des données et des inconnues, planche LXXI.

Une application numérique, faite au moyen de ces formules, est donnée planche LXXII.

L'épure théorique est tracée, sur la même planche, au-dessous des données et des résultats de calculs. Ces derniers se trouvent par là vérifiés. Si β diminue suffisamment, B_1 diminue aussi, passe par zéro, puis devient négatif.

Le lieu des centres des circonférences polaires, représentant la marche du tiroir, pour les diverses valeurs de l'angle β, est la droite $\overline{SS'}$, parallèle à l'axe OY, à une distance égale à $\frac{1}{2}A_1$.

L'épure donne donc, avec la plus grande facilité, pour une valeur quelconque de B_1 et par conséquent, pour la valeur correspondante de β, dans [332], les grandeurs théoriques de ρ_1, o_1, k_1, k_2, k_3, k_4. Mais il est bon d'observer, qu'il peut y avoir des différences sensibles, entre ces valeurs théoriques et les valeurs réelles ; surtout si les obliquités des barres sont un peu fortes.

Le *diagramme automatique* se prend au *Dianomégraphe*. Il n'est pas donné de dessin du dispositif *monté*. Mais, comme il n'y a là qu'une superposition des systèmes q et k, lesquels sont dessinés *montés*, sur les planches LXIII-LXXIV et LI-LII, on ne sera pas embarrassé. Ajoutons, qu'il est vraiment indispensable de *monter* le dispositif Joy, si l'on veut se rendre compte des actions perturbatrices réelles des diverses tringles.

Il est à remarquer, que l'effet de l'obliquité de la barre $\overline{A_1F}$, sur la marche du tiroir, tend à être compensé, par l'effet de l'obliquité de la barre $\overline{AB}$, pour certaines valeurs de α ; car la seconde abaisse le point B, par rapport à $\overline{OX}$, tandis que la première le relève, en relevant le point A. Mais la mesure exacte de cette compensation n'est commode à apprécier, que sur un *diagramme automatique*.

On a vu nº 206, que la régularisation de la distribution, sur les deux faces du piston, pouvait à peu près toujours être obtenue. Un procédé graphique a été indiqué, dans ce but, au même numéro. Ce procédé est encore applicable, au système r, en l'appropriant.

Il convient de faire ici, la même observation qu'au nº 207, en ce qui concerne le mode d'attache de l'arbre de renversement de marche, ou du point C_0 (pl. LXXI). C'est-à-dire, que quand on fait l'application du dispositif Joy, à une locomotive, ou à toute autre machine, dans laquelle l'arbre moteur peut prendre, par rapport au bâti porteur du cylindre, un déplacement relatif, perpendiculaire à l'axe du piston, il convient de faire reposer l'arbre de changement de marche, non sur le bâti, mais sur des points d'appui participant, dans la mesure voulue, au déplacement relatif de l'arbre moteur.

Dans la locomotive « *Experiment* », citée au n° 279, cette précaution n'a pas été prise.

Variantes du dispositif D. Joy.

294. — On a vu n° 280, que le dispositif Joy pouvait être modifié de deux manières.

1° *Pivot* A_1 *pris, en dehors de l'axe de la bielle motrice.* — Cette solution est représentée, sur la planche LXXII, fig. 2. Pour établir l'expression de la course du tiroir, on pourrait refaire les calculs, exposés dans les pages précédentes, en partant de la formule [263] complète, qui donne les coordonnées du point A_1, pour chaque valeur de α, en tenant compte de sa distance à l'axe de la bielle. Mais, comme nous savons que la courbe de marche est de la *première classe*, c'est-à-dire voisine d'une circonférence (V. n° 60), nous pouvons appliquer le *second principe général* du n° 108, dont il a été plusieurs fois fait usage, (v. n°s 191-249). On a avec [326], dans l'hypothèse où la distance λ, de la pl. LXXI, n'est pas nulle :

$$\left.\begin{aligned}
&(\alpha = 0^\circ) \quad A_1 = \frac{m}{p}\frac{l_1}{l}R; \\
&(\alpha = 90^\circ) \quad B_1 = \left[\left(1 + \frac{m}{p}\right)\operatorname{tg}\beta - \Sigma_1\right]\frac{L^a}{L}R - \frac{m}{p}\frac{h}{L}R; \\
&z = \frac{ml_1}{pl}R\cos\alpha + \left[\left(1 + \frac{m}{p}\right)\operatorname{tg}\beta - \Sigma_1 - \frac{m}{p}\frac{h}{L_a}\right]\frac{L_a}{L}R\sin\alpha.
\end{aligned}\right\} \quad [340]$$

Il suffit de faire $h =$ zéro, dans cette formule, pour retrouver celle [326], comme cela doit être.

On peut donc, avec ces relations, déterminer deux des quantités qui les composent ; comme on l'a fait, au moyen des relations [331] et suivantes.

2° *Barres* $\overline{AF}$ $\overline{FE}$ *remplacées par un excentrique.* — Cette solution est représentée planche LXXII, fig. 2, en pointillé. M_1 est le centre de l'excentrique, qui doit être calé comme la manivelle motrice $\overline{OM}$, soit r son rayon. On peut écrire :

$$\left.\begin{aligned}&(\alpha=0^\circ)\quad A_1=\frac{m}{p}r;\\&(\alpha=90^\circ)\ B_1=\left[\left(1+\frac{m}{p}\right)\mathrm{tg}\,\beta-\Sigma_1\right]\frac{L_a}{L}R;\\&z=\frac{m}{p}r\cos\alpha+\left[\left(1+\frac{m}{p}\right)\mathrm{tg}\,\beta-\Sigma_1\right]\frac{L_a}{L}R\sin\alpha.\end{aligned}\right\}\quad[341]$$

Si l'on a, comme cela peut toujours être :

$$r=\frac{l_1}{l}R,$$

on reconnaît que l'emploi de l'excentrique ne modifie pas, théoriquement, la valeur de z, qui serait réalisée, avec les barres $\overline{AF}\ \overline{FE}$; et, chose à remarquer, l'influence de la hauteur h disparaît.

Il faut toujours prendre garde, cependant, que ce sont là des combinaisons, purement théoriques, qui peuvent être sensiblement modifiées, en réalité, par l'influence des obliquités des barres.

L'excentrique de centre M_1 peut à son tour être remplacé, par toute combinaison, capable de donner au point A_1 le même mouvement, que l'excentrique lui-même ; comme, par exemple, si l'on reliait le point A_1 avec un levier réducteur de course, commandé par la crosse du piston.

TABLE DES MATIÈRES

Chapitre Ier. — *Dispositif par tiroir et excentrique ordinaire. Système a. — Types des distributeurs, à courbe polaire de marche voisine d'une circonférence.*

Chapitre II. — *Dispositif Lissignol. Système n. — Type des distributeurs à courbe polaire de marche voisine d'une ellipse.*

Chapitre III. — *Dispositif Heusinger de Waldegg, ou Waleschaerts. Système h.*

Chapitre IV. — *Dispositif Fink. Système c.*

Chapitre V. — *Dispositif Stephenson. Système d.*

Chapitre VI. — *Dispositif Gooch. Système e.*

Chapitre VII. — *Dispositif Allan ou Trinck. Système f.*

Chapitre VIII. — *Dispositif Polonceau. Système g.*

CHAPITRE XIV. — *Dispositif S. Pichault, et dispositif Hackworth. Système k.*

CHAPITRE XV. — *Dispositif M. Deprez. — Système l.*

CHAPITRE XVI. — *Dispositif Guinotte-Pichault. Système o.*

CHAPITRE XVII. — *Dispositif Corliss-Ingliss-Spencer, etc. Système p.*

CHAPITRE XVIII. — *Dispositif S. Pichault. — Système q.*

CHAPITRE XIX. — *Dispositifs divers, procurant la variation automatique de la détente, particulièrement par le régulateur de vitesse.*

PARIS, IMP. E. BERNARD ET Cie, 71, RUE LACONDAMINE

www.ingramcontent.com/pod-product-compliance
Lightning Source LLC
Chambersburg PA
CBHW061004220326
41599CB00023B/3830